大数据可视化与DataFocus实践

董雪梅　主编

浙江工商大学出版社
ZHEJIANG GONGSHANG UNIVERSITY PRESS
·杭州·

图书在版编目(CIP)数据

大数据可视化与DataFocus实践 / 董雪梅主编. —
杭州：浙江工商大学出版社，2020.6（2024.7重印）
ISBN 978-7-5178-3892-0

Ⅰ. ①大… Ⅱ. ①董… Ⅲ. ①可视化软件－数据分析
Ⅳ. ①TP317.3

中国版本图书馆CIP数据核字(2020)第094458号

大数据可视化与DataFocus实践
DA SHUJU KESHIHUA YU DataFocus SHIJIAN
董雪梅　主编

责任编辑　王黎明
封面设计　林朦朦
责任印制　包建辉
出版发行　浙江工商大学出版社
（杭州市教工路198号　邮政编码310012）
（E-mail：zjgsupress@163.com）
（网址：http://www.zjgsupress.com）
电话：0571-88904980，88831806（传真）
排　　版　杭州红羽文化创意有限公司
印　　刷　浙江全能工艺美术印刷有限公司
开　　本　787 mm×1092 mm　1/16
印　　张　23
字　　数　424千
版 印 次　2020年6月第1版　2024年7月第3次印刷
书　　号　ISBN 978-7-5178-3892-0
定　　价　45.00元

目录

第一篇　大数据可视化入门

第二篇　DataFocus基础操作

第三篇 案例实践

第　一　篇

大数据可视化入门

数据可视化既是一门技术，又是一门艺术。优秀的数据可视化作品可以高效、精准地传达信息。本篇用3章的篇幅，浅显地讲述相关知识点，目标是让读者对数据可视化有一个基本的了解，初步认识数据类型，以及数据可视化的一些常用技巧。本篇的知识储备尚能应付书本后续的数据分析及可视化实践。但如果要深入研究，建议读者更广范地去阅读爱德华-塔夫特（Edward Tufte）等人专门论述数据可视化的书籍。

第1章 大数据可视化的意义

1.1 触手可及的数据

经过三次信息化浪潮的洗礼，将生活的点滴进行数字化记录和存储的现象已经变得司空见惯。将一天中的美好瞬间记录成数字化图片，比如录下小宝宝刚刚学会走路时的可爱影像，或者用Apple Watch记录下心跳，用于开展有规律地运动和饮食，或者用便携式电子设备记录下血糖数值，科学指导用药。到如今，虚拟现实（VR）和增强现实（AR）已经开始模糊数字化世界和真实的世界，新兴起的脑机接口技术则将人类推向了人机融合的未来。人类正在朝着比特化生存的大路狂奔而去，未来难以确定，但是有一点可以肯定的是，您的生活正在被量化。

相比于个体的人来说，企业组织则早就是数字化革命的先锋。从最早的业务电算化，到业务信息化的发展过程中，企业就创建了大量基于软件和互联网的业务系统。如今ERP（Enterprise Resource Planning，企业资源计划系统）、CRM（Customer Relationship Management，客户关系管理系统）等信息系统更是企业的标配，一些大型企业集团经过20多年的信息化建设，甚至形成了几十种、数百种业务信息系统，而这些用比特记录的业务系统的点点滴滴正在形成庞大的数据池。

据IDC（International Data Corporation，国际数据公司）预测，全球数据总量在2020年达到44个ZB（如图1-1），我国数据量将达到8060个EB，占全球数据总量的18%。物联网、5G技术的普及，让工业4.0水到渠成。精益生产越来越普遍，企业将更加注重效率，通过数据分析，挖掘提升组织效率成为必然。

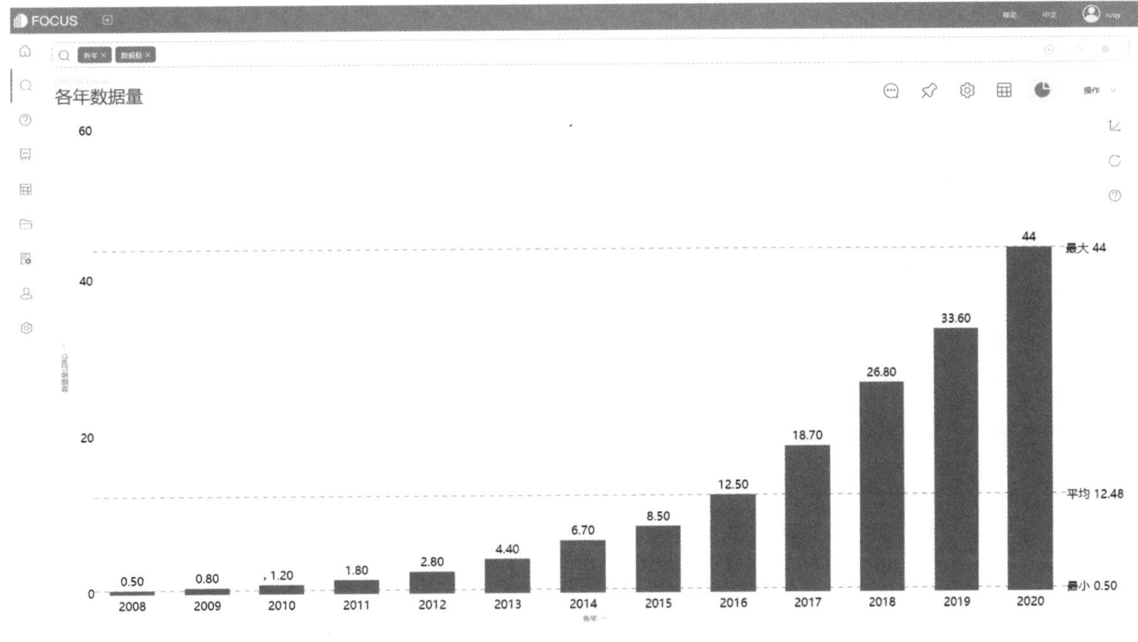

图 1-1 IDC 预测全球数据总量

1.2 数据资产的价值

大部分人会选择将宝贵的生活记录保存下来，以便空闲的时候回顾精彩人生。这样一年大概会产生 100GB 的数据，其中大部分是图片、视频或音频。而一个中小型企业组织，每年则会产生 1TB 的数据，大型企业集团一年的数据增加量甚至会突破 1PB。如此大量的数据，仅仅是被记录存储就耗费巨大，企业付出昂贵的代价仅仅是为了保存这些数据吗?

有人说，数字化时代“数据就是石油”。企业业务系统所形成的数据大部分与企业的生产、经营、市场活动息息相关，这些数据记录着企业的业务规律，承载着客户关系。但如果仅仅是把数据记录存储起来，那么这些数据将成为企业永远的成本。只有对数据进行有效的整理和挖掘，这些数据才会从沉默的费用成本变成有效的资产。如果辅之以高效的数据分析平台，业务人员随时随地可以进行数据分析，从数据中获得对企业有业务启示的生产经营规律、市场线索，那么这些数据将变成具有高度变现能力的流动资产，才会真正变成企业的业务增长引擎所必需的燃油。

1.3 大数据可视化的意义

在过去，很多人或许对数据可视化并没有很直接的观感，因为跟其打交道的数据应用模式无非就是EXCEL或是固定的数据模型或工具。但是随着大数据时代的到来，数据量和数据复杂性增加，模型的复杂性也随之增加。此时对于企业来说，内部业务系统之间的数据流通和分析结果的可视化是非常关键的工作，同时也是一个跨越性的挑战。

数据的可视化可以将复杂的分析结果以丰富的图表信息的方式呈现给读者。然而只有分析人员对目标业务活动有深刻的了解，才能更好地进行可视化展现。正如耶鲁大学统计学教授爱德华·塔夫特（Edward Tufte）所说："图形表现数据，实际上比传统的统计分析法更加精确和有启发性。"对于广大新闻编辑、设计师、运营分析师、大数据研究者来说，他们都需要从不同维度、不同层面、不同粒度的数据统计处理中，以图表或信息图的方式为用户（只获得信息）、阅读者（消费信息）及管理者（利用信息进行管理和决策）呈现不同于表格式的分析结果。

数据可视化技术综合运用计算机图形学、图像、人机交互等技术，将采集、清洗、转换、处理过的符合标准和规范的数据映射为可识别的图形、图像、动画甚至视频，并允许用户与可视化数据进行交互和分析。而任何形式的数据可视化都由丰富的内容、引人注意的视觉效果、精细的制作三要素组成，概括起来就是新颖而有趣、充实而高效、美感且悦目三个特征。

不仅如此，很多基于数字化交易的企业，数据量每天都在急速增长，并且来源多而杂乱，因此找到准确、精细、相关的数据变得更加困难和重要。可视化能够让决策者精准地洞察数据反映的结果，如趋势、占比等，而不需要去手动读取那些困难的表格。

举一个例子，对于气象行业来说，有效利用大数据可视化至关重要。天气模型会利用大量数据进行分析呈现，消费者收到的最终预测通常是几种模型分析的结果。企业也是一样，当预测变得越来越复杂的时候，一种让决策者能够理解并快速采取行动的方式，或者说获取数据分析结果并传递有效信息，是企业成功的必要条件。但是，很多决策者得到了这些结果，在没有可视化的情况下，仍是需要分析人员解释的。比如很多以数据分析服务为业务的乙方公司，有非常多个不同的数据源关联各类具有不同数据属性的复杂模型，那么如何以一种使其易于操作的方式向甲方解释？这也是数据可视化存在的必要性，通过正确的图形，甲方可以快速获取并解读不同维度的复杂数据结果。

所以，无论是哪种职业和应用场景，数据可视化都有一个共同的目的，那就是准确而高效、精简而全面地传递信息和知识。可视化能将不可见的数据现象转化为可见的图形符号，能将错综复杂、看起来没法解释和关联的数据，建立起联系和关联，发现其规律和特征，获得更有商业价值的洞见和价值，并且利用合适的图表直截了当，且清晰而直观地表达出来，实现数据自我解释、让数据说话的目的。而人类右脑记忆图像的速度比左脑记忆抽象的文字快100万倍。因此，数据可视化能够加深和强化受众对于数据的理解和记忆。

我们可以从决策者角度来感受一下可视化的魅力。这里我们使用一种非常便捷的可视化的工具——DataFocus，它易于使用并且可提供多种角色的决策场景，可以使商务人士的数据决策独立、灵活和多样化。

比如原来我们看到数据表格是这样的，如表1-1：

表1-1 付款周期统计数据表

付款周期	10分钟以内_含10分钟	10分钟_20分钟_含20分钟_	20分钟_30分钟_含30分钟_	30分钟以上	10分钟内百分比值	10_20分钟百分比值	20_30分钟百分比值	30分钟以上百分比值
2015/5/1 0:00	16149	434	193	1303	0.89	0.02	0.01	0.07
2015/6/1 0:00	22925	644	246	1144	0.92	0.03	0.01	0.05
2015/7/1 0:00	16827	400	183	824	0.92	0.02	0.01	0.05
2015/8/1 0:00	18434	389	178	1249	0.91	0.02	0.01	0.06
2015/9/1 0:00	14333	334	132	714	0.92	0.02	0.01	0.05
2015/10/1 0:00	11228	234	119	768	0.91	0.02	0.01	0.06
2015/11/1 0:00	62228	2897	1179	3870	0.89	0.04	0.02	0.06
2015/12/1 0:00	27376	818	335	1303	0.92	0.03	0.01	0.04
2016/1/1 0:00	29453	709	296	1785	0.91	0.02	0.01	0.06
2016/2/1 0:00	17046	302	131	1024	0.92	0.02	0.01	0.06
2016/3/1 0:00	48636	1043	472	1880	0.93	0.02	0.01	0.04
2016/4/1 0:00	19549	328	157	854	0.94	0.02	0.01	0.04
2016/5/1 0:00	26709	441	215	1019	0.94	0.02	0.01	0.04
2016/6/1 0:00	47784	998	469	986	0.95	0.02	0.01	0.02

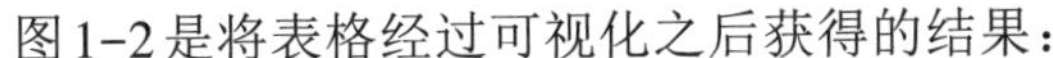

图1-2是将表格经过可视化之后获得的结果：

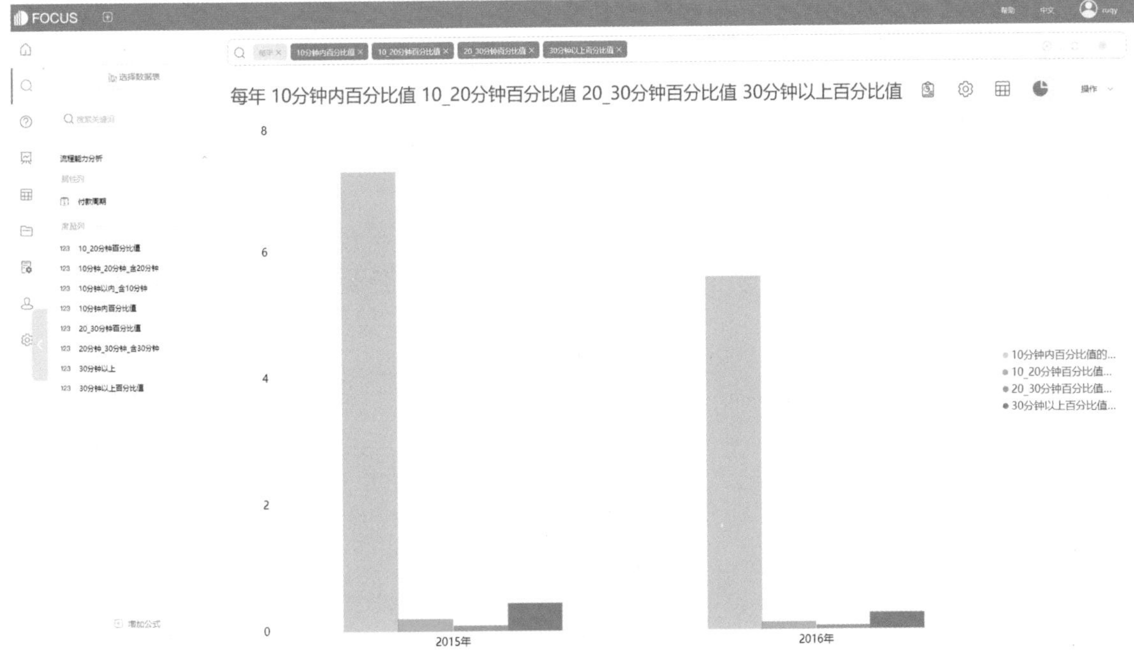

图1-2 付款周期可视化结果

我们可以看到，可视化不仅可以做到让数据结果美观易读，更能根据数据可视化需求从大量数据中提取决策者想要的数据维度，达到“想要即呈现”的目的，不必花额外时间从复杂的数据表中寻找、提取及分析解读。

本章小结

数据飞速增长是正在发生的事实。人们的生活逐渐步入数字化时代，高度信息化的社会使得人们每天必须消费大量信息。科学研究表明，人类的大脑对图像信息的获取速度远高于数据处理速度，因此数据可视化将成为人类工作生活的基本技能——高效的可视化数据可以让人充分利用碎片时间，更加快速、准确地获取和处理信息。

课后习题

在你的生活中，一定遇到过很多有趣的数据可视化实例，能否举例说明？

第2章 认识数据

2.1 数据结构

（1）结构化数据

IT系统产生的数据，一般根据数据结构模型分为结构化数据、半结构化数据和非结构化数据。大部分关系型数据库中存储的数据，有着优良的存储结构，我们称之为结构化数据。

大部分结构化数据可以简单地用二维形式的表格存储。如表2-1，一般以“行”为单位，一行数据表示一个实体的信息，它记录了人员的姓名、年龄、性别以及编号，每一行数据的属性是相同的。

表2-1 二维表格示例

编号	姓名	年龄	性别
1	张三	13	男
2	李四	14	女
3	王二	12	男

结构化数据的存储和排列是很有规律的，也便于查询、修改。但是，它的扩展性并不好。比如，表2-1中，如果要临时增加一个身高的字段，就不能直接记录，必须先修改表格的结构才能办到。

（2）半结构化数据

半结构化数据是结构化数据的一种形式，它并不符合关系型数据库或其他数据表的形式关联起来的数据模型结构，但包含相关标记，可用来分隔语义元素以及对记录和字段进行分层。因此，它也被称为自描述的结构。半结构化数据，属于同一类实体可以有不同的属性，即使它们被组合在一起，这些属性的顺序也并不重要。

常见的半结构化数据有XML和JSON，图2-1为两个XML格式的数据记录。

```
<person>
    <name>A</name>
    <age>13</age>
    <gender>female</gender>
</person>
```

```
<person>
    <name>B</name>
    <gender>male</gender>
</person>
```

图2-1　XML数据结构示例

从上面的例子中可以看到这些记录，其属性的顺序是不重要的，属性的个数也可以是不一样的。这些半结构化数据的结构类似树或者图。图2-1可以看出，<person>标签是树的根节点，<name>和<gender>标签是子节点。通过这样的数据格式，可以自由地表达很多有用的信息，包括自我描述信息（元数据）。所以，半结构化数据的扩展性是很好的。

（3）非结构化数据

顾名思义，非结构化数据就是没有固定结构的数据。各种文档（如word、pdf、ppt）、图片（jpeg、png、gif等）、视频、音频等都属于非结构化数据，如图2-2。对于这类数据，我们一般采用二进制的数据格式直接整体进行存储。

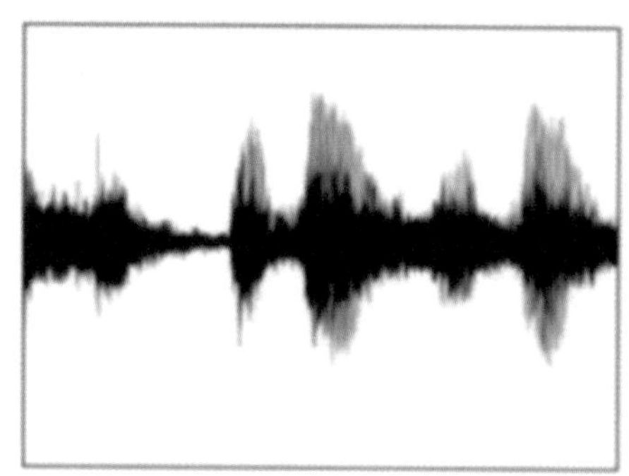

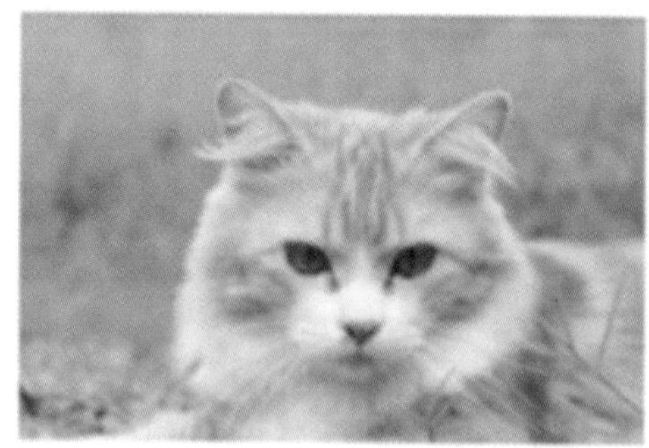

图2-2　非结构化数据

非结构化数据分析起来难度大，也不那么直观，比如视频、音频数据，或一些文件、网页等等，这些数据一般存储在NoSQL数据库或者文件存储系统中。本书讨论的数据可视化，主要是指结构化数据的可视化。

2.2 结构化数据的类型

结构化数据的字段类型简单来分，可以分为数值型（Measure）数据和非数值型（Attribute）数据。其中，数值型数据是可度量的数据，比如记录的“学生成绩”或者“销售收入”，可以用来求和，计算平均值、最大值或最小值等。

非数值型数据又称为属性数据。可以细分为字符串（String）类型、日期时间（Timestamp）两大类。字符串一般用来表达多种类别，如“男”“女”；或者“广东省”“浙江省”等等。字符串类型的数据是不能进行求和（Sum）等计算的，但是可以用来计数（Count）或计算分布。日期时间是一种特殊的属性数据，有顺序和周期的特性。时间序列往往支持一些特殊的聚合操作，比如可以对日期时间数据按周、月、季度、年进行统计。

结构化数据的类型概念非常重要，在接下来的可视化分析章节中，我们将看到，DataFocus系统需要我们有效识别数据类型，才能合理地做出数据分析和可视化呈现。

2.3 数据科学及过程

和大多数数据分析业务一样，数据可视化也非常注重科学实践。好的数据分析方法往往能事半功倍。通常，要让数据可视化项目获得成功，分析人员必须分五个步骤（图2-3）进行：

◎ 定义问题；

◎ 获取数据；

◎ 数据建模；

◎ 探索数据；

◎ 可视化和分享结果。

其中，大部分人可能会认为第一步是最简单的一步，其实定义问题往往是最困难的部分，也是最重要的部分。定义问题决定了你的工作方向，因此多花点时间把定义问题弄清楚总是值得的。

一旦你确定了需要关注的问题，接下来就需要全力收集回答上述问题所需要的数据。数据可能来自多个数据源，唯有全面收集到所需要的数据，才能为解决问题奠定基础，所以这一步非常具有挑战性。

有了数据以后，应用我们所学的知识，将现有数据进行归类整理，将一些结构不规范、零散的数据进行清洗、关联，创建数据模型，为后续使用DataFocus进行分析创造条件。

接下来，就是发挥分析师逻辑思考能力和想象力的时候了。对数据进行有效的探索，逐步揭示出事物运行的规律，找到解决问题的钥匙。探索分析过程往往需要大量尝试和重复操作，这个时候，高效的探索分析工具显得尤为重要。

最后，将您的发现和成果有效进行展示和分享，这是传达整个数据分析项目价值的关键一步。分析结果也许看起来非常明显和简单，但将其总结为他人易于理解的形式比看起来困难得多，优美的可视化展示可以高效地传达数据信息，提高成果交付率。

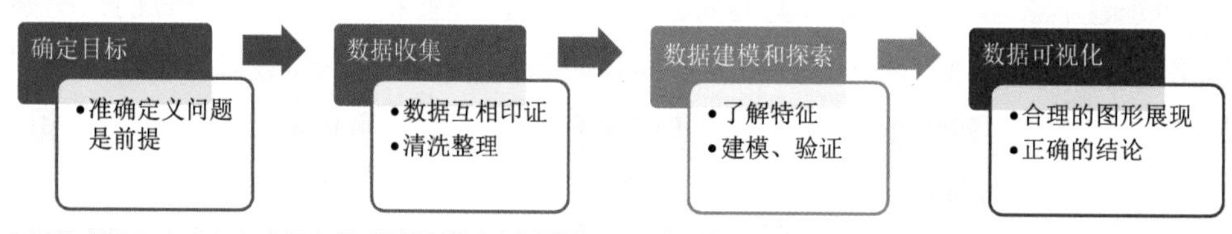

图2-3　数据可视化的关键步骤

本章小结

本章概述了数据结构的基本知识，介绍了结构化数据的具体类型：存储于二维表中的数值型数据和非数值型数据各自对应着不同的统计计算和数学操作，这是数据可视化的基础。

课后习题

1. 结构化数据一般包括哪几种类型？不同数据类型可以对应哪些统计计算？

2. 可视化的关键步骤有哪些？哪个步骤是分析的关键？哪个步骤耗时最长？哪个步骤最考验思维？为什么？

第3章 高效利用视觉与沟通

3.1 人类视觉感知的特点

我们可以用眼睛、耳朵、鼻子等各种感官来接触、感受、理解这个世界。科学研究表明，进入大脑的信息有75%来自视觉，同时，视网膜上有1亿个传感器，但只有500万个能够将信息从视网膜传递到大脑。这表明，实际上眼睛处理的信息要多于大脑处理的信息，可以说眼睛过滤了信息。

也许人类最有价值的器官就是眼睛。正是因为人类具备了优良的视力，所以才能在狩猎或采集活动中保持较高的效率，判断环境的风险，很好地躲避猛兽的袭击。人类对于信息摄取的速度，视觉器官是占绝对主导地位的。因此我们可以充分利用人类最为高效的信息获取器官——眼睛，来快速吸收、加工和处理信息。在越来越强调效率的今天，与其听长篇大论的汇报，还不如亲自看看来得快。

> “视觉感知并非是记录刺激物质的被动过程，而是大脑的主动关注，视觉是选择性的工作，对外形的感知包括对形式分类的应用，因其简单性和一般性又被称为视觉概念。”
>
> ——奥恩海姆《视觉思维》

人类的视觉同样存在诸多缺陷。比如，人们在已有的认知或经验的基础上，视觉系统对客观事物进行了某种最合理、最可能的解释，但在特定条件下，这种解释往往容易产生偏差，就形成了错觉。举个例子（图3-1）：缪勒-莱尔错觉（Maller-Lyer Illusion）表明末端加上向外的两条斜线的线段比末端加上向内的两条斜线的线段看起来长一些。而著名的艾宾浩斯错觉（Ebbinghause Illusion）则表明人类对圆形大小的感知极易受参照物的影响。诸如此类人类认知的视错觉还有很多。

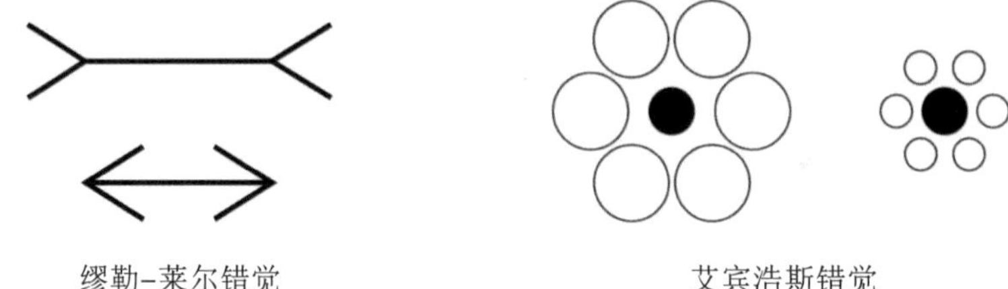

图3-1 经典的视错觉图形

3.2 视觉可视化的基本原则

那么同样是运用视觉，什么样的数据可视化才最有价值呢？人类经过漫长的进化，视觉系统接受和加工信息已经形成了一些独特的规律，我们正是要充分理解这些视觉特点，将数据信息加工成适合人类快速接受的方式，同时规避一些人类视觉的缺陷（比如一些错觉），使得信息以不容易造成偏差的方式高效组织，并向人类传递。

数据可视化方式多种多样，每种不同的展示方法都从特定的视角表达了信息。好的数据可视化设计原则，可以很好地向读者展示数据的内在规律，能够快速抓住读者的眼球，同时避免传递错误信息。我们把结构化数据分为数值型数据和非数值型数据两大类型。而人类可以从数据中观察到的模式则包括局部与整体、趋势、偏离、分布、相关性、可比性等等。

通常用来进行数据可视化的基本图形包括柱状图、饼状图、折线图、散点图和地理位置图等，由这些基本图形又可以衍生出更多，比如DataFocus中就包括近60种可视化图表类型。在进行可视化设计时，请谨记十大原则：

- 一个类别只用一种颜色表示；
- 排序和分类要符合逻辑，比如从大到小等；
- 使用标注突出重点信息；
- 展示多种数据时尽量用可对比的方式进行；
- 减少不必要的标签；
- 不要使用高对比度颜色组合，如红色/绿色或蓝色/黄色
- 尽量不要使用三维图表，避免错觉；
- 尽量减少阴影和装饰，避免分散注意力；
- 单个图形颜色不要超过6种；

•不要用分散注意力的字体或元素（如粗体、斜体或下画线）。

3.3 沟通：信息传播与交流

沟通无处不在，无论是我们与身边的朋友聊天、和讨厌的人吵架，还是通过键盘鼠标浏览新闻、通过智能手机的触屏围观抖音小视频，我们都在传播或接受信息。事实上，天才科学家克劳德·艾尔伍德·香农和他的合作者瓦伦·韦弗很早就发现了这个秘密，他们为信息传播的方式建立了一个简单的数学模型，如图3-2。

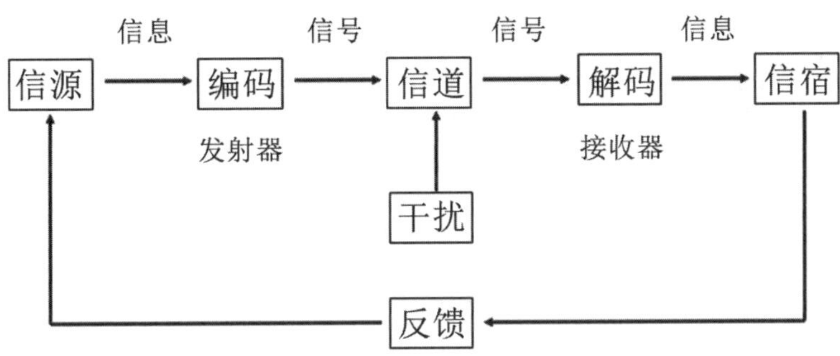

图3-2 香农-韦弗信息沟通模型

从模型中我们可以看出信息传播（沟通）包含了信源、编码、信道、解码和信宿5个步骤，以及过程中存在影响的环节，比如对信道的干扰，通过信宿反馈以获得更新的信源。用通俗的语言来讲，信源就是讲话者想表达的意思，经过语言编码通过嘴巴说出去，这些话的声音（信道）被接收者的耳朵听到（解码），转变成了接收者的理解。

根据我们的经验可以知道，如果对话者具有相同的知识背景，沟通一般比较顺畅，否则就会出现鸡同鸭讲的尴尬场景。比如，假设你和朋友正在聊关于2019年NBA总决赛第5场发生的事情。你对朋友说："嘿，你知道吗，杜兰特又受伤了，他这个伤搞不好整个赛季都要报销，离开勇士队也可能泡汤了。"如果你和你的朋友都是NBA联赛勇士队的球迷，这次沟通会非常成功，你的朋友一定会和你很好地讨论一番；假如你的朋友对篮球一无所知，他一定对你的讲话一脸茫然，毫无反应。人与AI之间的交流也是如此。本书要讲到的用户与DataFocus系统的沟通同样适用于信息沟通模型。用户将头脑中想查询的问题（信源）输入DataFocus搜索框中（问题编码），DataFocus系统将搜索框中的信息翻译成数据库可执行的程序（解码），并将查询的结果进行可视化编码后返回给用户，如图3-3。由此可以看出，这是个双向的沟通过程，用户与DataFocus既充当信源又充当信宿。

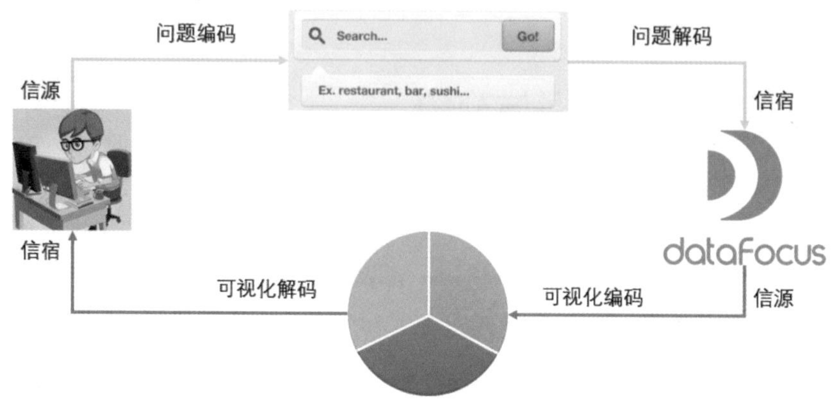

图3-3　用户与DataFocus沟通模型

3.4 高效沟通基本原则

我们运用DataFocus探索、分析和可视化数据，这些最终的分析结果和可视化成果，都需要有效地传达给它们的受众（数据分析、可视化结果的接收者）。同样地，要与你的受众高效沟通，也需要一些技巧。下面给出了六大原则：

原则1：定义正确的问题。

任何沟通都不是无意义的闲聊，因此准确地了解你的沟通目标是首要任务。后续所做的一系列工作都是由此展开的，宁肯多花点儿时间把目标搞清楚，再开始选择信息、收集数据。你可以通过提前回答几个关键问题来清楚地表达这个目标（图3-4）：

- 你的目标受众是谁？
- 你想让他们知道什么？
- 你期待什么样的沟通效果？

对于不同的数据分析工作，这些问题的答案可能非常不同。比如一个致力于突发事件分析的数据记者和一个在公司工作的商业情报分析员的目标就不一样。他们可能会以截然不同的方式向他们的目标受众阐释数据，尽管方式大相径庭，然而对他们来说却是完全合适的。

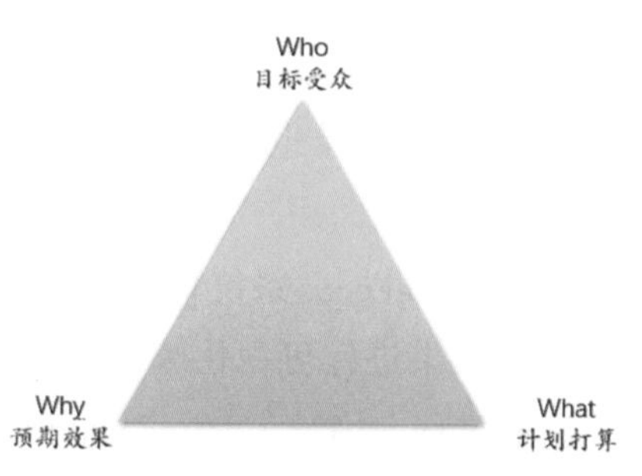

图3-4　沟通目标三要素

最重要的部分是阐明你的目标，确保你能写出刚刚列出的三个问题的答案。在这三个问题得到圆满回答之前，不要急于进行下一步工作，因为那有可能导致错误的结果。

原则2：使用正确的数据。

要得到正确的答案，必须向合适的人提问。同样的道理，要想得到准确的数据见解，必须与正确的数据沟通。在这个数据大爆炸时代，获取数据的渠道正变得越来越多，这给数据准备带来了另一个挑战，有时候我们必须在纷繁复杂的数据中抽取、清洗、提炼，通过多个数据集之间的互相印证，才能获得正确的分析基础。

保证优良的数据谱系。清晰可溯源的数据，是数据分析工作的可靠基础，这可以保证数据分析结果的透明性。企业的数据一般来源于其业务系统的数据记录，这些数据相对可靠，很少有人为修改；还有一些数据来源于内部填报或收集的数据，这些数据有时候并不可靠；还有一些分析基于互联网上用爬虫爬取的数据，这些数据质量一般不高，往往需要大量的清洗和提炼工作。如果能够为你的分析结果精确地标示数据来源，并给出可信度，当你向CEO或其他观众介绍你基于数据分析的结果时，他们如果提问："得出这些结论的数据是哪里来的，可信吗？"你就可以很清楚地展示这些数据的可信度，从而对你的结论给出有力的佐证。

运用统计学原则，拒绝零假设。更多时候，数据分析工作都是在数据并不充分的基础上进行的。比如进行产品质量分析时，出于成本原因，不可能做到将所有产品的检测数据收集起来分析；进行用户调查时，往往只能得到部分用户的反馈信息。这种数据分析都是基于样本数据进行的，这个时候就需要运用统计学知识，比如T检验或者F检验，弄清楚样本数据是否能正确代表整体。

聚焦你的问题。很多时候，数据的来源渠道多种多样，有些数据也会存在一定的关联关系。常用的原则是，少即是多，一般情况下，针对你的目标，运用直接相关的数据源进行分析，比使用更多间接相关的数据进行分析有效得多。

原则3：选择合适的可视化效果。

一旦准备好用于佐证你的观点的数据，下一步就是决定如何对它进行可视化编码。编码数据意味着将数据值本身转换为抽象的图形表示，如大小、颜色或形状。

数据可视化是一种将数据构造成可视化结构的编码方式。可视化编码分成平面编码、视网膜编码等等。将图形分割成X、Y的平面都是最简单的平面编码；有时候为了用3个或更多变量表示数据，这时候会引入尺寸、纹理、形状、方向，如颜色渐变和颜色色调等，这些就是视网膜编码，需要视神经进行解码。研究表明，人们最容易理解的视觉编码是简单的平面编码，如位置（X轴，Y轴），其次是长度、角度和坡度、面积、体积，最后是颜色和密度等。因此，当一些可视化图形引入了动态效果时，如延时、比例变化等等，则需要经过大脑思考和加工才能理解其中的含义，不建议频繁使用。

可视化图形多种多样，除了常见的折线图、柱状图、饼图之外，还有多达数十种各类不同的图形。不同的可视化图形适用于不同的数据结果，正确的可视化应该选取合适的图形类型。通常情况下，DataFocus的自动可视化引擎会默认选择相应的图表进行数据展示，但有时候也不够精确，用户可以根据自己的设计思路进行图形切换，表3–1提供了常用的选择参考。

表3–1 可视化图表选择

可视化类型	图形类别
时间序列，一段时间内持续记录的随时间变化的数据集	折线图、面积图、极坐标图、水流图等
比较类型，用于比较数据集中数值的大小	柱状图、饼图等
文字类型，用于展示数据中类别的频率	词云图等
地理位置类型用于按地区展示数据	位置图、经纬图、等高线图等
网状或分层结构，用于展示数据之间的层次关系	树形图、打包图、桑吉图、平行图、引力图等

此外，要避免使用扭曲的图形。由于可视化传递的介质绝大多数是平面的，比如通过纸张、网页、PPT或其他的文档形式。而三维图形展示在二维平面上时，将导致图形扭曲，观察角度的不同甚至会导致获得错误的信息，因此为了准确地表达信息，应该避免使用3D图形。另外还有一种典型的可视化错误，就是柱状图（或类似的其他图形）的X轴不从零开始，这有时候会很显著地放大数据的微小差异。

原则4：美学设计。

爱美之心人皆有之，如果你的可视化作品兼具美感，那一定能更好地打动人。但是图表的美化存在许多误区，这里需要遵循的原则就是美学设计必须以不对正确的数据信息沟通产生干扰为前提。首要的一点是，尽量保持简单。简单也是美学设计的一种，数据可视化作品要直抒胸臆，不能附带过多无用信息，从而影响信息传递。

一个有效的保持简洁的方式是尽量提高Data/ink Ratio（数据像素比），这是可视化专家爱德华·塔夫特（Edward Tufte）提出来的概念。他用Data/ink Ratio来量化图表的信息传达效率，比率越高，说明传递单位数据信息消耗的像素越少，换句话说，可视化图表更简洁；相反，比率越低，则意味着可视化图表中的冗余信息越多。其公式定义为：

Data/ink Ratio＝传达数据信息的可视化像素/图表总像素

从公式中可以看出，这只是一个定性的指标，并没有标准的度量值来评价每个可视化作品的Data/ink Ratio，基于这一原则，通常有一些经验可借鉴，如：不要在一个仪表板中放置太多图表；简单的图形更容易让人聚焦；复杂的图形，具备太多元素，容易分散人的注意力。保持简约的设计，目标是清除所有对传递消息没有帮助的混乱，诸如：分类数据的颜色过多；频繁使用特殊效果，引入3D图形和阴影；

太多的标签；各种花哨的图片和网格线；等等。因为这些都会显著降低数据看板的信息传递效率，应该尽量避免。

原则5：选择有效的媒介和渠道。

现实世界中有许多优秀的数据可视化案例，都向它们的目标受众准确、高效地传达了信息。从1854年英国约翰·斯诺（John Snow）医生的霍乱地图，到1861年法国工程师查尔斯·约瑟夫·米纳德（Charles Joseph Minard）绘制的拿破仑远征图（图3–5），以及汉斯·罗斯林教授通过Gapminder网站展示的令人震撼的全球经济、医疗等数据，都带有无可辩驳的说服力。这些可视化作品广为传播，汉斯甚至在2006年2月通过TED上的著名演讲进行了全球范围的宣传，这为他的慈善基金吸引了很多关注，算得上是通过数据可视化沟通的成功典范。

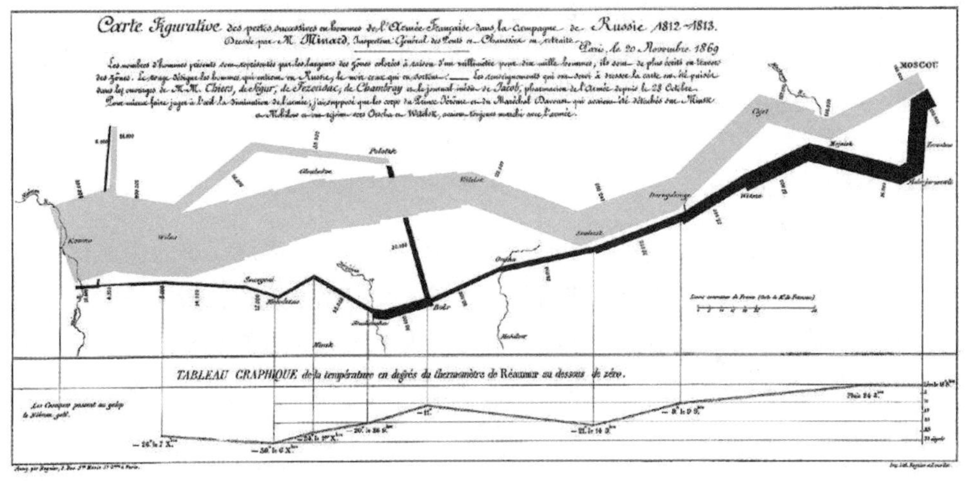

图3–5 拿破仑远征图：低温是造成拿破仑远征俄罗斯失利的主要元凶

无论读者是希望通过一项可视化项目进行宣传，或是打算运用翔实的数据向领导层展示你的思考，促成决策，还是仅仅希望通过可视化的分析结果说服你的同事关注某项工作，你都应该通过合适的媒介或渠道开展这项交流，因此你需要注意可视化工作的表现形式：

◎ 独立图形还是旁白？

◎ 静态、交互式、动画或组合图形？

◎ 如果叙述过：录音、实况还是两者兼有？

◎ 如果是现场：远程、亲自或两者兼有？

◎ 在所有情况下：广播、定向还是两者兼有？

如果你是在企业从事数据分析和可视化工作，那么创建令人印象深刻的数据看板，或者通过数据可视化图表填充你的汇报演示PPT，是常用的沟通渠道。运用DataFocus系统可以很方便地完成这些工作。

如果是从事媒体宣传、咨询研究等面向大众群体的数据可视化工作，一般通过公众号等自媒体平台作为信息传播渠道，这类工作可以运用DataFocus的自定义数据看板功能制作数据分析报告，定期更新数据可获得最新的数据报告；或者将可视化图表嵌入网页中作为可更新的数据向公众传达。

原则6：检查结果。

每次项目结束，进行一次认真的检查和复盘，将发现的问题进行及时的反馈是一个好习惯，这些反馈循环和检查点可以帮助你衡量是否达到了预期的结果。这在未实现目标的情况下进行及时的项目迭代或调整非常有效。检查结果时常问以下几个问题：

◎ 受众收到你的信息了吗？谁收到了，谁没有？

◎ 他们是否以您期望的方式正确地解读了数据信息？

◎ 他们的反应是否如你所希望的那样？提出这些问题将有助于你更好地检验你的沟通效果，同时也可以通过你的受众反馈，获得有价值的改进意见。

本章小结

数据可视化的最终目的是向你的沟通对象传播信息，因此了解人类的视觉系统有助于更好地设计可视化图形。前两节讲述了人类视觉系统的视错觉缺陷，以及有效规避这些问题的十大原则；后两节则讲述了人类沟通交流的基本原理，并且讲述了高效沟通的六大原则。我们在今后的可视化项目中遵循这些原则，可以使得可视化成果能够以更高效的方式，毫不扭曲地传达数据含义。

课后习题

1. 视觉可视化的十大基本原则是什么？
2. 什么是数据像素比？高效沟通的六大基本原则是什么？

第 二 篇

DataFocus基础操作

本书中大量数据可视化实践案例均是基于DataFocus数据分析软件创作，因此掌握其基本操作技巧是贯穿本书的根本。本篇分6章讲述了DataFocus简介、数据导入、搜索分析、创建可视化图形和数据看板大屏，以及系统设置和用户权限等功能模块。其中第6章建议读者认真阅读，尤其是涉及关键词搜索、公式应用的章节，这是DataFocus强大的功能所在，读者也可以通过DataFocus的官方网站（www.datafocus.ai）深入学习该产品的使用技巧。

第4章 DataFocus简介

4.1 DataFocus概述

多年来，大数据分析行业虽然蓬勃发展，但仍然障碍重重，面临着巨大的挑战。首先是数据准备方面。数据分析师要么自己学会，要么依靠软件工程师——搭建Hadoop集群，创建数据仓库，购买Informatics等第三方数据仓库软件，或者学会kettle等ETL工具。其次是数据分析技能。数据分析师们需要学会数据库语言，能够熟练操作SQL语句，或者掌握一些复杂的拖拽、配置操作技巧。最后，数据分析师还必须熟悉有待分析的业务类型，或者把自己变成一名高效的需求经理，学会聆听、理解并实现业务人员交办的数据分析任务。所有这一切，都严重阻碍了数据分析行业的发展。

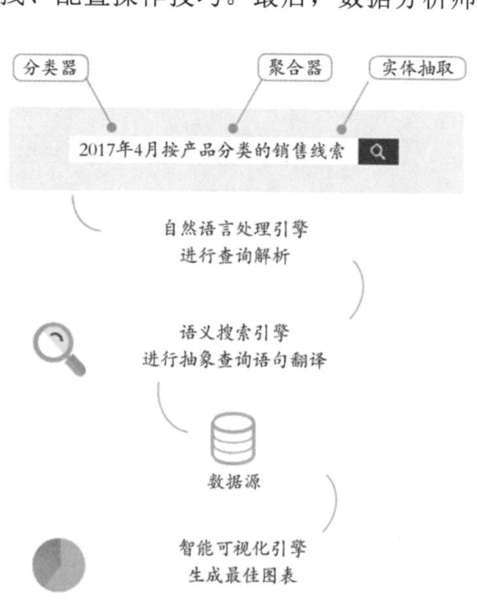

图4-1 DataFocus数据搜索引擎工作原理

因此，DataFocus在设计之初就致力于降低大数据分析的门槛，让用户在注册、使用、生产过程中，尽量摆脱对技术的过度依赖。

比如，DataFocus的搜索式分析功能，彻底变革了通过写SQL语句进行数据分析的方式，相比于拖拽式操作，上手速度更快，实现即时数据分析体验。什么是搜索式分析呢？即在分析的时候，摒弃传统拖拽字段的方法，直接在搜索框内输入字段或者关键语句（每年、同比、前10、周五等），系统的自然语言处理引擎进行查询解析，并自适生成可视化图表，如图4-1所示。

DataFocus还集成了大数据仓库的功能，用户只需要简单配置即可从其他业务系统的数据库中抽取数据，或者直接查询第三方数据库。用户也可以将本地数据文件上传到DataFocus系统中，通过创建中间表和公式编辑进行数据整理和清洗。

简而言之，DataFocus可以让用户在不写一行代码的情况下，完成大数据仓库的搭建、简单的数据整理和清洗、数据分析与可视化，在10分钟内创建一个美观、可交互的可视化大屏。

4.2 DataFocus系统架构

DataFocus包含了数据仓库系统（Data Connectors & Data Warehouse）、数据搜索引擎（Search Engine）、可视化引擎（Visualization Engine）、安全控制模块（Security Control Module），以及一个语义解析引擎（Semantic Parsing Engine），更高级的版本还带有内存计算引擎（In-memory Calculation Engine）、机器学习模块（Machine Learning Module）和分布式集群（Distributed Cluster Manager），如图4-2。

图4-2 DataFocus的功能结构图

4.3 DataFocus创建应用

DataFocus Cloud版无须本地安装，只需接入网络，通过访问域名即可在线注册和登录使用。

安装前请先登录https：//console.datafocus.ai，显示登录页面，如图4-3所示。

图4-3　官网登录页面

用户可以使用微信扫描二维码登录“DataFocus会员中心”，也可以使用账号密码登录。支持微信扫码登录系统，如图4-4所示。首次使用微信扫码登录后，需要填写个人信息并继续。

图4-4　扫码登录

支持输入账号和密码登录系统，如图4-5所示。

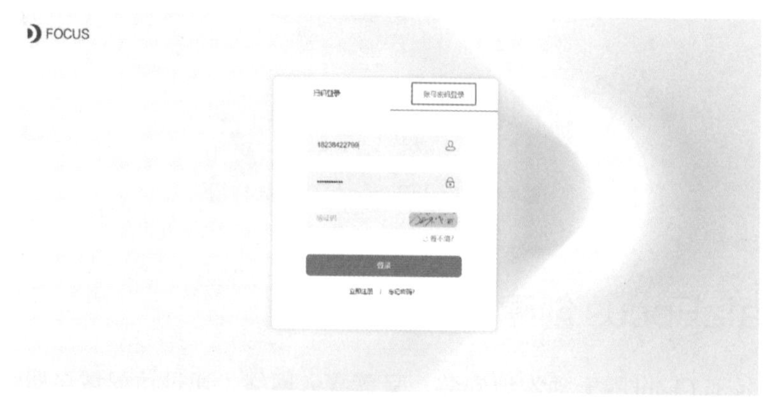

图4-5　账号密码登录

如果没有账号请先点击“立即注册”，完成注册后登录。输入用户名、密码、邮箱、手机号并获取验证码，填写个人信息即可完成注册，如图4-6所示。

图4-6　注册页面

成功登录后会进入DataFocus会员中心首页，如图4-7所示。

图4-7　DataFocus会员中心首页

进入会员中心后，点击相应版本的“新建”按钮，或右侧的“新建”按钮，完成支付可以创建应用，如图4-8所示。创建好的应用可以在左侧菜单栏“我的云应用”中找到。

图4-8　新建应用

企业共享版可以邀请其余用户共同使用。邀请操作如下：

（1）进入“我的云应用”，找到企业共享版的应用，点击“邀请使用者”按钮，可以邀请使用者，如图4-9所示。

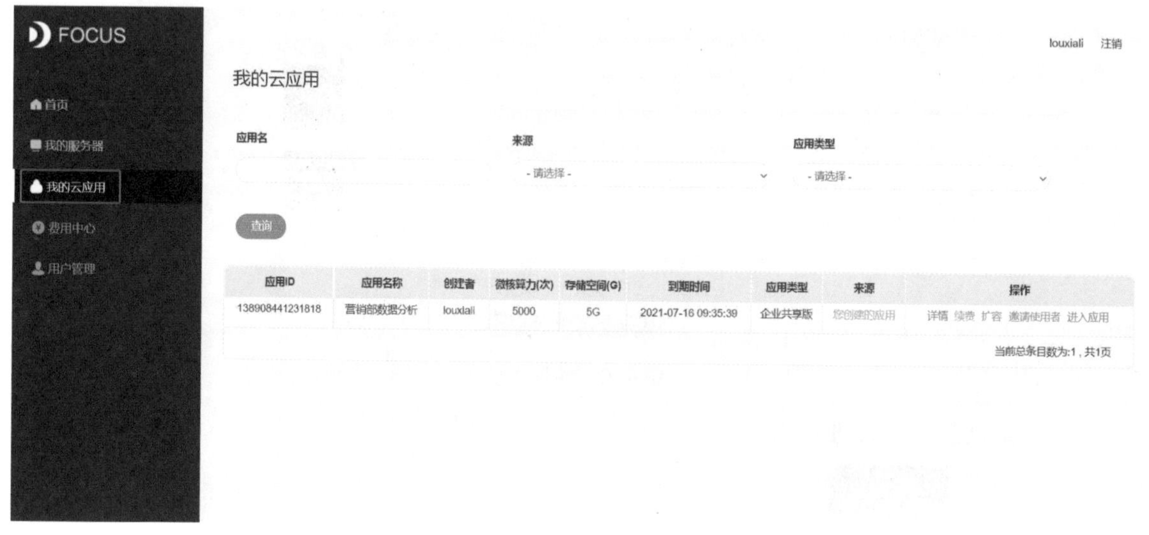

图4-9　我的云应用

（2）输入使用者的手机号和邮箱，可以进行邀请。也可以通过上传csv文件进行批量导入与邀请，如图4-10所示。

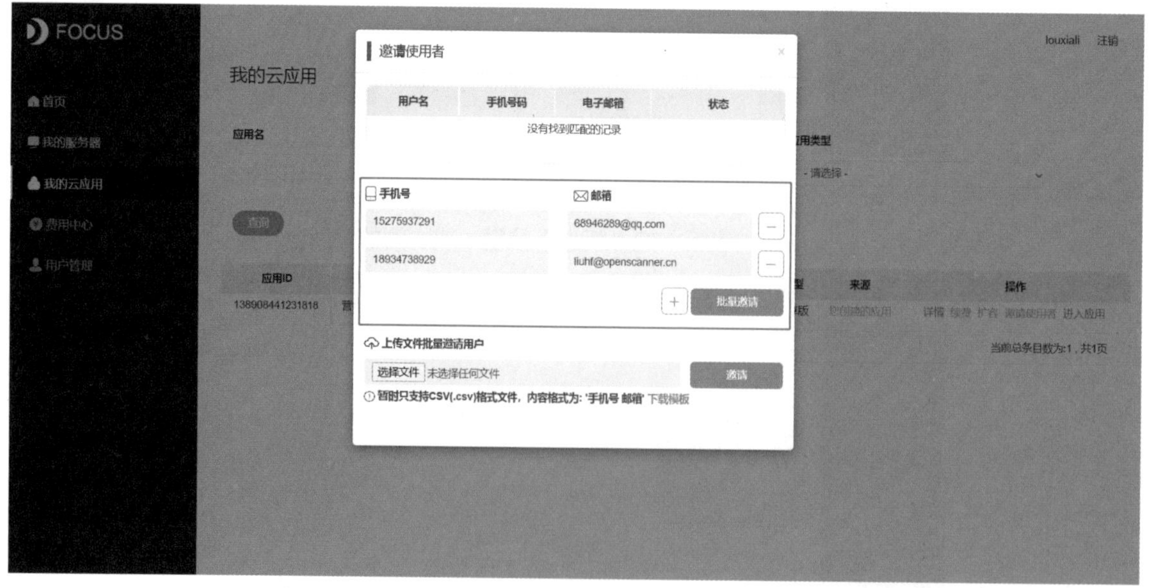

图4-10　邀请使用者

（3）被邀请用户会在该邮箱收到验证邮件进行确认，点击确认链接即可登录系统进行使用。

4.4 初识DataFocus

DataFocus功能强大，操作界面却非常清晰简洁。其产品理念就是用简单的交互方式，让用户开箱即用，降低用户的学习成本。进入应用后，界面如图4-11所示：

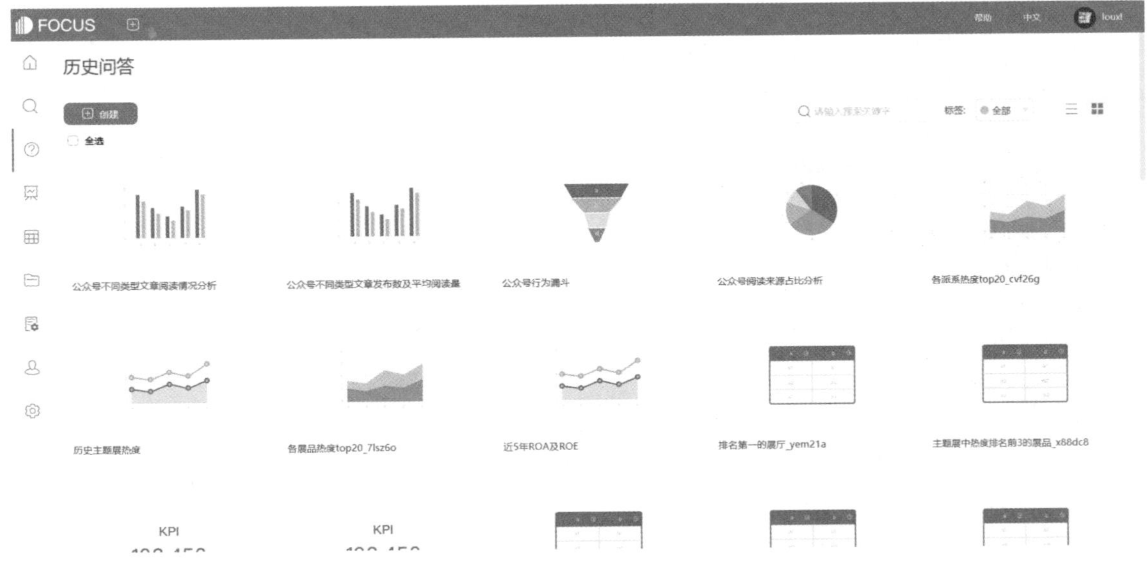

图4-11 产品界面

首次进入应用后，您可以跟随右侧的用户引导了解DataFocus的核心功能。

面板左侧从上至下有9个功能菜单，依次是“首页”“搜索”“历史问答”“数据看板”“数据表管理”“资源管理”“日志管理”“个人中心”“系统管理”，如图4-12所示。各功能模块的介绍见表4-1。

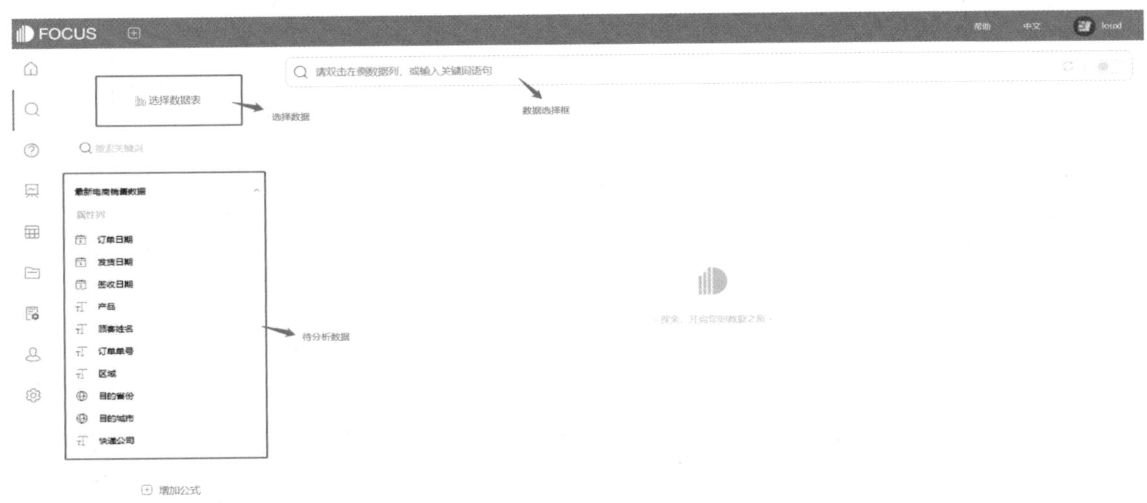

图4-12 认识应用面板

表 1–1　DataFocus 功能模块介绍

模块	介绍
首页	登录后显示的首页面，默认显示最近的资源
搜索	通过搜索框输入搜索问题进行数据分析。搜索结果以表格或图表形式显示在页面中间
历史问答	保存历史搜索结果，可实时更新数据
数据看板	将历史问答自由组合成个性化的数据看板（数据可视化大屏），直观呈现数据变化
数据表管理	支持导入本地文件或直连/导入数据源数据，支持对数据表进行管理
资源管理	支持创建和查看所有资源，包括项目、数据看板、历史问答、数据表等
日志管理	查看操作日志，支持系统日志导出等
个人中心	查看我收藏的、被分享的以及自己创建的资源
系统管理	支持用户管理、权限管理、全局配置、外部数据源管理、定时调度、自定义公式管理、接口鉴权以及设备管理等（系统管理功能只显示在拥有系统管理员角色的用户的页面上）

只需要选择数据表，然后双击左侧数据列，或者输入对应的关键词语句，就可以进行数据分析了，如图 4–13 所示。

图 4–13　搜索式分析

俗话说："巧妇难为无米之炊。"出色的数据分析，往往依赖于完整、精确、可靠的原始数据。接下来的第 5 章将详细介绍如何用 DataFocus 连接用户的多种数据源：加载本地数据，或者从业务系统数据库中抽取数据。

本章小结

本章简要介绍了DataFocus搜索式分析功能，系统架构以及注册登录、创建应用与使用数据分析的基本流程，DataFocus Cloud版在保留强大功能的基础上，简化了用户的使用步骤，更快地直达数据，完成分析。

课后习题

登录https：//console.datafocus.ai，完成注册并试用DataFocus分析系统。

第5章 连接数据源

5.1 连接本地文件

打开DataFocus系统，点击左侧“数据表管理”，然后点击左上方“导入表”按钮，点击“从本地导入表”，如图5-1。可导入CSV、TXT、XLS、XLSX以及JSON等本地数据文件。选中后点击上传，并确认行列属性是否正确。若行列属性不正确，如某些数值列被识别成String格式，则会导致这些数值列无法进行求和、平均值、最大值等操作。

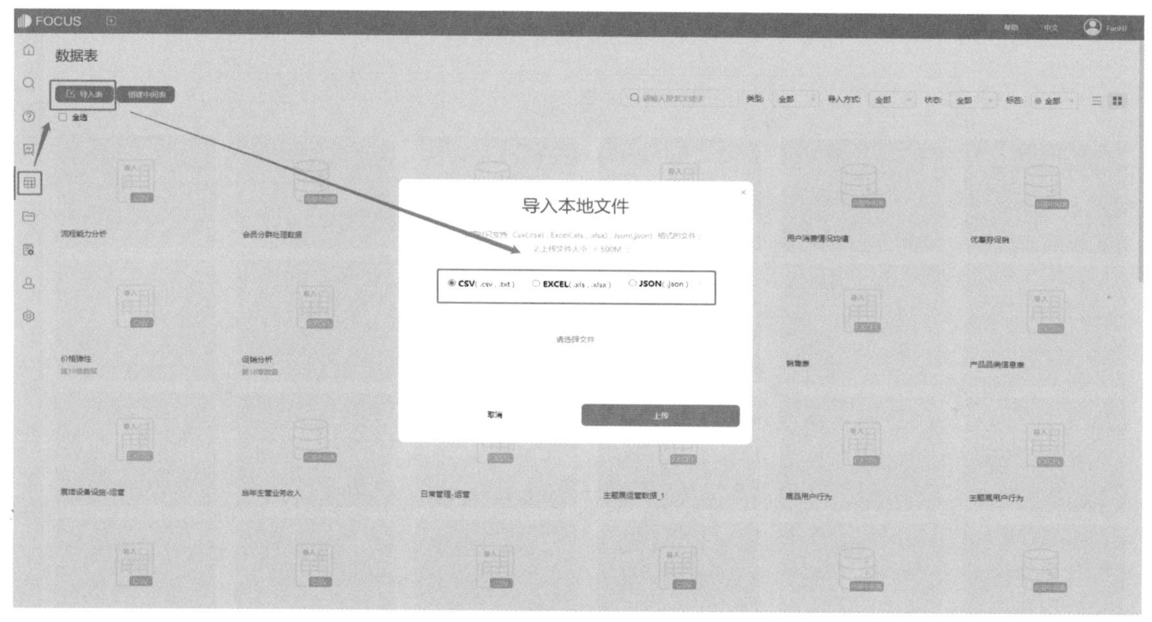

图5-1　数据导入界面

5.2 连接数据库

点击左侧“数据管理”模块，然后点击左上方“导入表”按钮，点击“从数据源导入表”，跳转到选择数据源界面，此时可以选择已添加的数据源，或者新增数据源。

图5-2　选择数据源

选择数据源之后，点击下一步，选择需要从该数据源导入的表和数据列，导入方式可以选择“直连”和“导入”，如图5-3。需要注意的是，导入数据为数据导入到DataFocus自带的大数据仓库，直连数据为直接抽取服务器数据进行分析。若是操作大数据集进行分析，建议使用导入数据，DataFocus数据仓库性能可保障分析顺畅；直连数据分析则依靠对方设备的数据库性能。

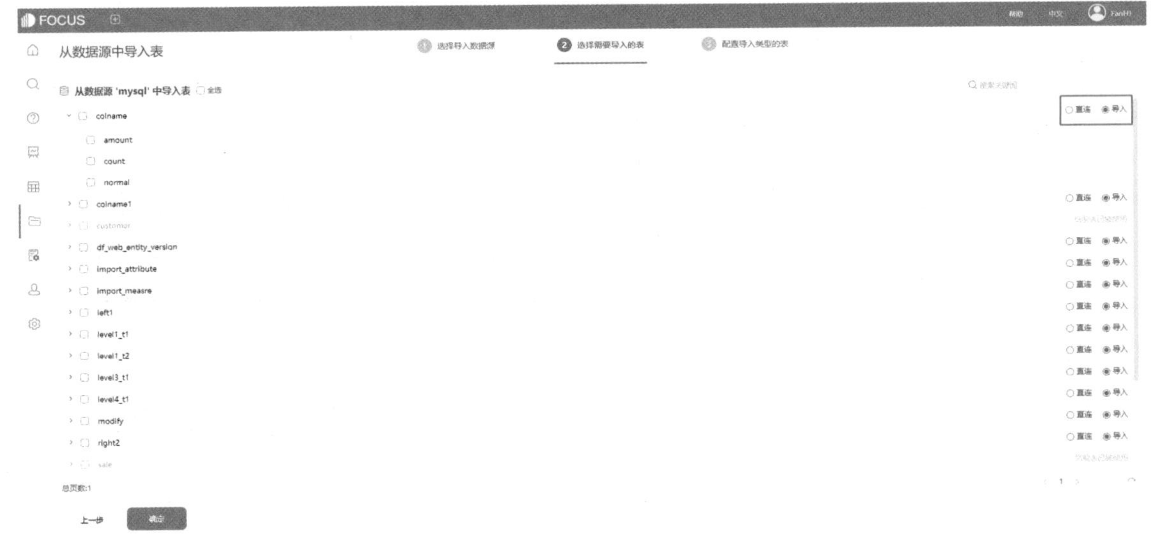

图5-3　选择导入表

选择导入表和导入方式后，点击“确定”按钮，直连数据即可配置完成，返回列表可查看导入状态。直连数据支持实时更新，数据库中数据有变化时，DataFocus中直连的这些表，以及依赖这些表制作的中间表都能实时更新。而导入数据支持定时更新，如果选择的数据表存在“导入”方式则会进入第三步，“配置导入类型的表”，可以配置数据表的简单重复或者明细频率的定时导入，点击“开始导入”按钮，返回列表可查看导入状态，如图5-4。

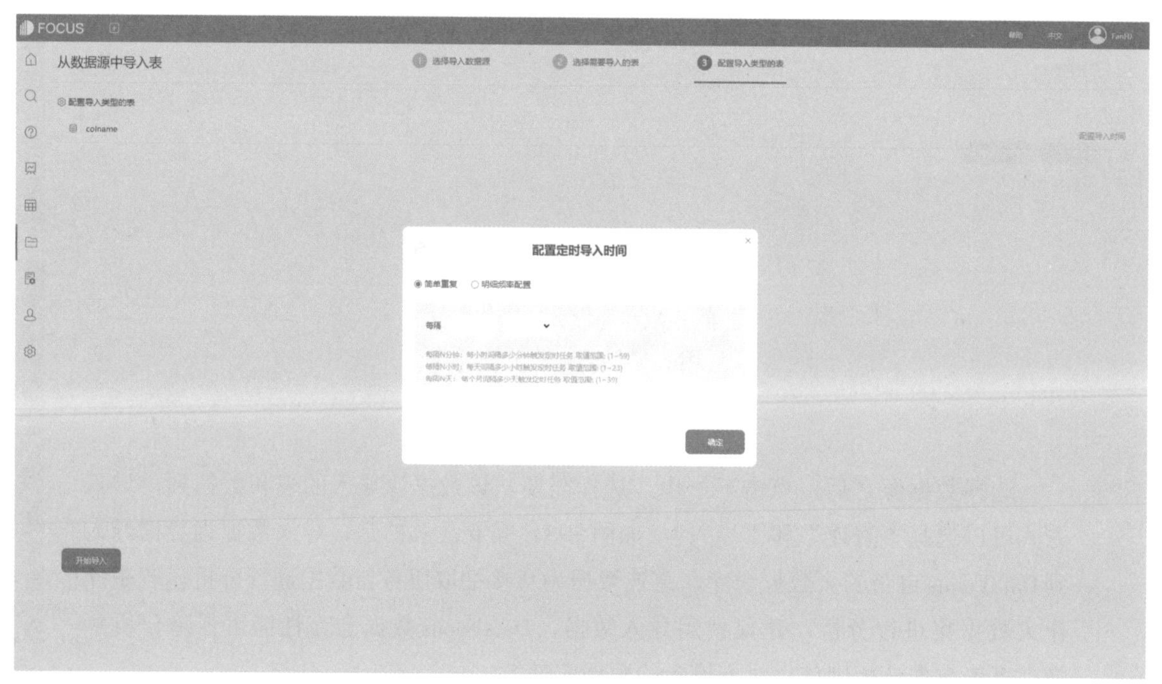

图5-4　配置定时导入时间

5.3 数据更新

针对本地导入的数据，DataFocus支持覆盖上传和累加上传两种数据更新方式。覆盖上传在数据表“详情”中进行操作，进入数据表界面，点击右上角的“覆盖上传”，再输入数据表相关信息，这里和导入数据表的步骤相同，输入完毕后点击确认即可覆盖原来导入的数据表，需要注意表结构需要与原表相同才可以进行覆盖，如图5-5。

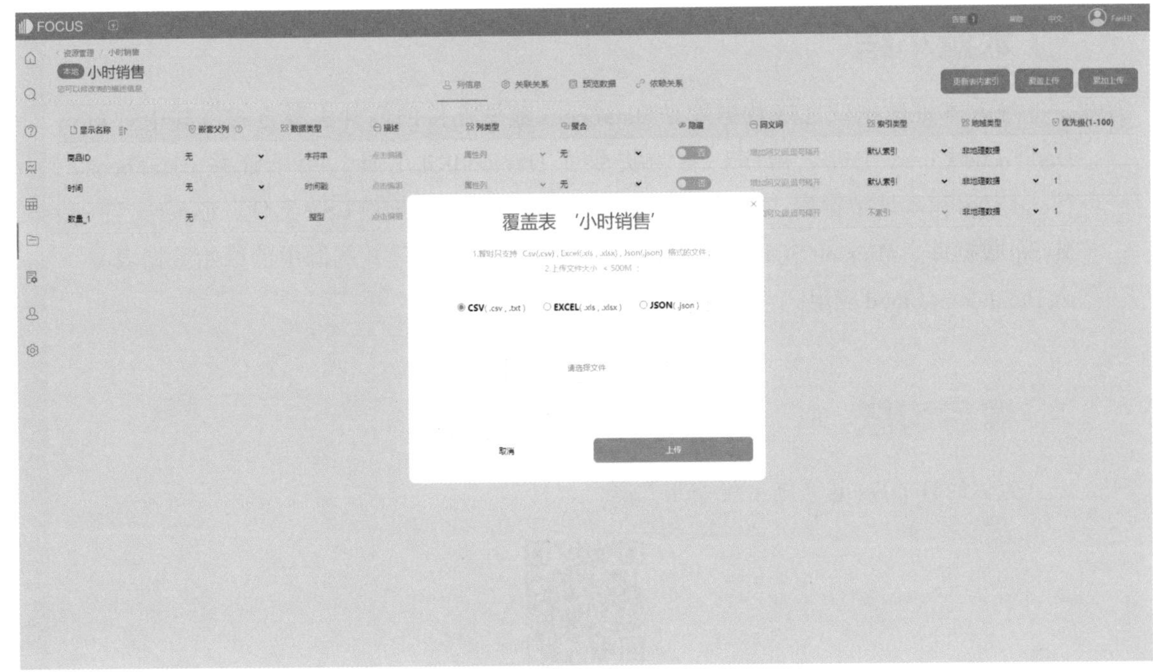

图5-5　覆盖上传

累加上传同样在数据表“详情”中进行操作，进入数据表界面，点击右上角的“累加上传”，操作与覆盖上传步骤相同，并且表结构也需要与原表保持一致，上传成功后在原表的基础上数据将会进行累加，如图5-6。

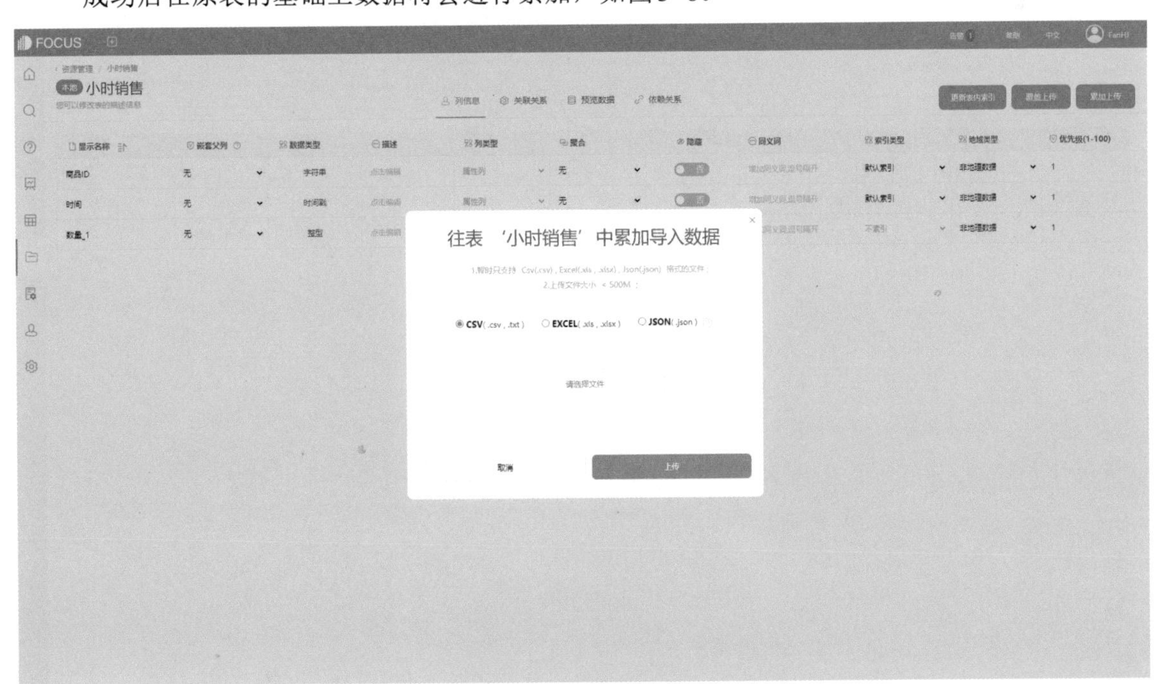

图5-6　累加上传

本章小结

导入本地数据或连接数据库是DataFocus数据连接的两种主要方式。其中针对DataFocus Cloud连接数据库，官方提供了DFcloudKit工具，用于连接DataFocus Cloud应用和本地数据库。借助DFCloudkit工具可以将本地的CSV文件、Excel文件、MySql数据库、Micrsoft SQL Server数据库、Oracle数据库等数据源中的原始数据表导入DataFocus Cloud应用。

课后习题

为你的DataFocus系统上传一组数据。

第6章 基础操作

6.1 列名搜索

打开DataFocus系统，选择“搜索”页面，点击左上方“选择数据表”按钮，进行数据选择，如图6-1。

选择需要分析的数据表，并点击右上角“确定”按钮。一般新导入的数据表会显示在靠前的位置。

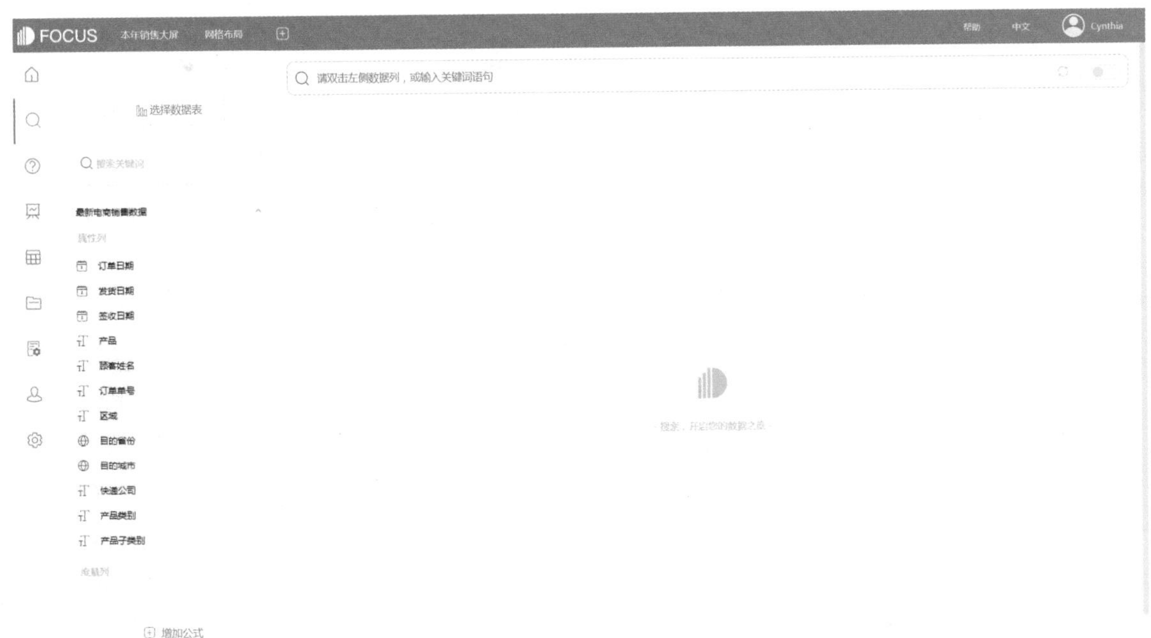

图6-1 数据选择

双击左侧列名（数据表字段）即可进行搜索分析，根据业务需要选择对应的列名即可，如图6-2。不需要分析的列名可点击搜索框的“×”按钮，删除该列。此方法是最为简便的搜索方法，双击搜索即分析，尤其是一些列名规范的数据表，如“产品”“销售金额”等明确的数据表，则能快速进行分析，双击两个列名即可出现每个产品的销售金额情况。

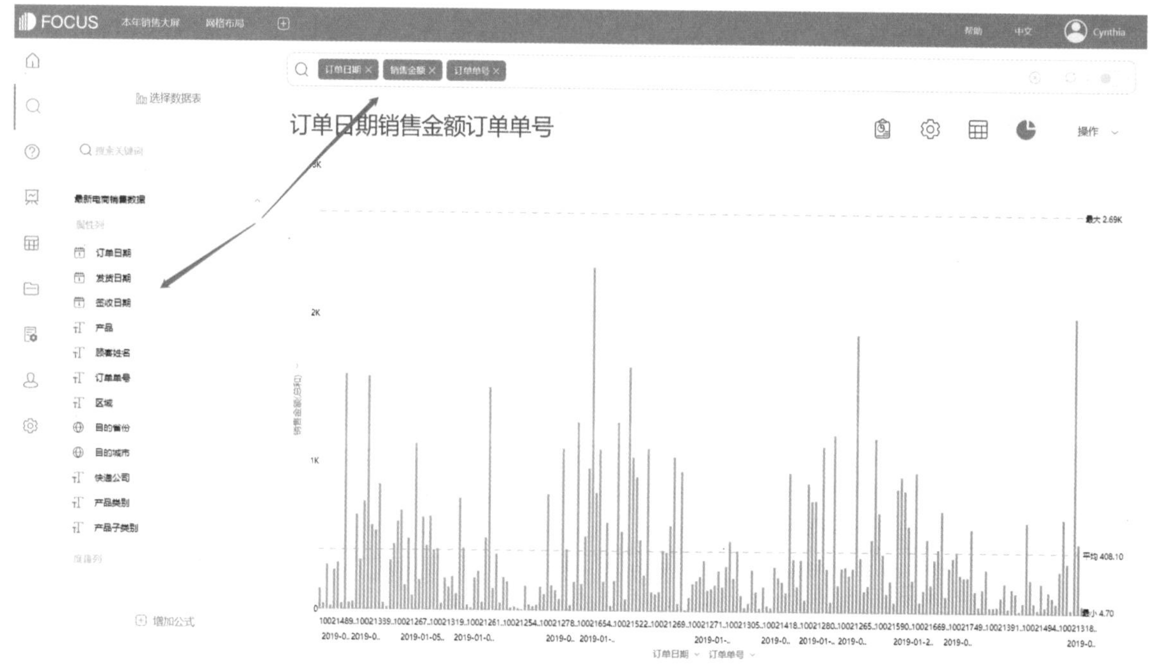

图6-2 双击搜索

点击右侧“图形转换”按钮进行图形转换，比如观看数据分布比例，可将柱状图转换为环图，如图6-3。系统会根据搜索返回的数据格式自动适配可用于显示的图形，如果对应的图形显示为灰色，则表示该图形不可用。当鼠标移到对应的图形上时，系统会自动提示该图形适配的数据格式条件。

可变换的图形主要分为基础图形和高级图形，基础图形有柱状图、堆积柱状图、折线图、面积图、饼图、环图、散点图、气泡图、新气泡图、条形图、堆积条形图、漏斗图、帕累托图、KPI指标图、数字翻牌器、仪表图、完成度、水位图、火柴图、雷达图、组合图、位置图以及树形图等。高级图形有矩形树图、词云图、瀑布图、旭日图、打包图、弦图、桑基图、箱型图、平行图、时序柱状图、时序条形图、时序散点图、时序气泡图、极坐标柱状图、子弹图、日历热图、位置经纬图、经纬图、经纬气泡图、经纬热力图、经纬统计图、轨迹图和直方图等。具体可在DataFocus系统中进行体验。

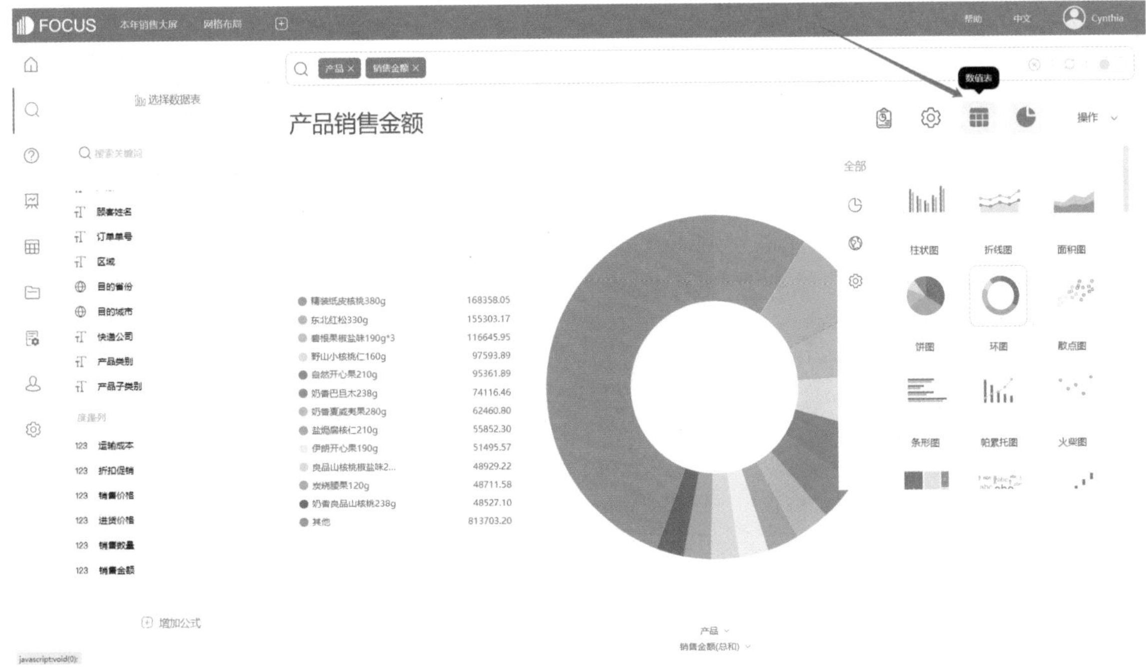

图6-3 切换图形

6.2 关键词搜索

可以在搜索框中输入一些关键词进行搜索分析，这也是DataFocus搜索分析的主要特色。关键词主要分为以下几种类型：

（1）时间日期关键词

销售金额每年/每季度/每月（图6-4）

按月统计销售金额

2020销售金额

2020销售金额9月

按周统计销售金额

周三销售金额

在“2020/04/06”和“2020/05/31”之间的销售金额

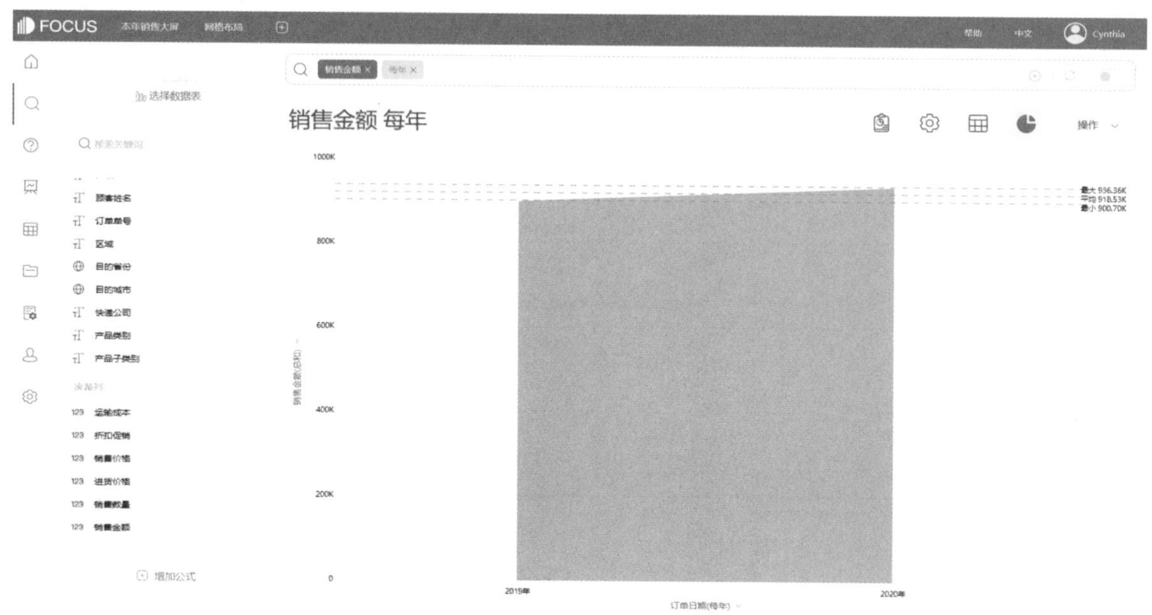

图6-4　日期关键词搜索

（2）字符串筛选关键词

产品包含“东北”销售金额（图6-5）

产品开头是“甘”销售金额

产品不为空销售金额

产品销售数量销售数量的总和大于2000（图6-6）

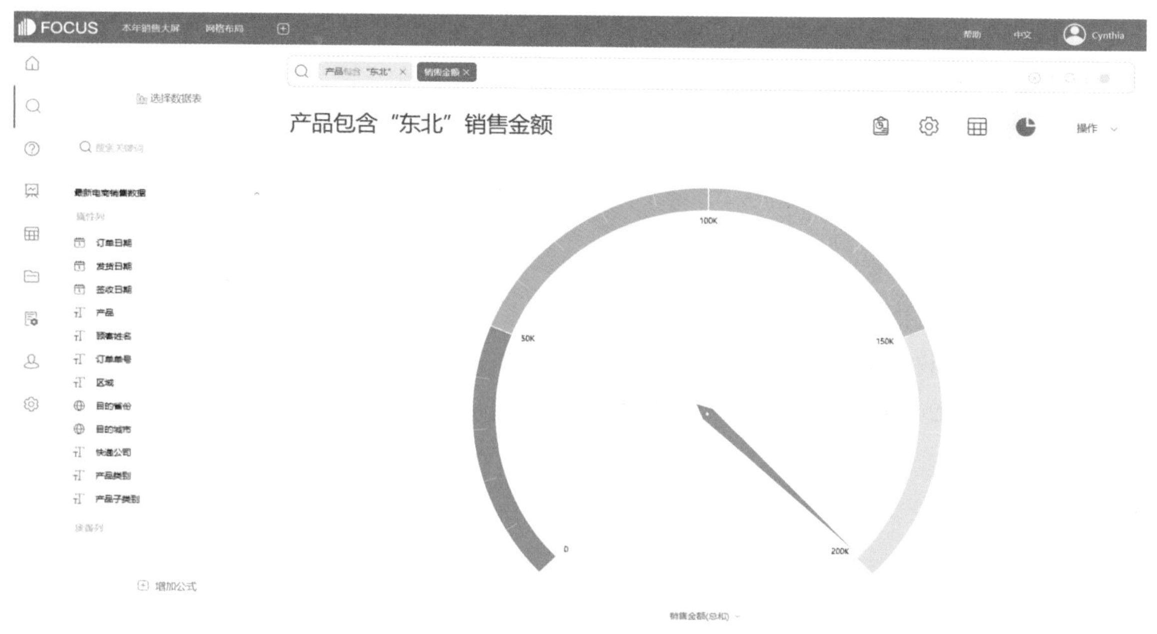

图6-5　字符串关键词搜索

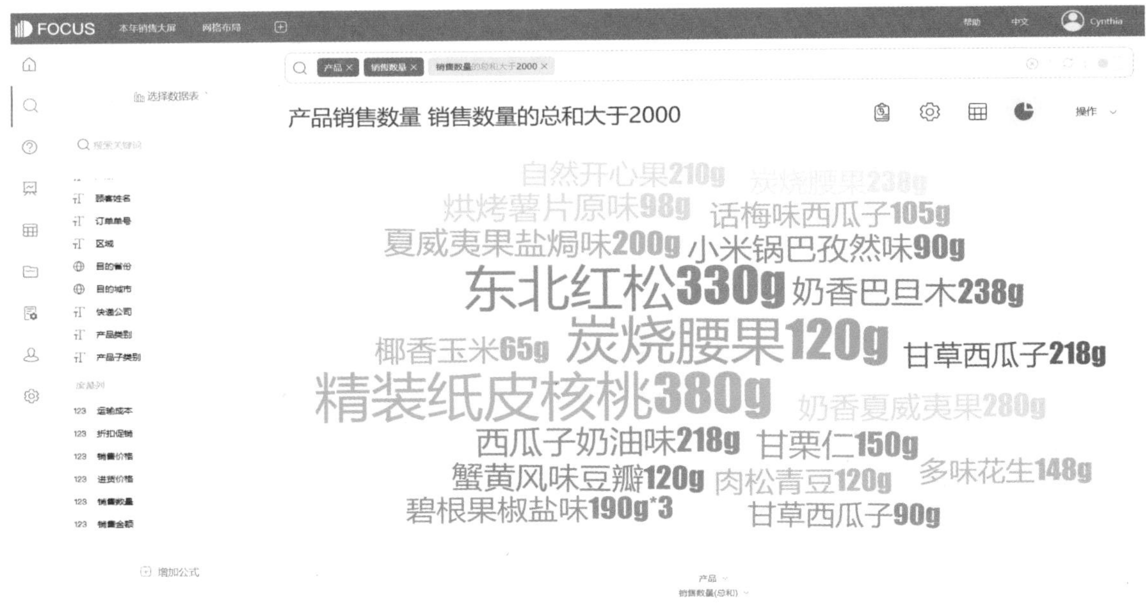

图6–6　筛选关键词搜索

（3）排序排名关键词

按销售金额升序

销售金额按订单日期降序排列的（图6–7）

排名前8的销售金额的总和产品（图6–8）

产品排名后3的销售金额的总和

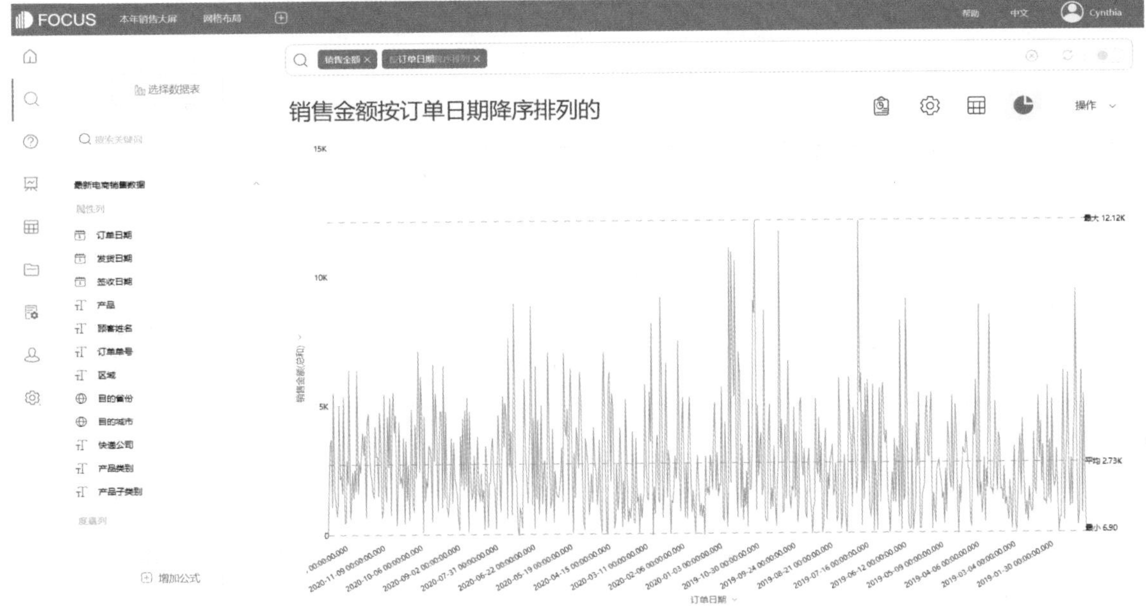

图6–7　排序关键词搜索

图6-8　排名关键词搜索

（4）分组统计关键词

按销售金额分组统计的

按销售金额分4组统计的（图6-9）

按销售金额分组间隔为50统计的

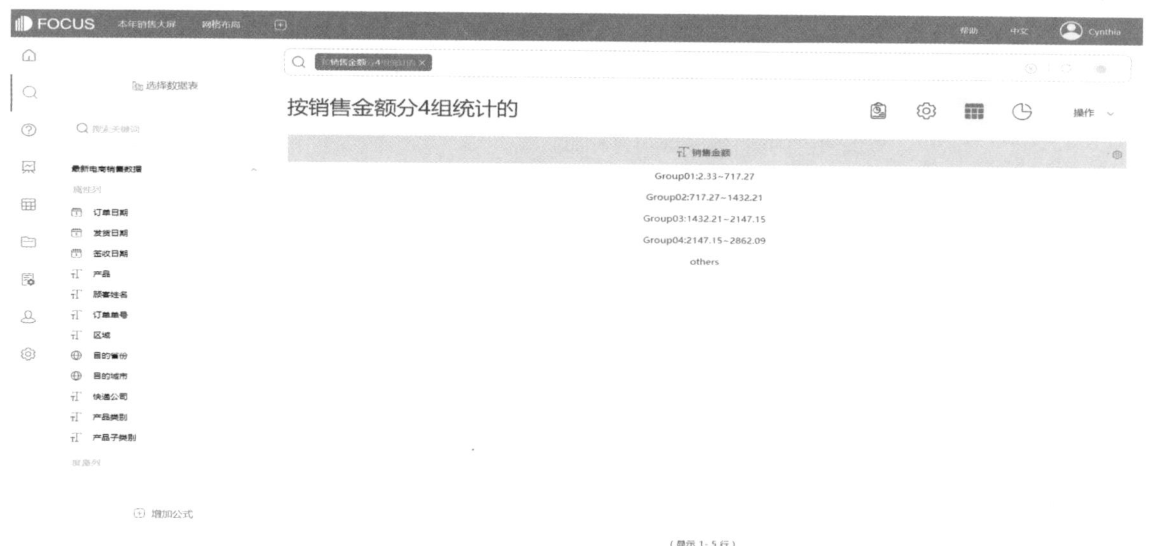

图6-9　分组统计关键词搜索

（5）增长关键词

按订单日期计算的销售金额的总和的月增长量

环比：按订单日期计算的销售金额的总和的月增长率（图6-10）

同比：按订单日期计算的销售金额的总和的周增长率与往年同期相比

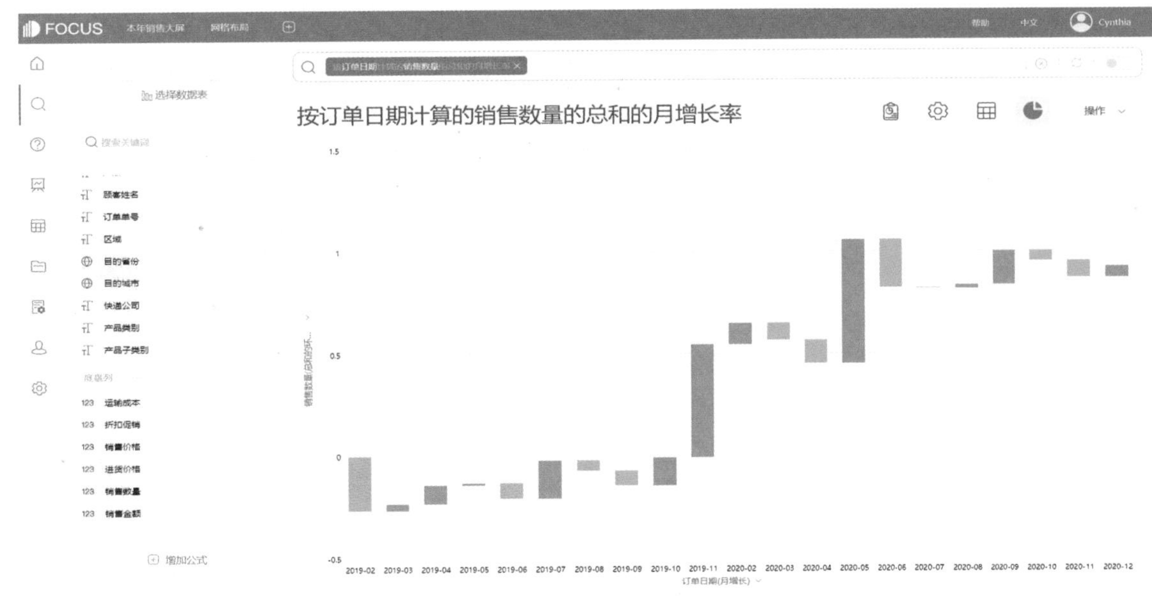

图6-10　增长关键词搜索

（6）聚合关键词

产品的数量（图6-11）

区域销售金额的最大值

快递公司运输成本的平均值

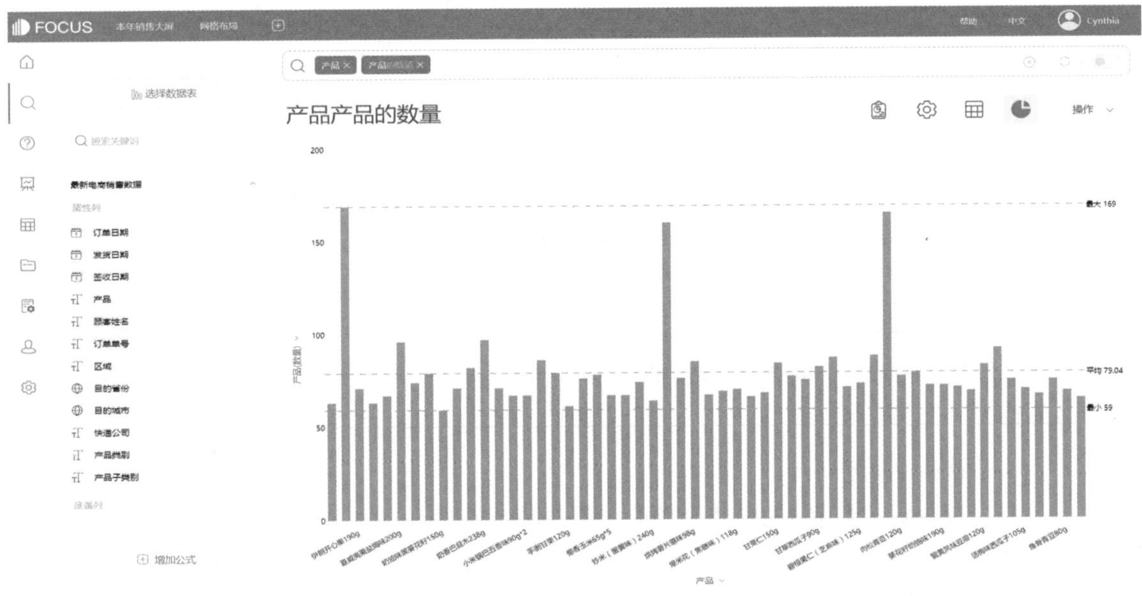

图6-11　聚合关键词搜索

（7）vs关键词

时间对比：去年vs今年销售金额；8月vs9月销售金额；2019vs2020销售金额（图6-12）

同属性不同值对比："中通"vs"圆通"运输成本；"华东"vs"华南"销售数量；产品vs all销售金额

多数值列对比：去年vs今年销售额、目标额、完成率；"华东"vs"华南"vs"东北"销售数量、销售金额

图6-12　vs关键词搜索

（8）关键词复合搜索

某年多月环比对比：

按订单日期计算的销售金额的总和的月/季度/年/周/日增长率9月vs10月2020（图6-13）

某月多年同比对比：

按订单日期计算的销售金额的总和的月/季度/年/周/日增长率与往年同期相比9月

多层次排名统计：

按区域统计排名前3的销售金额的总和产品

多年每月对比：

按月统计2019vs2020销售金额

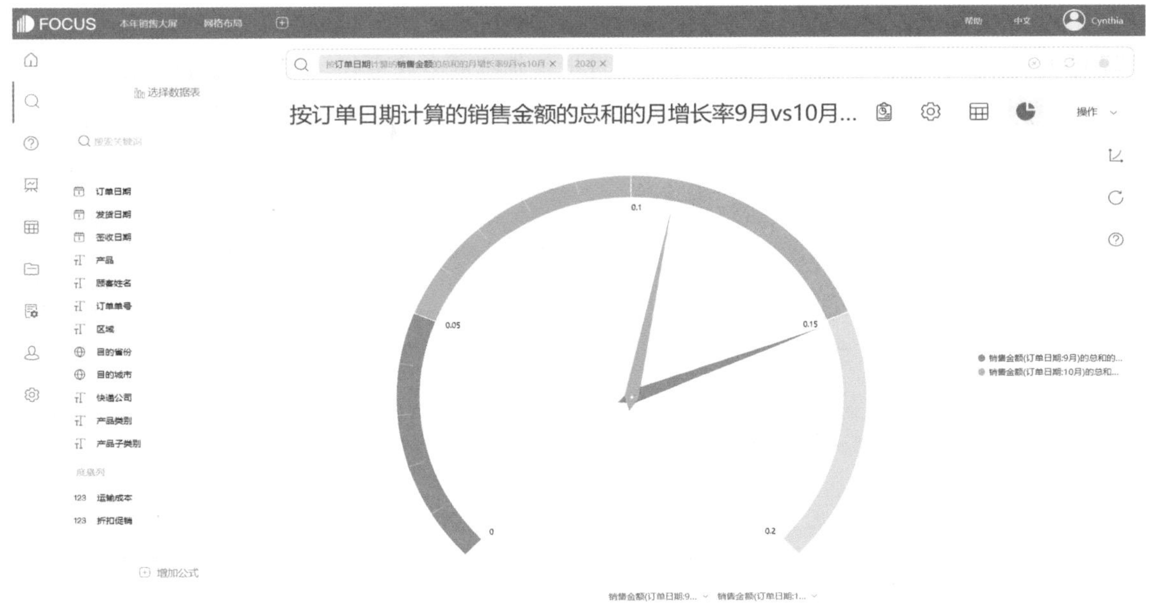

图6-13 关键词复合搜索

6.3 筛选钻取

数据钻取：搜索出图表之后，将鼠标移至图表上方点击右键，选择向上或向下钻取，选取恰当的钻取字段后即可钻取数据，如图6-14。

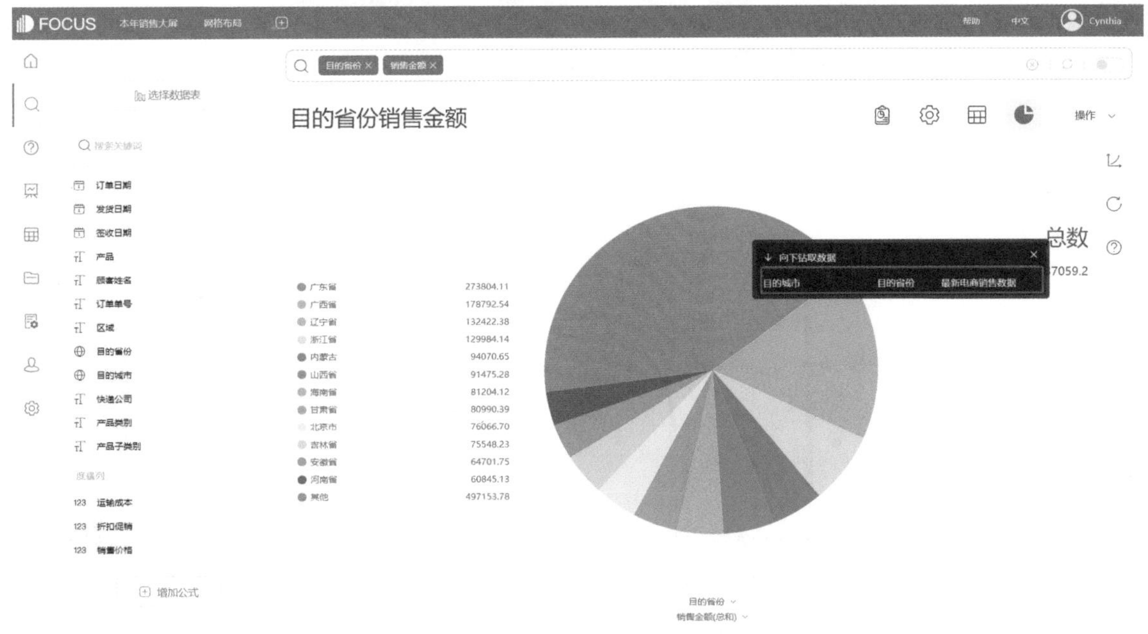

图6-14 数据钻取

数据筛选：点击左侧或下方坐标轴名称，即可进行筛选，如图6-15。选择需要的数据维度，点击确定即可。还可以通过批量筛选的方式进行，点击想要进行筛选的坐标轴名称，选择“批量添加值”，在输入框中输入需要筛选的列中值（以中/英文逗号或空格隔开），如图6-16。

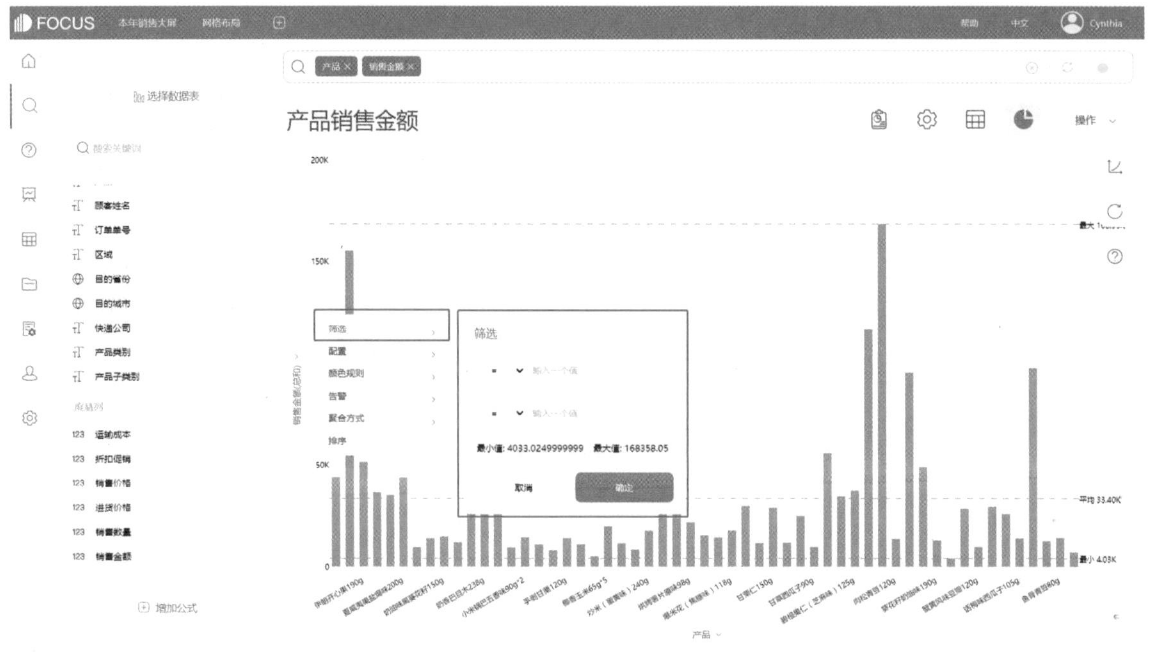

图6-15　数据筛选

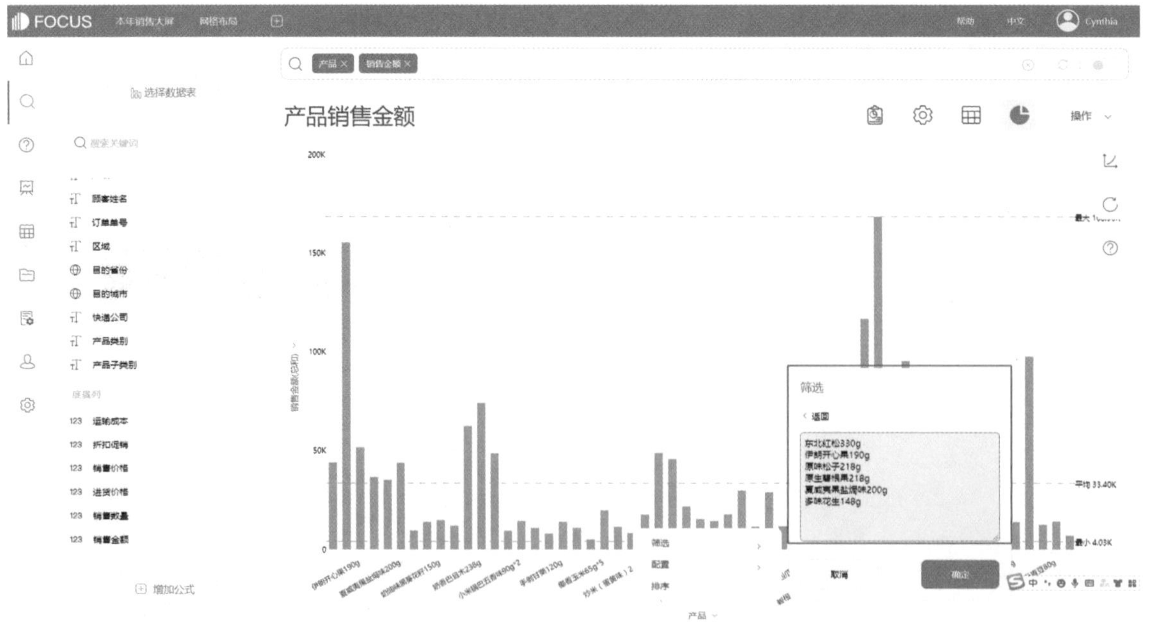

图6-16　批量筛选

6.4 公式应用

公式模块是数据分析系统的核心模块之一，用于进行字段的数据处理，DataFocus包含了绝大部分的Excel函数，可以涵盖工作中大部分的使用场景，并设计了公式辅助功能，免除用户去记忆繁多的公式函数，仅需要点出辅助框，按分类索引引用即可，如图6-17所示。将鼠标移至对应函数上；还可以看到该函数的说明和使用样例，方便用户快速理解和准确使用函数。点击函数可以将该函数立即加入搜索框，保证用户书写效率。

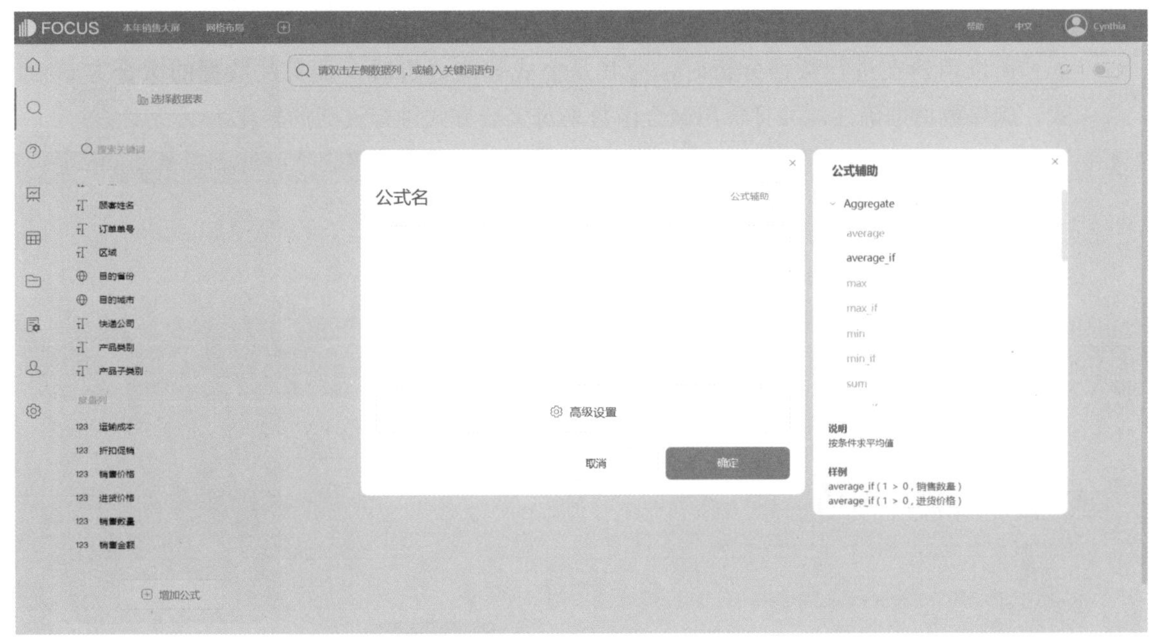

图6-17 添加公式

公式模块也配备了和搜索相似的智能输入提示功能，在书写的同时，补全函数并提示可作为参数的数据列，提高公式书写的准确度和效率。

6.4.1 聚合函数

聚合函数包括了8种基本聚合方式和累积、分组、范围等条件聚合函数。8种基本聚合方式分别为平均值（average）、计数（count）、最大值（max）、最小值（min）、标准差（stddev）、总和（sum）、方差（variance）、去重计数（unique_count）。同时可以引申出按条件聚合的公式，分别为按条件求平均值（average_if）、按条件计数（count_if）、按条件求最大值（max_if）、按条件求最小值（min_if）、按条件求标准差（stddev_if）、按条件求总和（sum_if）、按条件求方差（variance_if）、按条件求去重计数（unique_count_if）。

其中属性列在有聚合的情况下，仅支持计数（count）、去重计数（unique_count）两种聚合方式。系统默认数值列的聚合方式为总和，属性列无聚合方式。用户可以在搜索的同时在搜索框内直接限定数据列的聚合方式，也可以在数据管理的对应数据表详情中修改默认聚合方式。

在公式计算时，遇到需要修改聚合方式的情况，就可以使用聚合函数直接进行修改，比如数据表中有销售金额、销售数量、进货价格三个数值列（默认聚合方式均为总和），如果想查看单个产品实际销售售价（即“销售金额/销售数量”）和进货价格的差值，即单品的每件销售利润，这里就需要对“销售额/销售数量”进行聚合修改（如图6-18），否则会出现错误（如图6-19）。

所以用户在进行数据分析时，尤其是公式辅助分析时，要关注数据的聚合方式，确保数据准确性，并且善用聚合函数来对聚合方式进行灵活的转化。

图6-18　对计算结果进行聚合修改

图6-19 错误的聚合方式

6.4.2 分析函数

在我们的数据分析中，有时会遇到一类指标是需要进行滚动统计的，比如说累计求和、分组求和、移动平均值等。分析函数就可以实现这一类的需求。如图6-20

图6-20 计算年月

所示，可以通过“group_sum”函数计算销售数量按照不同的产品子类别、不同的目的省份的和。但要值得注意的是，因为得出的结果是非聚合的，不能直接绘制柱状图、环图等图形，需要先保存为中间表再进行绘图。

6.4.3 字符串函数

字符串函数用于对字符进行连接、剪切、匹配等操作，让我们可以将几个零散的字符列拼接成完整易用的一个字符列，或者是从一个长串字符列中截取我们需要的部分。我们在收集用户的使用反馈过程中，发现DataFocus用户最常用字符串函数去处理收集原始数据文件里不规范的时间信息，通过处理将其变成标准易用的日期时间列，如图6-21所示。

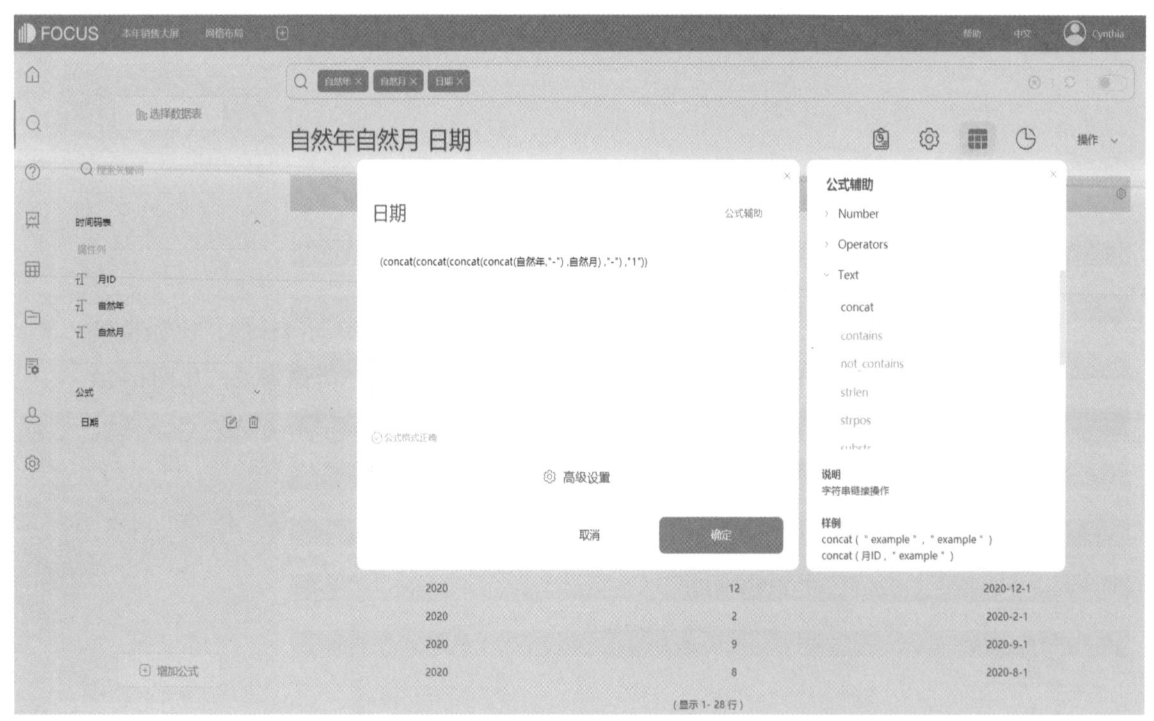

图6-21　字符串拼接

6.4.4 数字函数

数字函数是公式中最基础也是使用最广泛的一类，用于对数值进行计算，如加减乘除、三角运算、多次乘方、绝对值、取整等等，还有一些复杂运算，包含了Excel中的所有数学函数，以及部分统计函数，满足各种数值计算需求。

这一部分在做数据分析经常用到，比如计算各种财务数据或者运营指标等等。

图6-22中使用一个简单的例子来进行演示，已知每种货品的销售量、售价和进货价格，求该类货品的毛利。

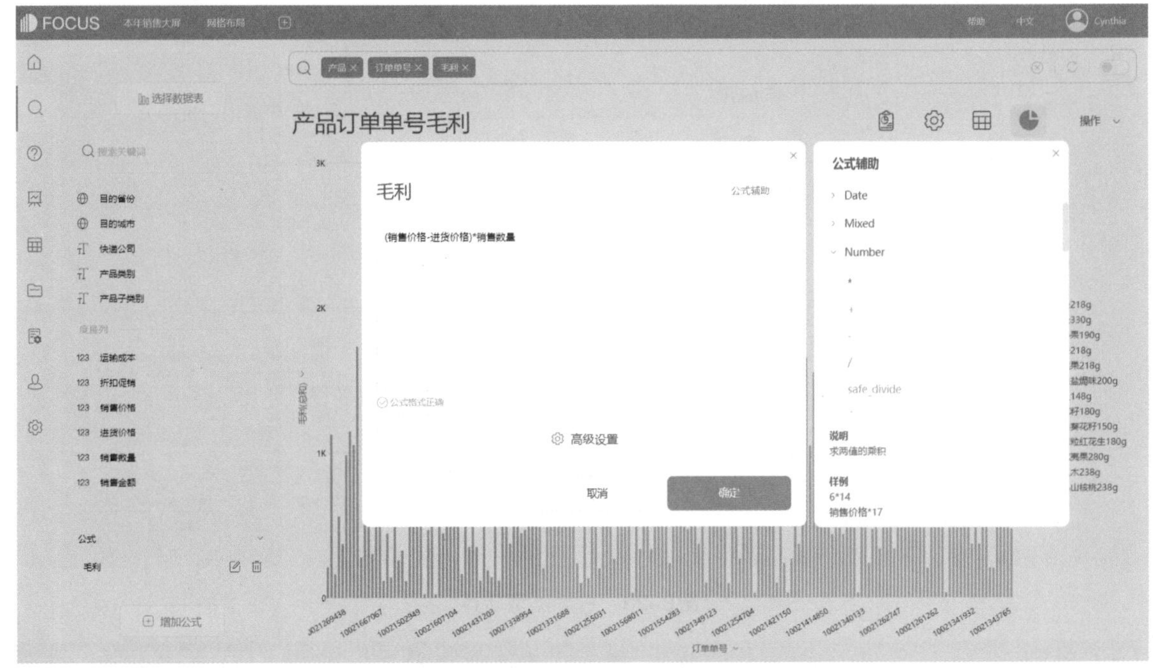

图6-22 用数字函数计算数值

6.4.5 类型转换函数

类型转换函数用于对数据类型进行转换，系统支持转化为5种数据类型，分别是布尔型、日期型、浮点型、整数型和字符型。

在业务中，用户可以将数值型的数据列转化为字符型，然后作为属性列进行搜索；也可以将转化后的数据列作为参数在公式中嵌套使用。举个例子，比较常用的函数有将不规范的日期数据通过字符串重组成规范的日期组成，再用“to_date”日期类型转换函数将其转换为日期列，进行各种日期关键词的搜索。

比如图6-23中将6.4.2章节中得到字符串函数“日期”，为其添加日期类型转换函数“to_date”，整理成正常、易用的日期数据列来使用，最终使用效果如图6-24。

图6–23　日期类型转换

图6–24　转换完成的时间列

类型转换函数还有各种应用场景，都可以根据需求灵活使用，也支持结合其他函数进行嵌套使用。

6.4.6 逻辑函数

逻辑函数用于进行逻辑判定和逻辑运算。独立使用比较少见，多用于和其他函数结合，在判断条件中调用。

其中的“if…then…else”函数常用于进行特殊分组分群，例如图6–25中利用该函数进行产品畅滞销结构分群，将销售数量按一定的条件区分畅滞销结构，就是很常见的应用场景。

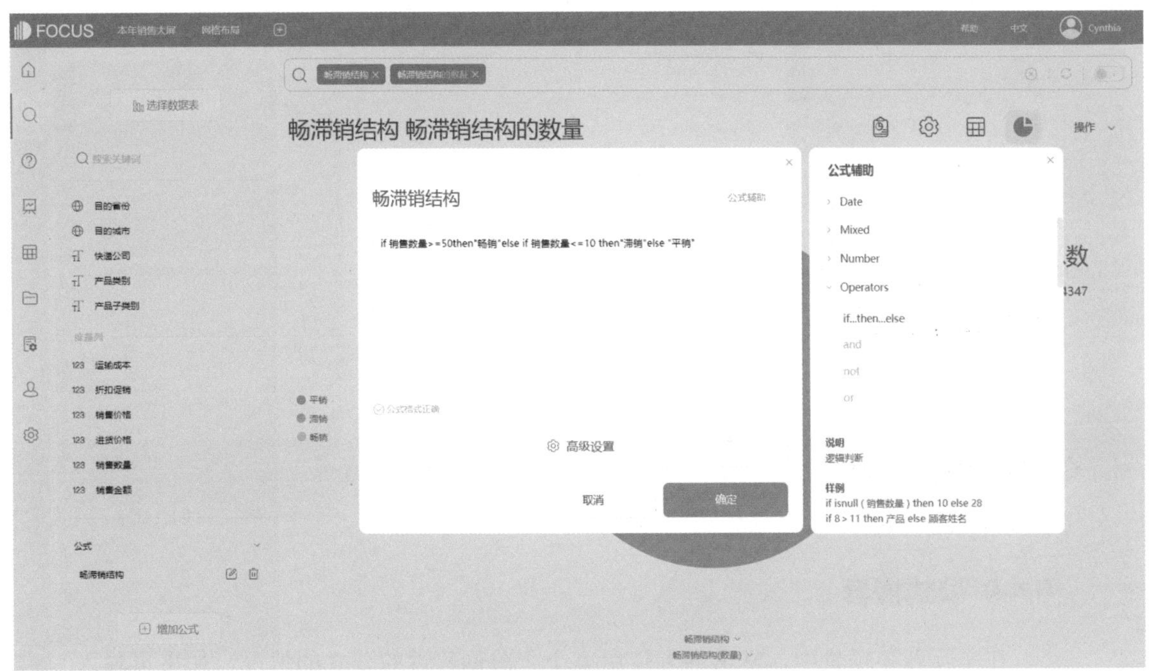

图6–25 分群操作

6.4.7 混合函数

混合函数是用于对数值比较进行判断的函数，主要分两种：一种是判断两个值的关系，如“<”“>=”“！ =”等，根据判断结果返回true或false；第二种是判断两个值的大小，返回较大/较小的一个值。该函数常和其他函数一起使用，作为参数被调用，或者单独作为比较返回较大/较小值使用。比如，在上一节的分群公式中（图6–25）作为if的嵌套条件使用。

6.4.8 时间日期函数

时间日期函数是针对时间列的函数，可以对时间列进行各种统计、计算。比如：你可以计算某一时间日期是一周内的星期几，是不是周末，是几月、第几个季度，等等；也可以计算一整列中的每一天距离某一个日期的天数，这在计算用户活跃度中的最近一次上线间隔天数这种指标时非常方便；也可以计算该日期的年份、月份、季度数目。如图6-26所示，计算签收至发货之间的运输天数。

图6-26 计算年月

6.4.9 公式嵌套

在实际业务场景中，常常遇到使用某个之前创建过的公式的情况，如果再输入一遍会导致公式逻辑比较复杂，这里就需要用到公式嵌套功能了。顾名思义，公式嵌套就是在当前创建的公式中使用之前创建过的公式。

DataFocus系统除了极为稀少的一些为了避免数据错误的场景，比如对含有计数（count）聚合或去重计数（unique_count）聚合的公式进行再聚合的场景，其他正常的公式嵌套都是可以使用的，公式中的智能提示也会将之前的公式纳入补全选择。

这里我们继续使用6.4.3和6.4.5中的场景进行示范。

将字符串函数和类型转换函数在一个公式中进行嵌套，首先链接原始数据文件中不规范的时间信息，接下来利用“to_date”函数将处理过后的日期时间转换为可在系统中使用的时间日期数据列，如图6-27所示。针对得到的标准时间日期列，如图6-28所示，可以在系统中使用时间日期关键词进行后续的搜索分析。

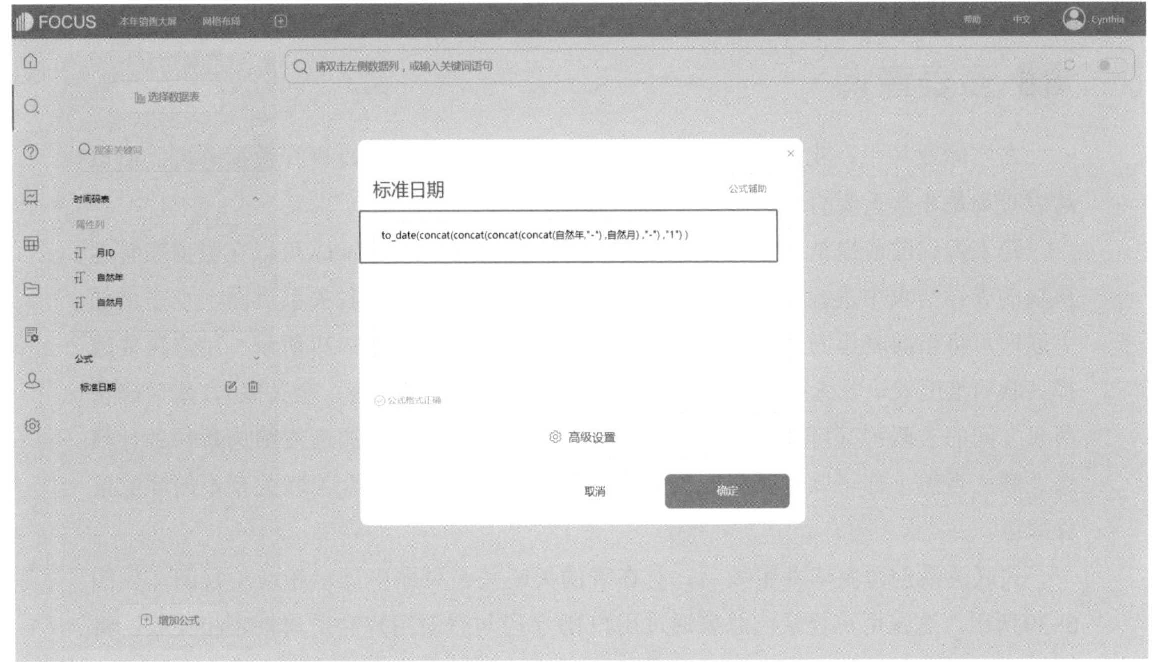

图6-27 公式嵌套

自然年	自然月	标准日期 无
2019	1	2019-01-01 00:00:00.000
2019	2	2019-02-01 00:00:00.000
2019	3	2019-03-01 00:00:00.000
2019	4	2019-04-01 00:00:00.000
2019	5	2019-05-01 00:00:00.000
2019	6	2019-06-01 00:00:00.000
2019	7	2019-07-01 00:00:00.000
2019	8	2019-08-01 00:00:00.000
2019	9	2019-09-01 00:00:00.000
2019	10	2019-10-01 00:00:00.000
2019	11	2019-11-01 00:00:00.000
2020	1	2020-01-01 00:00:00.000
2020	2	2020-02-01 00:00:00.000
2020	3	2020-03-01 00:00:00.000
2020	4	2020-04-01 00:00:00.000
2020	5	2020-05-01 00:00:00.000
2020	6	2020-06-01 00:00:00.000

（显示 1- 28 行）

图6-28 日期链接转换结果

6.5 多表查询

在实际业务中，我们常常需要从多个不同的表里调取字段进行数据分析，所以跨表查询是非常重要的功能。

跨表查询的前提是所需表之间有相应的关联关系。DataFocus可以在数据表管理模块的表详情页中进行关联关系的建立，我们在数据表的关联关系页面，点击增加关联即可将当前表作为主表开始进行关联关系的配置，如图6-29所示。用户需要选择关联的维度表，并选择连接类型（内连接、左连接、右连接、全关联），最后确认两表之间的关联列（可多个）即可，如果有必要，也可以添加连接筛选条件进行筛选关联。当然，你可以对某张表创建多个关联关系，只要符合关联关系不闭环的条件即可。

关联关系创建完毕并生效后，会在表的关联关系页面中显示相应的视图，如图6-30所示，这张用户登录汇总表通过用户ID字段与登录用户会员属性表相关联。将鼠标移至两表之间的连线上，可以激活关联关系的“详情”按钮，查看当前关联关系的详细内容，如图6-31。

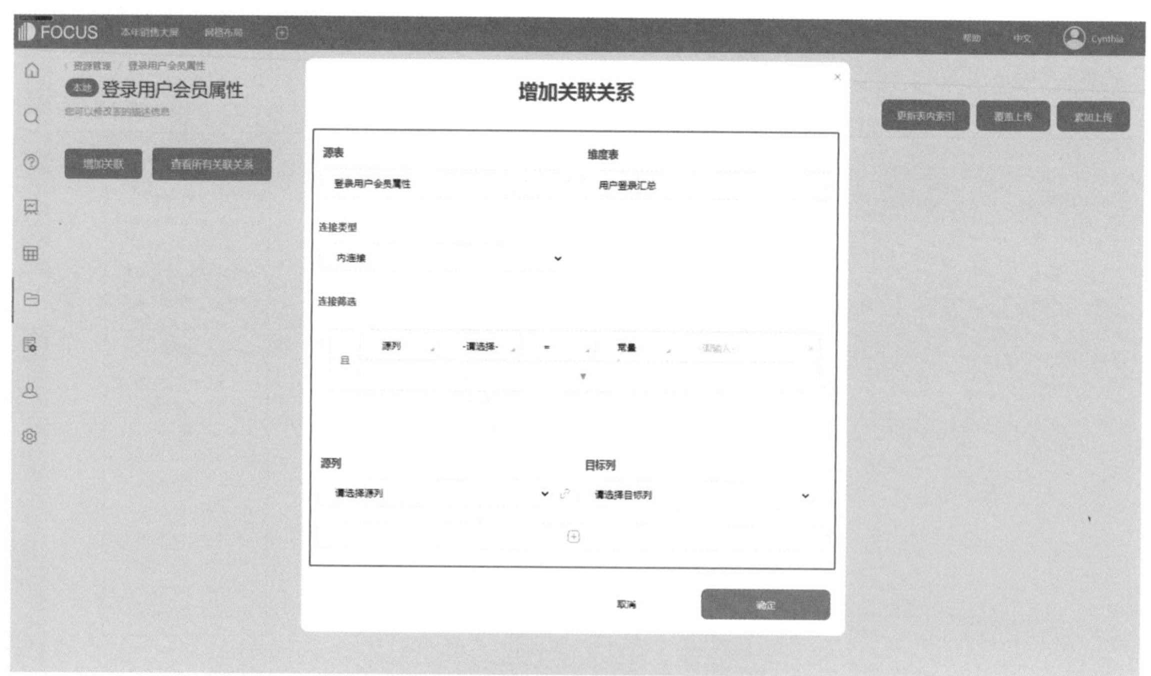

图6-29 关联关系配置页

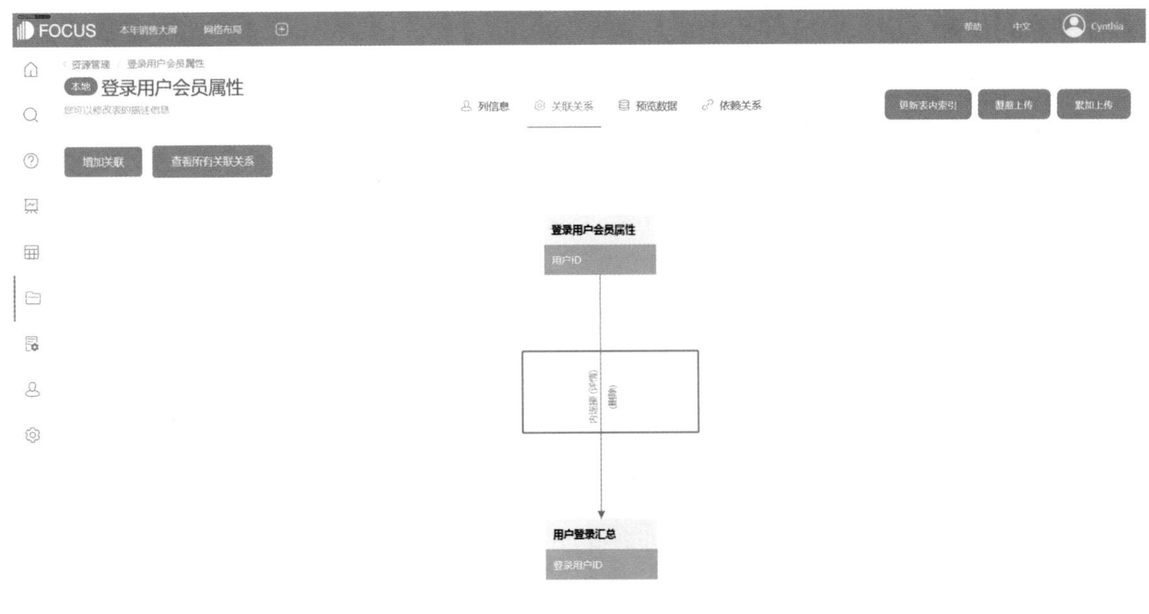

图6-30 关联关系视图

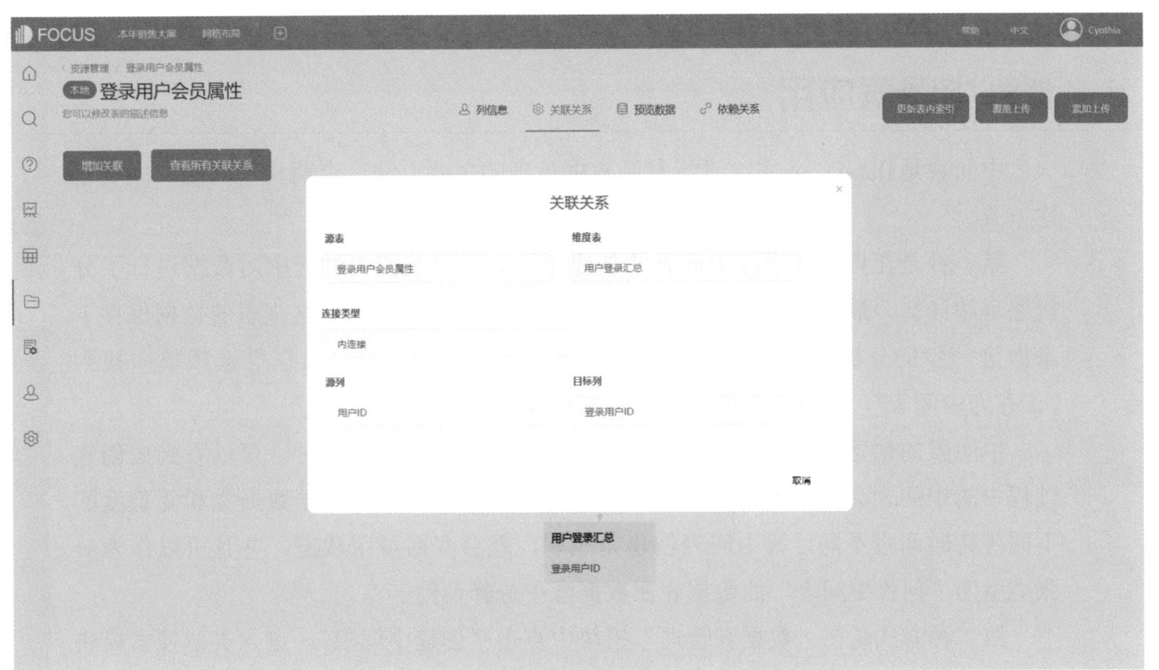

图6-31 关联详情

当按照分析需求正确地建立了多表间的关联关系后就可以在搜索页面，或者中间表页面，作为数据源进行多表查询了，如图6-32。

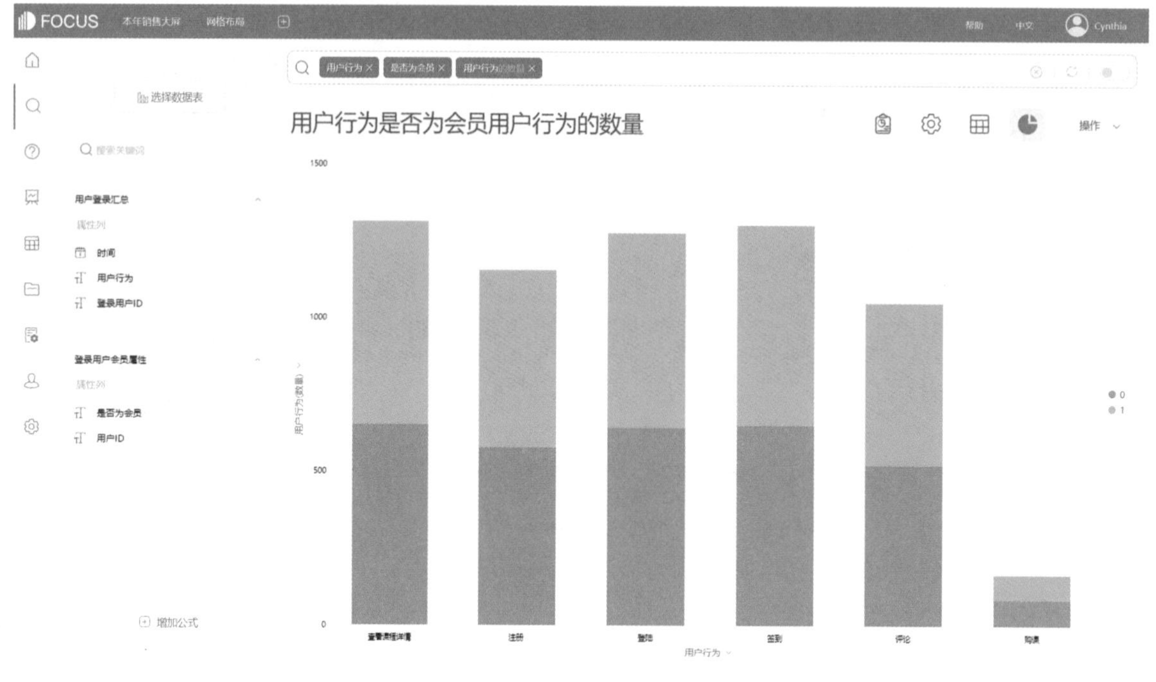

图6-32 多表查询

6.6 中间表应用

中间表是DataFocus系统进行复杂数据处理的主要方法，有两种不同的中间表创建方式。

第一种是在搜索时进行中间表的创建，比如用户在搜索过程中对数据进行了分析整理和计算，最终得到一张图表，如图6-33所示，并且想将这张表的数据保存下来做进一步的分析，此时就可以直接在搜索页面的右上角“操作”选项单中找到“保存为中间表”，将当前表的数据保存为中间表。

中间表的创建需要一定的时间，进入“数据表管理”页面时，可以看到在创建过程中的中间表会显示为灰色不可用，并标识为加载状态，根据数据量和复杂度的不同等待时间也不同。等中间表创建完成后，就会变回可用状态，并且可以作为一张类型为“问答中间表”的数据表在数据源中选择使用。

第二种方式是在“数据表管理”模块中点击“创建中间表”，进入类似搜索模块的中间表创建页面，如图6-34所示。这里和搜索页面一样可以选择数据表、使用公式和选择数据源中的各个字段。点击需要加入的字段或通过添加公式创建新列，来构建所需要的中间表，创建完成后保存，就可以像搜索创建中间表时一样在数据管理页面找到它了，不同之处在于表的类型为“关联中间表”。

图6-33 问答中间表

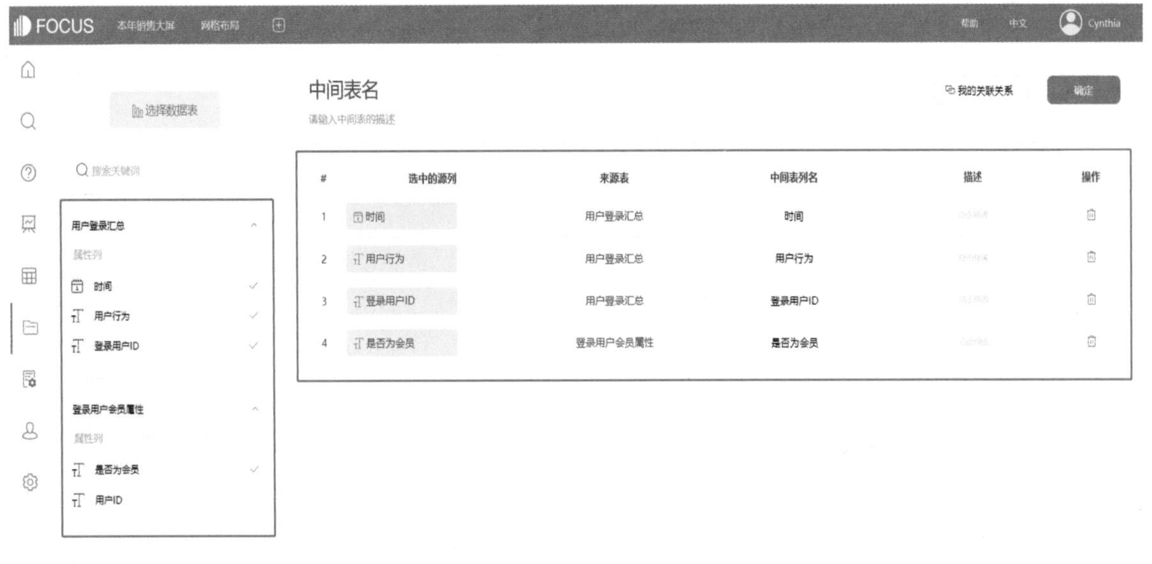

图6-34 关联中间表

那么你可能会问：这两种表的类型为什么是不同的？除了操作不同，它们有什么本质的不同呢？

DataFocus系统在搜索分析时是会对数据进行聚合的，比如数据源表中有两条名称相同的商品的销售记录，它们有不同的销售数量，当用户只按商品名称进行搜索分析时，出现的数据结果是一条商品记录，其销售数量为数据源表中两条记录的销售数量的总和，这里发生了一次聚合。而关联中间表创建过程中是没有聚合的，就依然还是两条记录。

6.7 数据转换

DataFocus系统中的数据转换主要可以分为行列转换和列拆分两部分内容。在搜索页面中，选定恰当的属性列或数值列后，可以从“操作”选项单内找到“数据转换”选项并进行操作，如图6-35所示。

图6-35 数据转换

6.7.1 行列转换

行列转换可以分为行转列和列转行两种情况：

行转列用于将数据按某一列的列中值转化为对应的多个列；列转行用于将多列数值列转化为有单一映射关系的两个列（1个属性列和1个数值列）。这里利用列转行操作进行演示。

行转列用于将数据按某一列的列中值转化为对应的多个列。如图6-36所示，以区域为属性列，销售金额为度量列进行行转列，同时可以配置转换后的列名，将一维的数值表转换为二维交叉表，进行查询。

图6-36　行转列结果展示

列转行用于将多个数值列转化为有单一映射关系的两个列（1个属性列和1个数值列）。举例说明，数据表中有某个地区从2017年到2021年每年的汇款金额，并按年份分为5个数值列，如图6-37所示，我们希望将这5个数值列转为1个年份属性列和1个与其对应的相应年份的汇款金额的数值列时，就可以使用这一功能，列转行结果如图6-38所示。

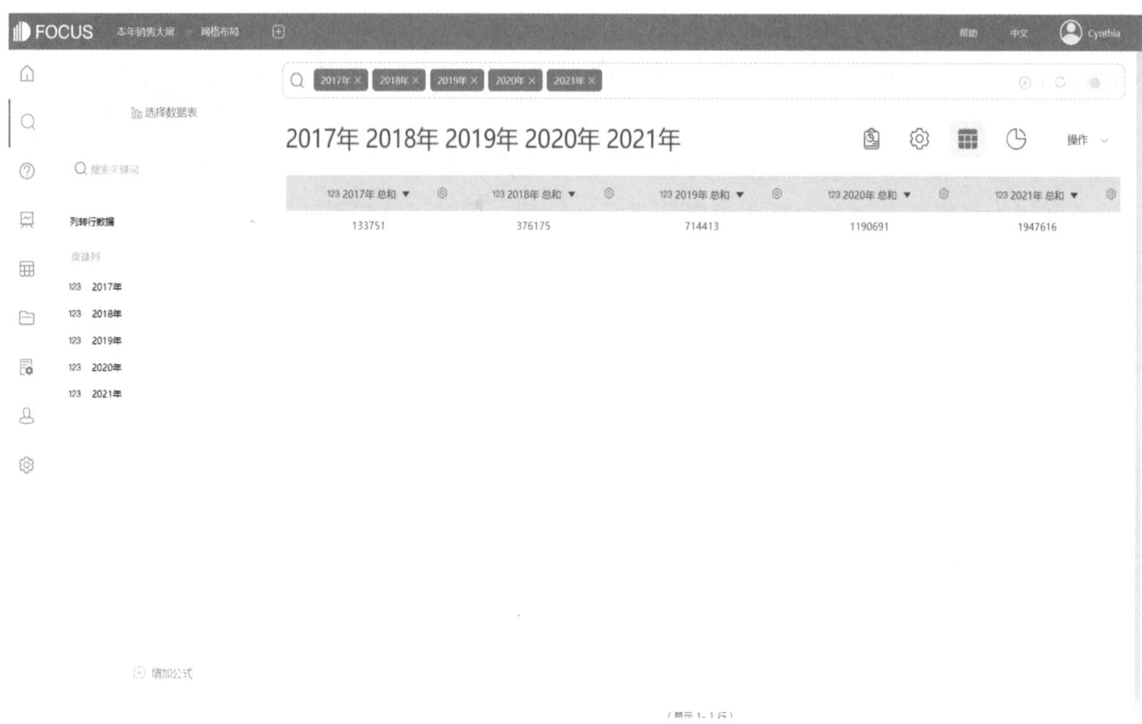

图6-37　原始数据表

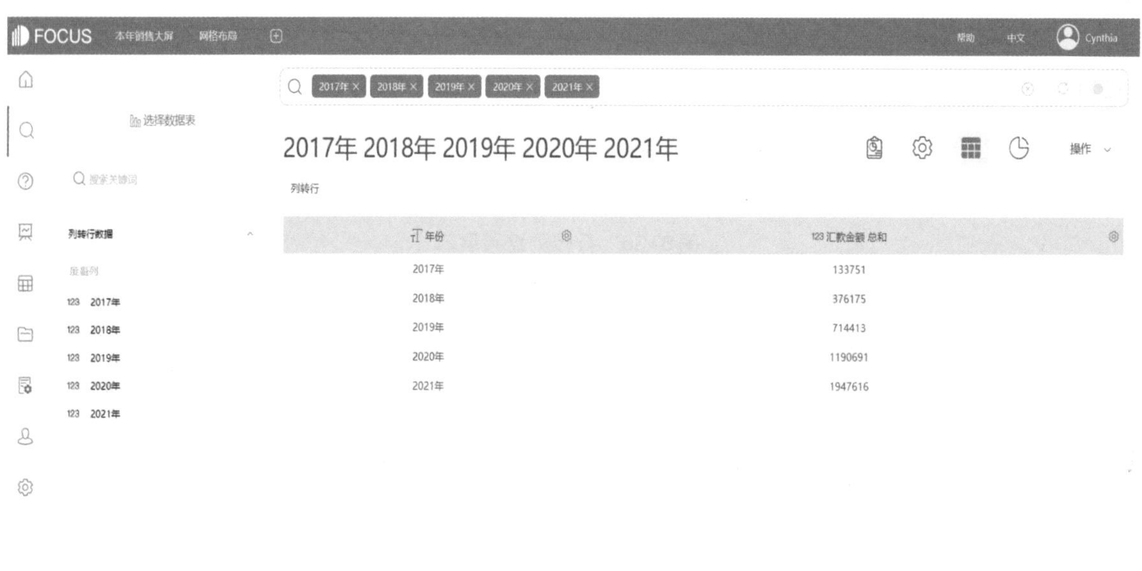

图6-38　列转行结果展示

6.7.2 列拆分

列拆分用于将搜索结果中某一列数据按照特定分隔符进行拆分。如图6-39所示，选定需要进行拆分的属性列、拆分后的列数以及拆列的分隔符后，再为拆分后的列进行命名，即可得到列拆分的结果，如图6-40所示。

图6-39 拆分选项设置

图6-40 列拆分结果展示

本章小结

本章是第二篇的重要章节，首先讲述了DataFocus搜索分析的基本技巧，包括搜索关键词以及多种公式的应用；其次阐述了多张数据表的关联方法，以及应用关联表和公式函数创建新的中间表的方法；最后一节简单阐述了DataFocus的数据转换功能，包括行列转换和列拆分。值得一提的是，DataFocus还提供了外部查看地址功能，用户可以通过扫描二维码或输入正确的地址链接，将制作完毕的历史问答和数据看板分享给更多的用户。

课后习题

1. 完成一个环比、同比数据的搜索。

2. DataFocus中两种方式创建中间表的差异是什么？

3. 用分析函数求各产品子类别在不同省份内的销售金额占比情况（即各产品子类别的占比和为1），将搜索结果保存为中间表，并绘制堆积柱状图。

第7章 创建图表

同一份数据，往往有多种可视化的呈现方式。然而，在我们将数据可视化的过程中，却经常会被惯性思维所束缚，觉得显示占比就要采用饼图，展示数据变化趋势就只用折线图，那今天我们通过DataFocus来一起了解，除了饼图还有哪些图形可以展示占比，除了折线图，展示数据变化趋势还能用什么图形。

本章主要通过实例来详细地介绍如何创建图表，以及图表的个性化配置等。数据源主要是下面一份销售数据，如图7-1：

显示名称	嵌套父列	数据类型	描述	列类型	聚合	隐藏	同义词	索引类型	地域类型
产品	无	字符串		属性列	无	否	产品	默认索引	非地理数据
产品类别	无	字符串		属性列	无	否		默认索引	非地理数据
产品子类别	无	字符串		属性列	无	否		默认索引	非地理数据
订单单号	无	字符串		属性列	无	否		默认索引	非地理数据
订单日期	无	时间戳		属性列	无	否		默认索引	非地理数据
发货日期	无	时间戳		属性列	无	否		默认索引	非地理数据
顾客姓名	无	字符串		属性列	无	否		默认索引	非地理数据
进货价格	无	双精度浮点型		度量列	总和	否		不索引	非地理数据
快递公司	无	字符串		属性列	无	否		默认索引	非地理数据
目的城市	无	字符串		属性列	无	否		默认索引	市
目的省份	无	字符串		属性列	无	否		默认索引	省
签收日期	无	时间戳		属性列	无	否		默认索引	非地理数据

图7-1　电商销售数据表

7.1 表格

DataFocus的表格大致可以分为两类。一类是数值表，任何图形都可以被切换成数值表的格式，用户可以在表格基础上修改、聚合、筛选、排序，如图7-2。

FOCUS 帮助 中文 zhangjy

每月 区域 销售金额 产品子类别

每月区域销售金额产品子类别

操作

订单日期 每月	区域	123 销售金额 总和	产品子类别
2019-01-01	西北	3873.49	果果仁仁
2019-01-01	华南	20522.97	硬壳坚果
2019-01-01	华北	6587.89	果果仁仁
2019-01-01	东北	4329.07	果果仁仁
2019-01-01	华北	9584.39	硬壳坚果
2019-01-01	华南	3043.80	特惠炒货
2019-01-01	华东	1679.69	特惠炒货
2019-01-01	西南	647.26	特惠炒货
2019-01-01	华南	5627.52	果果仁仁
2019-01-01	东北	1514.33	特惠炒货
2019-01-01	华东	1238.44	果果仁仁
2019-01-01	华东	16388.03	硬壳坚果
2019-01-01	华北	2485.39	特惠炒货
2019-01-01	西北	447.40	特惠炒货
2019-01-01	东北	9220	硬壳坚果
2019-01-01	西南	298.36	硬壳坚果
2019-01-01	西北	2327.84	硬壳坚果

（显示 1- 399 行）

图7-2　基础表格

另一种就是数据透视表，数据透视表使用所需的数据结构必须满足两个属性列和一个及以上的数据列。区别于数值表，在数据透视表上可以对数据的小计行和总计行进行计算，因此更适合将数据进行分类汇总处理，如图7-3。

7.2 基础图形

DataFocus系统中支持的基本图表类型有柱状图、堆积柱状图、折线图、面积图、饼图、环图、散点图、气泡图、新气泡图、条形图、堆积条形图、漏斗图、帕累托图、KPI指标图、数字翻牌器、仪表图、完成度、水位图、火柴图、雷达图、组合图、位置图以及树形图等，这些都是日常分析中最常出现的图表类型。系统会根据用户当前输入的字段类型和字段个数，自动推荐比较合适的图表类型。用户也可以利用“图表转换”按钮选择更加美观合适的图表类型，满足用户的可视化需求。

（1）柱状图

柱状图几乎是图表中的万能存在，遇到不能确定用什么图表的情况，用它准没错。柱状图的特点是利用柱体的高度反映数据的差异，效果非常直观，如图7-4。建议将数据排序后使用，效果更佳，适用于分类或时间类型的数据。

目的省份	产品子类别 [illegible] 销售金额	特惠炒货 销售金额	[illegible] 销售金额
黑龙江	47306.07	9025.44	63803.54
河南省	28129.19	23045.85	74389.87
江苏省	13506.11	4411.96	39875.37
湖南省	20089.60	7372.37	35698.02
山东省	18587.34	4858.03	63566.61
安徽省	39109.79	17877.25	92283.28
广西省	109010.05	30100.69	254557.59
辽宁省	81232.56	33132.38	162010.48
江西省	10580.62	4204.83	26005.32
湖北省	30979.15	8190.49	59031.61
福建省	9305.37	3406.14	32870.57
陕西省	23746.33	5554.03	49538.56
四川省	17385.75	7490.63	25726.79
贵州省	7971.14	2506.28	32637.39
云南省	1100.27	1497.55	4430.21

图7-3　运用数据透视表

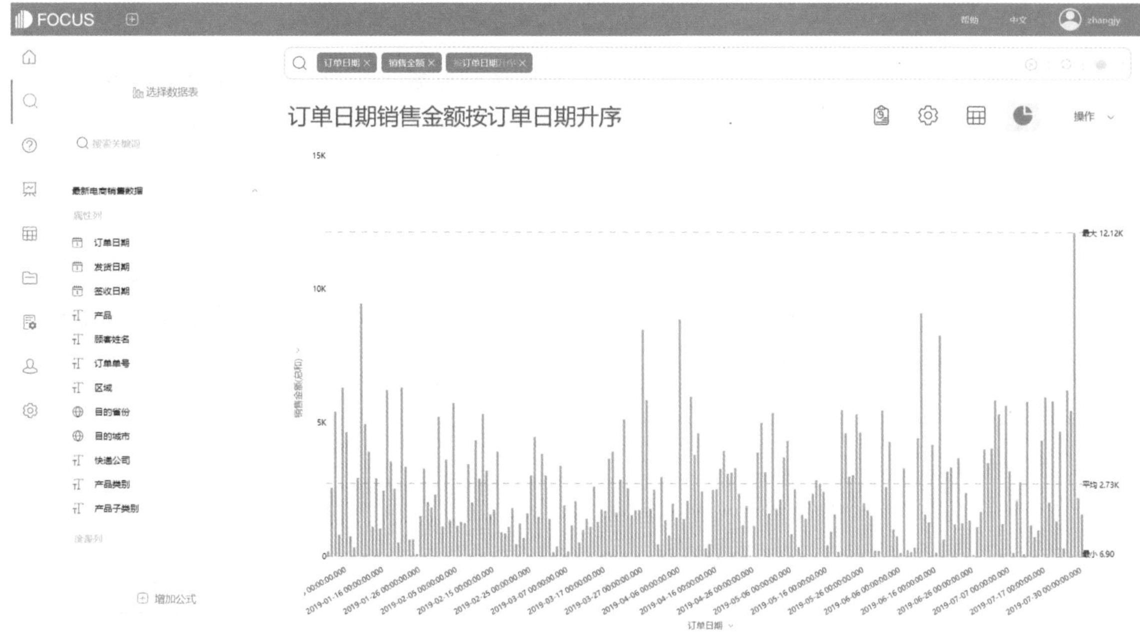

图7-4　柱状图

（2）堆积柱状图

堆积柱状图就是包含多属性列的柱状图，除了可以利用图形高度反映总体数据的差异，也可以计算各个组成部分的占比情况，尤其是当需要查看总体以及对比各系列值的不同比重时，最适合使用堆积柱状图，如图7–5。

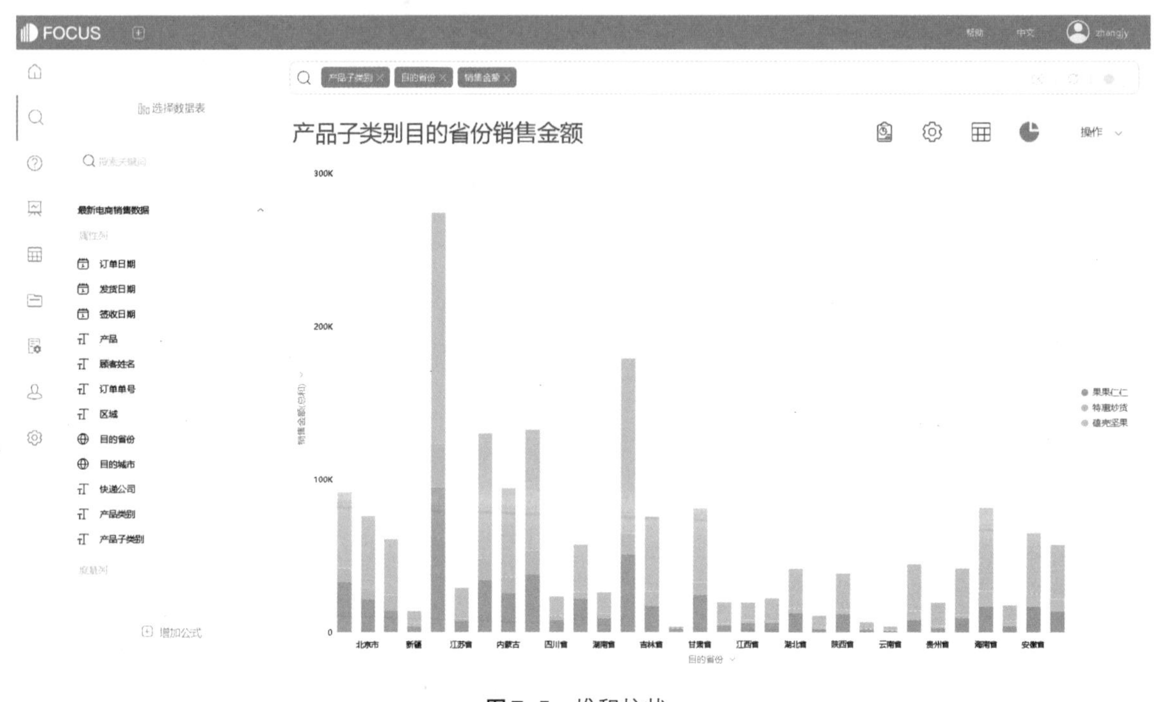

图7–5　堆积柱状

（3）折线图

我们平时生活中最常见的折线图就是股票的涨跌数据，总能观察到红线条和绿线条，数据的涨跌非常显眼，因此折线图比较适合用在基于时间的数据类型上，最好是连续的数据，可以非常明显看到数据的波动走势，如图7–6。

（4）面积图

面积图与折线图较为相似，区别就是折线图是点的上下波动，面积图则是利用有颜色的部分数据面积的大小来表示变量数据的大小，也适用于时序数据或分类数据，如图7–7。

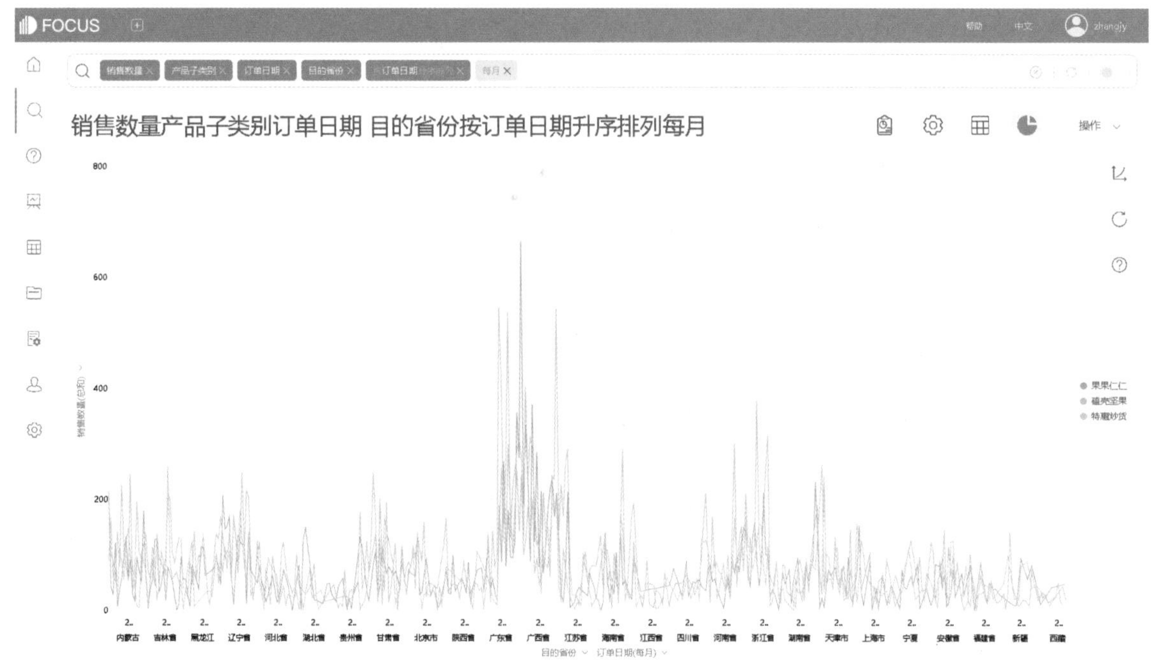

图7-6 折线图

图7-7 面积图

（5）饼图

饼图大多是用来展示数据中不同类别数据的占比情况，显示各类别数据的比例，无须利用公式，饼图即可计算图形中各元素占总体的百分比，如图7-8。

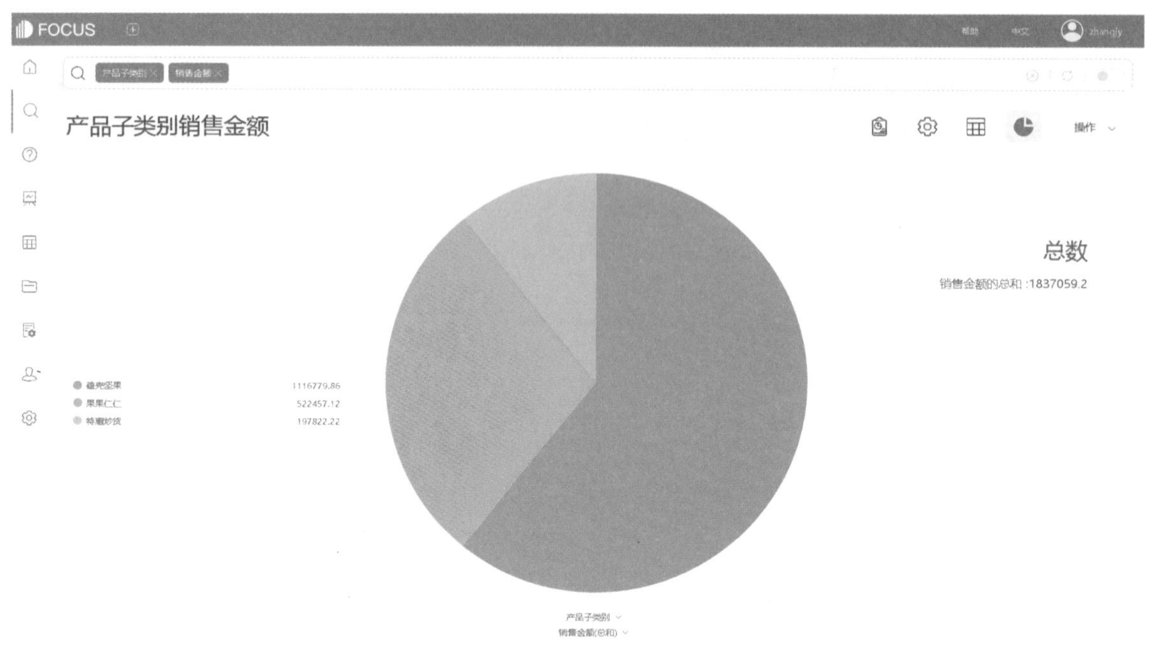

图7-8　饼图

（6）环图

环图其实就是空心的饼图，使用方法以及效果和饼图也是一致的，如图7-9。

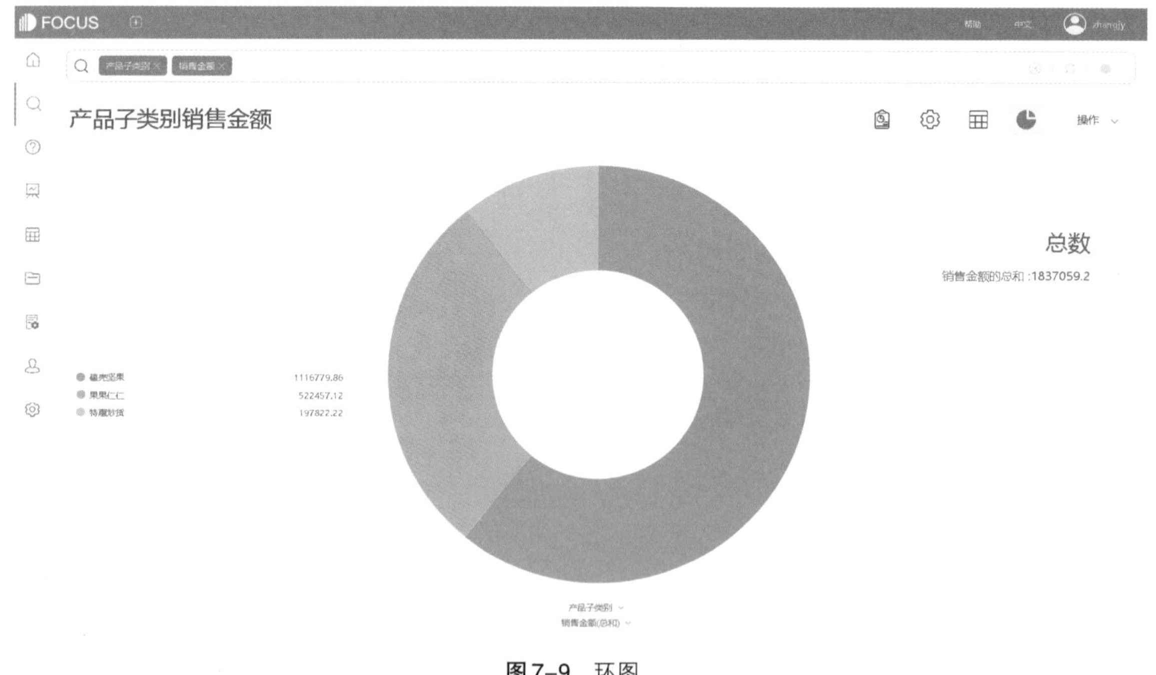

图7-9　环图

（7）散点图

散点图，也称“相关图”，是由两个数值变量在X、Y轴上的交叉点绘制而成的图表，多用来观察各个数据点之间的关系以及分析变量之间的联系，还可以直观地看出数据的分布情况以及特殊的离群值，如图7-10。

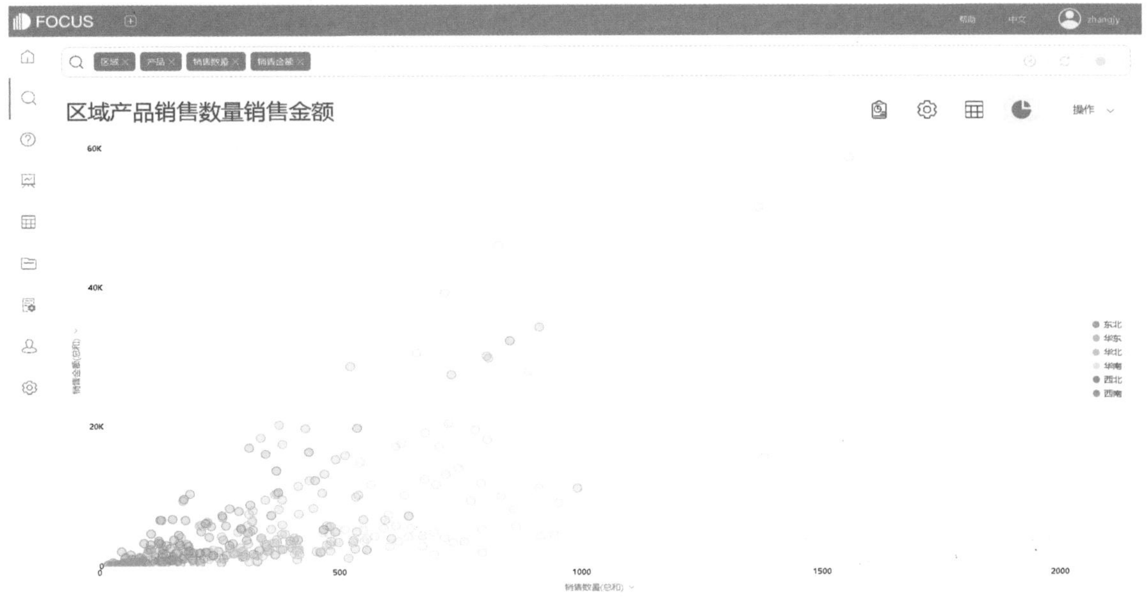

图7-10 散点图

（8）气泡图

气泡图与散点图的不同之处在于在图表中额外添加了一个数值变量，可以用气泡大小表示，角度比较多维，效果美观，适用于反映业务场景中需要同时比较两个数值的情况，如图7-11。

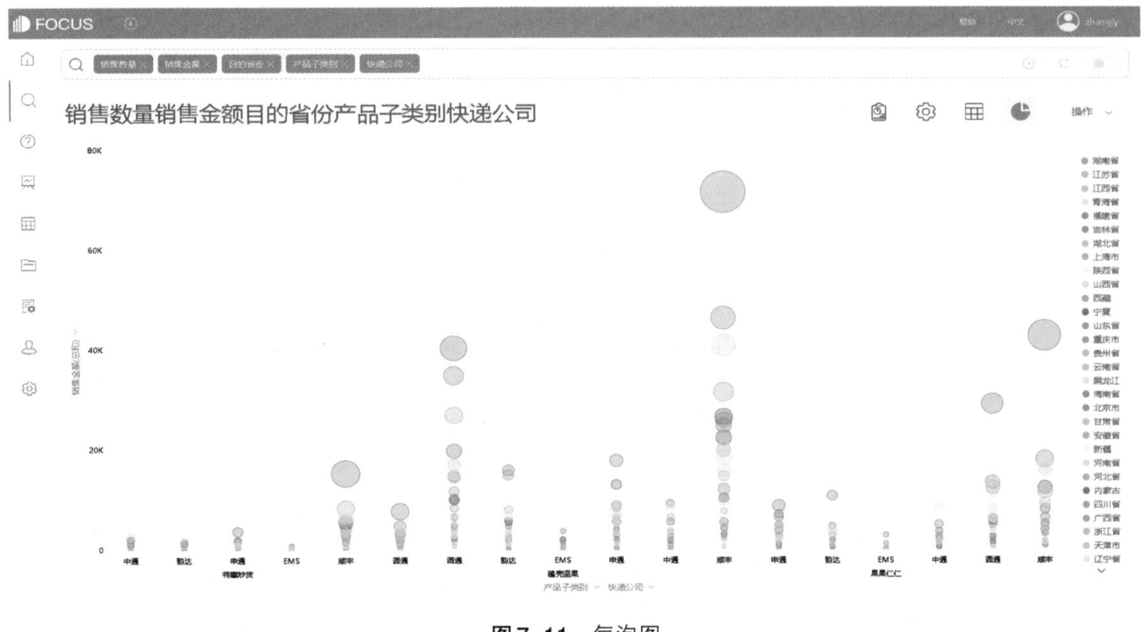

图7-11 气泡图

(9) 新气泡图

新气泡图与气泡图的不同之处在于，气泡图的两个图轴可以是度量列和属性列，也可以均为属性列。而新气泡图的两个图轴只能是属性列，用气泡的大小表示数值。适用于比较两个属性的相关性，如图7-12。

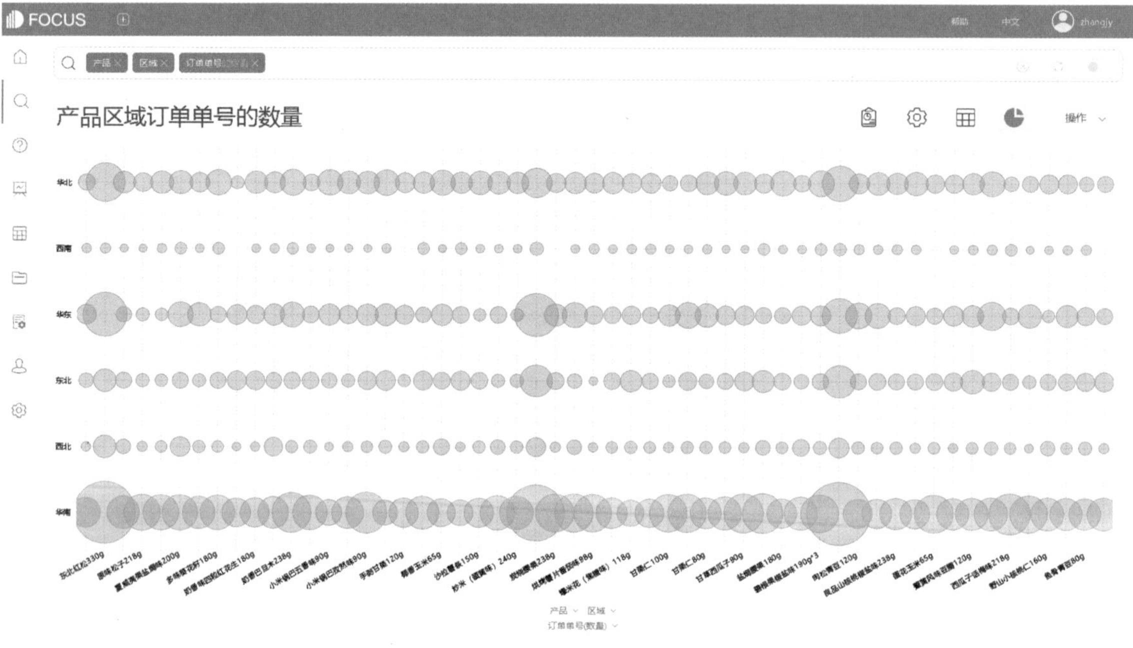

图7-12　新气泡图

(10) 条形图

条形图近似于将柱状图按顺时针旋转90度，利用条形长度来反映数据的差异，如图7-13。当变量数目较多时，相较于柱状图，更加适合使用条形图，但条形图的类目一般也不超过30条，否则会造成视觉负担，影响对比结果。

(11) 堆积条形图

堆积条形图就是将堆积柱状图顺时针旋转90度，用于对比每一横条的长度总和以及其中各系列的长度情况，如图7-14。

(12) 漏斗图

漏斗图适用于一个连续流程的完成情况分析，显示各个阶段的转化率，尤其是在网站分析用户转化率的场景下，能够直观、完整地展示用户从进入到完成购买的步骤流程和每个流程的转化情况，帮助读者找出问题所在，如图7-15。

(13) 帕累托图

帕累托图是按照发生频率大小顺序绘制的直方图，是将出现的质量问题和质量改进项目按照重要程度依次排列而采用的一种图表，可以用来分析质量问题，确定产生质量问题的主要因素，如图7-16。

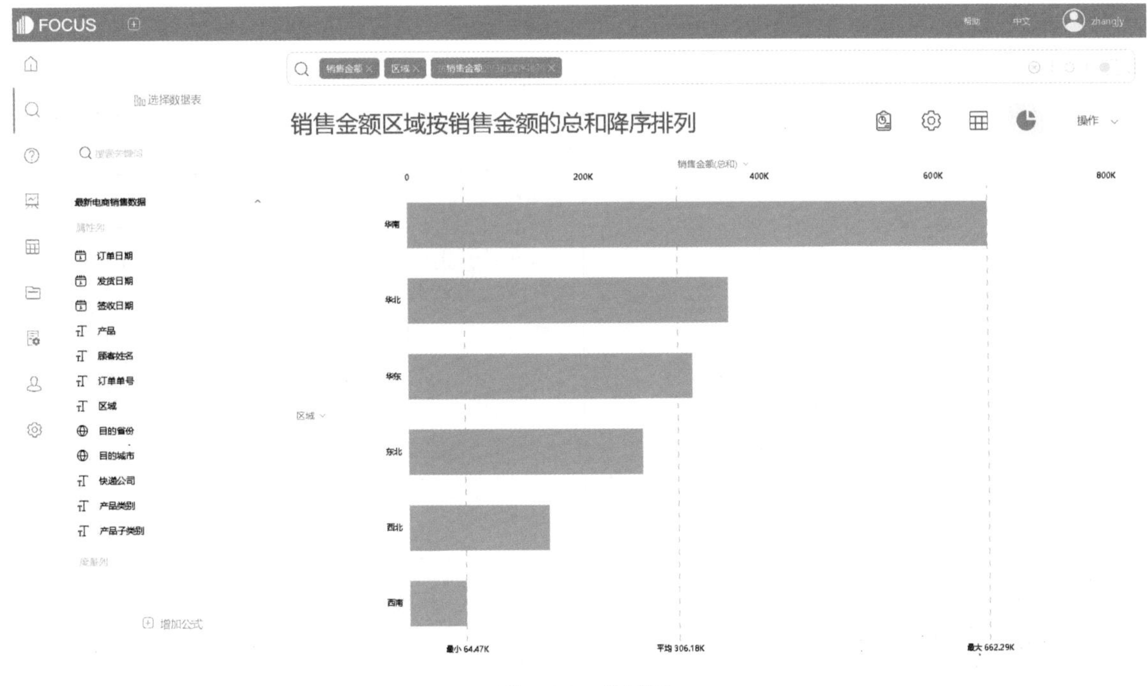

图7-13　条形图

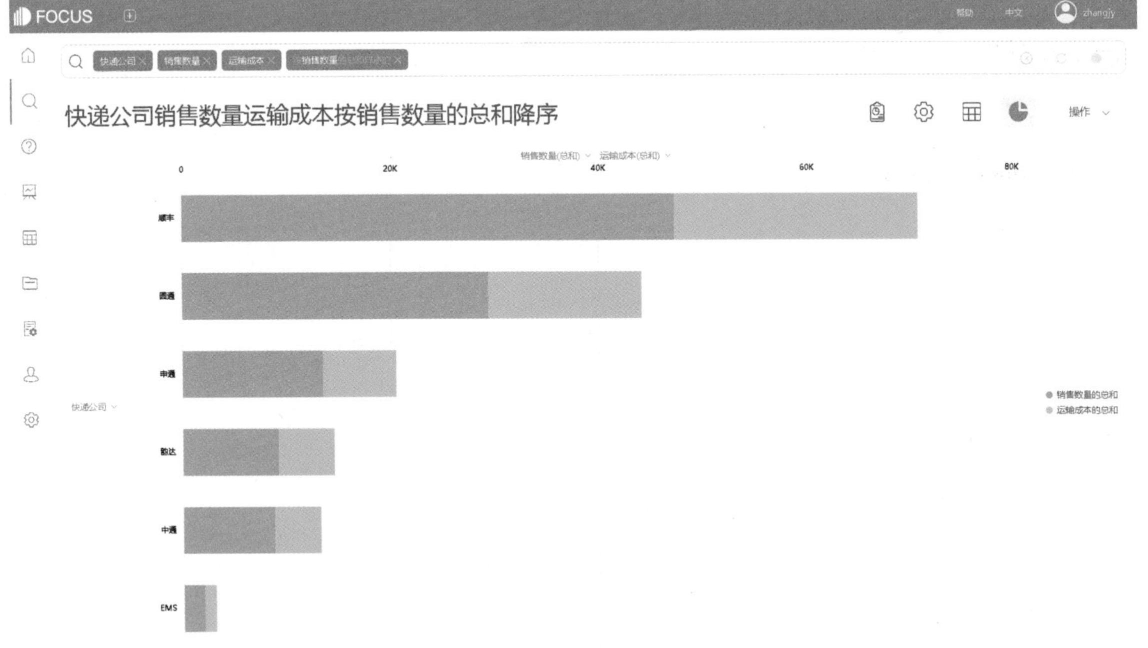

图7-14　堆积条形图

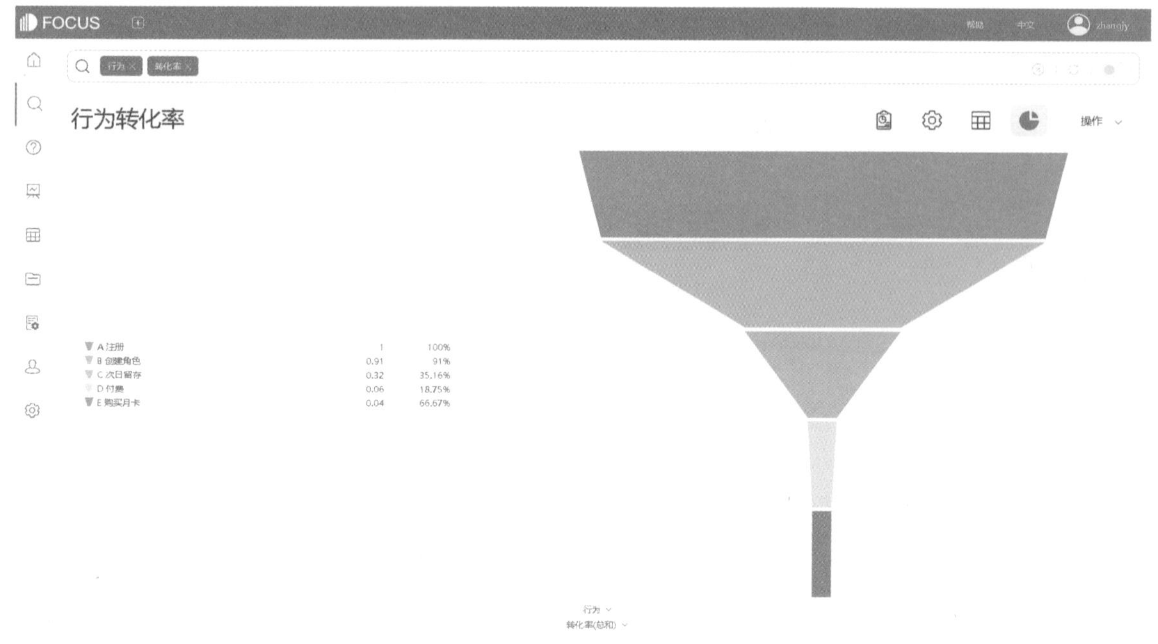

图7-15 漏斗图

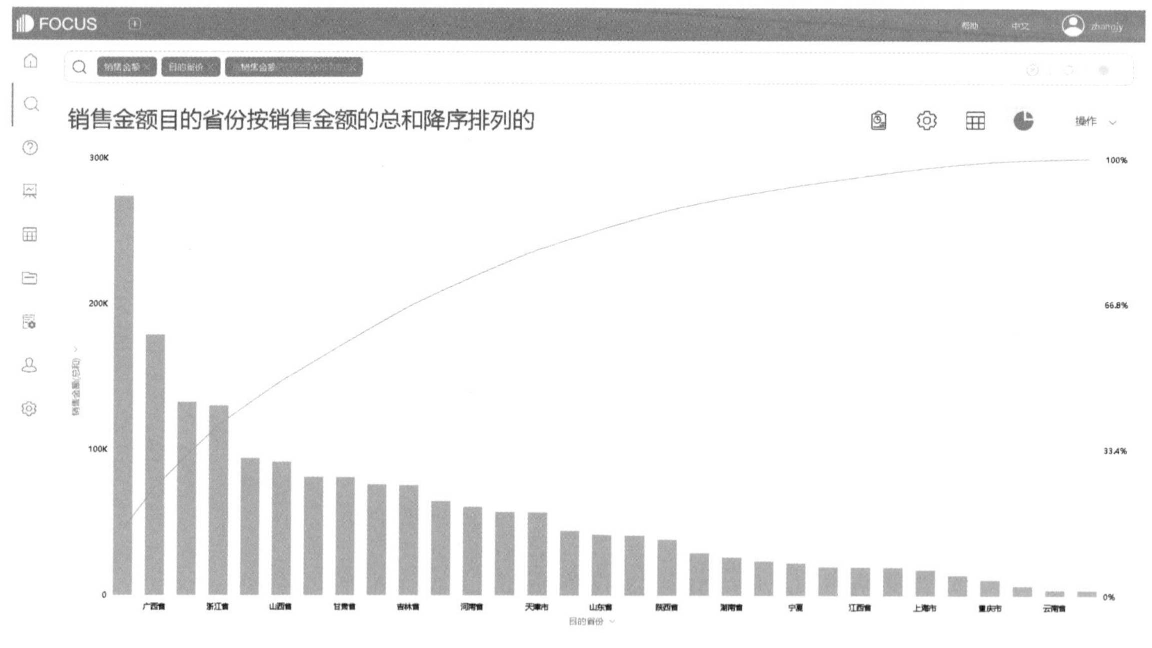

图7-16 帕累托图

（14）KPI指标图

KPI指标图可以配置恰当的数据单位，适用于高亮关注指标值。选用KPI指标图来显示，结果直观且没有多余信息，一般用于展示企业核心数据，直接显示，如图7-17。

图7-17 KPI指标图

（15）数字翻牌器

数字翻牌器通过翻牌动画展示数据信息，表现一个数字数据的动态变化。同KPI指标图一样，数字翻牌器也可以配置恰当的数据单位、直观展示企业数据，但数字翻牌器具有更强的视觉冲击，如图7-18。

图7-18 数字翻牌器

（16）仪表图

仪表图使用方法和KPI指标图类似，但区别于KPI指标图的是：KPI指标图是以数值形式直接将所需结果进行展示，因此无法与其他数据进行直观比较；仪表图则是确定一个范围后，指针选中数值，可以对比多个数值项，如图7-19。

（17）完成度

完成度图可以对两个数据进行直观比较，展现差异。可用于表示事情进展的程度，如图7-20。

（18）水位图

使用波浪展示水位情况，表示数据的占比。可直观地查看某数值相较另一数值的百分比情况，如图7-21。

（19）火柴图

一个二维的火柴图把数据显示为沿X轴的基线延伸的线条，圆点表示为每个杆的结束，Y轴则显示数据值。在数据可视化时，针对离散序列，一般会使用火柴图来进行展示，不仅是因为普通的线性图无法展示离散数据，更是希望借助火柴图能更快发现离散序列中的变化趋势，如图7-22。

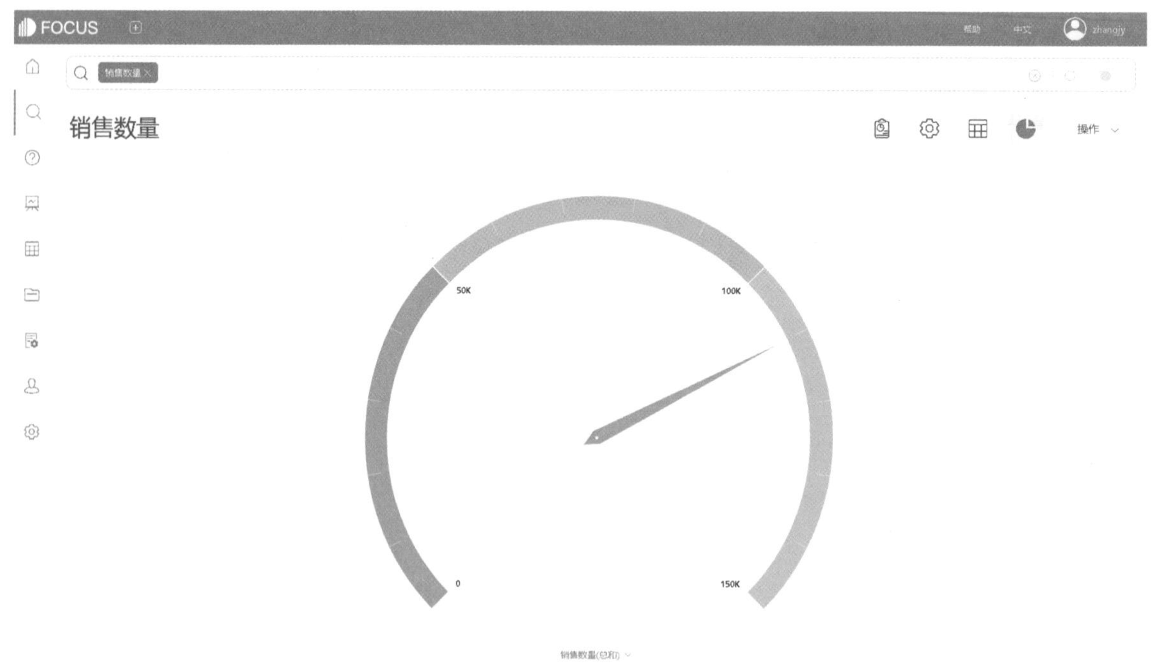

图7-19　仪表图

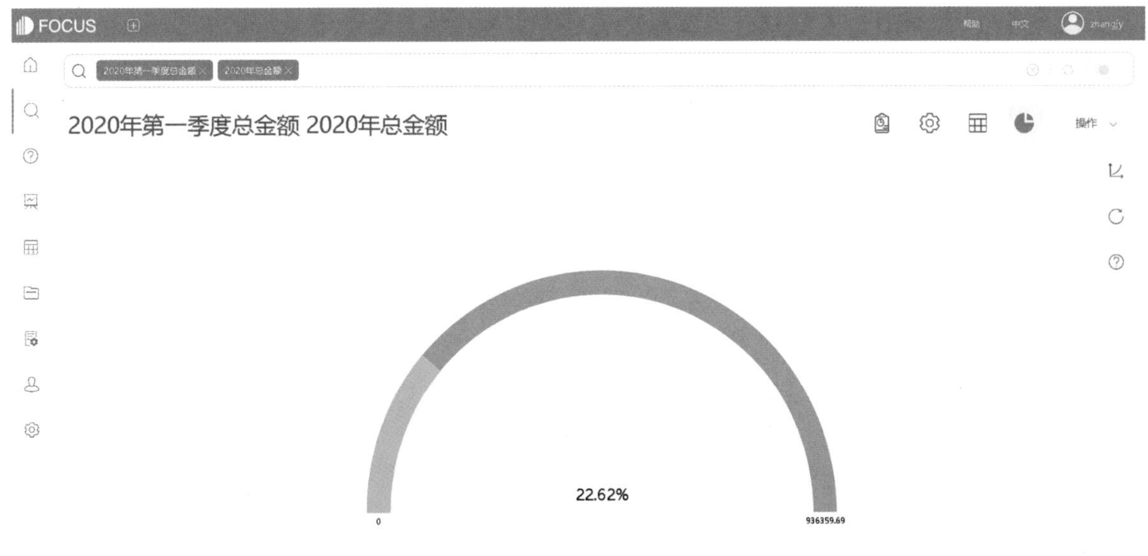

图7-20 完成度

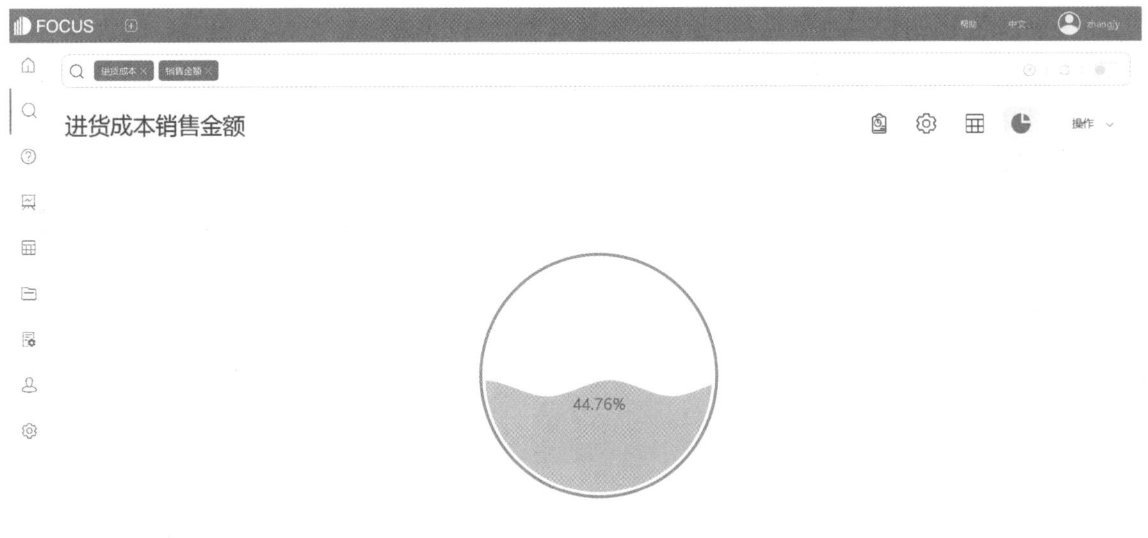

图7-21 水位图

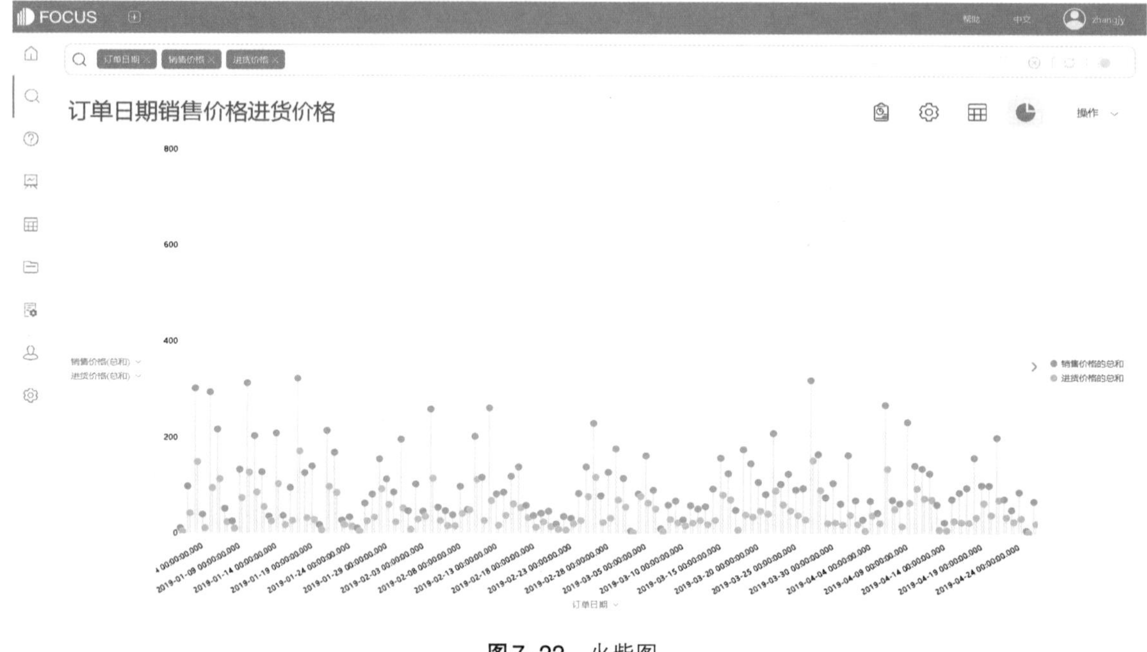

图7-22　火柴图

（20）雷达图

雷达图比较常见的就是用于分析人物或事物的各项能力水平，主要是用来比较每个数据相对于中心的数值变化情况，多用于倾向分析和重点把握，如图7-23。每个数据离中心越近，则说明属于较差的状态，需要改进；数据远离中心，则说明表现优异。

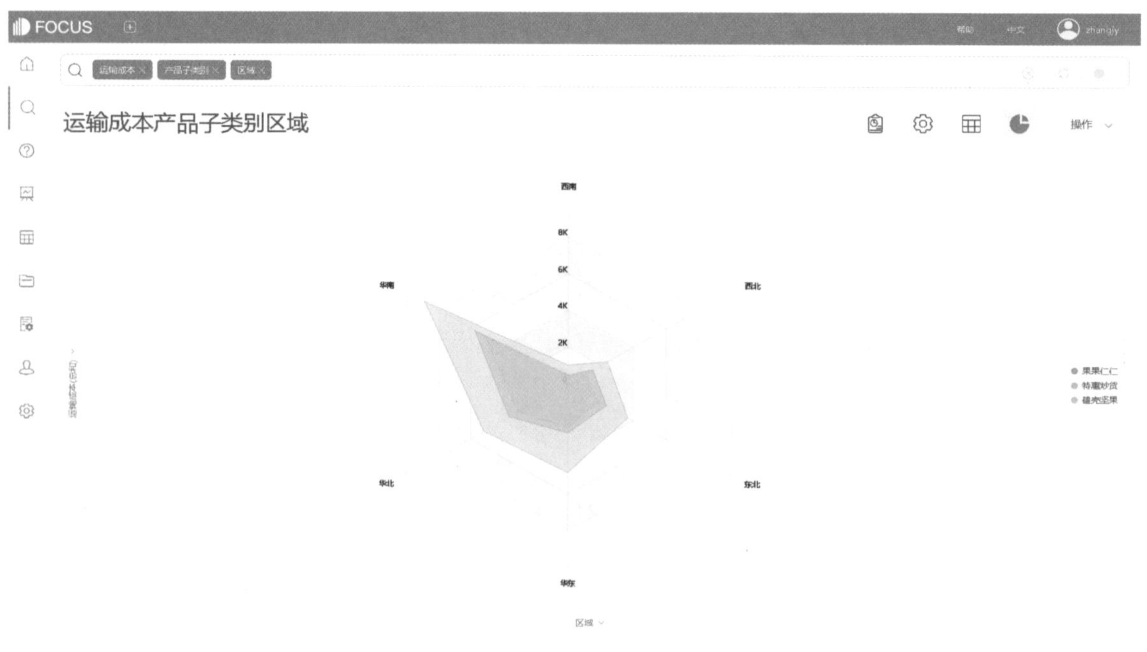

图7-23　雷达图

(21) 组合图

在进行数据分析时，如果遇到两列数据的差距很大或者维度不同的情况，就非常适合使用组合图。如数据表中有两列数据，一列数值列，一列速率列，将他们放到一个Y轴中，那么速率列的数据几乎可以忽略不计，此时就需要利用组合图区分不同的Y轴来分别显示这两列数据。利用组合图，可以将数据按照不同的表现形式进行展示，帮助多组数据进行协同分析，如图7-24。

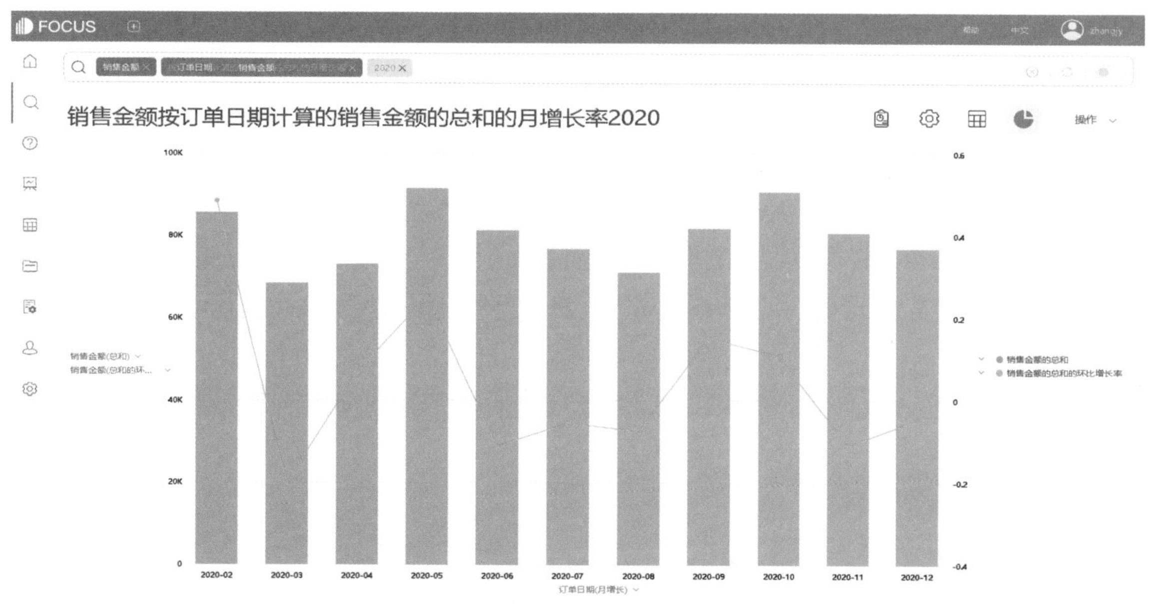

图7-24　组合图

(22) 树形图

树形图是数据树的图形表示形式，以父子层次结构来组织对象。数据元素之间存在着“一对多”的树形关系时，可以选择树形图进行可视化。可用于表示层次关系、从属关系、并列关系，图7-25。

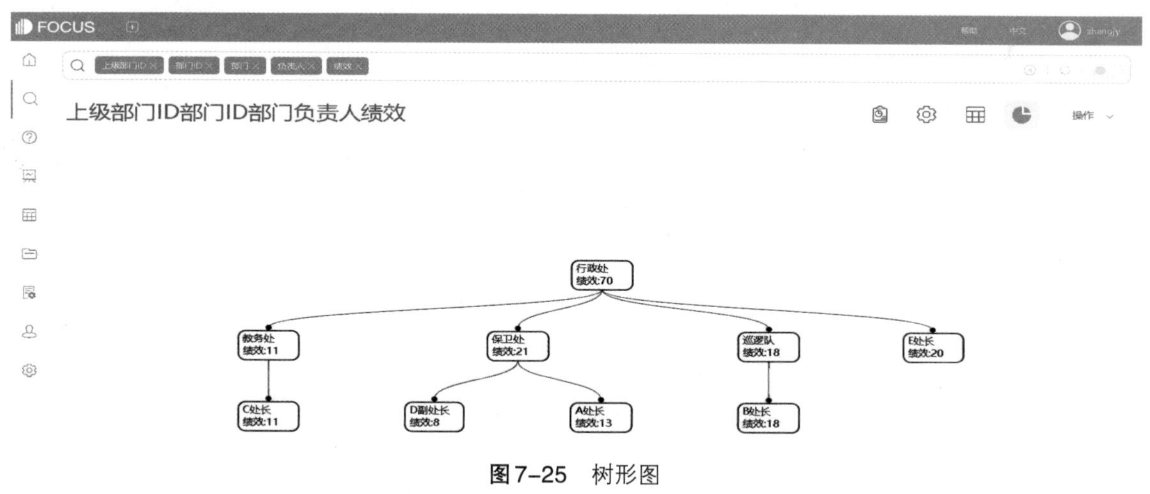

图7-25　树形图

7.3 高级图形

除了上面介绍到的经常会用到的基础图形，DataFocus系统还支持一些稍微复杂但非常美观的高级图表，包括矩形树图、词云图、瀑布图、旭日图、打包图、弦图、桑基图、箱型图、平行图、时序柱状图、时序条形图、时序散点图、时序气泡图、极坐标柱状图、子弹图、日历热图、位置经纬图、经纬图、经纬气泡图、经纬热力图、经纬统计图、轨迹图和直方图等，其中时序柱状图、时序条形图、时序散点图、时序气泡图都属于动态图表，会根据数据中的时间日期进行变动。

（1）矩形树图

矩形树图本质就是决策树的可视化，只不过排列成了矩形，同时将各个变量进行细分。在矩形树图中，各个小矩形的面积表示每个子节点的大小，矩形面积越大，表示子节点在父节点中的占比越大，整个矩形的面积之和表示整个父节点，如图7-26。

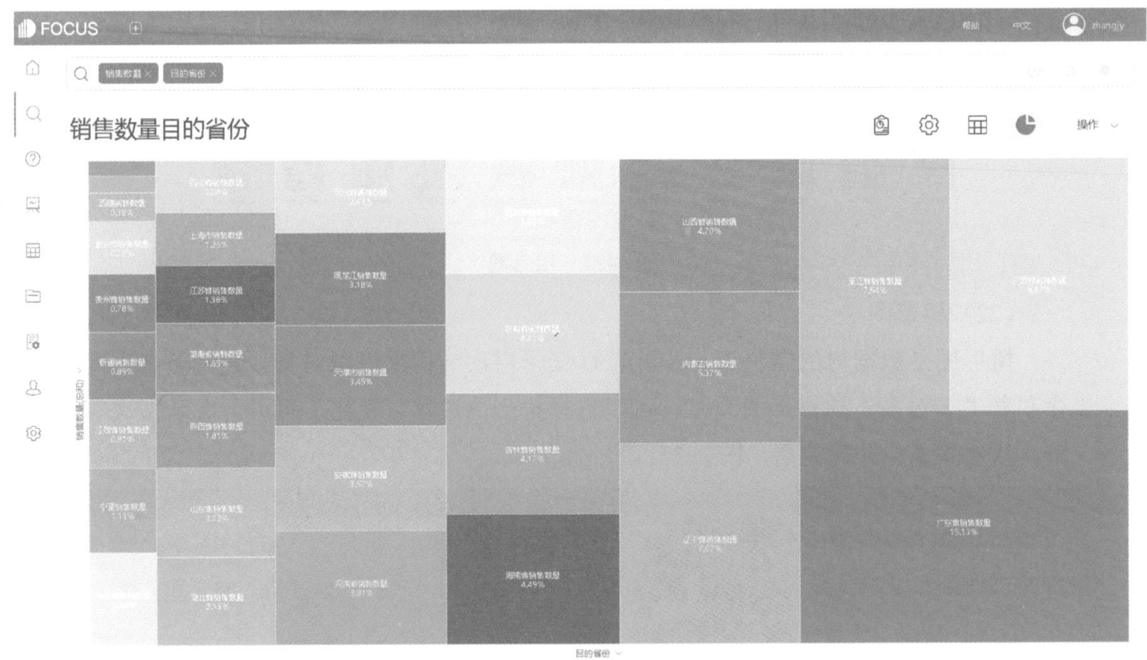

图7-26　矩形树图

（2）词云图

词云图一般用于显示词汇出现的频率，字体较大的就是出现频率较高的，字体较小的就是出现频率较低的，这样一目了然，可以使用户直接看到词频最高的几个类目，比较适用于分类变量数据，如图7-27。

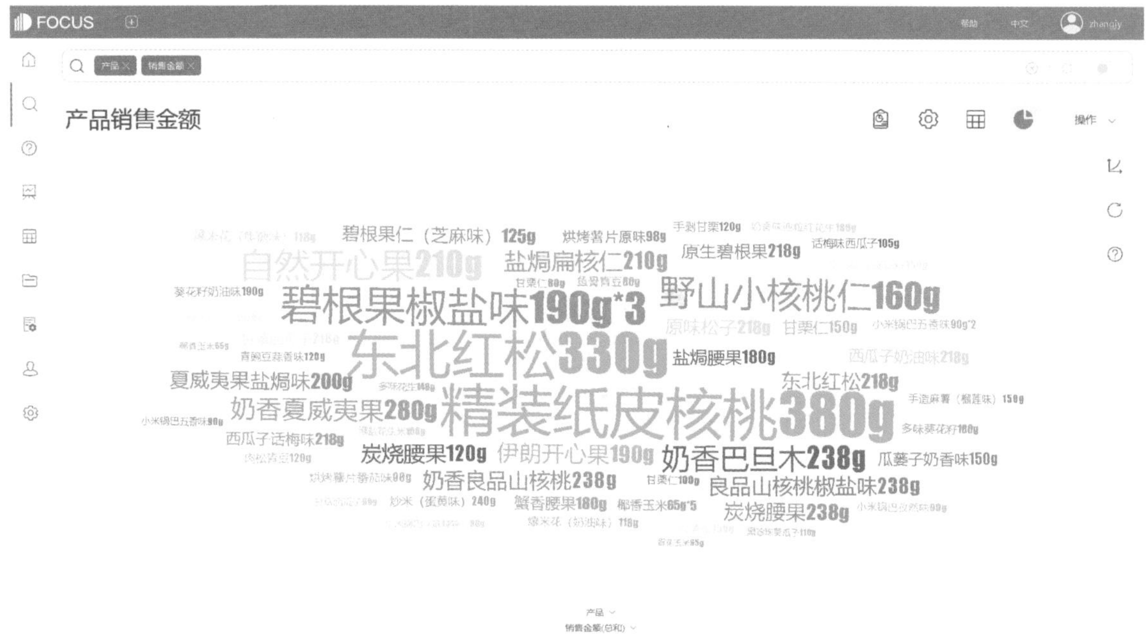

图7-27 词云图

（3）瀑布图

瀑布图可以表达前后两个数据点之间数量的演变过程，数据从最开始的一个值，随时间增加不断进行上升下降后，得出最后的一个值，可以用于表示基于时间的数据演变情况，也可以表达静态情况下，各部分元素占总和的比例，如图7-28。

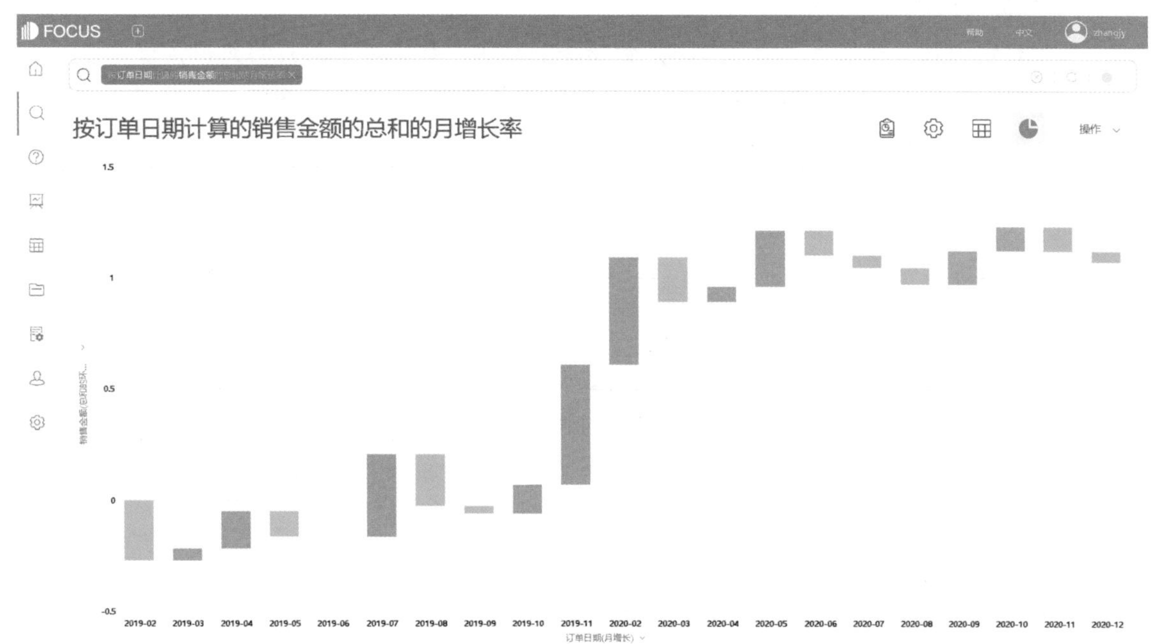

图7-28 瀑布图

（4）旭日图

旭日图和树形图有些类似，也是利用父子层次结构来清晰地表达层级和归属关系，同时能够帮助细分数据，了解该部分数据的真正构成，如图7-29。

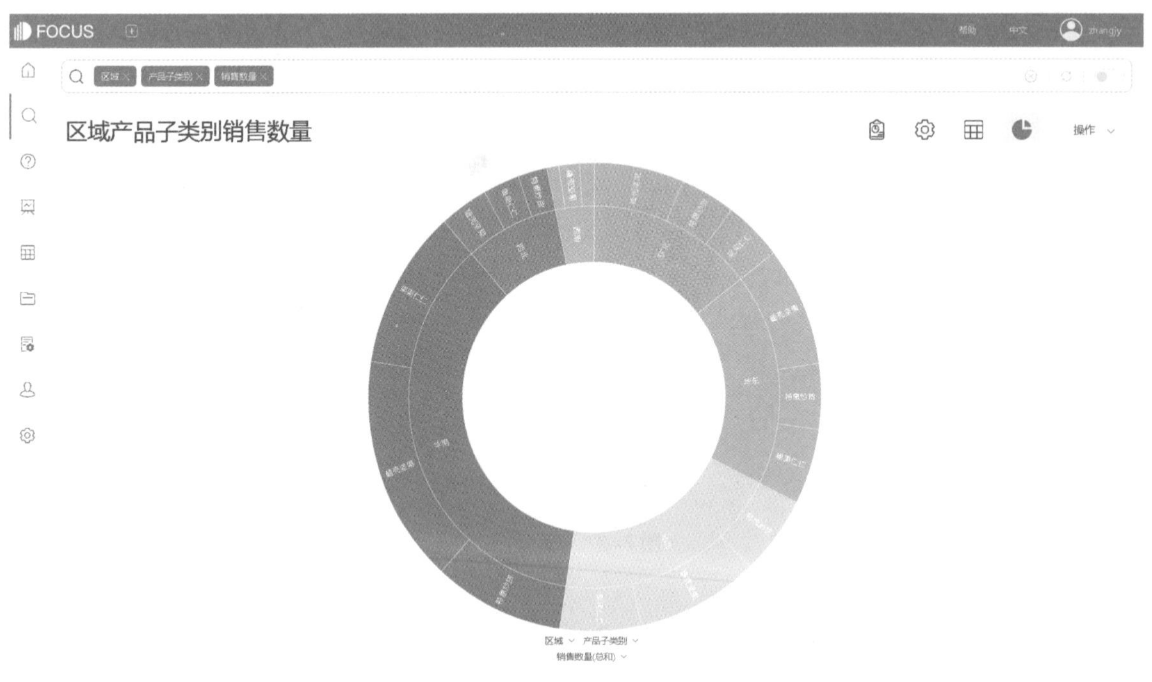

图7-29 旭日图

（5）打包图

打包图其实就是将同一大类下的数据进行打包，数值较大的占的面积就较大，也就是圆圈面积较大，比较适合表达静态数据的分类构成，如图7-30。

（6）弦图

弦图的两个属性列必须具有相同属性，且要求去重后数据总量小于10。弦图的各弧被分为多种颜色，代表各属性列，体现各个属性列的不同属性。弦图的各弦代表两个属性列之间的往来，如图7-31。

（7）桑基图

桑基图是一种特定的、可用于代表数据一步步流程的特殊图表类型。桑基图中的每一分支的宽度就代表了数据流量的大小，如图7-32。它是一种很新颖、很有特点的图表类型，经常在对网站进行用户行为分析时使用，细分网站的用户流向情况。

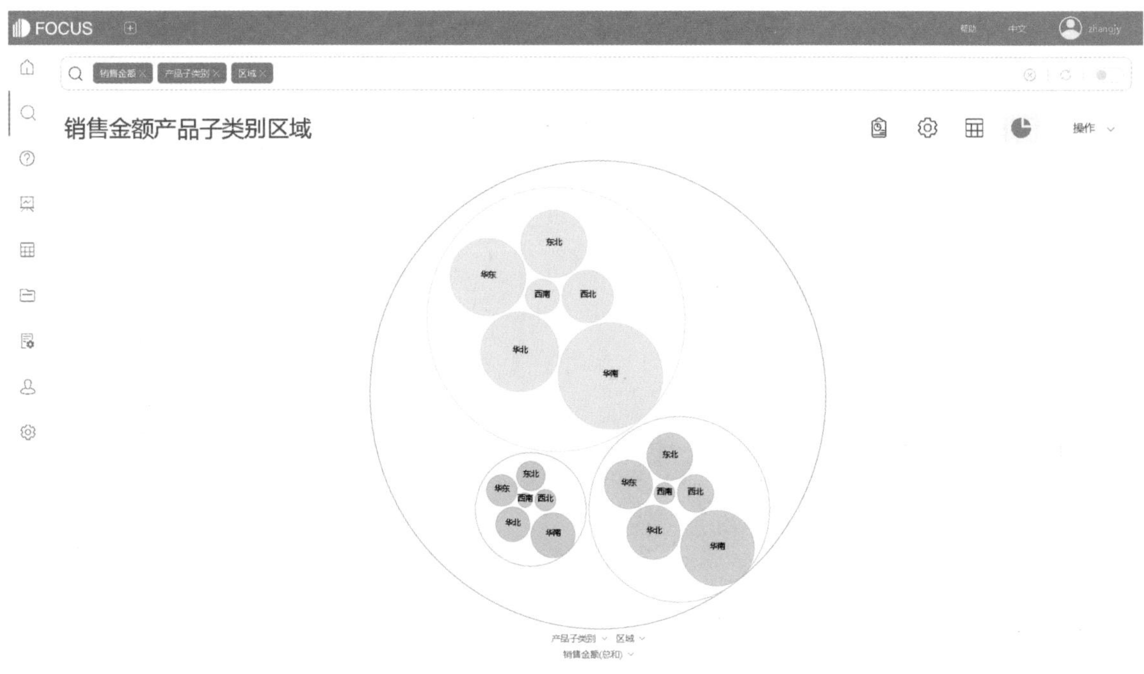

图7–30 打包图

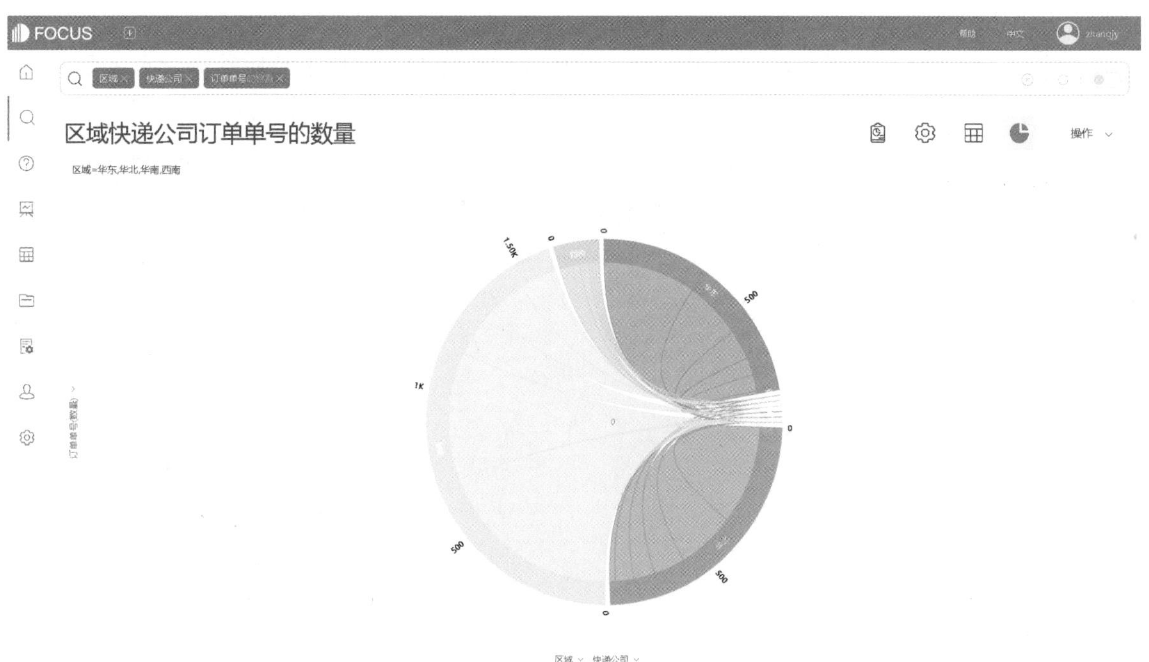

图7–31 弦图

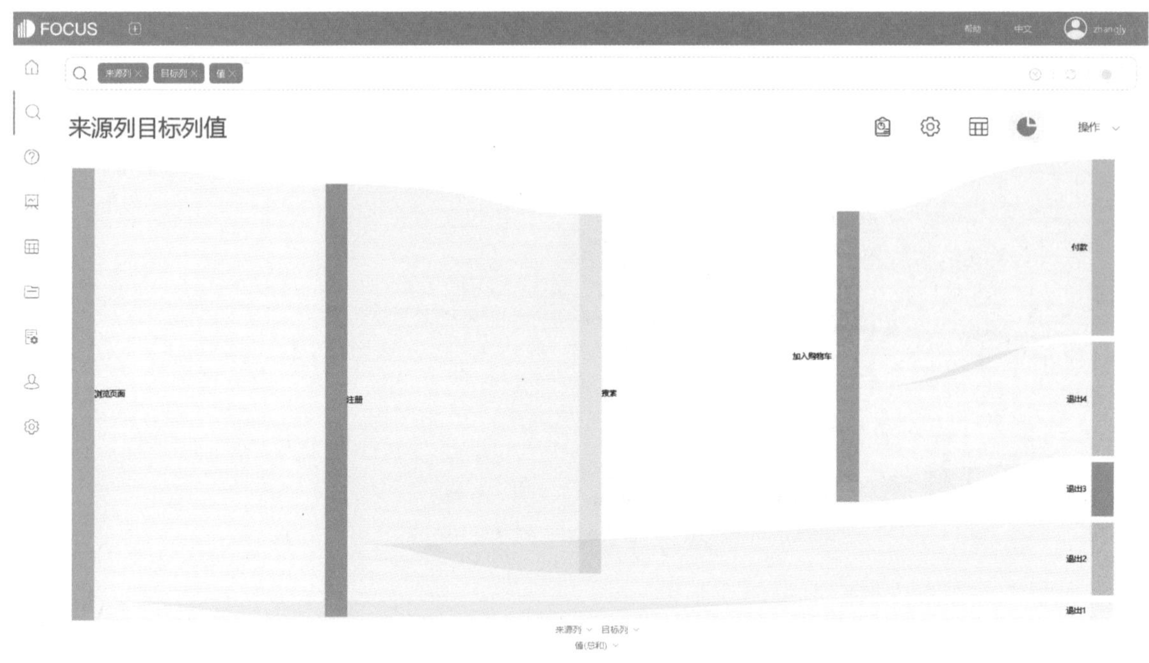

图7-32　桑基图

（8）箱型图

箱型图是一种用作显示一组数据分散情况的统计图，常用于品质管理。它主要用于反映原始数据分布的特征，还可以进行多组数据分布特征的比较，如图7-33。箱型图可以显示一组数据的最大值、最小值、中位数和两个四分位数以及异常值。

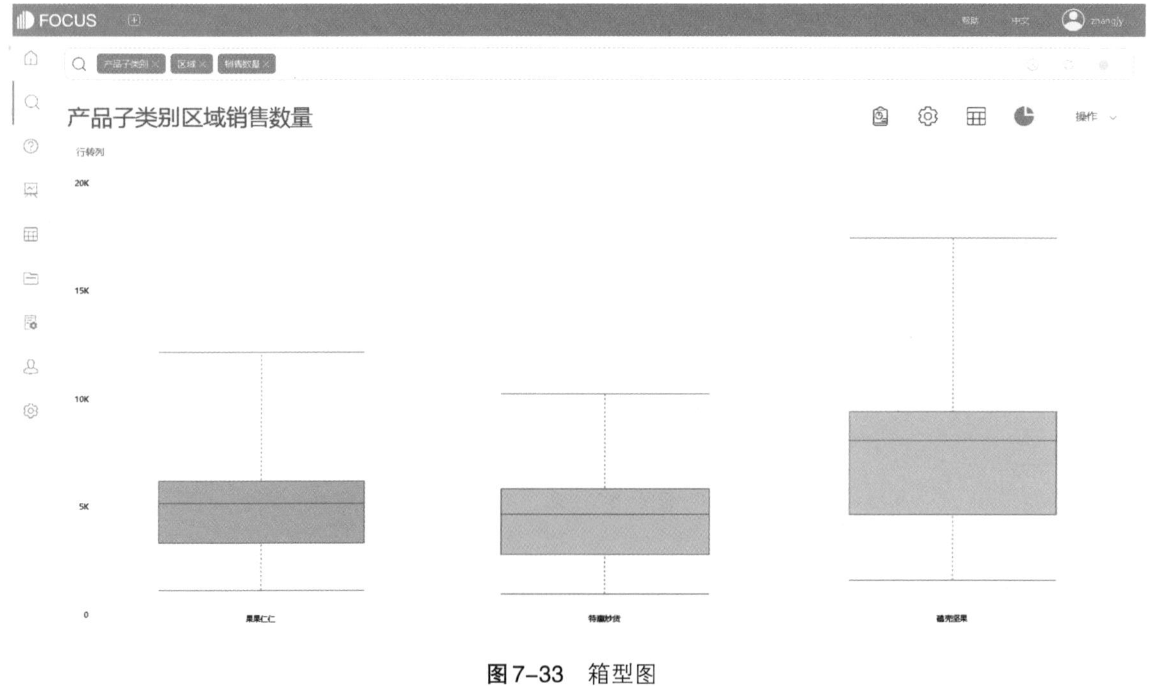

图7-33　箱型图

（9）平行图

在平行图中绘制表示数据表中各行的相连线段，通过绘制成型的平行坐标来查看多维数据之间的关系，如图7-34。

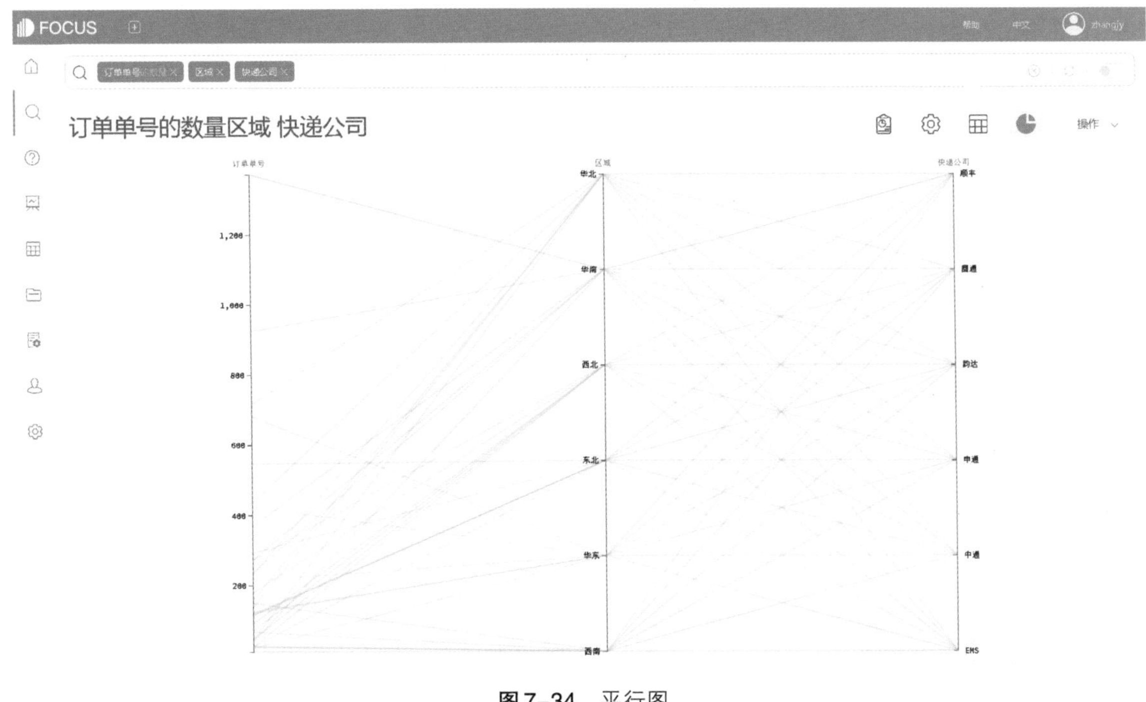

图7-34 平行图

（10）时序柱状图、时序条形图、时序散点图、时序气泡图

作为时间序列类的动图，时序柱状图、时序条形图、时序散点图、时序气泡图的使用方法和柱状图、条形图、散点图、气泡图是一致的，需要至少一个属性列和一个数据列的二维数据结构，但不同的是时序图需要在搜索界面输入一个时间关键词，每年或每月。最后再对时序图的轮播时间进行一个设置即可，如图7-35至7-38。

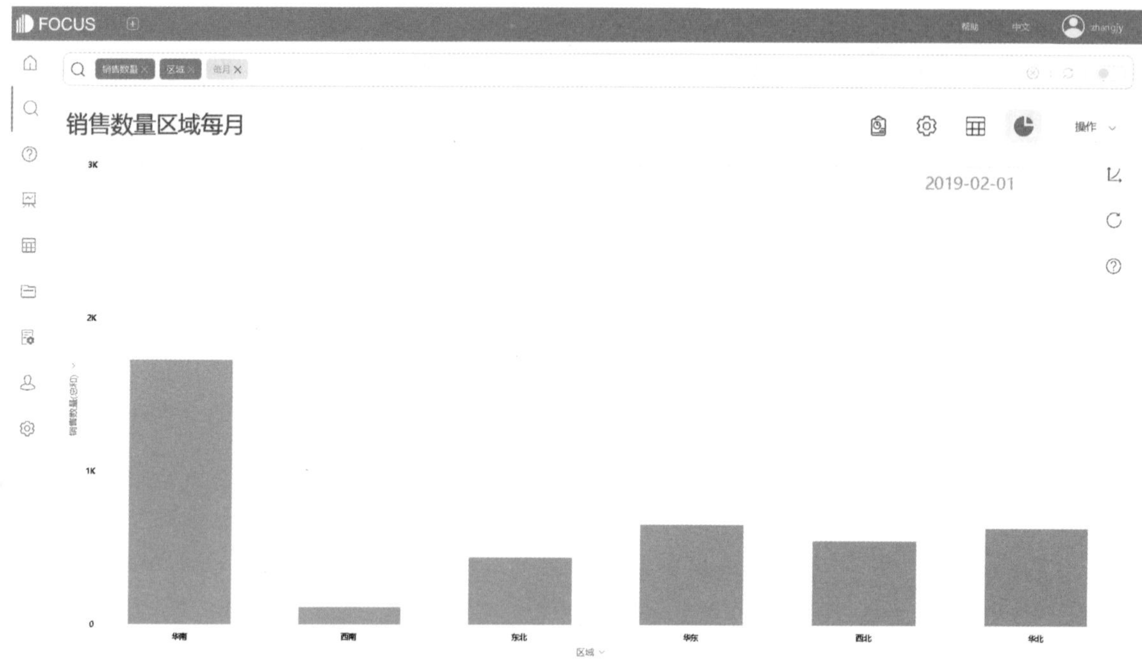

图7-35　时序柱状图

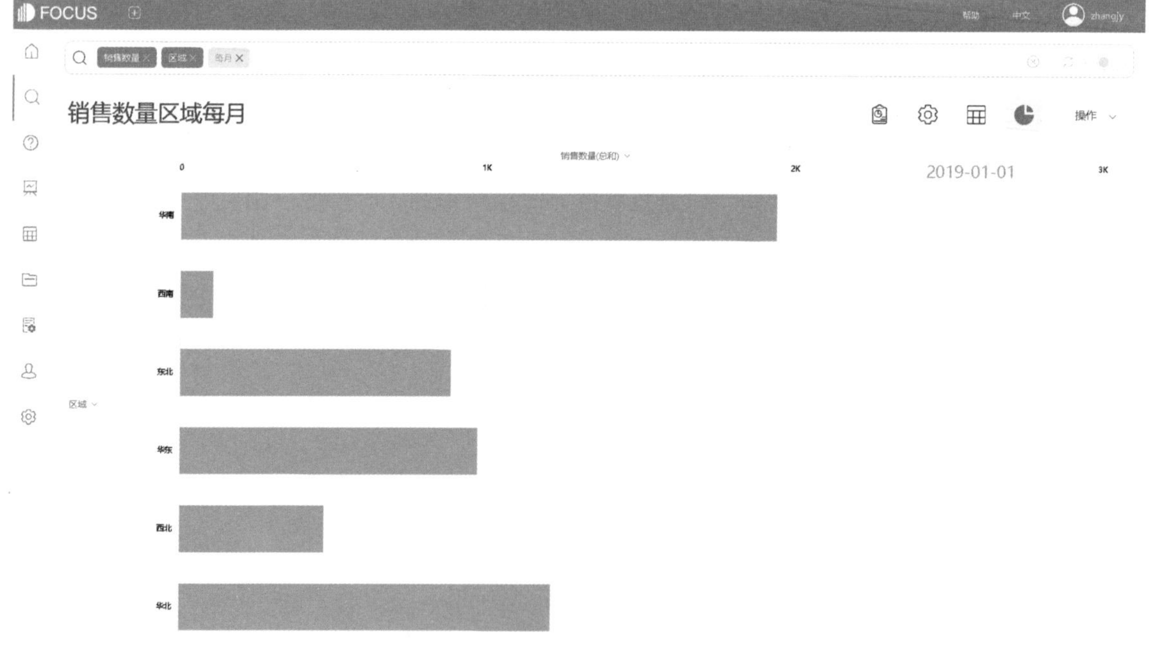

图7-36　时序条形图

图 7–37 时序散点图

图 7–38 时序气泡图

（11）极坐标柱状图

极坐标图在一般情况下不常使用，主要是在研究二次曲线分析的情况下应用。极坐标图的关键是需要注意起点、终点、穿越线以及变化趋势，因此在平面直角坐标系中，如果需要绘制一条曲线尤其是与圆有关的数据时，会用到极坐标图，如图7–39。用极坐标法来处理几何轨迹问题，会比直角坐标法来得简单，描图也更方便。

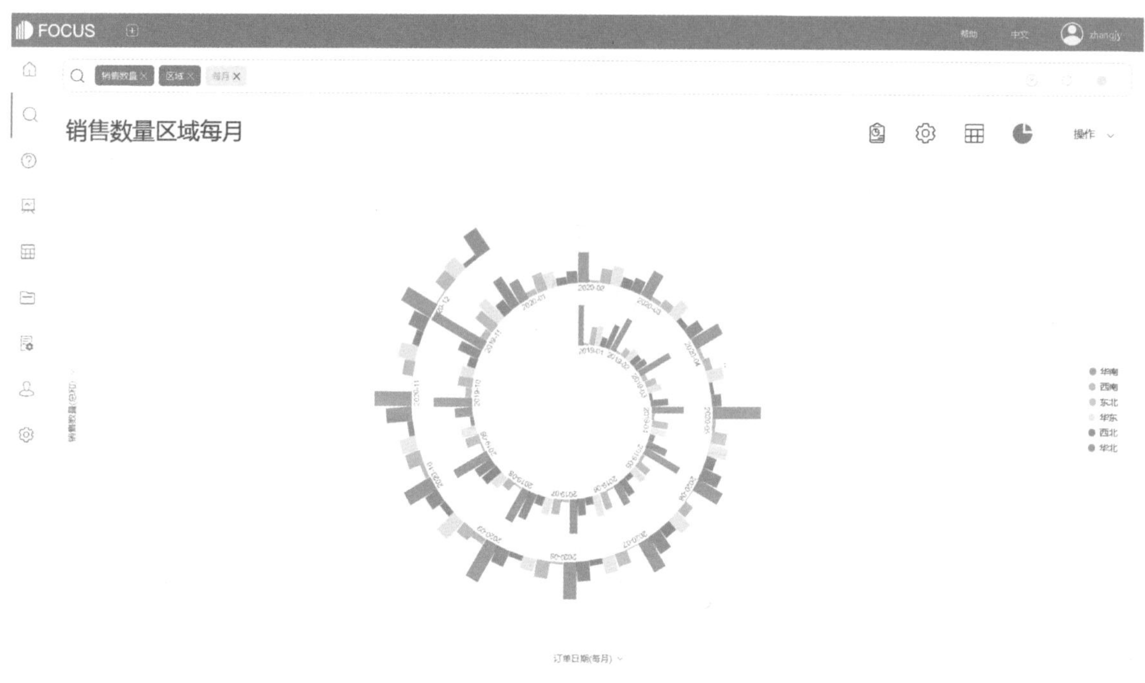

图7–39　极坐标图

（12）子弹图

子弹图，顾名思义就是图表成型后的样子很像子弹射出后带出的轨道。子弹图无修饰的线性表达方式能够在狭小的空间中表达丰富的数据信息，更加合理的利用图表的空间。同时，子弹图通过优化设计还能表达多项同类数据的对比，可以清楚地获知对比效果，如图7–40。

（13）日历热图

日历热图就是将时间与热图进行了结合，这是一种双变量图，由时间变量和另一种变量组成，其具体形式是由小色块群有序且紧凑地以日历格式组成的图表，每个小色块代表一天，而小色块颜色深浅则呈现另一种变量，如图7–41。通过日历热图，我们可以查看具体年月日的详细情况，可以非常直观的具体到某一天。

图7-40　子弹图

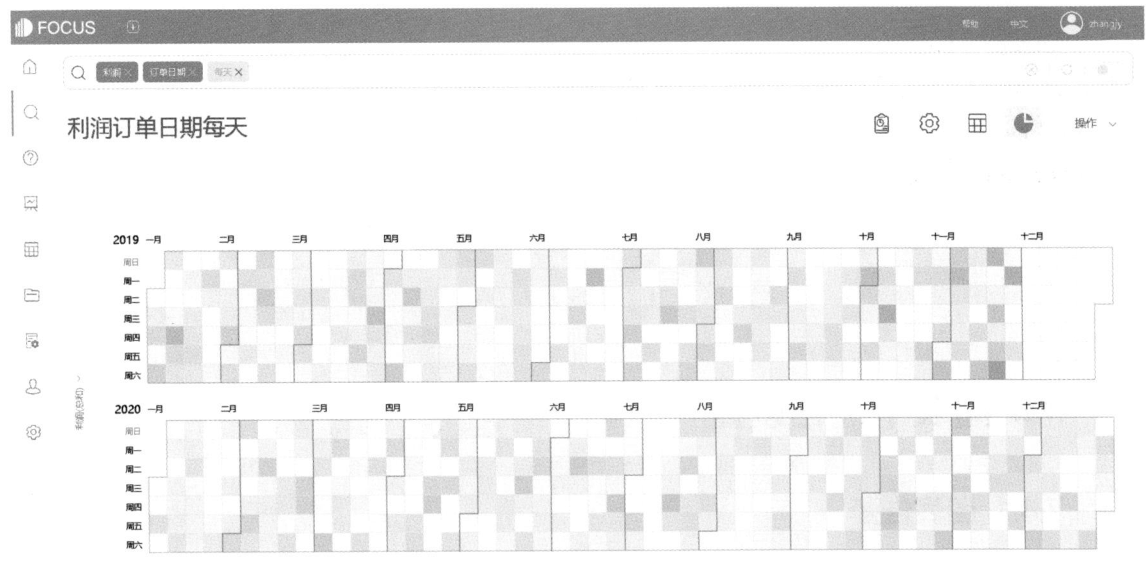

图7-41　日历热图

（14）直方图

直方图，即次数分配表，沿横轴以各组组界为分界，组距为底边，以各组次数为高度，每一组距上画一矩形，所绘成的图形，如图7-42。可应用于对一个数据集中的值在另一个数据集类中的频数分布进行研究，如，土地利用类中的坡度分布、高程类中的降雨分布或警务区附近的犯罪分布。也可以用来预测并监控产品质量状况、对质量波动进行分析，能比较直观地看出产品质量特性的分布状态，便于判断其总体质量分布情况。

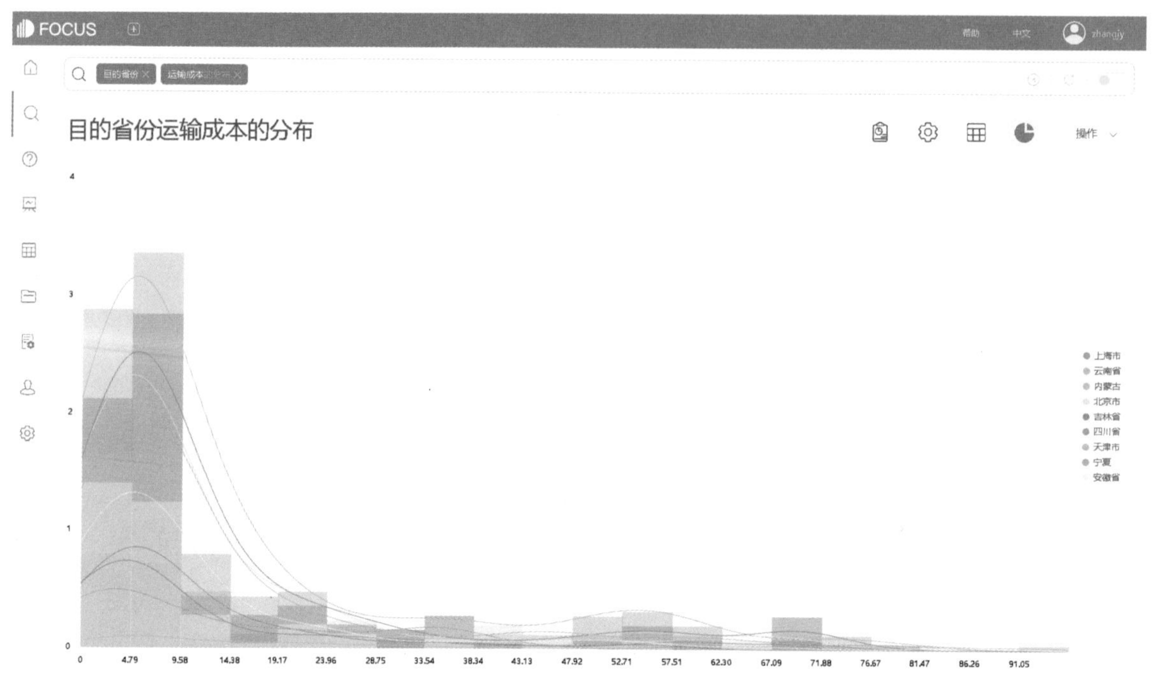

图7-42　直方图

7.4 图表个性化设置

7.4.1 图表告警

【注：DataFocus“商业分析师版”和“企业共享版”暂未开放该功能】

日常业务中，我们需要监控很多指标信息，例如财务的各种专项能力分析，其实际就是各个不同的指标比率，如资产负债率、销售利润率、产权比率等等。对于这种指标类型的数据，如何实时地监控，更好地掌握其变化情况，及时地将有效信息传递出去，是数据可视化的一个难点。

在DataFocus中，告警功能的出现，就是为了解决上述这些难点。可以对某个比率设置限定值，若该比率超过限定值，则在图表中可以看到超出部分会一直红色闪烁，同时，还会发送一份告警邮件，通知有关人员该指标出现异常，需要重点关注，及时解决，如图7-43。

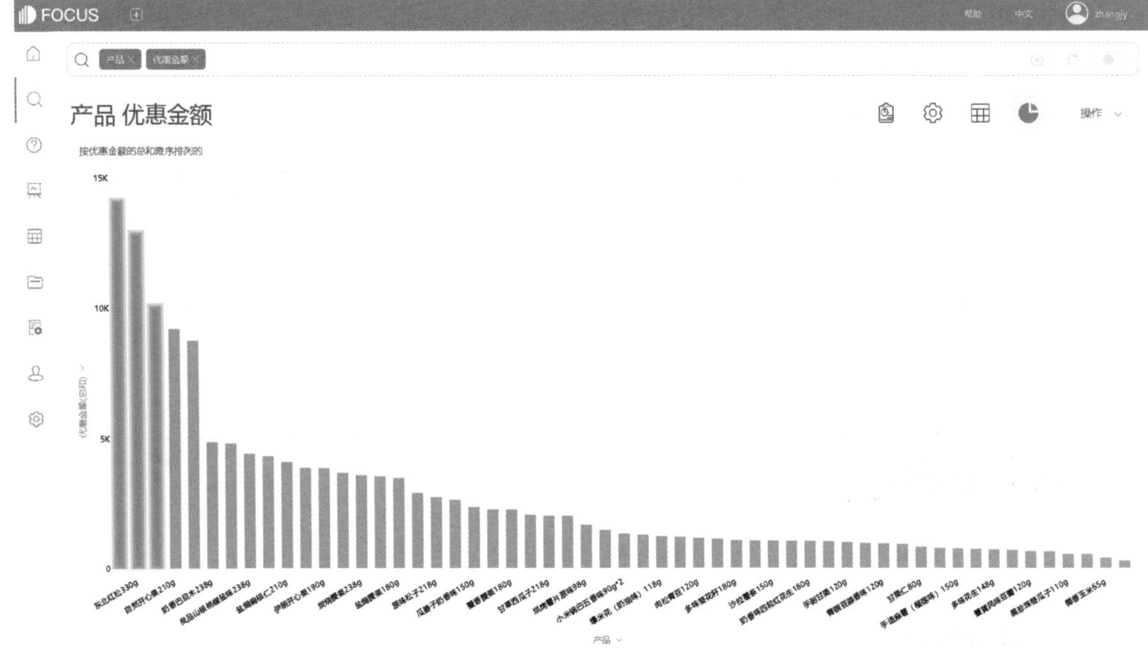

图7-43　告警提示

例如，现在我们已计算出销售利润率，我们需要监控这项指标来衡量企业销售收入的收益水平：销售额高而销售成本低，则销售利润率高；销售额低而销售成本高，则销售利润率低。因此，在销售利润率小于0.5时，我们需要及时地知道，并且制定相应的策略来提高我们的销售额。这时候，我们就可以在图表中，单击Y轴的销售利润率，选择告警功能，设置其小于0.5即可，如图7-44，当销售利润率小于0.5时，图表即刻自动出现红色闪烁告警，并发送邮件，其目的在于不让用户错过任何一个重要信息。

7.4.2 切片放大

在数据可视化展示中经常会遇到一种情况，如果数据量非常多，横坐标轴经常会只显示部分标签，这时候用户看不到所有的横坐标轴标签值，有可能会错过某些重要信息。在DataFocus中，可以将某块局部区域放大到能够看清所有信息为止，那么如何放大呢？其实很简单，在需要放大的区域按住鼠标左键，然后往左或者往右拖，鼠标松开的那一刻，即可看到这块区域被放大，数据显示得更加清晰，如图7-45和图7-46。

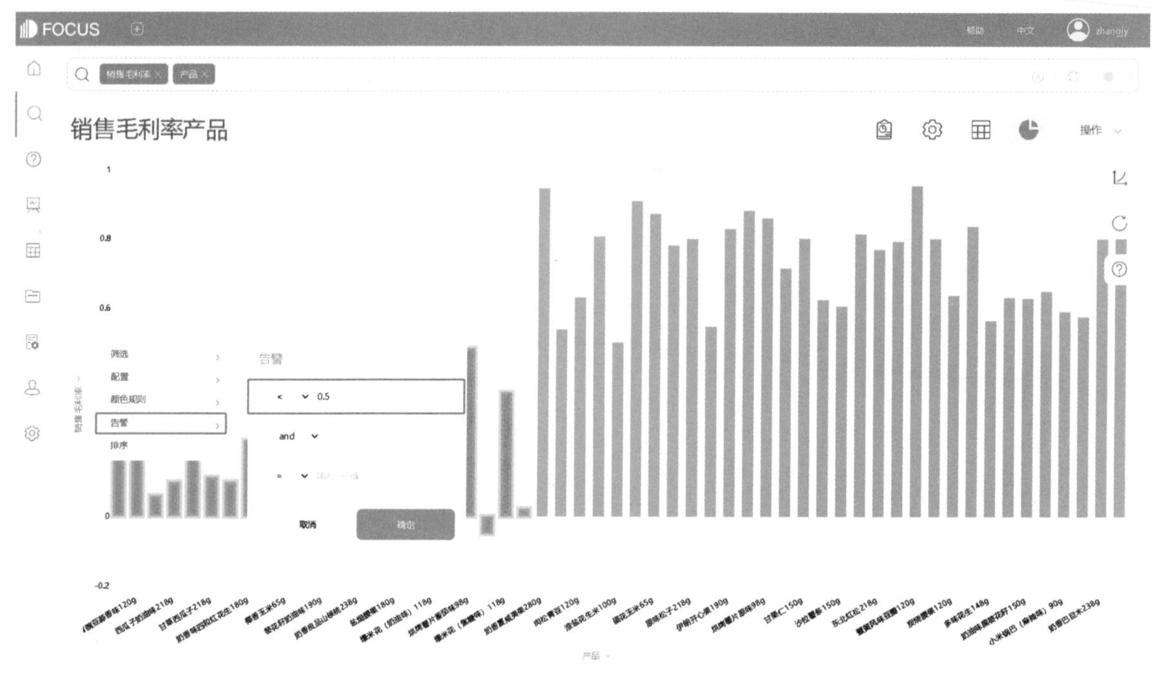

图7-44　告警提示

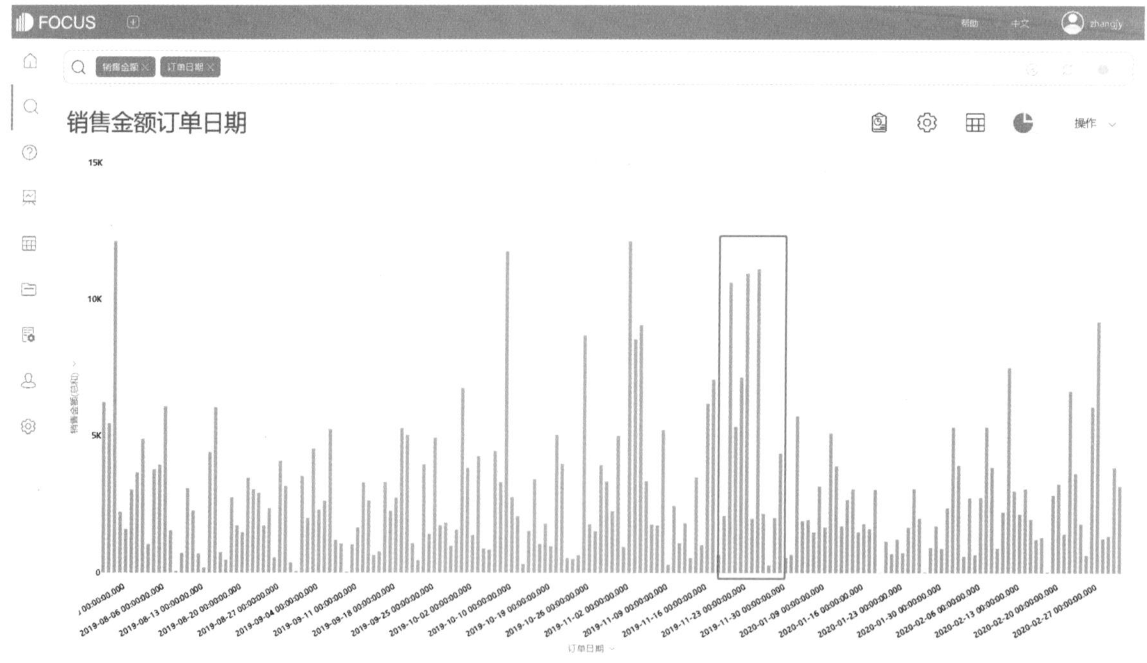

图7-45　数据压缩显示

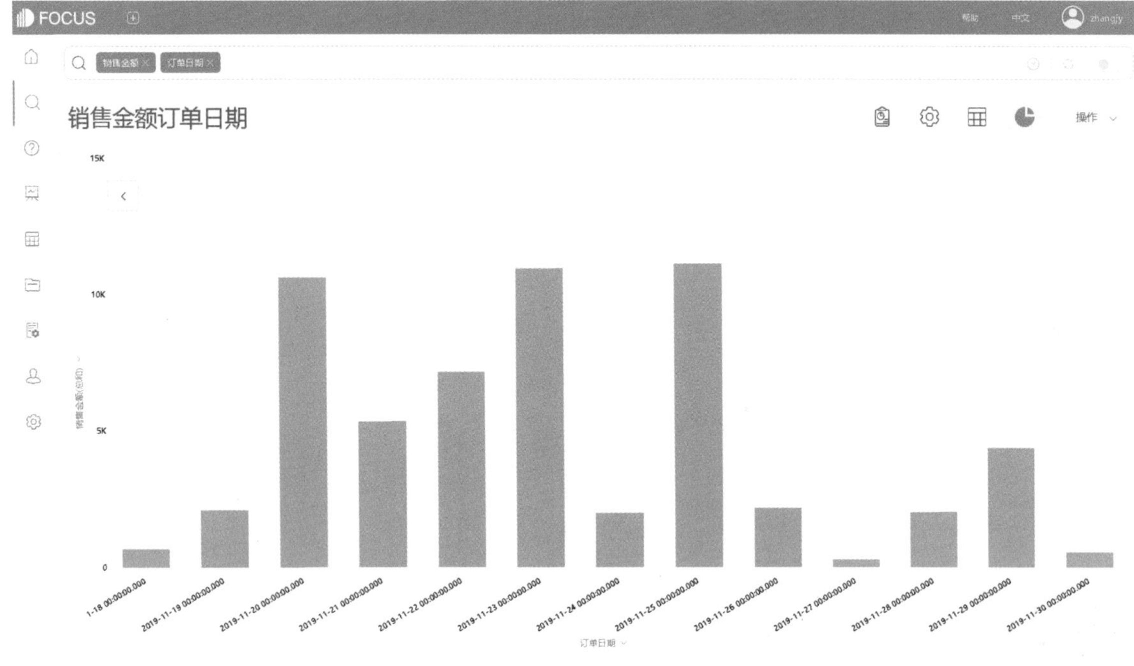

图7-46 放大红色区域

7.4.3 图表个性化设置

DataFocus中，除了支持自由更换图形之外，还支持各种图形的个性化设置，不同图形可设置的功能点有些许区别。因为每个人的审美和视觉喜好都不一样，所以，DataFocus在可控制的范围内，尽可能地满足每个人的喜好，包括主题颜色、字体设置、数据标签格式等等，都可由制图人自行设置。

以堆积柱状图为例，在搜索出结果后，点击右上角的“图表属性”，即可看到如图7-47所示的配置弹窗，其中包括有通用属性配置、网格线配置、数据标签格式配置、数值标尺配置、悬浮文本设置、标度设置等。

通用属性配置，主要是用来设置主题颜色、字体大小、图例位置、是否隐藏图表标题等功能，如图7-47。

网格线配置，主要用来配置是否隐藏网格线以及平均线等，还可对零线进行配置，如图7-48。

数据标签格式配置，可以配合显示数据标签功能一起使用，可以将原本显示的数据标签内容通过不同的宏替换成不同的内容，例如默认显示的是单纯的数值，现在用宏“%_PERCENT_OF_TOTAL”，即可将原本的数值内容更改为所占的百分比，如图7-49。

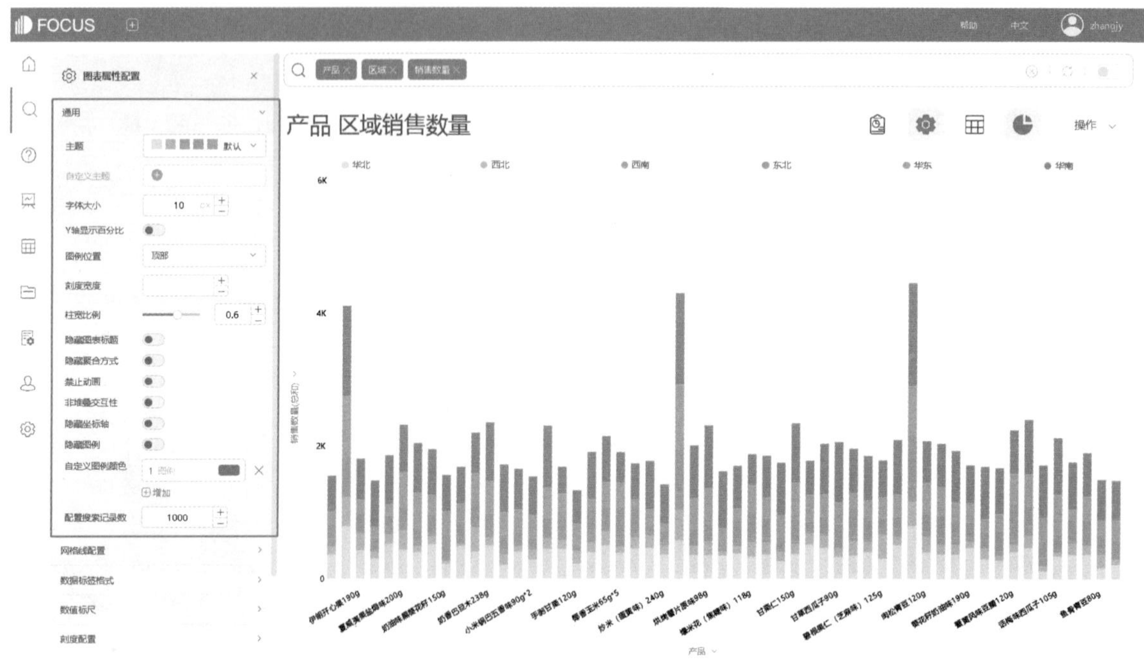

图 7-47　通用配置

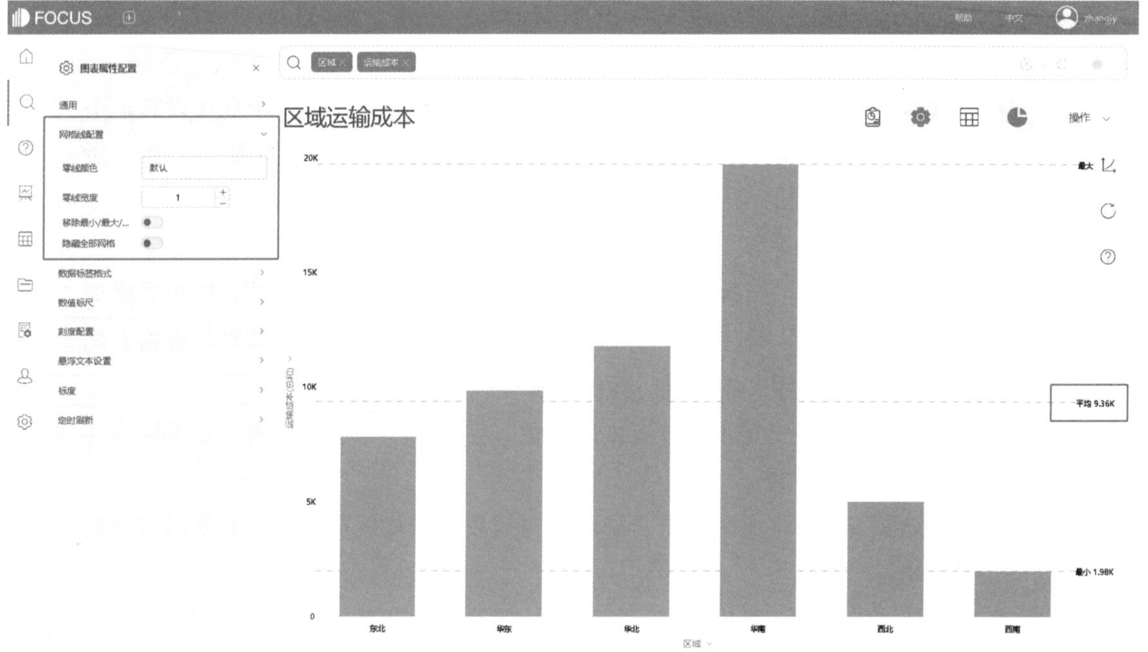

图 7-48　网格线配置

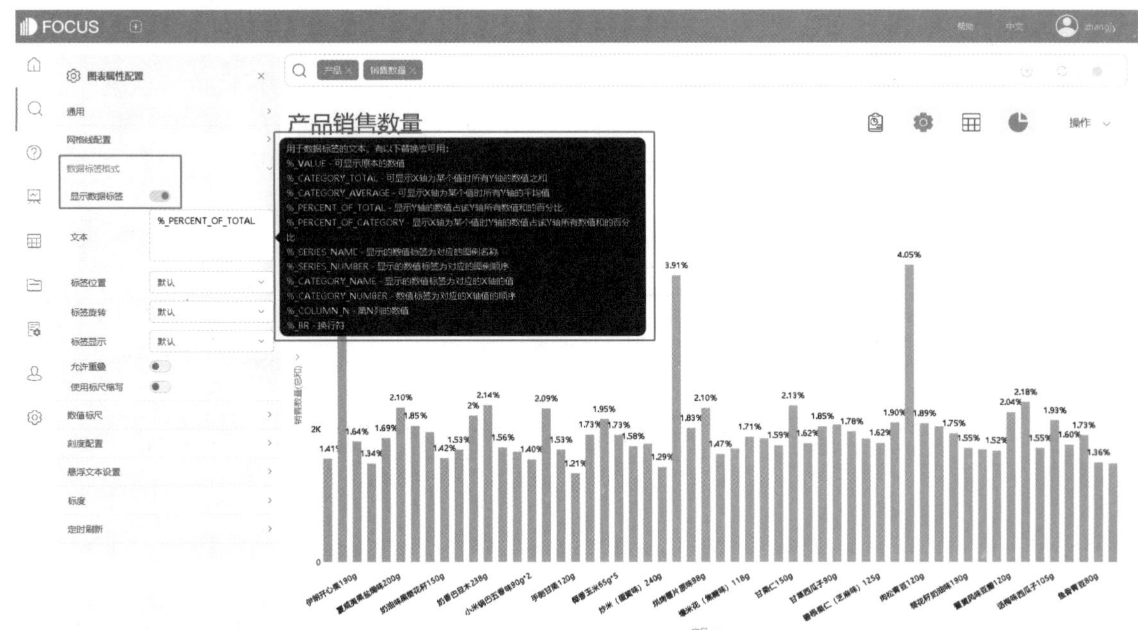

图7–49 数据标签格式配置

数值标尺配置，主要是设置纵坐标轴的最大值和最小值，例如某些图形由于数据问题，波动幅度可能非常小，这就有可能导致该图形在整个画板中只占据了一小部分，如图7–50。为了将图形显示得更加清晰、合理，我们可以自行调整纵坐标轴的最大值和最小值，使得图形能够占据看板的2/3左右，如图7–51。

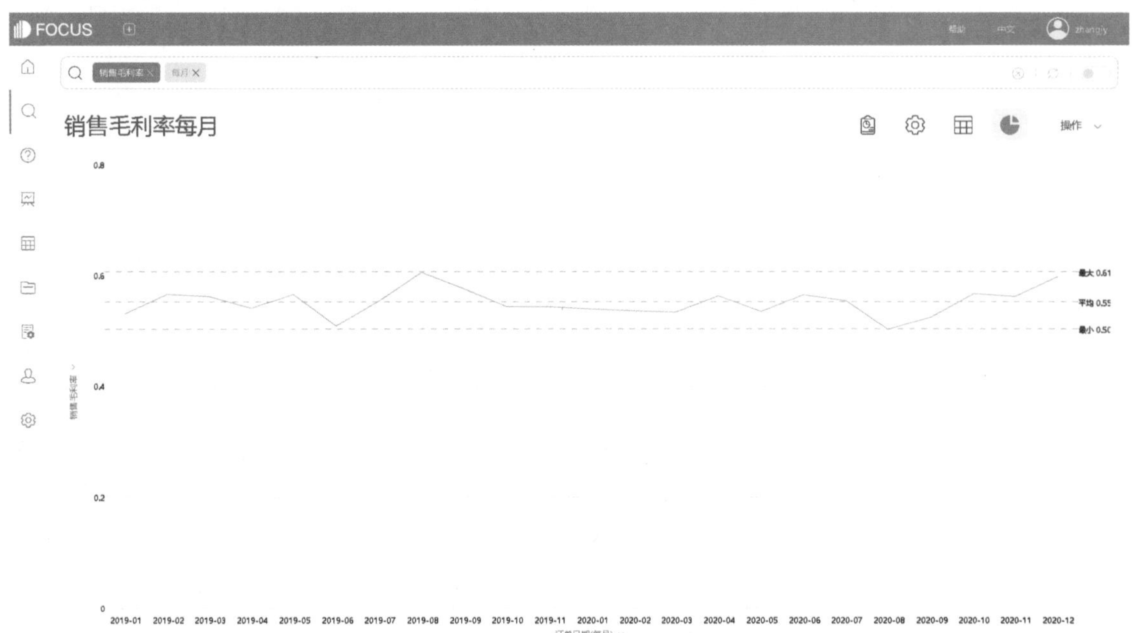

图7–50 原始图形

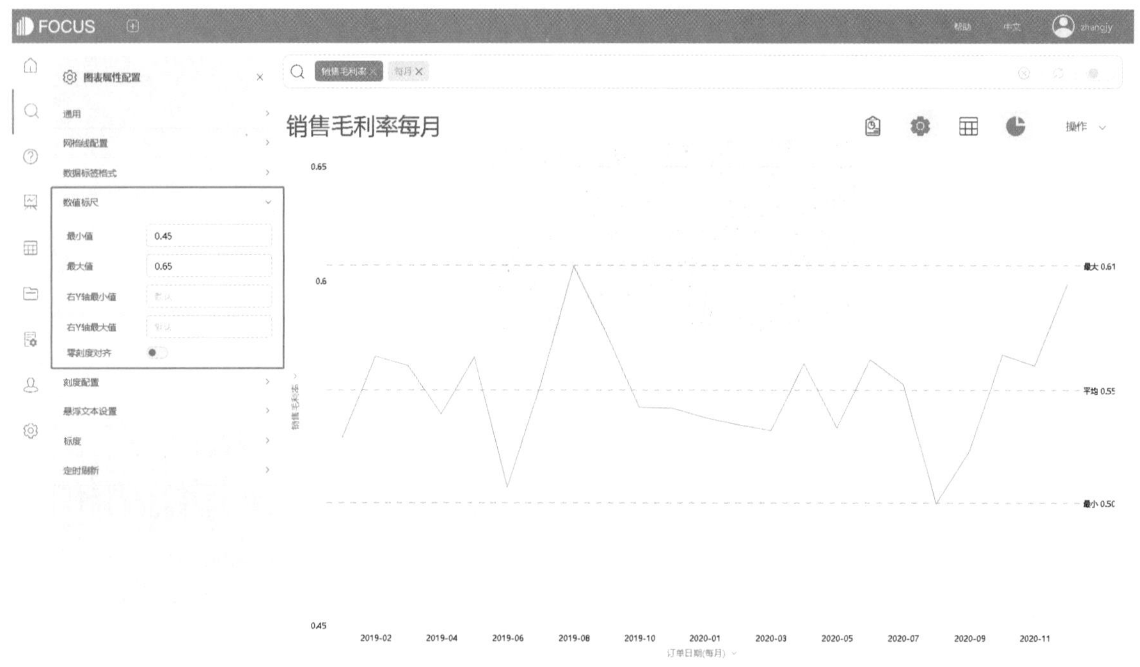

图7-51 重设纵轴区间

悬浮文本设置与数据标签的配置相类似，也是使用各种宏修改内容，只是数据标签宏修改的是数据标签中的内容，而悬浮文本中的宏修改的是悬浮文本中的内容，作用效果类似，如图7-52。

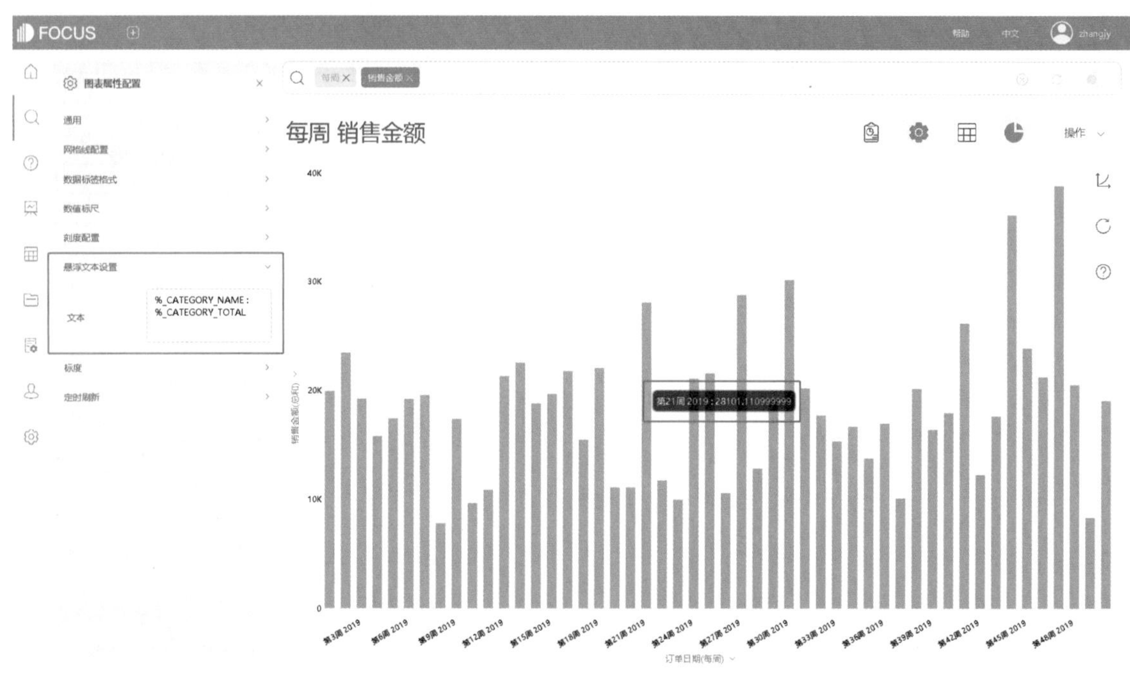

图7-52 悬浮文本设置

标度设置，可以用来在图形中设置某个目标值或者目标范围，如图7-53中设置了目标线。

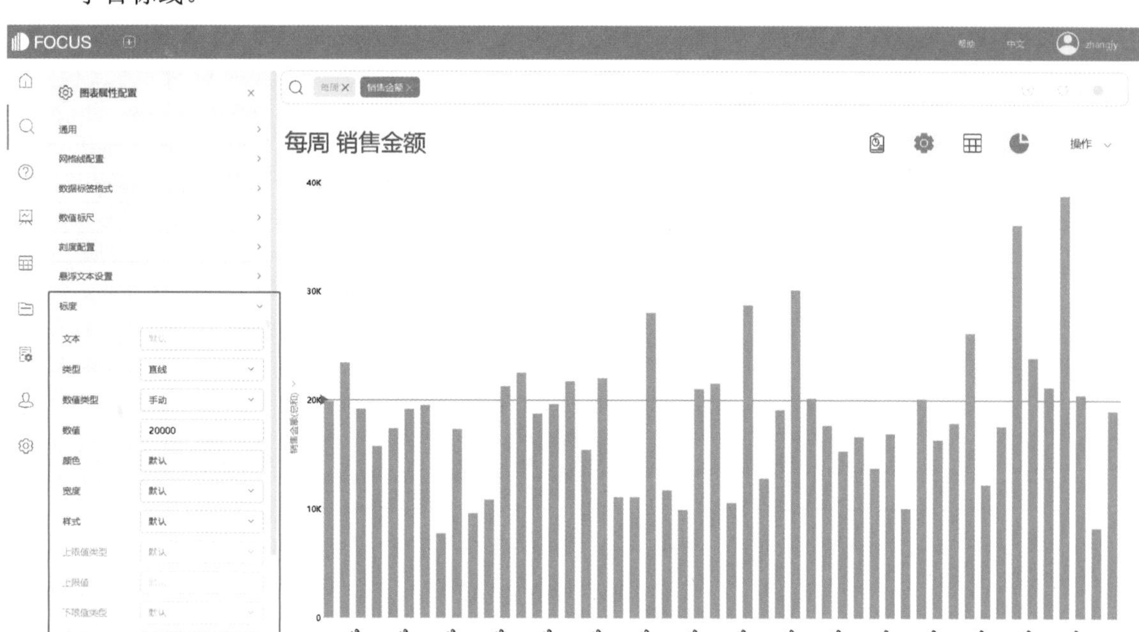

图7-53 标度设置

7.5 图表固化

在企业实际业务中，我们经常需要制作图表，例如销售月报表、销售季报、财务月报、财务年报等，而这些其实都是毫无意义的重复性工作，不仅浪费大量人力，也会消耗员工的热情，谁也不想整天做重复的工作，如果有这样一款工具，可以帮助员工从这些工作旋涡中解脱出来，相信企业和员工都会很高兴。

这时候就是DataFocus大显身手的时候了。可以将这类重复性的图表保存固化，并且设置数据自动更新，那么后续无须重复制作，随时可查看制作好的图表。这大大减轻了员工的工作量，提高了员工的工作热情，并且可为企业节省更多的人力成本，让员工将更多的精力放在更有意义的事情上。

固化图表非常简单，只需在搜索结束后，点击右上角“操作—保存为历史文档”，为该图表命名，保存成功即固化成功，如图7-54。

后续想查看该图表时，只需在“历史问答”页面，通过命名的图表名称找到该图表，点击“详情”按钮，重新回到搜索页面，对图表进行查看或更改，如图7-55。

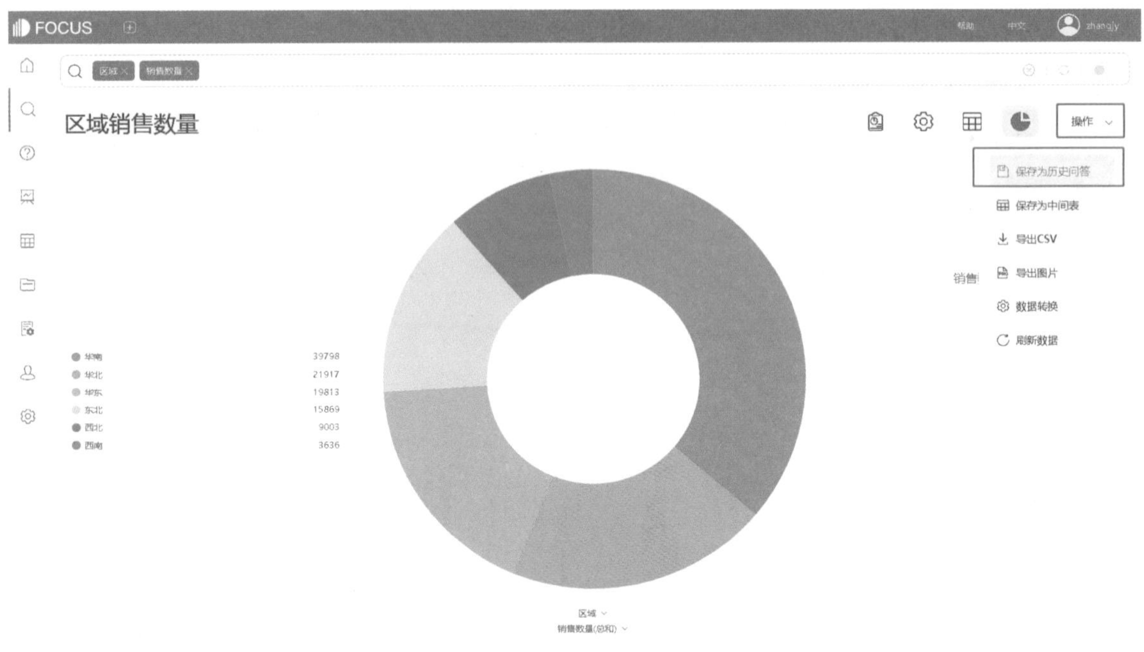

图7-54　固化图表

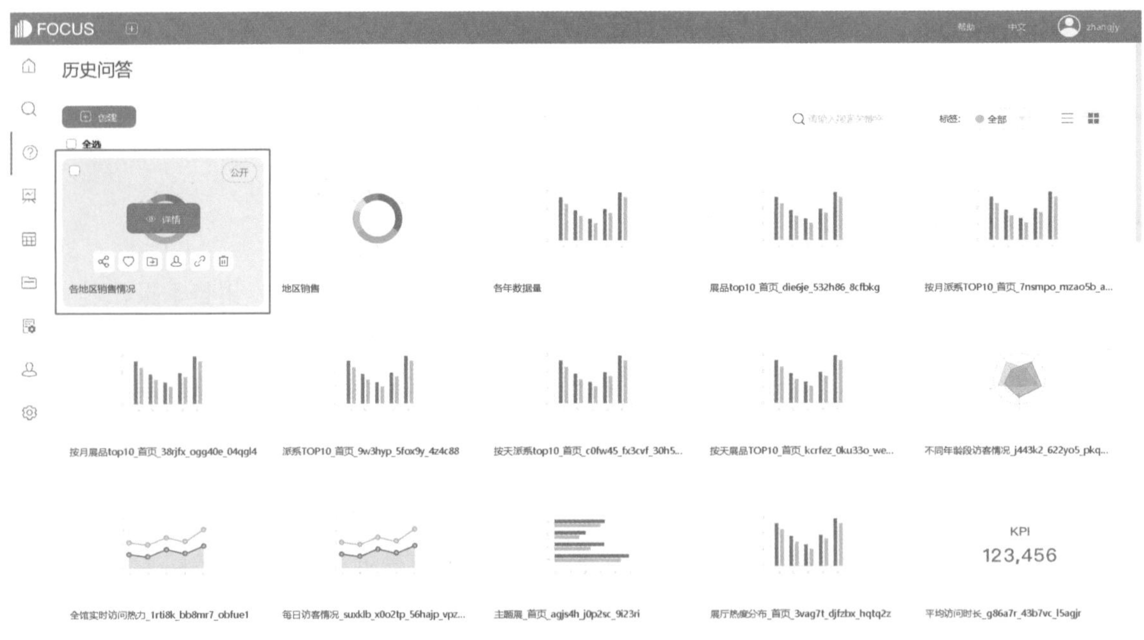

图7-55　重新编辑

7.6 复制图表

有时候，我们需要在已制作完成的图表上做进一步的分析展示，这时候，我们是否需要重新制作一份相同的图表呢？其实不需要。DataFocus是支持图表复制的，就是说，用户可以复制已经固化的图表，形成一份新的图表，对这份新图表进一步操作，这样既不会影响原有图表，也不用浪费时间重新制作，如图7-56和图7-57。

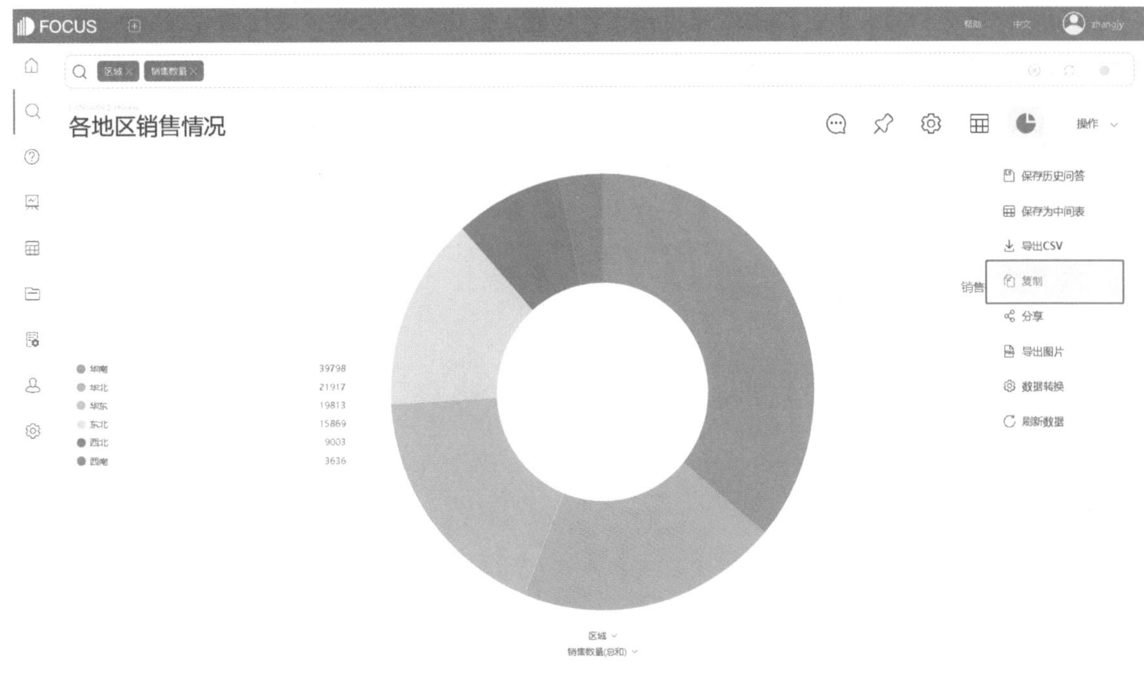

图7-56 复制图表

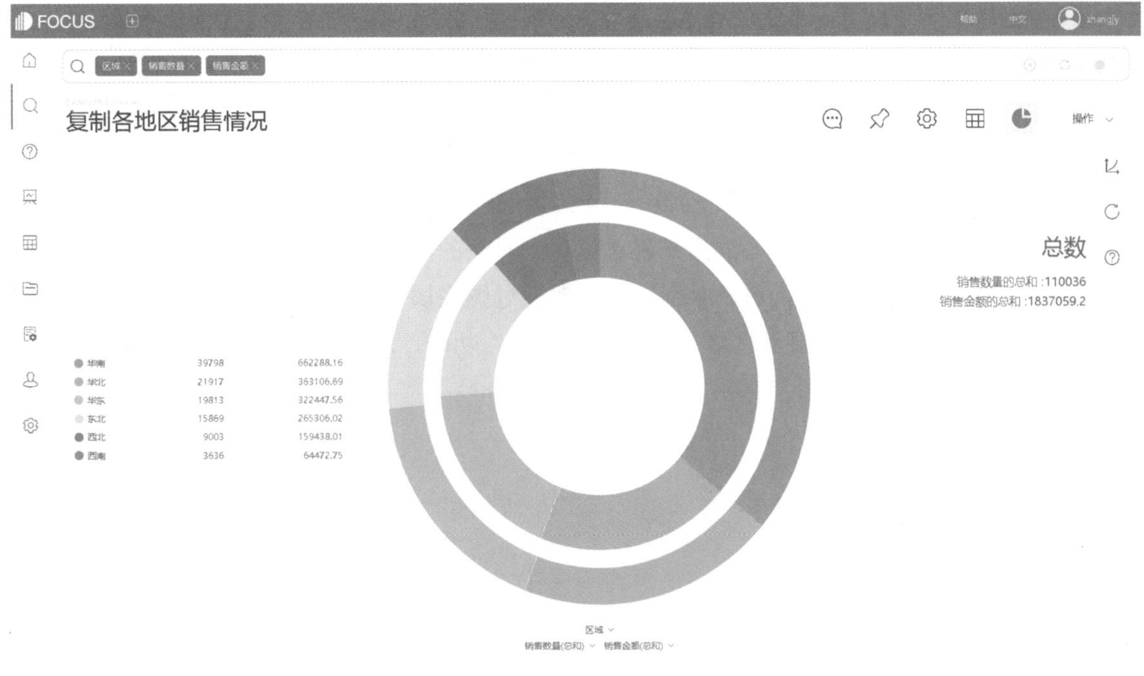

图7-57 新图表进一步展示分析

7.7 单个图表导出

数据分析完成后，点击右侧“操作”按钮，点击导出CSV或导出图片即可进行单个图表的导出，如图7-58。

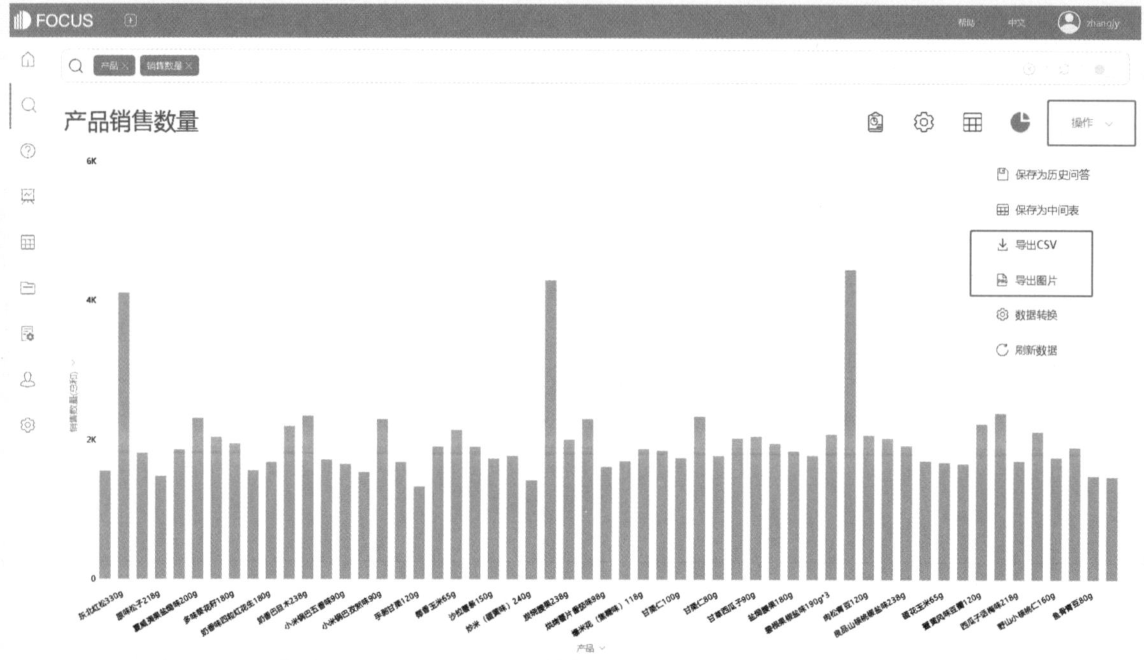

图7-58　导出数据或图片

本章小结

本章系统讲述了DataFocus的数据可视化类型。需要关注的是，每一种图表类型都有对应的数据格式，细心的用户将鼠标移到对应的图例上，系统会给出各种图例对应的数据格式。此外，每一种图表也可以通过图表属性进行个性化配置。用户不要忽略DataFocus图形展示区域右侧的“配置图”功能，这里可以重新设定坐标轴，从而更改图表类型。

课后习题

1. 导入示例数据，尝试本章所述的各种可视化图形。

2. 搜索并保存一个柱状图或折线图，并为该图形设定数值标尺，更改图形颜色为“主题三”。

第8章
数据看板

8.1 创建数据看板

相信很多人看过许多酷炫的可视化大屏，在看到的时候，是否也想过要制作这种酷酷的大屏，将数据更加多样地展示呢?

数据可视化大屏不仅可以集合多个图表在同一屏幕显示，而且可以设置成酷炫的可视化样式。因此，可视化大屏不仅在视觉上让人震撼，还可以通过智能的方式展现企业的数据全貌，综合分析业务数据，提高了工作效率的同时也有助于企业的商业决策，这些数据可以帮助企业进行更为科学的判断，让企业避免决策失误。

但是，数据可视化大屏在以往的认知中，给人的感觉是价格高、实现困难，而这个问题在DataFocus中将不复存在。DataFocus支持数据可视化大屏个性化配置，可以按照自己的喜好配置不同主题的风格，并且操作非常简单，数分钟即可制作一个完整的可视化大屏。

创建数据看板，即创建数据可视化大屏，在数据看板页面，我们选择新增数据看板，并对该数据看板命名，如图8-1。

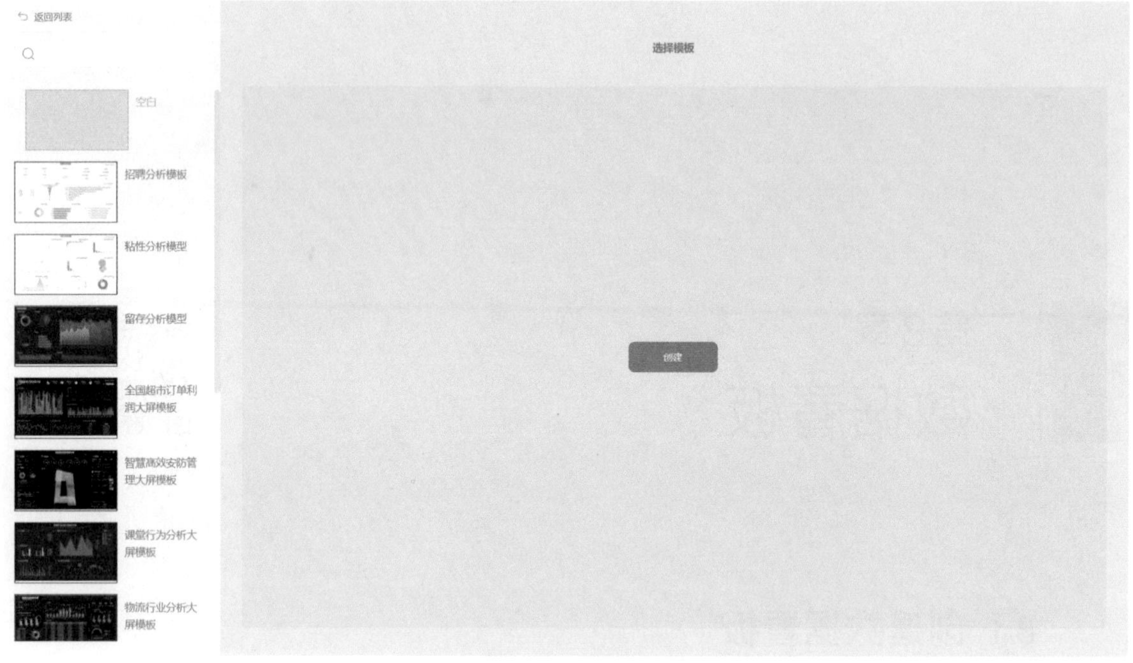

图8-1 新建数据看板

8.2 数据看板个性化设置

创建完数据看板之后，相当于我们的大屏基础已经有了，现在我们可以将已经保存固化好的图表导入。进入数据看板编辑页面，点击左上角“导入”按钮，然后选择需要的图表导入数据看板中，方便我们综合查看数据，全面监控数据，如图8-2。

数据导入完成后，可看到右侧是对数据看板个性化配置的功能区，布局方式可分为网格布局和自由布局，网格布局下图表的大小以及位置有所限制，大小比例只能为25%、50%以及100%，位置只能在特定的网格内，无法自由摆放，如图8-3。

网格布局下调整图表的大小以及位置，需要先选中该图表，然后在右侧组件样式中，对图表大小、背景、文字等进行个性化设置，可直接选中图表拖动到想要的位置，如图8-4。

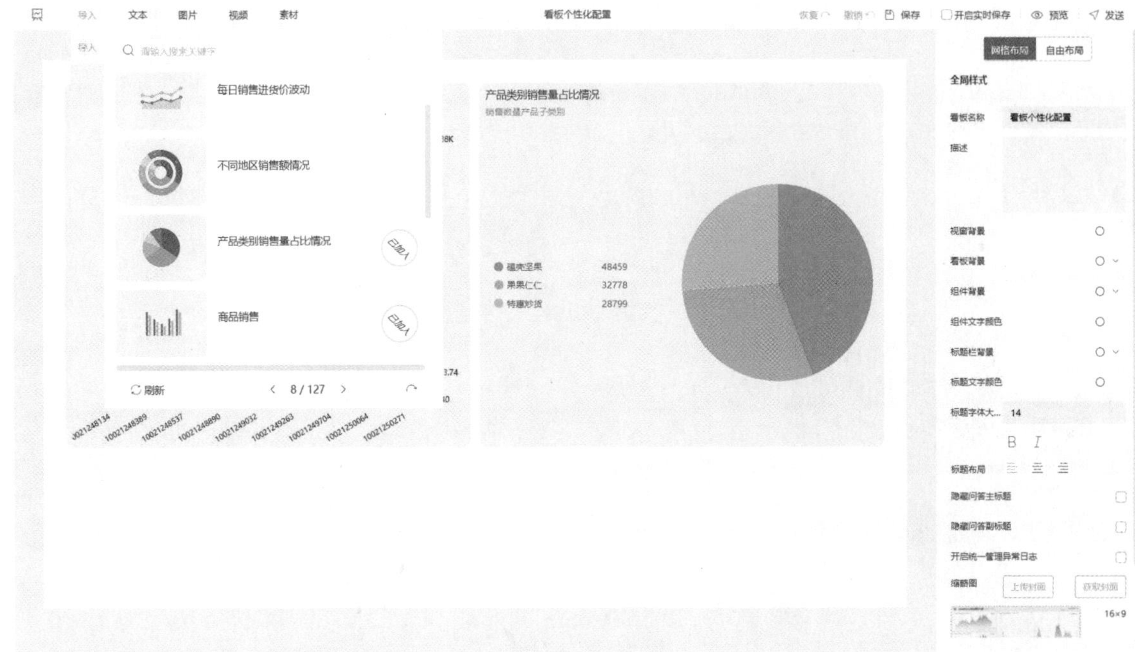

图8-2 编辑数据看板

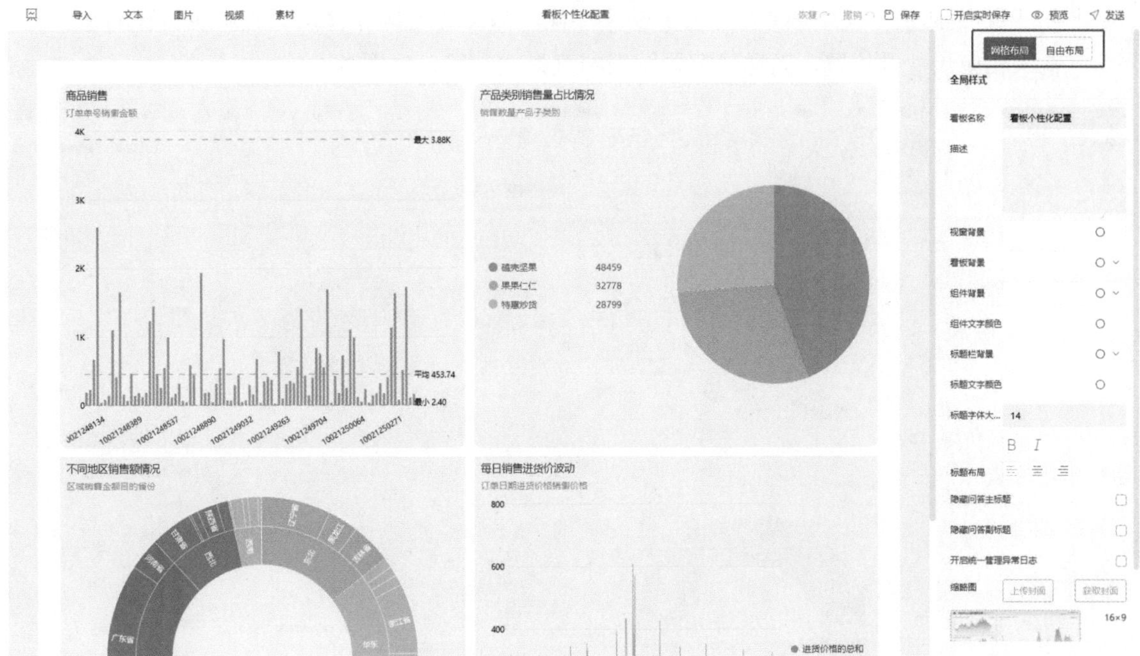

图8-3 切换数据看板布局方式

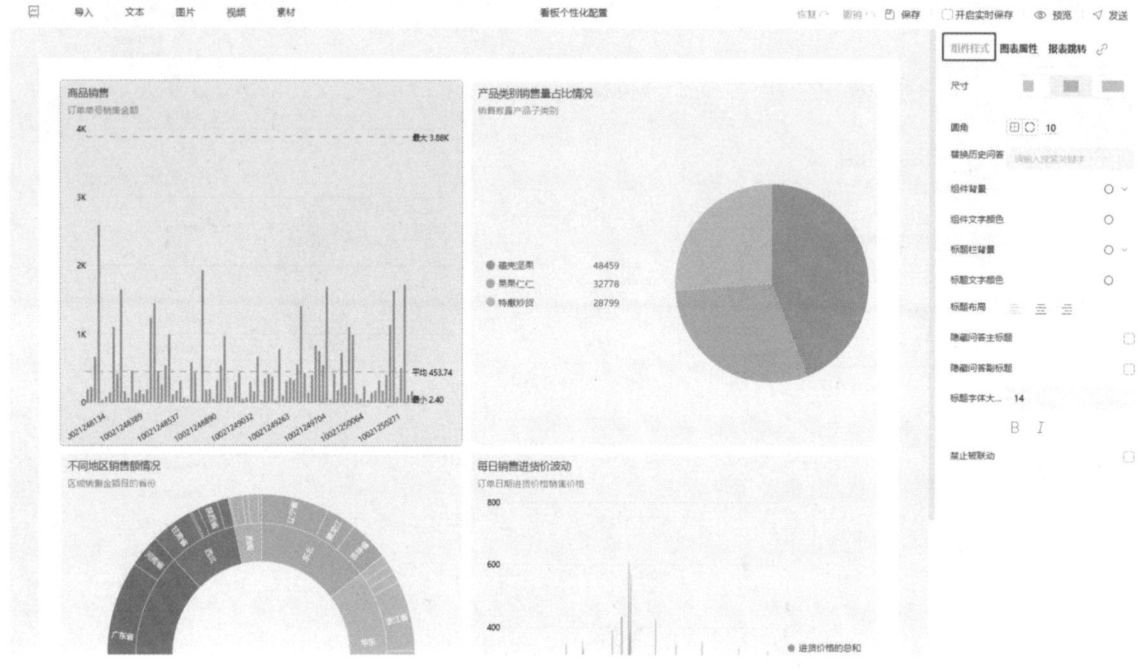

图8-4　设计组件样式

自由布局下，调整图表的大小以及位置，都可通过鼠标自由调整，也可在右侧输入相应尺寸及位置，同样可配置图表的背景文字等，如图8-5。

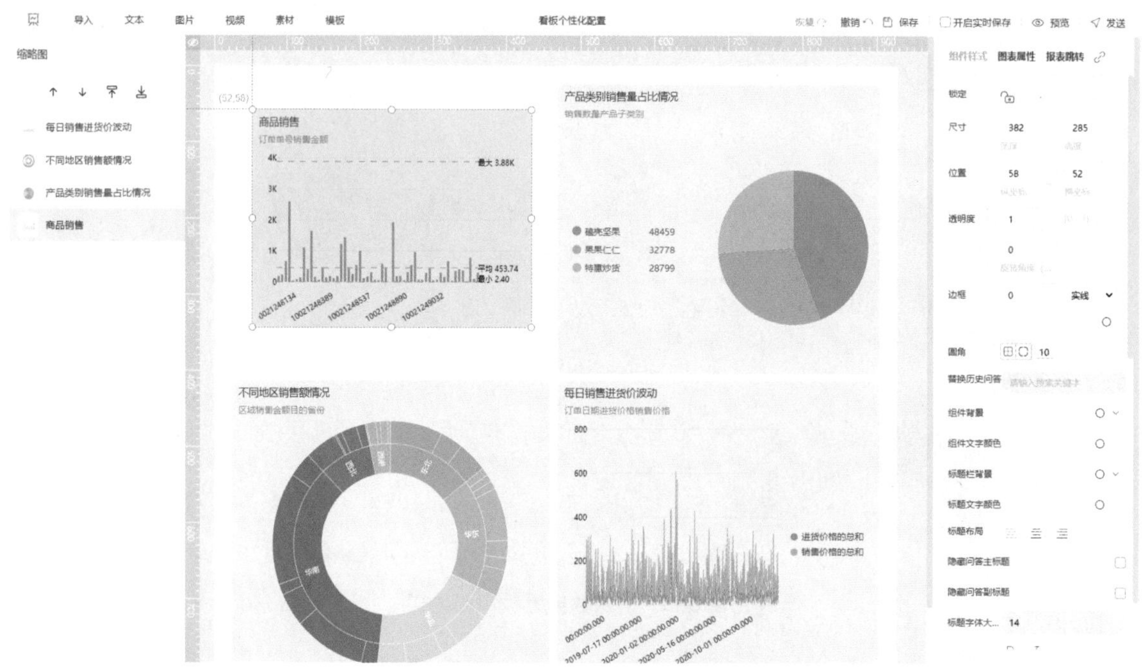

图8-5　自由布局下的数据看板

最终通过对数据看板的个性化配置以及布局调整，我们可以制作一个酷炫的可视化大屏，如图8-6。

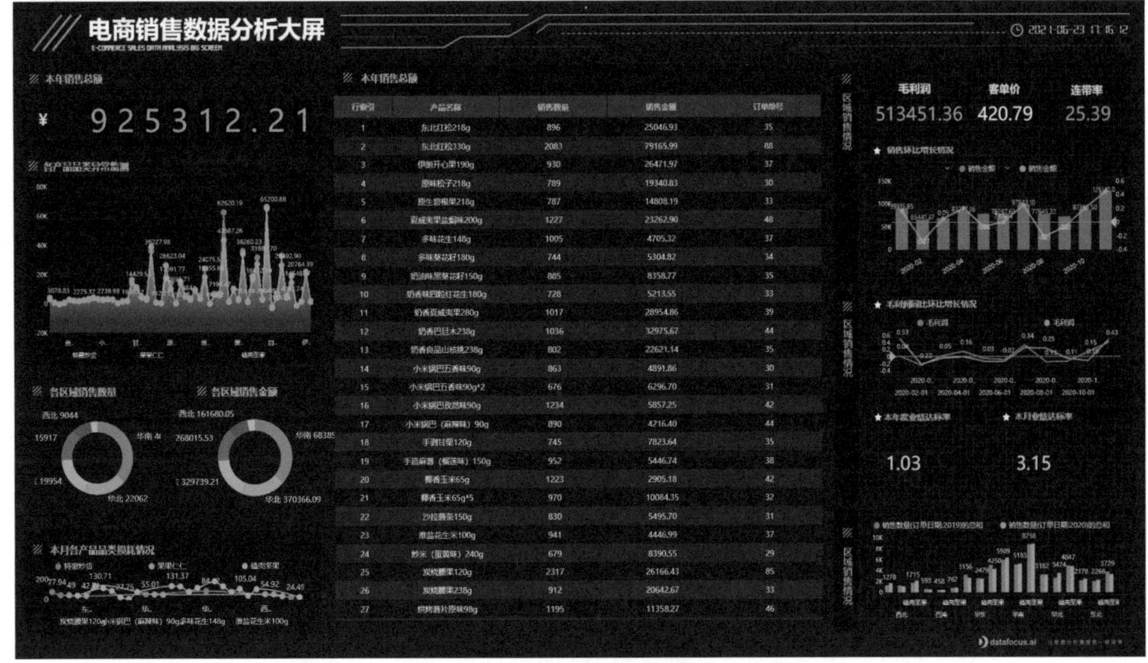

图8-6 数据可视化大屏

8.3 自定义组件

可视化大屏，大部分是酷炫的图表、背景，但是我们的可视化大屏的作用是什么？是为了更好地分析和理解数据。那么我们是否需要有个记录数据分析结果的地方呢？这就是自定义组件的作用。其包含文本组件和图片组件，文本组件可以对整个可视化大屏做一个分析总结，或者提供建议性决策；图片组件，可以在可视化大屏中添加一些图片内容，例如公司logo等。自定义组件需在数据看板编辑页面添加。

点击左上角的文本按钮，即可选择添加的文本类型，然后在文本组件中添加文本信息，内容可以是对整个数据看板综合分析后的结论，或者结合看板提出的对企业发展的建议等，如图8-7。

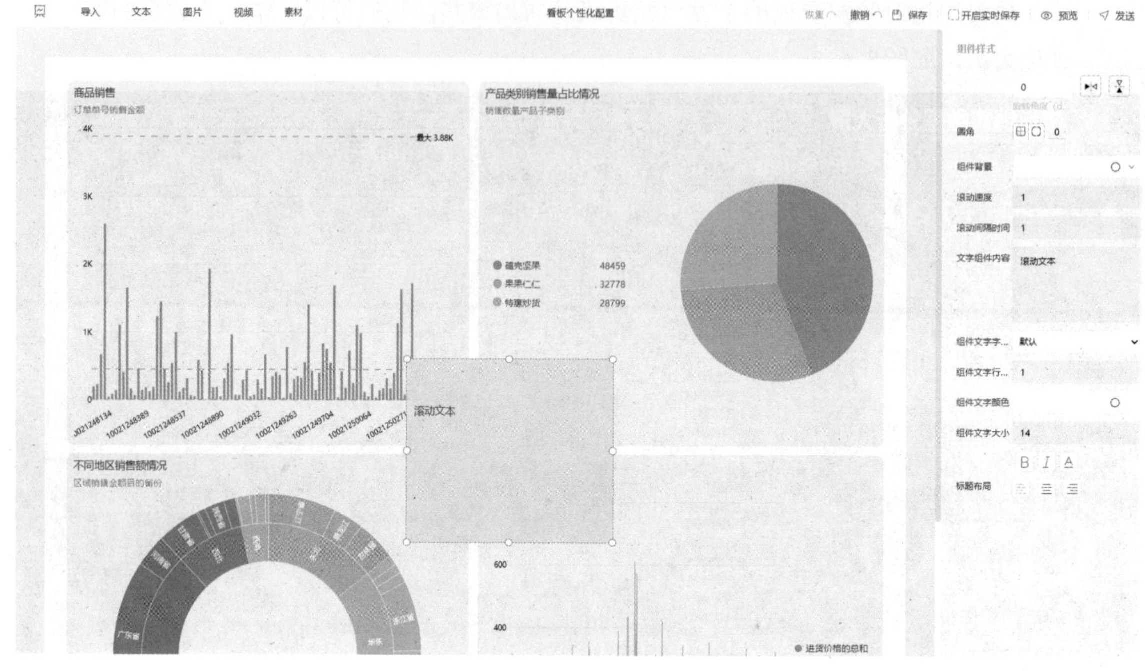

图8-7　编辑文本组件

点击左上角的图片按钮，可以选择添加的图片类型，是浮动图片还是标题图片，添加完组件之后，选择上传图片，可以是公司的logo图片等，如图8-8。

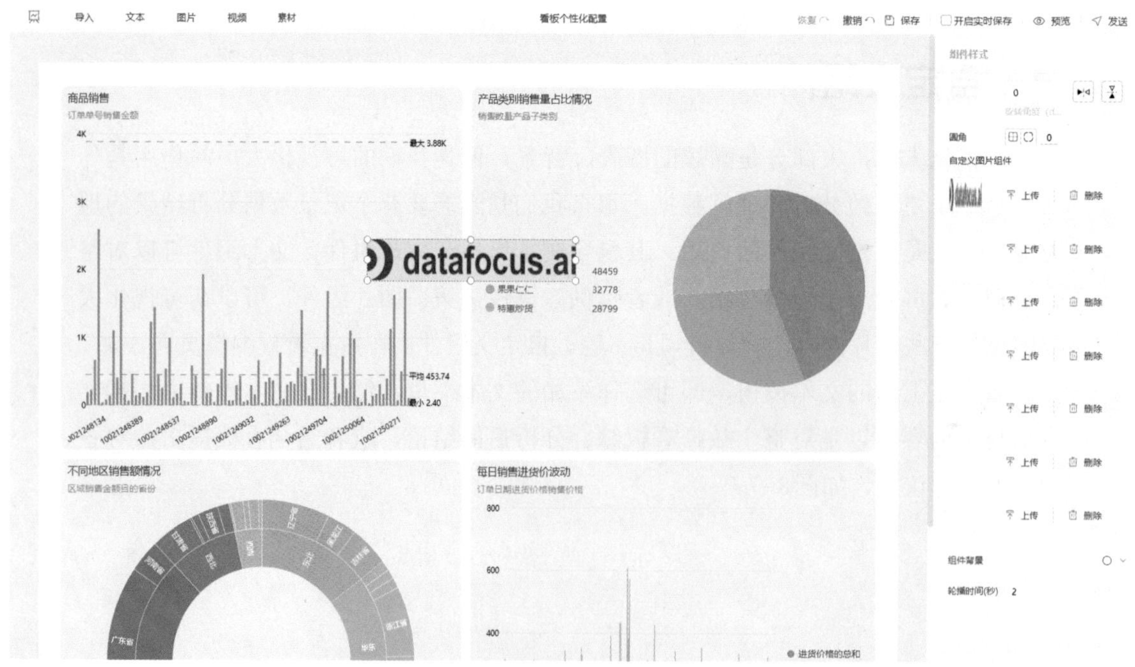

图8-8　上传图片

8.4 数据明细

在数据看板大屏中，我们可以看到一个个漂亮的可视化图表，例如位置图、环图、箱形图、打包图、漏斗图等。但是，数据可视化图表更多的作用是为我们展示数据之间的趋势分布以及其隐藏的规律，而其具体代表的数值，有时候在图表上未必能直接看清楚。在实际业务中，我们在知晓数据之间的规律后，往往就需要去查看其具体的数值，比如我们从位置图上得知了商品的销售分布差异，而后我们想直接查看其在各个省市具体的销售情况，也就是具体的销售数值，那这时候就需要显示图表的原始明细数据。

考虑这种业务需求，在DataFocus的数据看板查看页面，每个图表右上角有一个查看数据明细按钮，点击数据明细，即可以表格的形式显示图表具体的数值，如图8-9和图8-10。

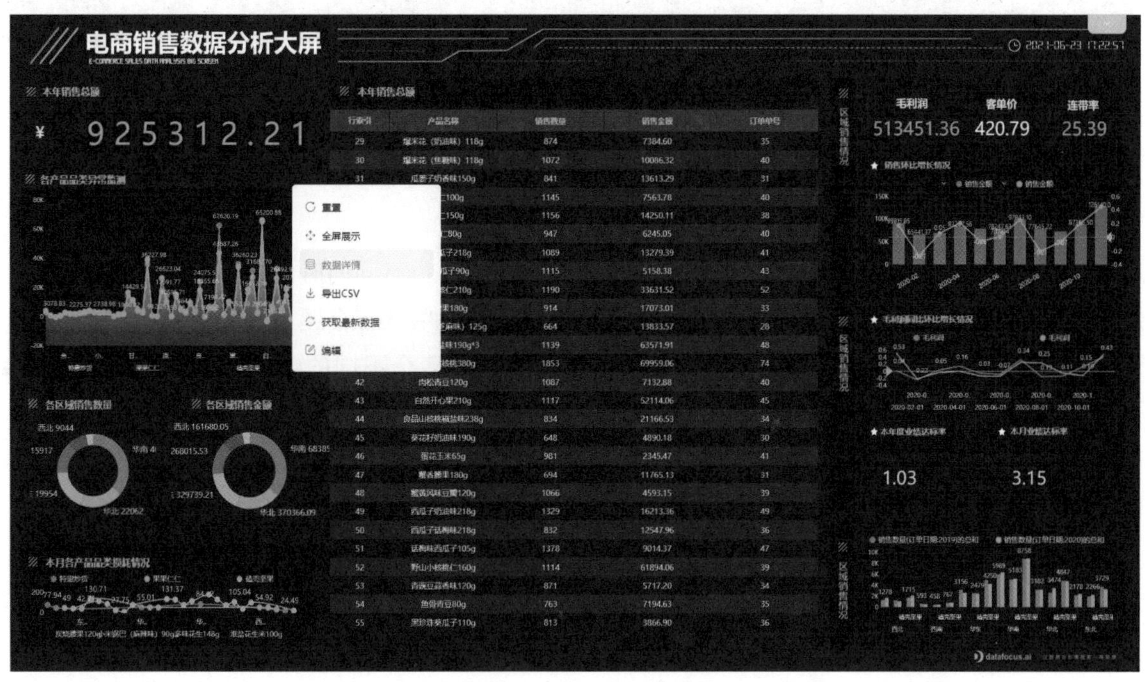

图8-9 查看数据明细

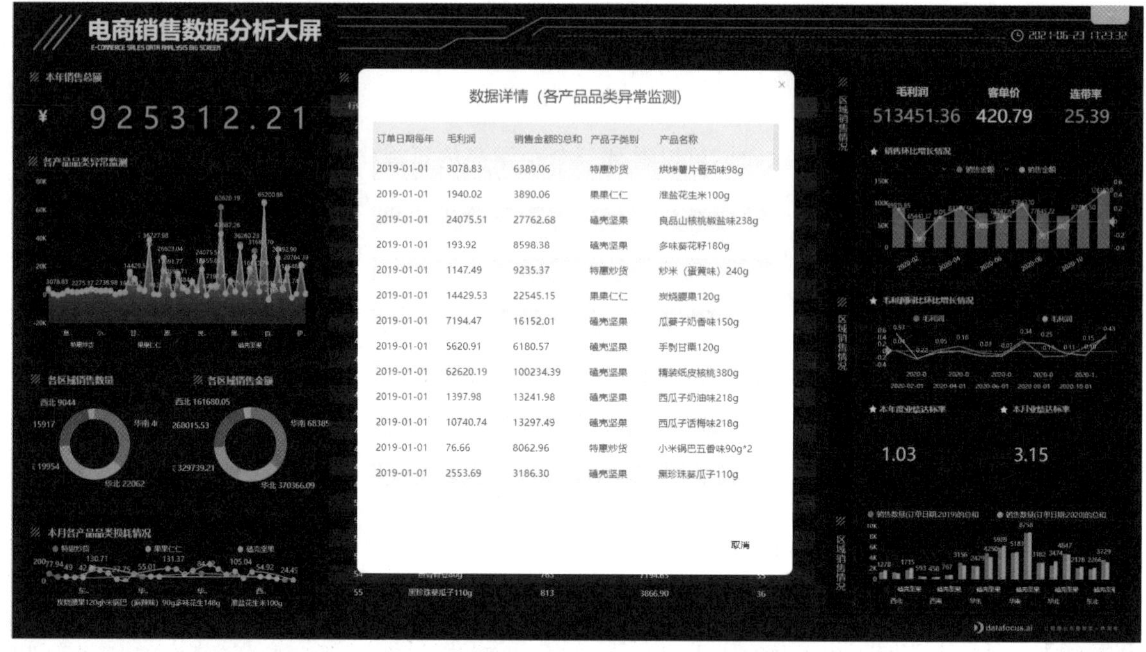

图8-10 显示数据明细

8.5 看板联动

在企业实际业务中，我们经常需要从不同的维度、不同的时间周期来查看企业的运营情况。例如正在查看各商品的销售情况，但是单从一个图上，我们无法更全面地了解企业的销售情况，因为企业销售往往会有多个不同的维度，比如区域维度、省份维度、类别维度等等。当我想在各商品销售图表中，加入区域这一维度进行进一步分析，例如想直接知道整个华东地区内各个商品的销售情况。

在DataFocus中，为了解决这一难点，加入了联动的功能，数据看板查看页面中的所有图表，若是都依赖于同一份数据源制作而成，那整个看板都可以进行联动。何谓联动？联动即我们选择数据看板中某个图表中的某个信息，点击该值，整个数据看板中除其本身之外的所有图表，都会在原有的搜索条件中加入一个筛选条件，进一步更新图表。因此，当我们想要直接知道某个地区的销售情况时，只需要在位置图中点击“华东”，就能实时地进行联动，展示出想要的结果，如图8-11和图8-12。

8.6 数据看板导出

点击左侧第二个“数据看板”按钮，选择要导出的数据看板，点击“查看”按钮，如图8-13。

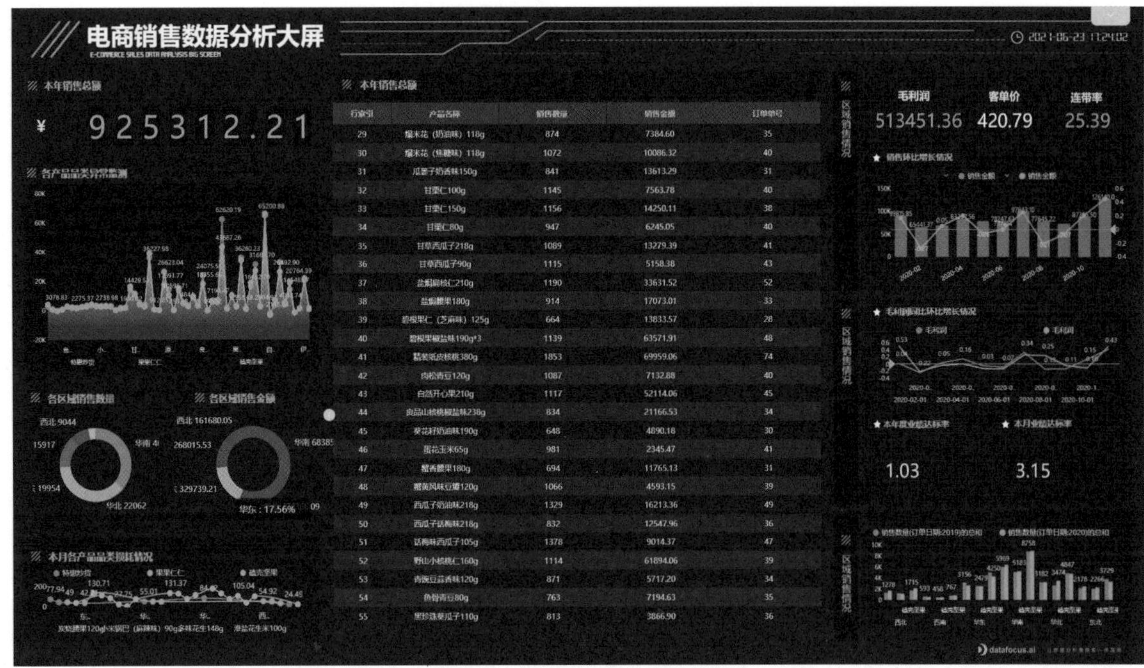

行索引	产品名称	销售数量	销售金额	订单单号
29	爆米花（奶油味）118g	874	7384.60	35
30	爆米花（焦糖味）118g	1072	10086.32	40
31	瓜蒌子奶香味150g	841	13613.29	31
32	甘栗仁100g	1145	7563.78	40
33	甘栗仁150g	1156	14250.11	38
34	甘栗仁80g	947	6245.05	40
35	甘草西瓜子218g	1089	13279.39	41
36	甘草西瓜子90g	1115	5158.38	43
37	盐焗扁桃仁210g	1190	33631.52	52
38	盐焗腰果180g	914	17073.01	33
39	碧根果仁（芝麻味）125g	664	13833.57	28
40	碧根果椒盐味190g*3	1139	63571.91	48
41	精装纸皮核桃380g	1853	69959.06	74
42	肉松青豆120g	1087	7132.88	40
43	自然开心果210g	1117	52114.06	45
44	良品山核桃椒盐味238g	834	21166.53	34
45	葵花籽奶油味190g	648	4890.18	30
46	蛋花玉米65g	981	2345.47	41
47	蟹香腰果180g	694	11765.13	31
48	蟹黄风味豆瓣120g	1066	4593.15	39
49	西瓜子奶油味218g	1329	16213.36	49
50	西瓜子话梅味218g	832	12547.96	36
51	话梅味西瓜子105g	1378	9014.37	47
52	野山小核桃仁160g	1114	61894.06	39
53	青豌豆蒜香味120g	871	5717.20	34
54	鱼骨青豆80g	763	7194.63	35
55	黑珍珠葵瓜子110g	813	3866.90	36

图8-11　点击"华东"数据联动

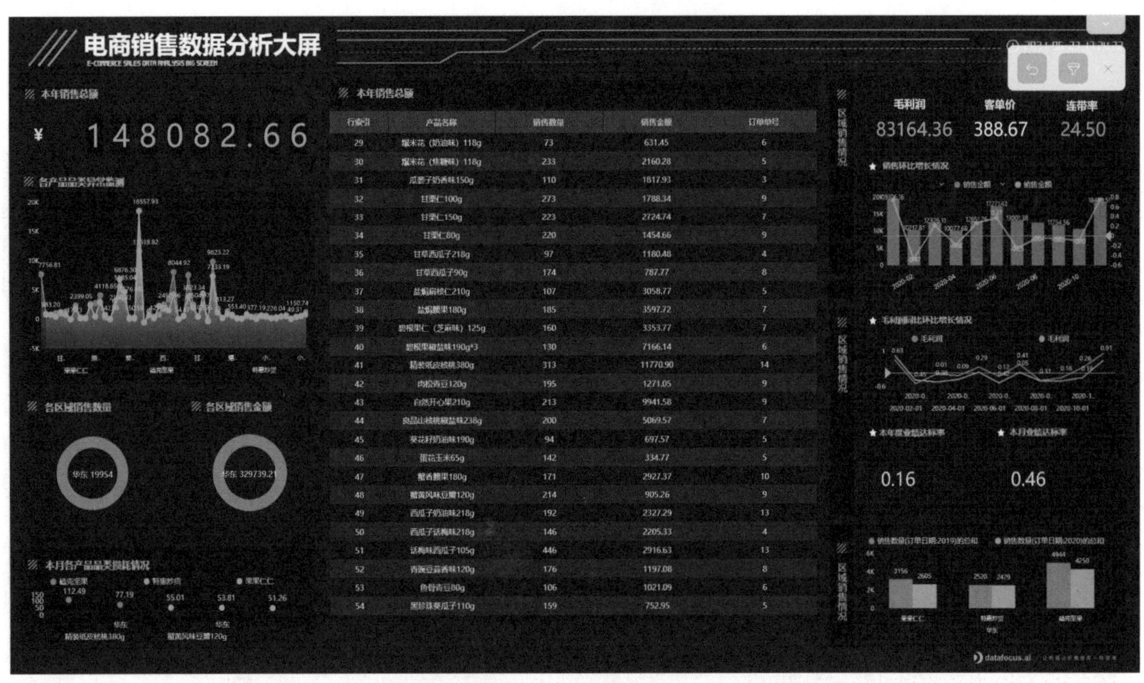

行索引	产品名称	销售数量	销售金额	订单单号
29	爆米花（奶油味）118g	73	631.45	6
30	爆米花（焦糖味）118g	233	2160.28	5
31	瓜蒌子奶香味150g	110	1817.93	3
32	甘栗仁100g	273	1788.34	9
33	甘栗仁150g	223	2724.74	7
34	甘栗仁80g	220	1454.66	9
35	甘草西瓜子218g	97	1180.48	4
36	甘草西瓜子90g	174	787.77	8
37	盐焗扁桃仁210g	107	3058.77	5
38	盐焗腰果180g	185	3597.72	7
39	碧根果仁（芝麻味）125g	160	3353.77	7
40	碧根果椒盐味190g*3	130	7166.14	6
41	精装纸皮核桃380g	313	11770.90	14
42	肉松青豆120g	195	1271.05	9
43	自然开心果210g	213	9941.58	9
44	良品山核桃椒盐味238g	200	5069.57	7
45	葵花籽奶油味190g	94	697.57	5
46	蛋花玉米65g	142	334.77	5
47	蟹香腰果180g	171	2927.37	10
48	蟹黄风味豆瓣120g	214	905.26	9
49	西瓜子奶油味218g	192	2327.29	13
50	西瓜子话梅味218g	146	2205.33	4
51	话梅味西瓜子105g	446	2916.63	13
52	青豌豆蒜香味120g	176	1197.08	8
53	鱼骨青豆80g	106	1021.09	6
54	黑珍珠葵瓜子110g	159	752.95	5

图8-12　"华东"数据联动结果

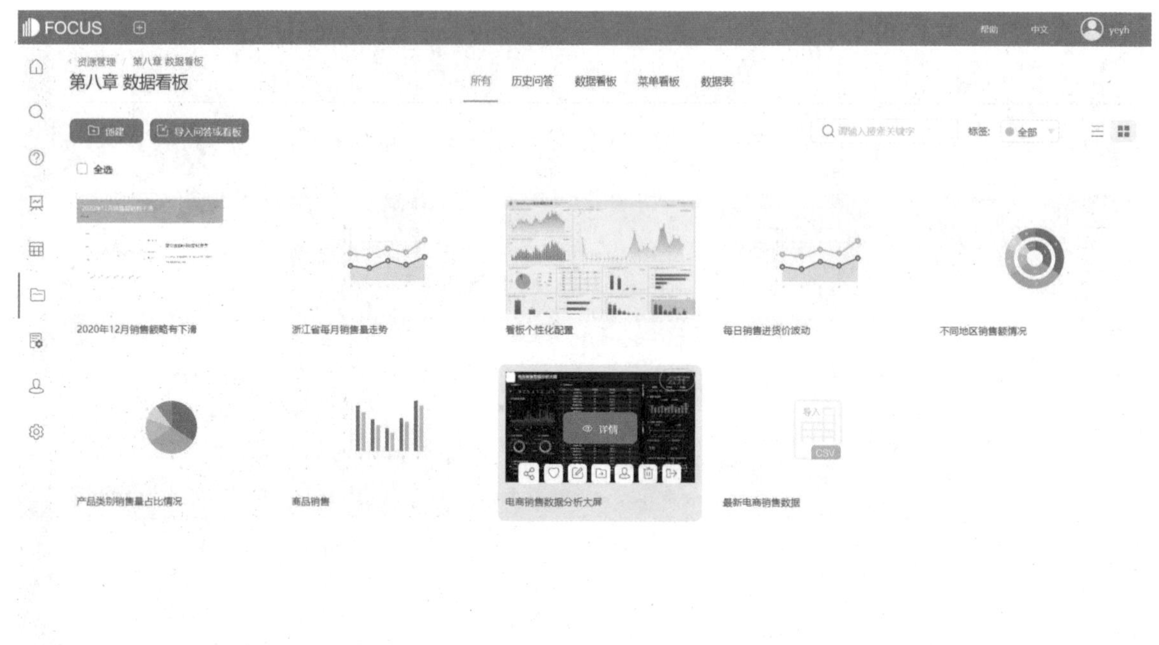

图8-13　打开数据看板

点击右上角“保存为PDF”按钮，即可导出可视化大屏，便于公司存档、商务资料应用或是报告撰写引用等，如图8-14。

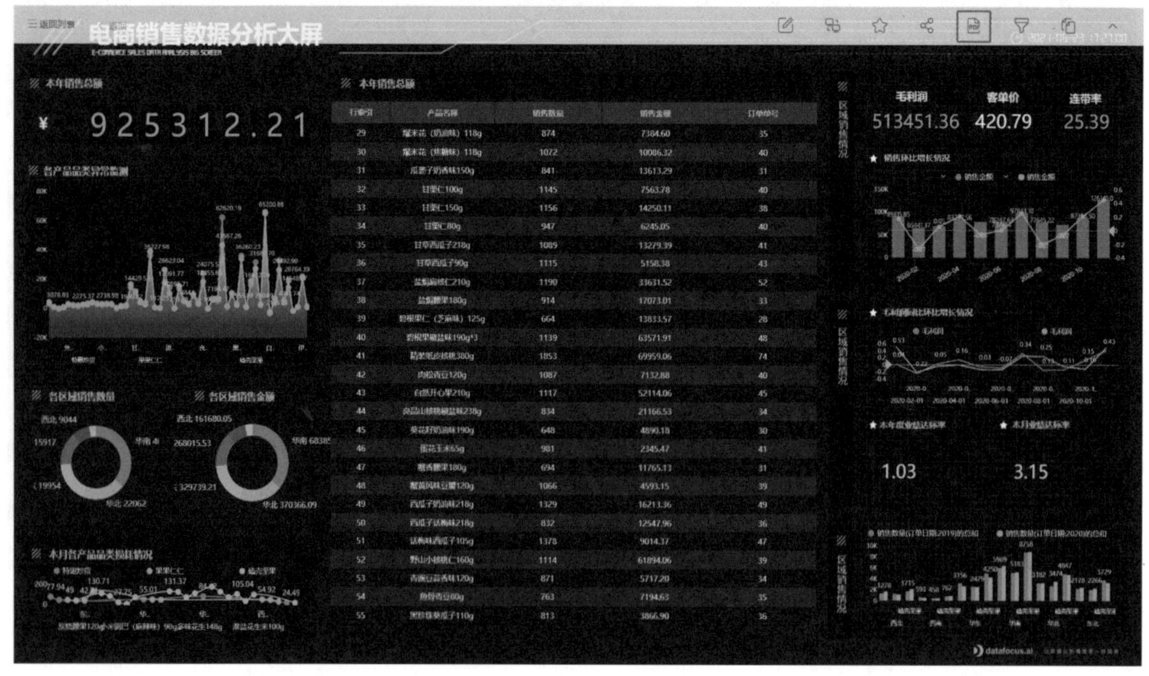

图8-14　导出数据看板

8.7 创建数据简报

在企业内部往往需要传递数据讯息、分享数据成果，那么我们可以通过创建数据简报把制作完成的图表以及自己洞察的数据见解分享出去。

在搜索界面中，将数据转换为可视化图表后，点击“加入数据简报”按钮，在跳出的框中输入数据简报名称和备注，完成后点击“确定”，即可编辑数据简报。如图8-15。

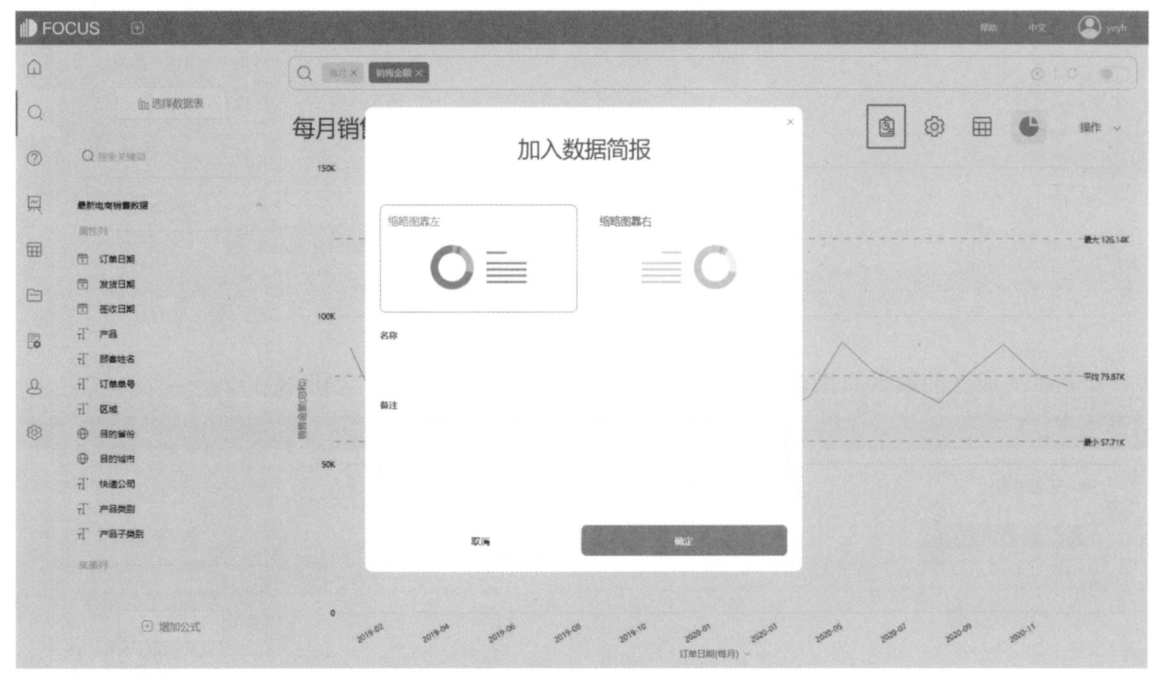

图8-15 加入数据简报

在数据看板编辑界面，输入报告名称，再输入需要发送的邮箱地址，完成后点击“保存并发送”，你的数据见解即可分享出去。如图8-16。

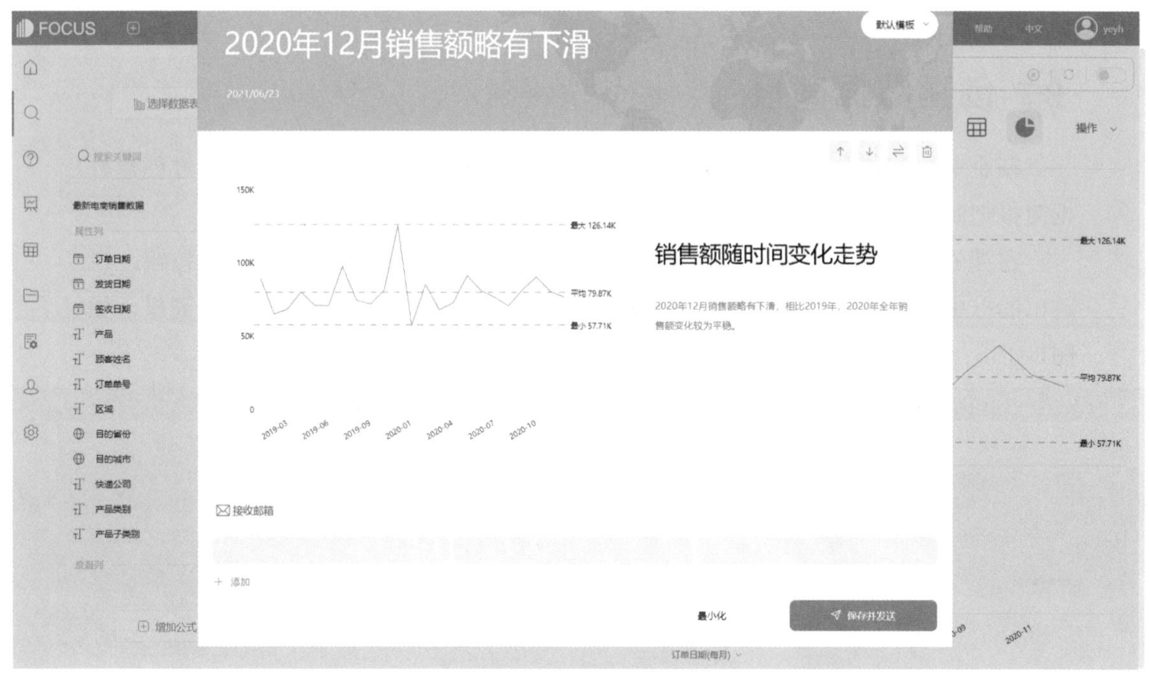

图8-16　分享数据简报

完成好的数据简报会保存至数据看板中，可以随时查看。如图8-17。

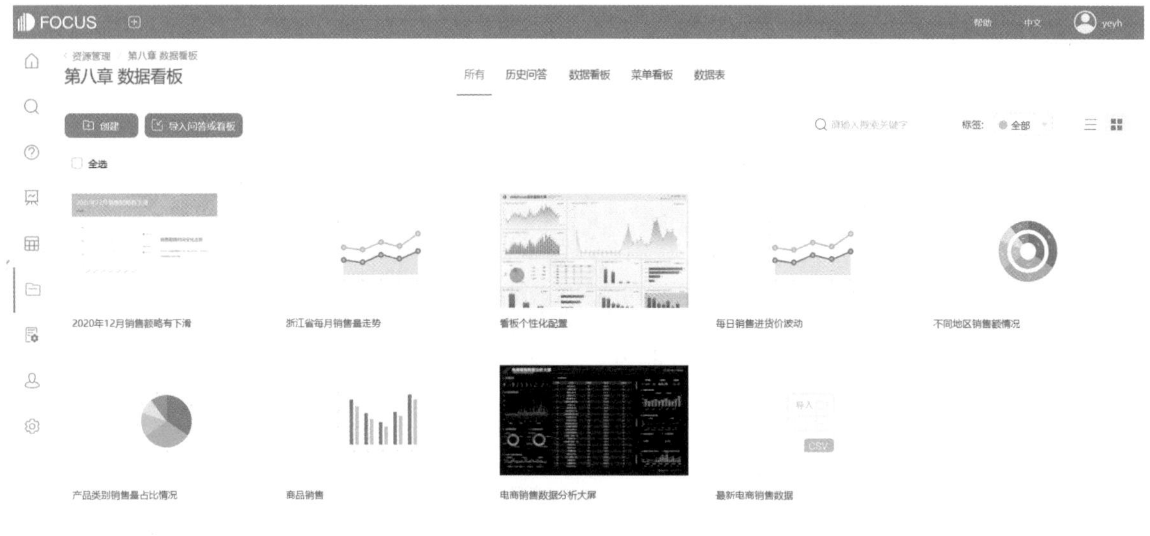

图8-17　查看数据简报

2020年12月销售额略有下滑

销售额随时间变化走势

2020年12月销售额略有下滑，相比2019年，2020年全年销售额变化较为平稳。

图8-18　数据简报界面

本章小结

本章简述了数据看板的制作方法。DataFocus中有两种数据看板布局方式。一种是网格式布局。这种布局方式快速、整齐，但缺乏灵活性。另一种是自由布局模式，该模式可以充分满足用户的自定义可视化大屏需求。在最新的DataFocus版本中，自由布局模式包含了更多的功能细节，用户可以深入探索。

课后习题

1. 运用DataFocus的网格式布局，制作一个数据看板，并配置标题。

2. 运用DataFocus的自由布局模式，制作一个数据可视化大屏，要求图文并茂，并在大屏中实现数据钻取和联动的操作。

3. 为以上两个数据看板截取封面。

第9章 系统设置

9.1 角色

角色包括系统角色和自定义角色两大类，系统角色为默认预设，包括系统管理员、部门管理员、资源管理员、开发者和日志管理者5大类。自定义角色可由admin（超级管理员）用户或者拥有系统管理员角色的用户创建。相关角色权限如图9-1所示。

图9-1　角色管理

其中系统角色用于系统功能的权限分配，不允许修改；自定义角色则用于资源（数据表、历史问答、数据看板）的打包分配。对于未分配任意角色的用户，登录DataFocus后只能看到公开资源，无法新增资源。

9.2 用户

9.2.1 邀请新用户

企业共享版可以邀请其他用户共同使用。环境拥有者（admin）可以登录官网个人中心，进入“我的云应用”，找到自己的企业共享版应用，点击“邀请使用者”按钮，邀请其他用户。需要输入其他用户的手机号和邮箱，也可以通过上传csv文件进行批量导入与邀请，如图9-2所示。被邀请的用户会在该邮箱收到验证邮件进行确认，点击“确认链接”即可登录系统进行使用。

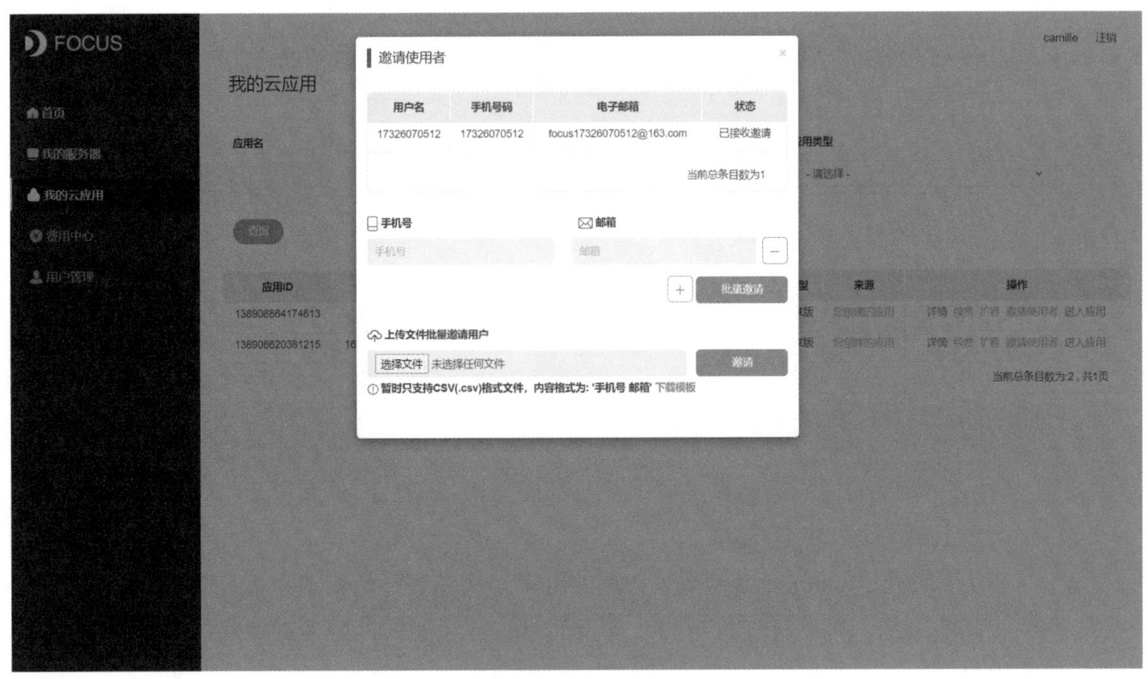

图9-2 邀请新用户

9.2.2 管理用户

对于邀请成功的用户，可以进行以下管理：

1. 资源移交

资源移交可以将某一用户创建的所有资源转移至另一用户。

2. 用户编辑

在编辑框中，可以赋予用户相关角色权限。超级管理员（admin）可为该岗位配置任意角色，拥有部门管理员角色的用户可选择自己拥有的角色（除系统角色外）。

3. 用户删除

在DataFocus中，删除用户后，该用户创建的所有资源都会一并删去。因此如果想要保留其资源，可以进行资源移交。

用户管理按钮入口如图9-3所示。

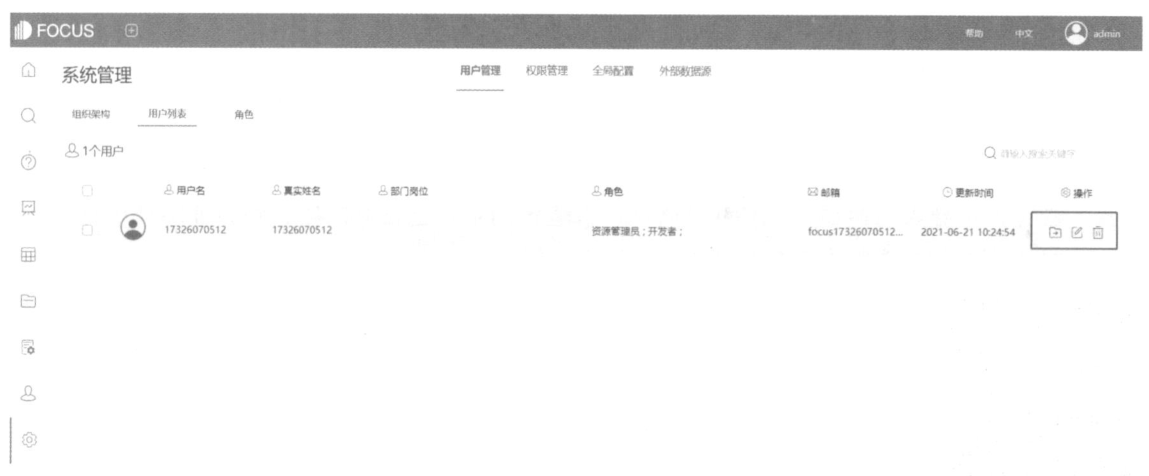

图9-3　用户管理

9.3 组织架构

DataFocus中的组织架构自上而下，从部门到岗位，从岗位到用户。一个用户可以加入多个部门岗位中。

超级管理员（admin）可以查看完整的组织架构并进行增删改；拥有部门管理员角色权限的用户，可以查看自身所在直接部门的组织架构，可为直接部门增删改岗位和用户。

9.3.1 添加部门

部门可以创建树形结构，大部门下创建子部门，子部门下创建小部门，以此类推。其中“所有部门”相当于一整个组织。

单击用户管理下的“组织架构”，选择“所有部门”，单击“增加”按钮，会弹出“新增部门”弹窗，如图9-4。输入部门名后，单击“确定”按钮，该新增部门就会显示在列表中。

图9-4 在“所有部门”下添加部门

选中某个部门，单击“增加”按钮，会弹出“为部门XXX增加子部门”弹窗，如图9-5。以此类推，可以在子部门下再增加新部门。

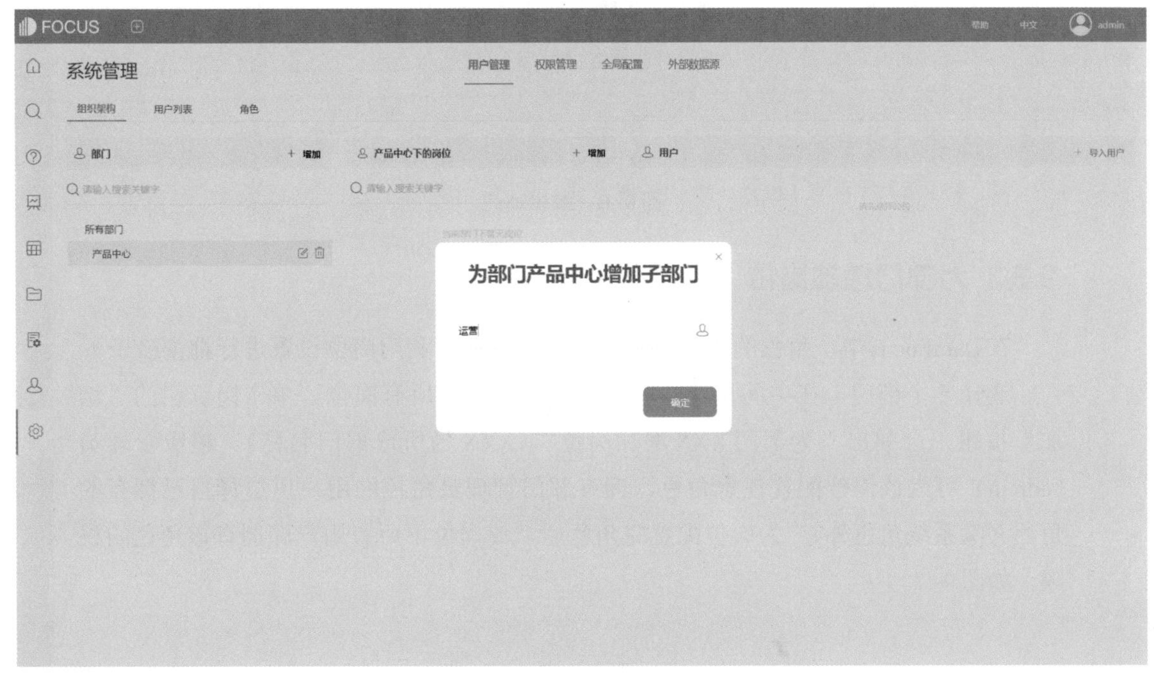

图9-5 为部门增加子部门

9.3.2 管理部门

部门的管理包括编辑部门和删除部门两部分。在“所有部门”列表下找到要编辑的部门名，将鼠标移动到部门名上方，单击右侧“编辑”图标按钮，会弹出弹窗“编辑XXX”（XXX为部门名称），如图9-6。修改部门名后，单击“确定”按钮，编辑后的部门就会显示在列表中。

在“所有部门”列表下找到要删除的部门名，将鼠标移动到部门名上方，单击右侧“删除”图标按钮，列表下该部门及下属子部门消失。

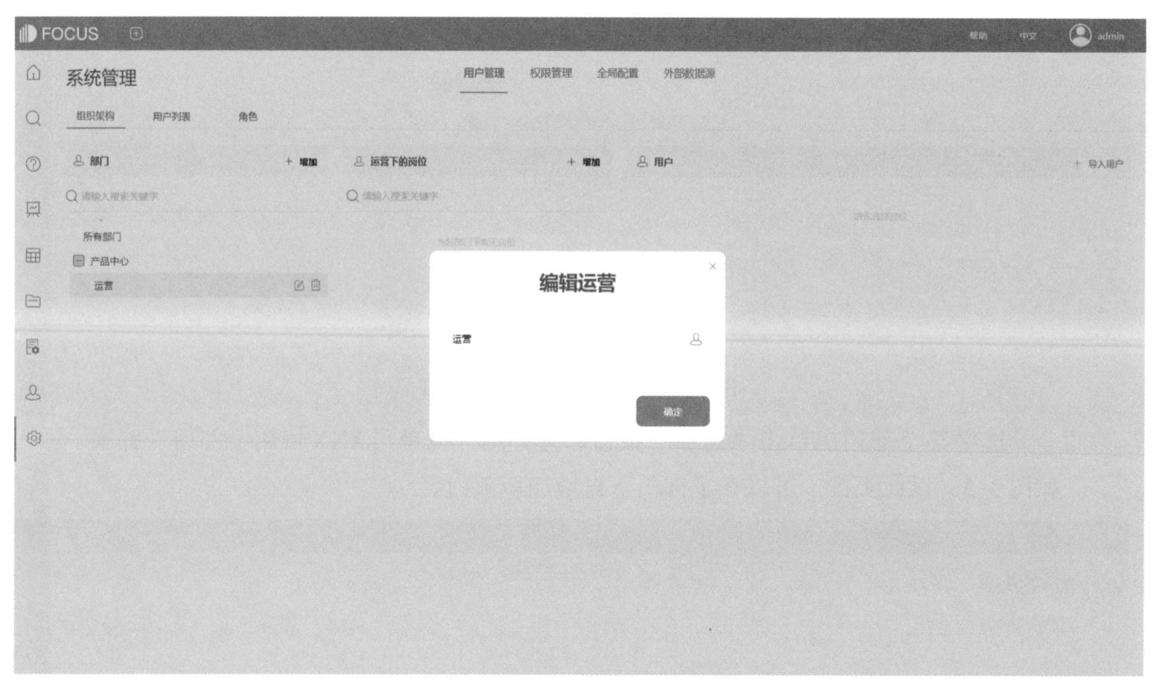

图9-6 编辑部门

9.3.3 为部门增加岗位

在DataFocus中，角色的赋予除了单个用户，还可利用岗位设置进行批量赋予。

选择一个部门，在中间岗位一栏查看该部门下的所有岗位。单击岗位栏的“增加”按钮，会弹出“为部门XXX增加岗位”（XXX为所选部门名称）。超级管理员（admin）可为该岗位配置任意角色，拥有部门管理员角色的用户可选择自己拥有的角色（除系统角色外）。为岗位配置完角色后，该岗位下所有用户即拥有该角色的权限，如图9-7。

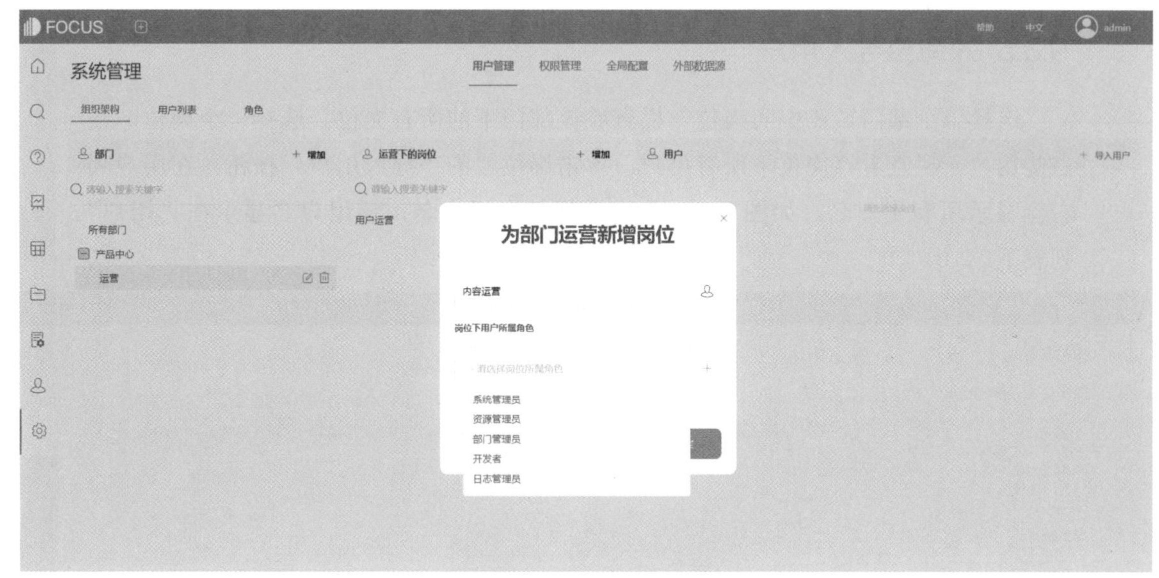

图9-7 为部门新增岗位

9.3.4 管理岗位

在“所有岗位”列表下找到要编辑的岗位名，将鼠标移动到岗位名上方，单击右侧“编辑”图标按钮，会弹出弹窗“编辑XXX”（XXX为岗位名称），如图9-8。修改岗位名后，单击“确定”按钮，编辑后的岗位就会显示在列表中。

在“所有岗位”列表下找到要删除的岗位名，将鼠标移动到岗位名上方，单击右侧“删除”图标按钮，列表下该岗位消失。

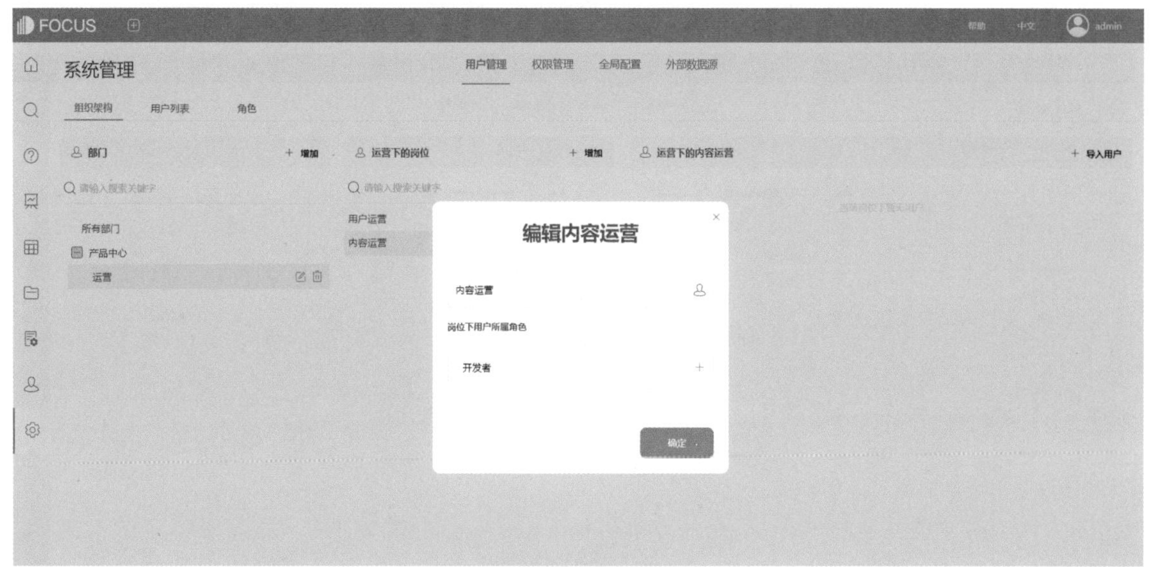

图9-8 编辑岗位

9.3.5 为岗位导入用户

选择一个部门，在中间岗位一栏查看该部门下的所有岗位。选择一个岗位，在右侧用户一栏查看该岗位下所有用户。单击岗位栏的“导入用户”按钮，在用户列右侧显示所有用户名，如图9-9。单击选择某个用户名，该用户名显示在“用户”列表下。

图9-9　为岗位导入用户

如需移除某一岗位中的用户，将鼠标移动到某个用户名上方，单击右上角的“删除”按钮，即可在该岗位中移除用户，如图9-10。

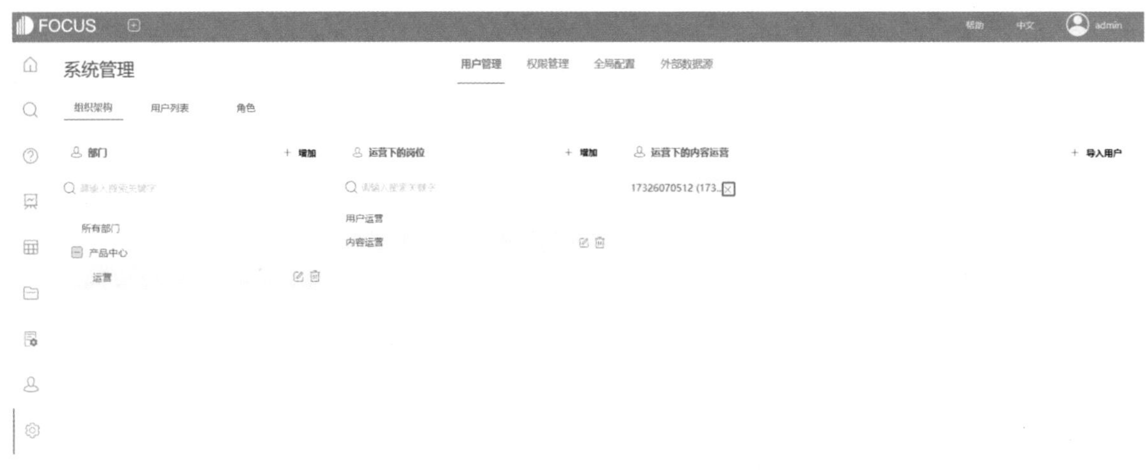

图9-10　为岗位移除用户

9.4 数据权限

在DataFocus系统中资源权限是依附于自定义角色的，所以通过为角色配置资源，将自定义的角色分配给不同的用户/岗位，即可实现将打包资源分配到具体用户/岗位。只有超级管理员（admin）和拥有资源管理员角色权限的用户可以配置资源。

进入系统管理—权限管理页面，在自定义角色列表中选择一个角色，页面右侧显示所有资源列表，包括数据表、历史问答、数据看板和项目四大类，如图9-11。

图9-11 权限管理

9.4.1 为角色配置资源 – 数据表类

1\. 列权限

选择要配置的数据表行，勾选相应的“使用”单选框后显示“权限”按钮，点击“权限”按钮，在弹出框中选择“列权限”，可自由勾选相关列，点击“确定”，完成列权限设置即该角色只能看到这个数据表中框选的数据信息。如图9-12，表示“角色01”中配置了数据表——采购数据明细表，但不包括该表中的“采购金额”字段。

2\. 行权限

选择要配置的数据表行，勾选相应的“使用”单选框后显示“权限”按钮，点击“权限”按钮，在弹出框中选择“行权限”，可配置行筛选条件（其中文本列可以添加“contains”“＝”“equals”条件筛选，数值列和日期列可以添加“＞”“＜”“＜＝”“＞”“＝”“＝”条件筛选），点击“确定”，完成行权限设置即该角色只能看到这个数据表中筛选条件下的数据信息。如图9-13，表示“角色01”中配置了数据表《采购数据明细表》，但仅包含供应商为“庆艾实业”的相关数据。

图9-12　数据表列权限设置

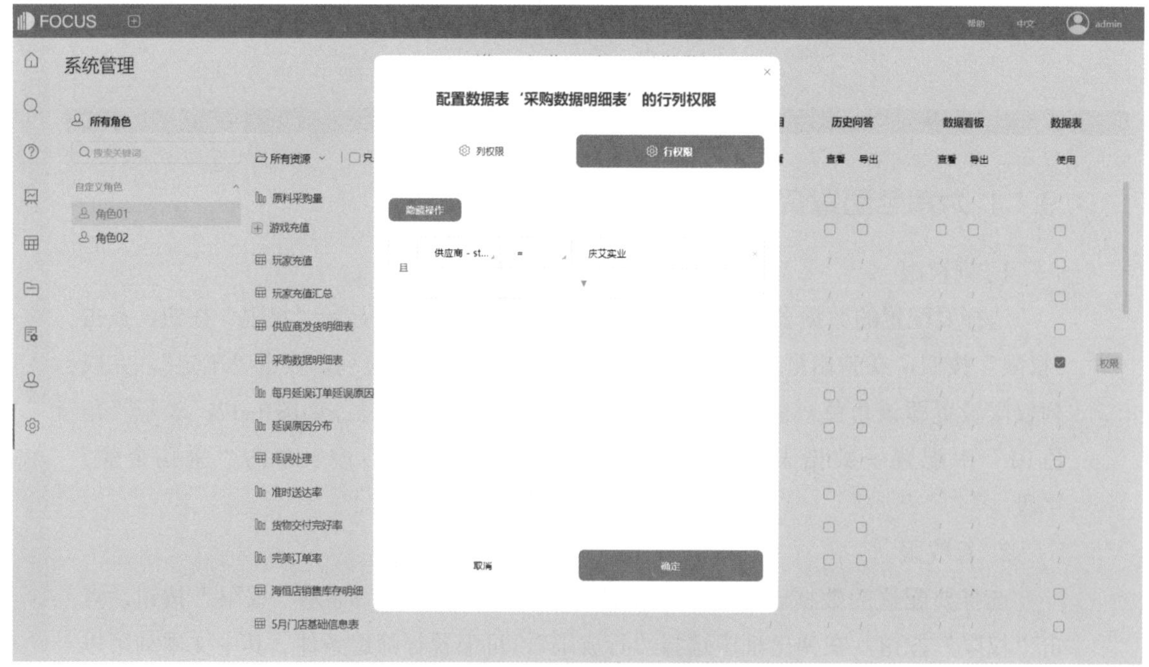

图9-13　数据表行权限设置

9.4.2 为角色配置资源 – 历史问答类

选中某一角色，选择某一历史问答，可配置“查看”和“导出”权限，如图9-14。设置“查看”权限即该角色只能查看这个历史问答，无法导出为csv和图片；设置“查看”“导出”权限即该角色可以看到这个历史问答，且可以导出为csv和图片。注意分配历史问答时，需要将制作该历史问答的数据一并分配，如此用户才可以看到该历史问答的内容。

图9-14 设置历史问答权限

9.4.3 为角色配置资源 – 数据看板类

选中某一角色，选择要配置的数据看板，可配置“查看”和“导出”权限，如图9-15。设置“查看”权限即该角色只能查看这个数据看板，无法导出为pdf；设置“查看”“导出”权限即该角色可以看到这个数据看板，且可以导出为pdf。注意分配数据看板时，需要将制作该数据看板的数据一并分配，如此用户才可以看到该数据看板的内容。

图9-15　设置数据看板权限

9.4.4 为角色配置资源 – 项目类

选中某一角色，选择要配置的项目，为项目内资源配置权限，如图9-16。

在项目总行上配置数据表、历史问答和数据看板的权限，会自动同步到此项目内对应资源行的配置上；也可以单独为项目内某个资源配置权限。

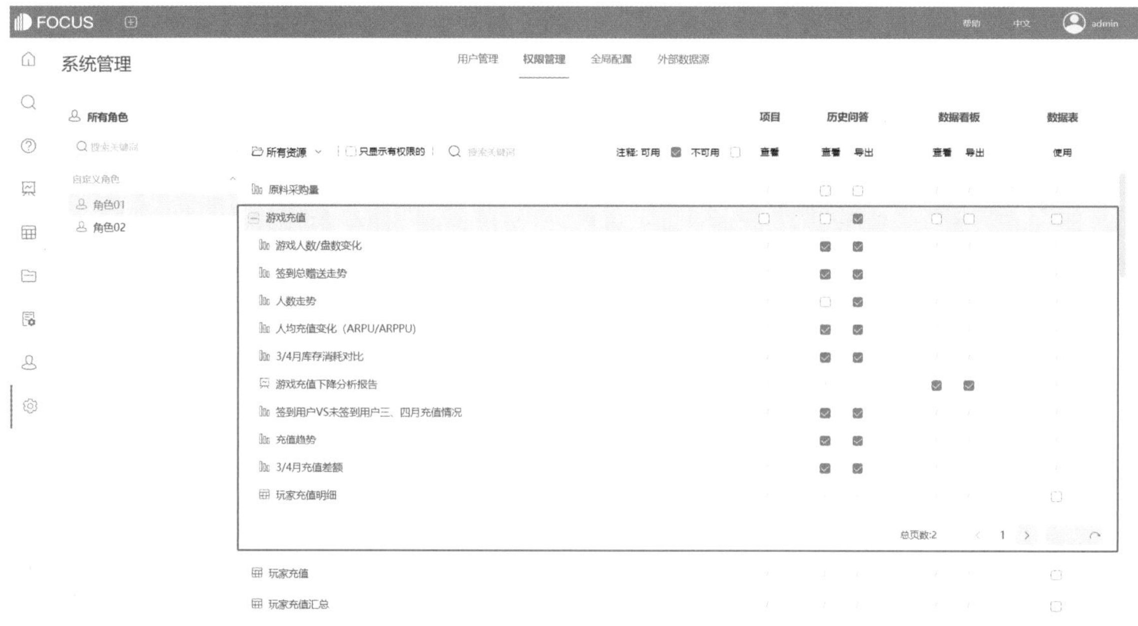

图9-16　设置项目权限

本章小结

本章简述了DataFocus的角色、用户组织架构和数据权限配置方法。资源打包入自定义角色后，即可在岗位编辑或用户编辑页面选择自定义角色置于目标岗位或用户中，编辑完成后，该岗位或用户就拥有了自定义角色中的所有资源。值得一提的是，在DataFocus系统中，引入了项目管理的概念，资源管理员可以对系统资源进行打包管理和配置。

课后习题

1. 为你的DataFocus系统新建自定义角色，为自定义角色配置资源权限。

2. 在你的云应用中邀请多个用户，搭建组织架构，并分配角色（包括系统角色和自定义角色），其他用户登录访问，查看系统权限和资源权限是否生效。

第　三　篇

案例实践

本篇共包含22章内容，均为使用DataFocus进行分析的实践案例。其中第10、11、12和13章从多个角度模拟分析了企业产品线的分布、产品线健康状况、产品销售规律以及产品价值评估。第14、15、16和17章分别介绍了客户分群、留存、黏性、生命周期以及RFM模型等经典的客户分析模型及其实践。第18、19、20和21章介绍了常用的优惠券、媒体、A/B测试、购物篮等营销相关的分析情况。第22、23、24、25和26章以财务为切入点，从营运、盈利、偿债、发展、决策五个方面的能力分析，来综合评估企业的财务状况。第27、28、29、30章主要是分析人事相关的数据，从培训、招聘、人员结构、薪酬结构四个方面切入。第31章主要介绍了在生产型企业中的质量数据分析模型。

第一部分 产品主题分析

从事企业的数据分析工作，一开始总是围绕企业的产品做文章，尤其是生产制造、贸易流通类企业，其所有的业务活动均与产品息息相关。因此，从产品入手开展分析能最快切入主题。本部分内容将详细讲解如何运用DataFocus快速了解企业产品线分布、评估产品线的优劣；进一步地，通过分析产品各品类的销售数据、挖掘销售规律，进而全面评估企业的产品线，搞清楚哪些是金牛产品类，哪些是瘦狗产品类（波士顿矩阵，BCG Matrix）。

第10章 快速了解产品线状况

通常情况下，如果想要了解一个企业的业务，比如了解这个企业的产品线状况，可能需要花费一定的时间，从产品的设计到生产，再到销售，搞清楚这一系列流程，估计几个月就过去了。那么有没有什么方法，能够帮助一个新人快速了解自家企业的业务以及产品销售等状况呢？

其实，最能体现一个企业过去经营状况的，不是同事跟你说公司怎么样，也不是上司给你的一份份文档，而是企业运营多年积累的海量业务数据。数据是最真实的，也是最直接的。因此，如果你是刚进公司的新人小白，那么，从数据的角度来了解企业业务以及各个产品线状况，是最直接也是最快速的。

利用专业的数据分析工具DataFocus，从数据出发，由简单到复杂，整个过程既能了解企业过往的业务，也能了解企业业务中存在的不足之处。

本章所需要用到的数据表以及详细字段如表10-1，数据主要来源于某服装企业脱敏的产品数据以及销售数据。

表10-1 某服装公司数据

销售表	
ID	String
产品编号	String
颜色编号	String
周ID	String
分店编号	String
利润	Double
销售额	Double
销售数量	Int

产品品类信息表	
产品编号	String
产品描述	String
小类	String
大类	String
大类编号	String
价格	Double

10.1 分析案例：简单的产品线分析

首先，我们以某服装企业为例，从最简单的产品品类出发，来了解该企业产品类别的相关信息，从而逐渐知悉其产品线状况。

我们用DataFocus数据分析工具，对该服装企业的产品品类数据做了分析，并以图形和数据看板的方式来展示分析结果，从图10-1至图10-5中，我们可以站在产品角度了解企业销售现状：

（1）从图10-1中，我们可以直观地了解到该服装企业的产品大类共有12种，但是再往下细分成不同的产品时，可发现其下属产品的数量大有不同，例如日用品下的产品数量最多，高达91种，占所有产品的43.13%，几乎是占据了半壁江山。但是日用品不算是真正的服装，只是服装的附带品。而服装相关大类下的产品品类数量都较少，由此可见，该企业的服装产品线较为单一，类别不够丰富，例如外套，其下属的产品品类竟然只有4种，这对于当代喜欢追逐时尚潮流的年轻人来说，几乎就等于压缩了其选择的余地。

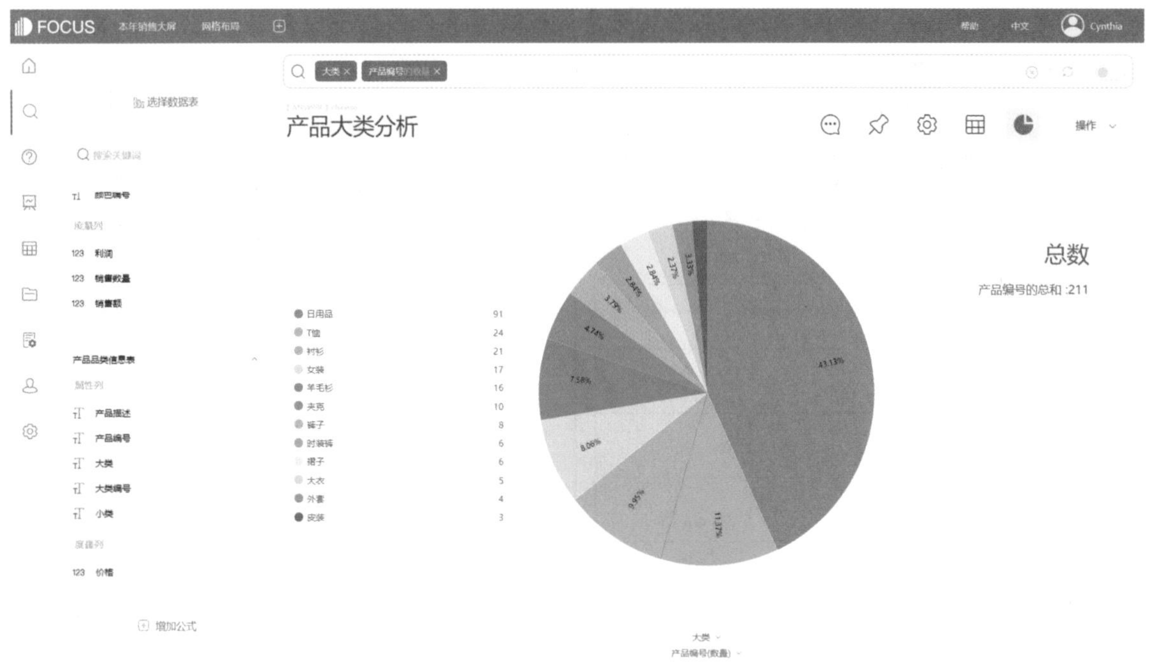

图 10–1　产品大类数量及占比

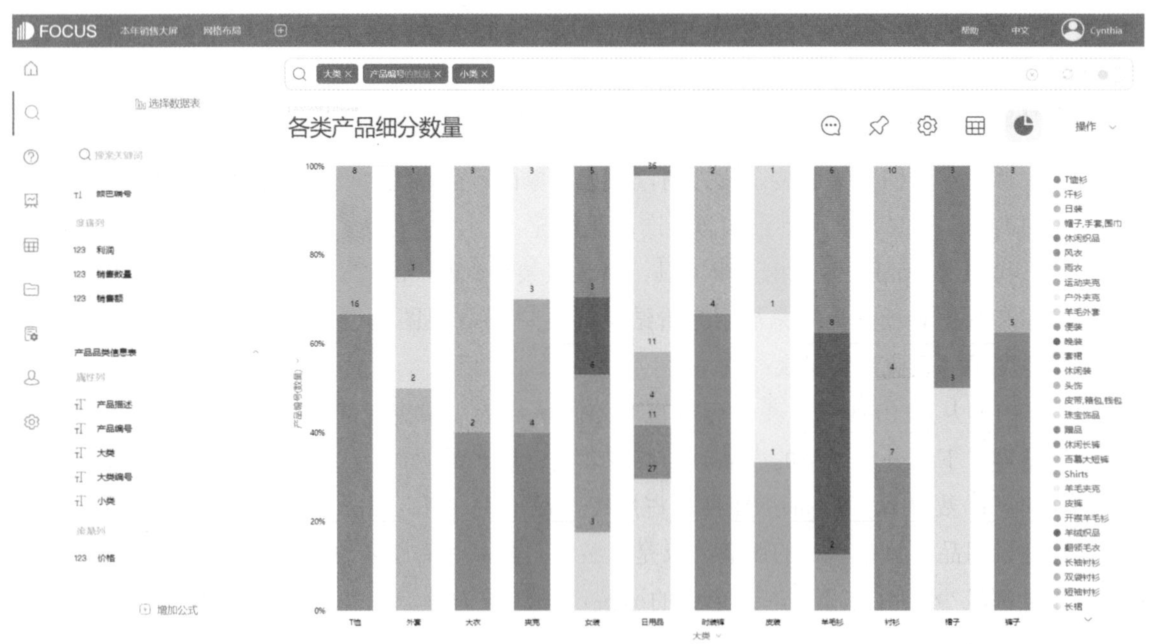

图 10–2　各类产品细分数量

（2）了解产品大类之后，我们可以从更细的维度做进一步分析。从图 10–2 可知，该企业不仅将所有产品分成了大类，同时也细化成不同的小类别。分析的维度越细，越有利于发现隐藏在深处的问题。在小类中，我们可以看到产品种类最多的是珠宝饰品和帽子、手套、围巾这两类，分别有36种和27种。但这两类都不是真正的服装，而真正的服装小类中，产品种类最多的是T恤衫，仅有16种。从图10-2中，我们可以找到一些疑点。这时候，需要考虑是数据录入的不规范，还是产品分类标准有问题。在分析过程中复查数据源是否正确同样非常重要。

（3）在上述第二个分析结果的基础上，我们加入产品价格的维度，以此观察产品数量和价格之间的关系。从图10-3中可知，该服装企业产品的价格主要集中在200元上下。这对于一个服装企业来说，价格定位是偏低的，因此判断，该服装企业主要是销售中低端产品。

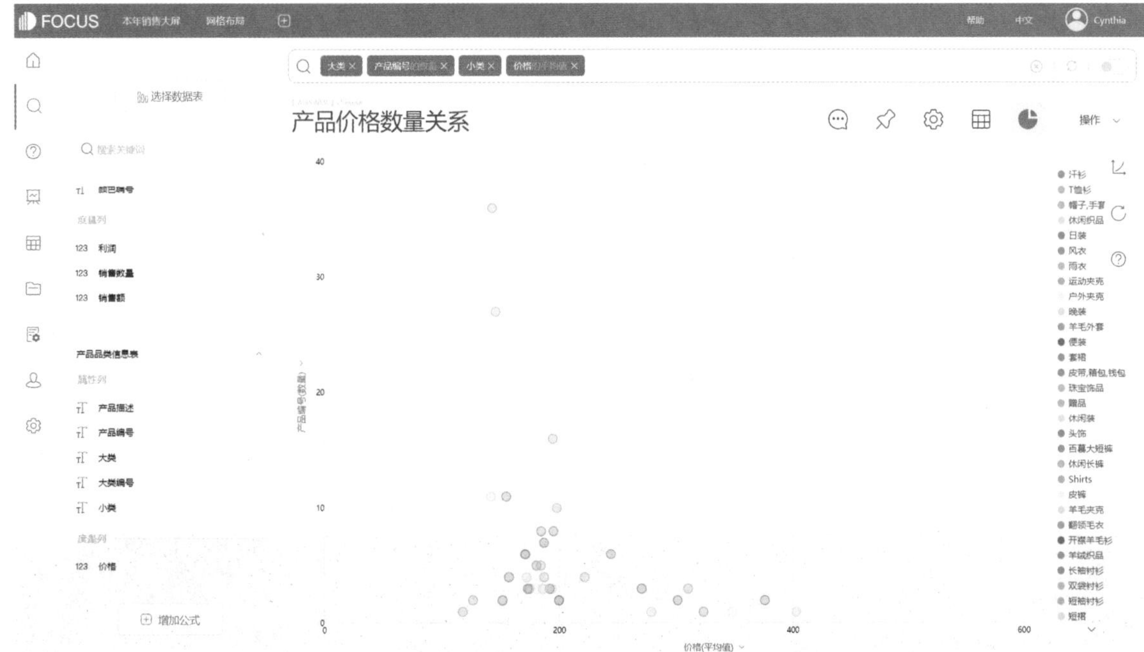

图10-3 产品价格数量关系

综合上面几个分析结果来看，可以快速了解到该企业简单的产品线状况，其产品类别不够丰富，虽然价格较为低廉，但是由于产品线比较单一，营收来源的广度不足，所以可能导致该企业的风险较高。

为了验证这一想法，随后我们在此基础上，加入了利润这个维度进行进一步分析，结果如图10-4所示：

（4）如猜想的一般，由上述帕累托图可知，企业营收来源比较单一，T恤衫的收入占总体的33%。企业产品单一的劣势在市场中进一步显露，没有足以占据市场的产品，这是企业业绩的一个重大缺陷，过度依赖于某一产品，导致企业抗风险能力大大降低，从而产生诸多隐忧。而且风险高的企业，盈利模式往往单一，外界一有风吹草动，企业就将面临巨大风险，应对不当可能就会破产。

将制作好的历史问答导入一个数据看板中构建一个综合观察大屏，通过数据更新实时监测企业产品线动态，如图10-5所示。从上述的分析中，我们不仅知道了该企业大致的产品线状况，还发现了企业业务中存在的问题。为了了解更多的产品线状况，后续我们将分析更深层次的信息。

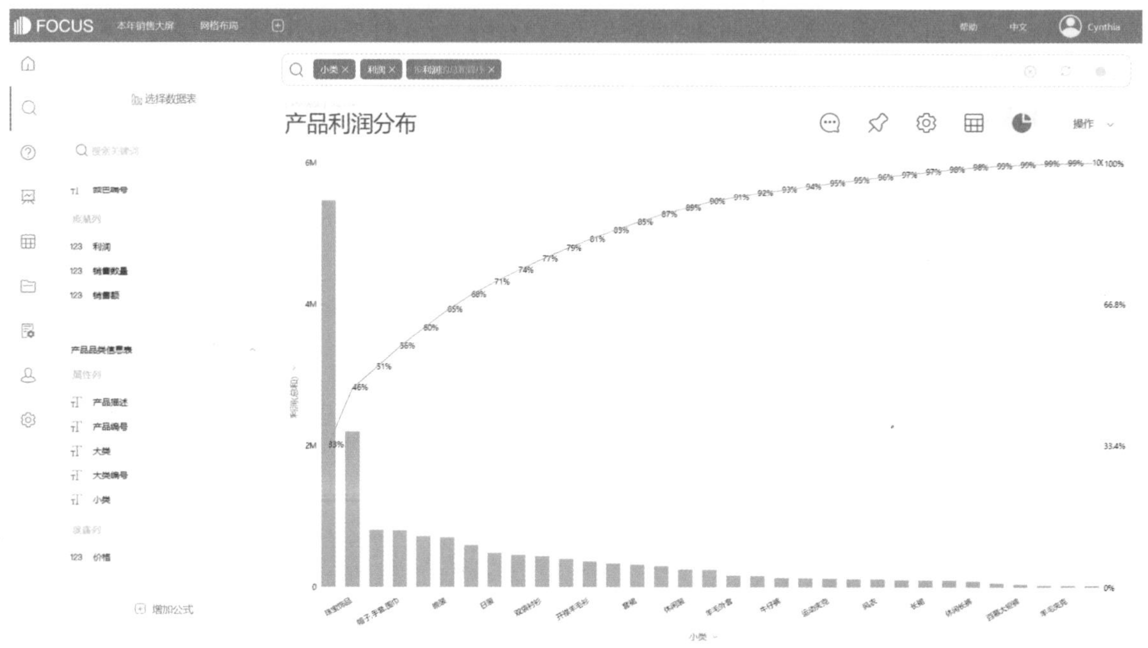

图10-4　产品利润分布

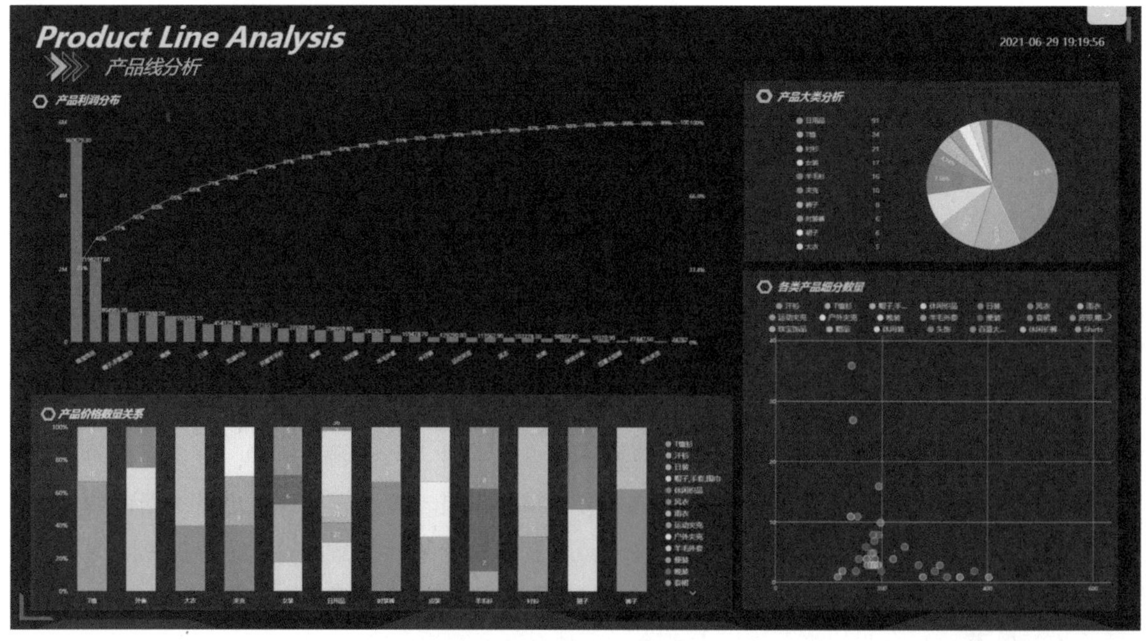

图10-5　产品线分析数据看板

10.2 技术实现：应用DataFocus实现10.1的分析

前面我们利用DataFocus进行数据分析，来了解企业的产品线状况，那么具体是如何进行数据分析的呢？现在，就让我们一起来重现整个过程。

（1）数据导入

首先，数据来自某服装企业（已经过脱敏处理），本次分析需要用到两张表，一张是产品品类信息表，一张是销售表。

DataFocus支持本地数据导入，故我们直接在“数据表管理”页面，点击左上角“导入表—从本地导入表”，即可看到导入本地文件的弹窗，选择恰当的文件格式，随后按照提示进行导入即可，如图10-6。

图10-6 导入数据

（2）联表分析

本次导入的是两张表，而且表与表之间需要联合分析。在DataFocus中，两张表之间联合分析的基础是，这两张表之间创建过关联关系。

首先，选择销售表为主表，在数据表管理页面点击该表详情，进入关联关系页面，可看到两张表刚开始并没有创建过关联关系，如图10-7所示。

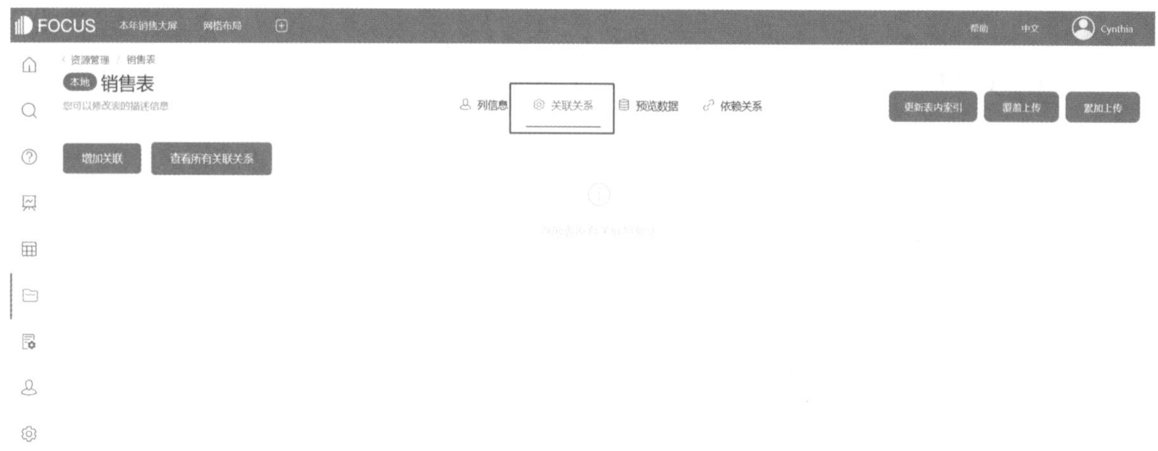

图10-7 选择主表

点击“增加关联”，选择维度表，即产品品类信息表，选择连接类型、关联字段，最后点击“确定”即可，如图10-8。

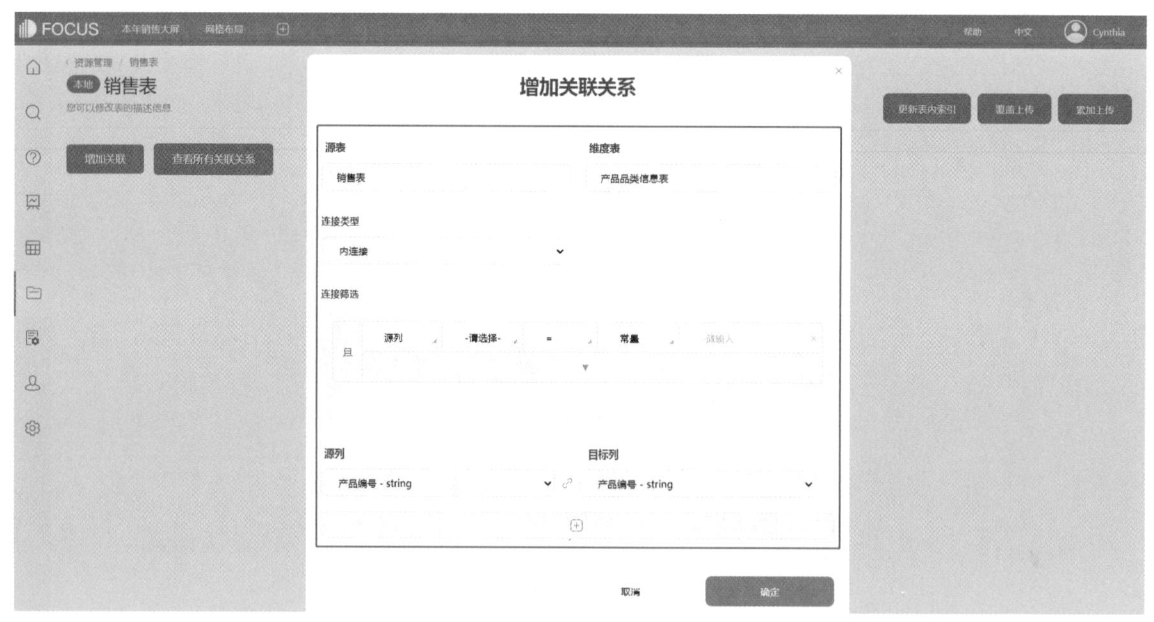

图10-8 创建关联关系

关联关系创建完毕，即可在当前页面查看到刚刚创建的关联关系，如图10-9。

（3）搜索分析

DataFocus是国内首个采用搜索的方式进行分析的工具，开创了数据分析中新的交互方式。首先，进入搜索页面，点击“选择数据表”，数据源选择上述导入的两张表格，随后双击产品品类信息表中的“大类”以及“产品编号”，然后在搜索框中产品编号的后面输入“的数量”关键词，即可实时得到分析结果。点击右上角“图形转换”，转换成饼图显示，并且设置显示数据标签，结果如图 10-10 所示，这就是 DataFocus 关键词搜索的便捷之处。

图 10-9 显示关联关系

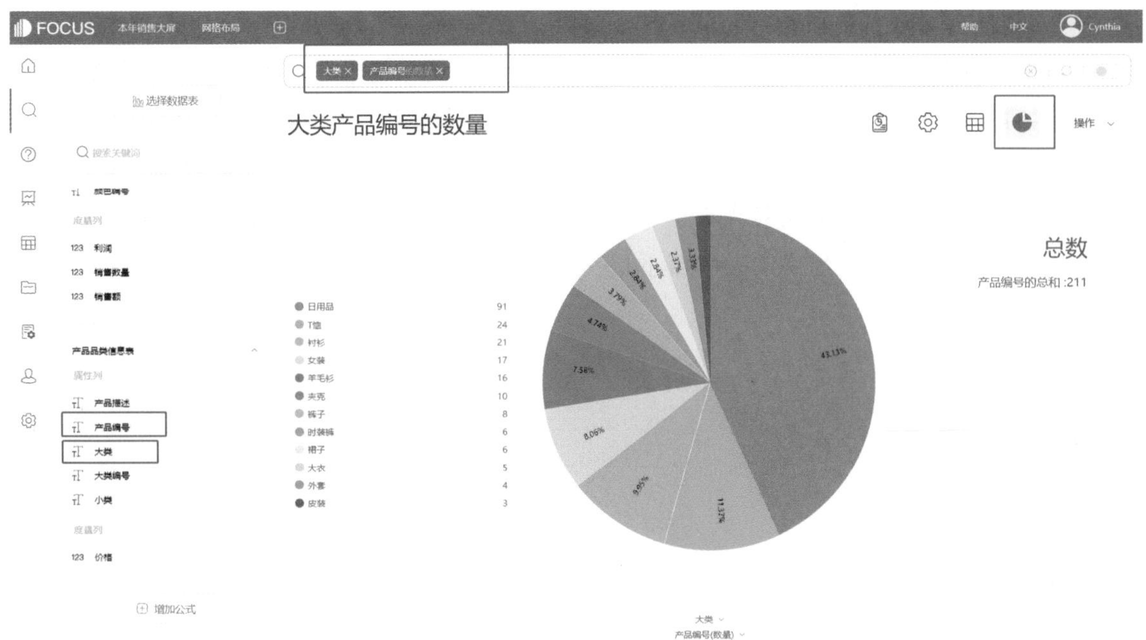

图 10-10 产品大类分析

其次，在上述分析的基础上加入产品小类的维度，双击“小类”，将图形转换成堆积柱状图显示，配置图轴，修改 X 轴为大类，图例为小类，并在图表属性设置中勾选 Y 轴显示百分比，如图 10-11。

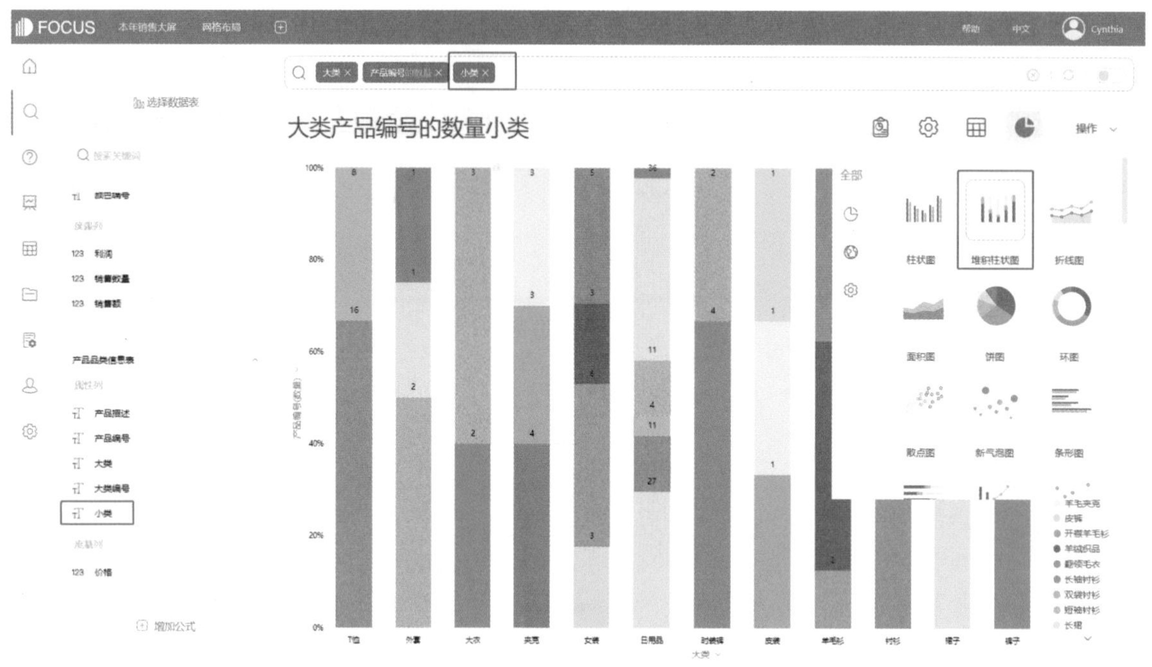

图10-11 产品小类分析

我们在小类的基础上，再加入价格的维度，双击“价格”，修改聚合方式为平均值，将图形转换成散点图，点击“配置图轴”，X轴为价格的平均值，Y轴为产品编号的数量，图例为小类，点击“图表属性”，取消勾选显示数值标签，如图10-12所示。

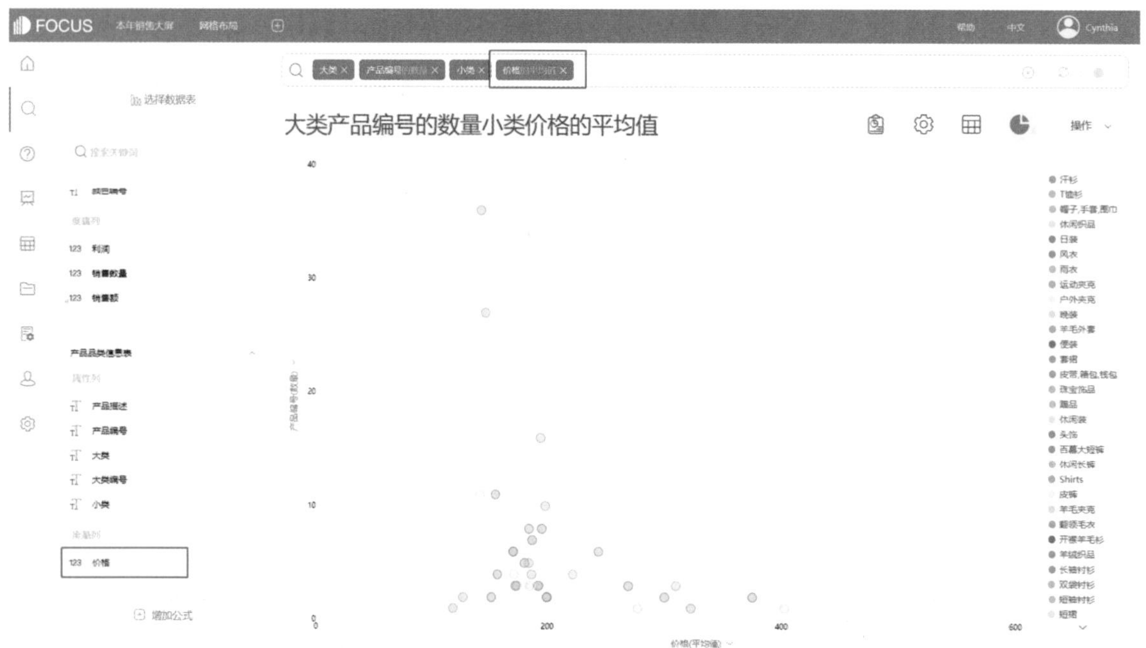

图10-12 价格数量关系

最后，我们分别选择产品品类信息表中的小类，以及销售表中的利润，并在搜索框内输入“按利润的总和降序”，选择以帕累托图显示，勾选显示占比标签，如图10-13所示。

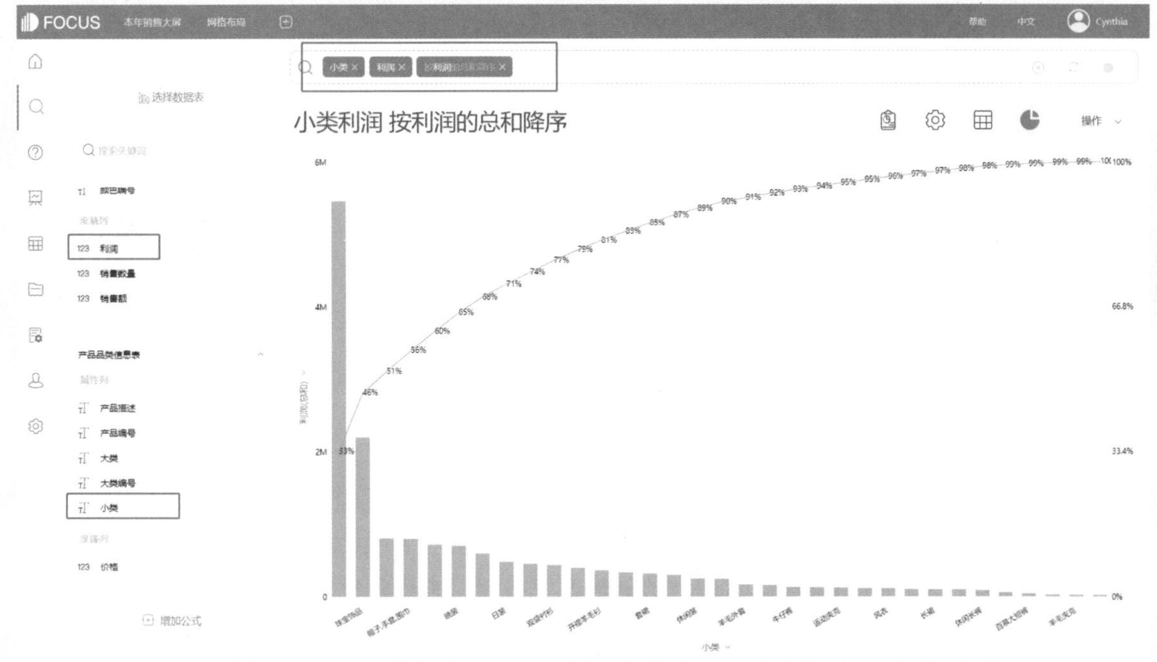

图10-13 产品利润

上述就是本书10.1数据分析的技术实现过程，DataFocus搜索式分析在整个过程中已经有了出色的表现。

课后习题

1. 从图10-2中可以找到什么疑点？
2. 利用产品品类信息表和销售表重现10.1的分析案例，制作一个完整的大屏。

第11章 学会评估产品线优劣

在第10章中，我们经过粗略分析，发现该服装企业的产品线其实存在一定的问题。本章，我们将该服装企业与行业内强有力的竞争对手或已成为业界领袖的企业进行比较，从产品的种类、数量、销售情况等方面，来进行比较分析和量度。一方面，通过对比和综合思考可以发现企业产品的差距；另一方面，不断吸取他人优点，取人之长，补己之短，不断提高产品效益以及营收水平。

任何事物都是既有共性，又有个性的，只有通过对比，才能分辨事物的性质、变化、发展、与别的事物的异同等个性特征，从而更深刻地认识事物的本质和规律。对比分析也是运营效果评估时经常要用到的。

本章所需要用到的数据表以及详细字段说明如下（表11-1），数据主要来源于某服装企业脱敏后的产品数据以及销售数据。

表11-1　企业产品数据表

知名企业产品数据	
类别ID	String
类别名称	String
分类名称	String
销售数量	Double

11.1 分析案例：不同品牌的产品线分析

对比分析，不能随便找个对比的对象，我们需要找的是服装行业内强有力的对手或者业内的领先者。因此，我们选择了业内某知名企业，选取其产品线数据（脱敏后数据），与上一节讲到的服装企业进行对比分析，如图11-1。

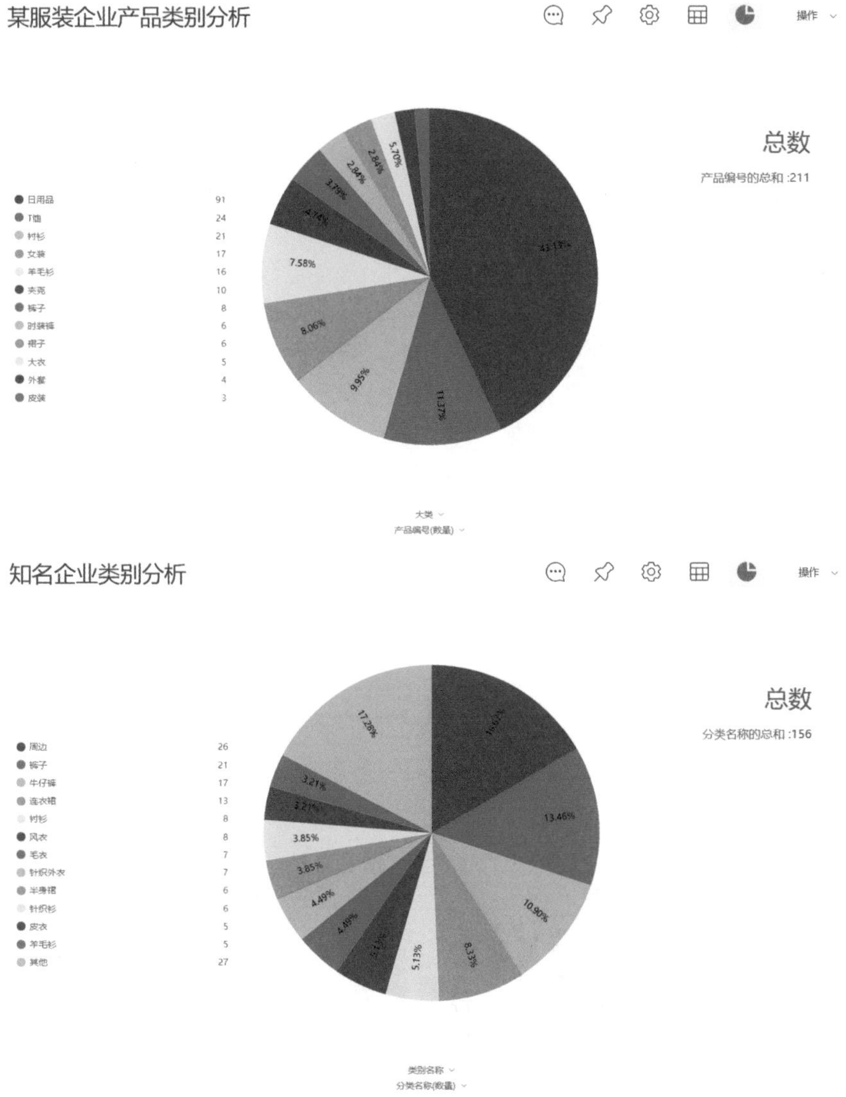

图11-1　类别对比分析

（1）从上图可以知道，相比该服装企业的产品类别分布，知名企业的产品类别分布更加均衡，虽然总体的产品类别数量不如该服装企业多，但是由于该服装企业中有43%是日用品类，而知名企业类似于日用品的周边这一类别，仅占了全部品类的16.67%。因此，从服装相关的种类来看，知名企业种类更加丰富，产品线繁多，可供顾客选择的范围也更大，消费的概率也更高。

在之前的分析中，我们发现产品线过于单一，会影响产品的销售情况，也会影响企业的营收以及抗风险能力。由此，我们推断，知名企业的产品线销售情况比该服装企业的更好，而且盈利模式更加多元，抗风险能力更强。

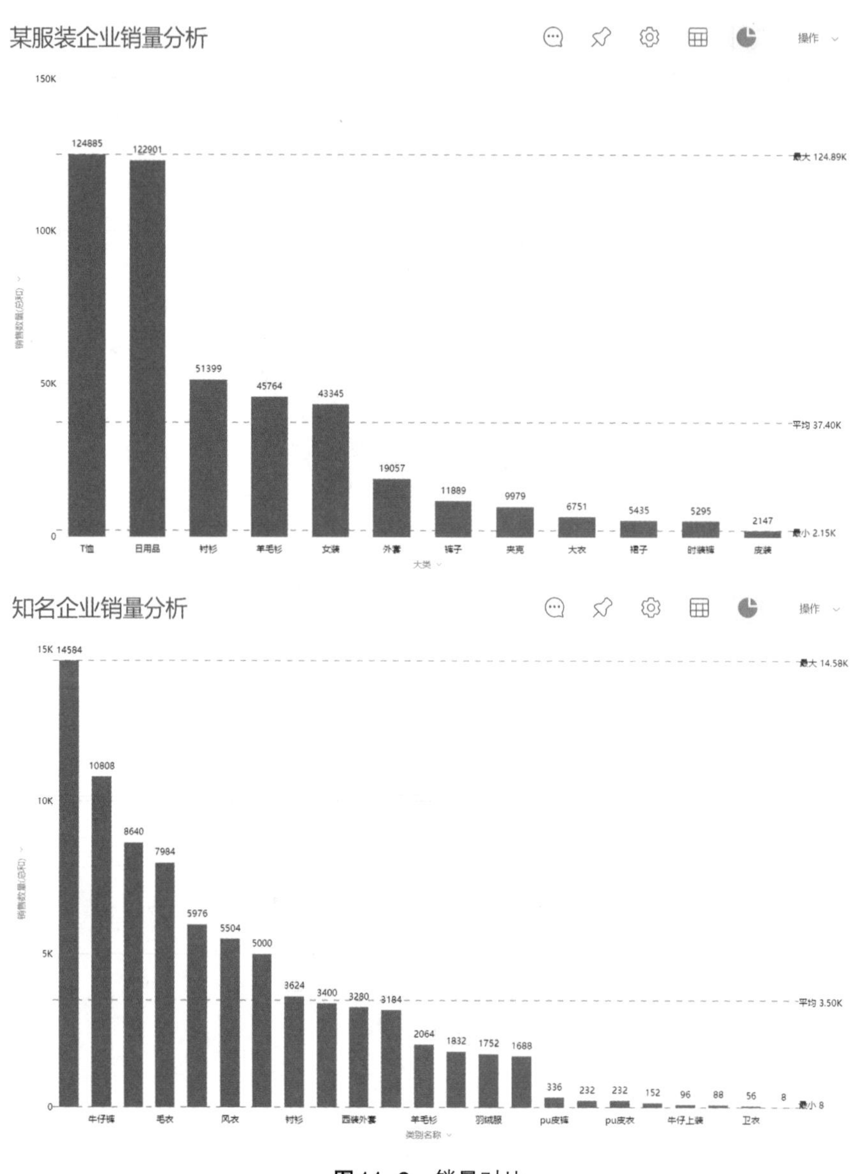

图11–2　销量对比

（2）从图11-2得出的分析结果证实了我们的猜想。从图上可以看到知名企业销售情况更加平衡，没有出现一边倒的趋势，而且“周边”这一类别的销量占比也没有特别大，符合一个优秀企业的产品线状况。综上对比，我们可以推断该服装企业的生产线必然存在一定的问题，可以结合企业营销策略进一步分析。

11.2 技术实现：应用DataFocus实现11.1的分析

上一节，我们将该服装企业的产品线状况与业内知名企业的产品线状况进行对比分析，从而发现该服装企业的不足之处，以及可能存在问题的地方。本章节具体来学习如何利用DataFocus快速实现不同产品线之间的对比分析。

（1）先有数据，后有分析

要做数据分析，前提是必须有数据。因此，除上一章节我们已经导入的该服装企业的产品品类信息表和销售表，我们还需要导入对标企业的产品线数据。同样地，我们依然选择导入本地数据文件。

在数据表管理页面选择“导入表—从本地导入表”，选择适合的文件格式，按照提示进行导入，如图11-3。

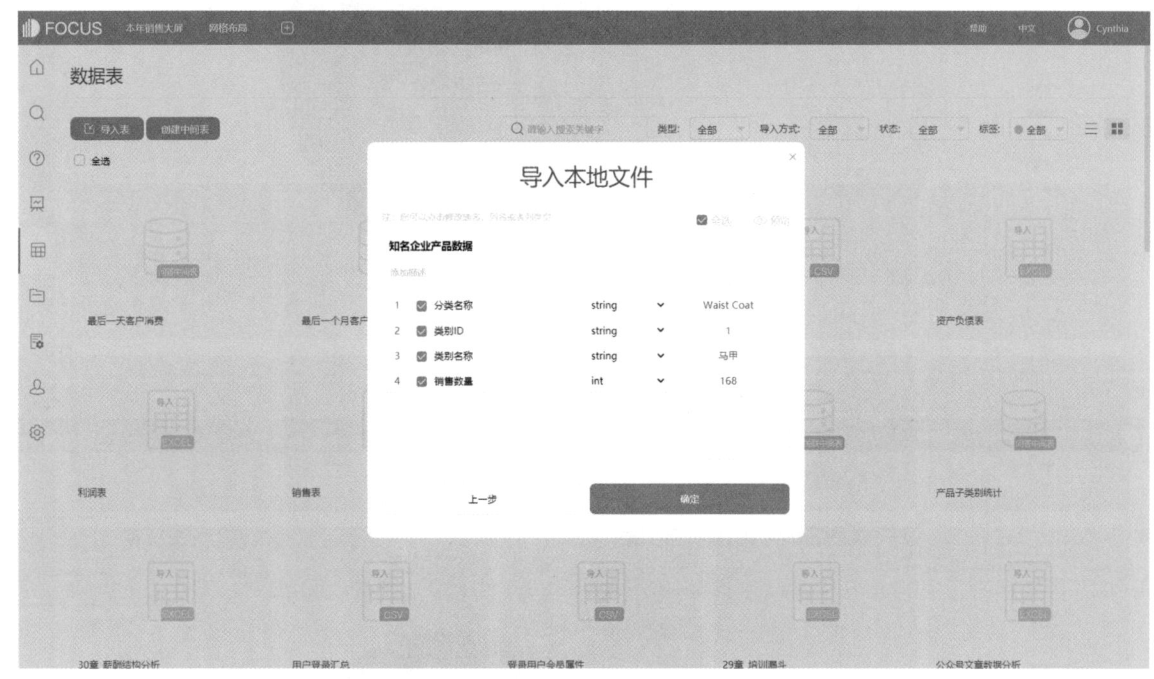

图11-3　导入对标企业数据

（2）搜索分析，保存图表

我们需要以不同的数据源分析不同的数据，并将图表保存，将保存下来的图表进行对比分析。

首先，需要对该服装企业的类别进行分析。双击选择“大类产品编号”进入搜索框，修改产品编号的聚合方式为计数，将图表以饼图形式显示。点击右上角“操作—保存为历史问答”，对该图表命名，点击“确定”即完成历史问答的制作，如图11-4所示。

其次，对知名企业的产品线数据进行类别分析。切换数据表为“知名企业产品数据”，双击选择“类别名称分类名称”，在分类名称后修改聚合方式“的数量”，即可得到分析结果，并将图表转换成饼图显示，点击“操作—保存为历史问答”，如

图11-5。

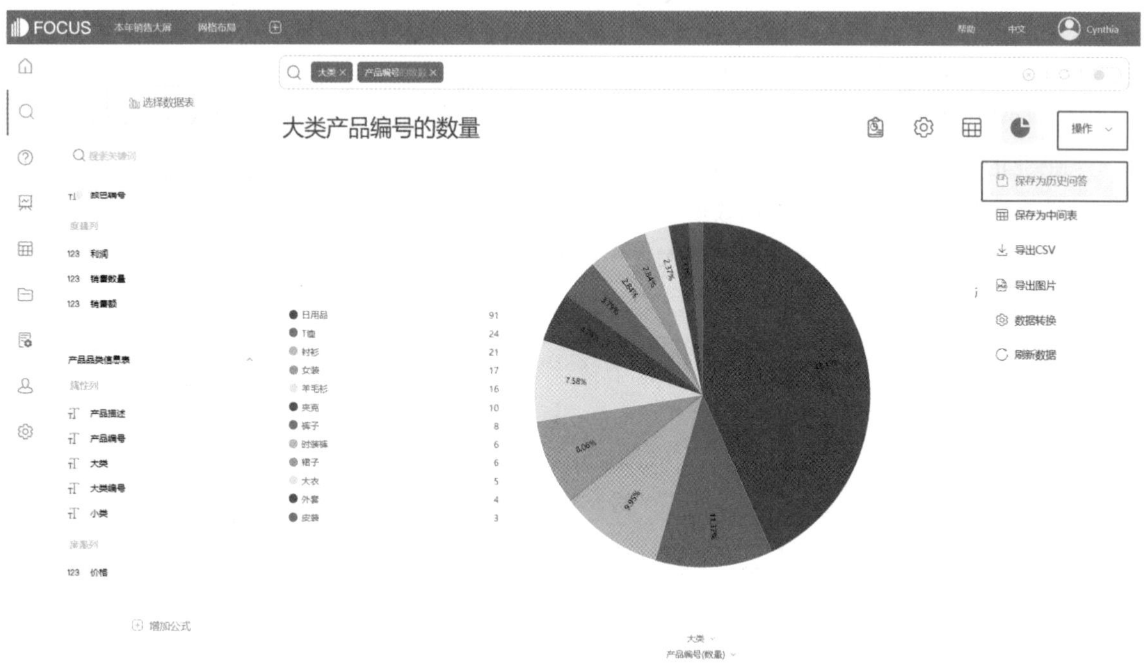

图11-4　某服装企业产品类别分析

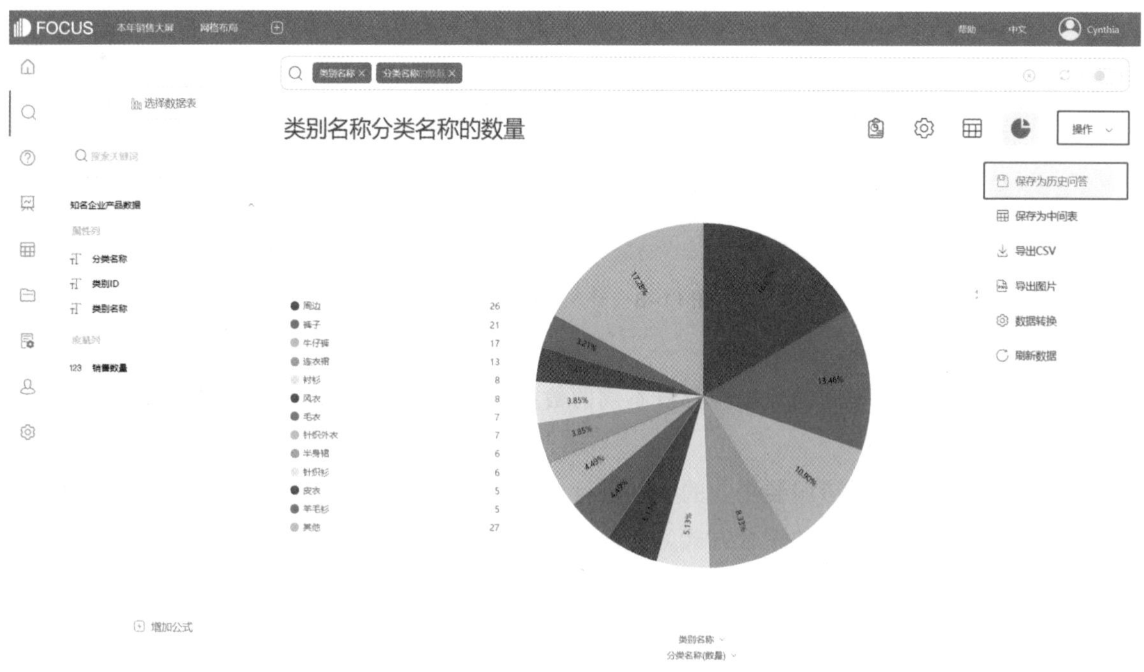

图11-5　知名企业类别分析

分析完各自的类别数据，接下来分析销售情况。

双击选择“大类销售数量”字段进入搜索框，在框内输入“按销售数量降序”，并将分析结果以柱状图的形式展示，同样点击“操作”，保存为历史问答，如图11-6。

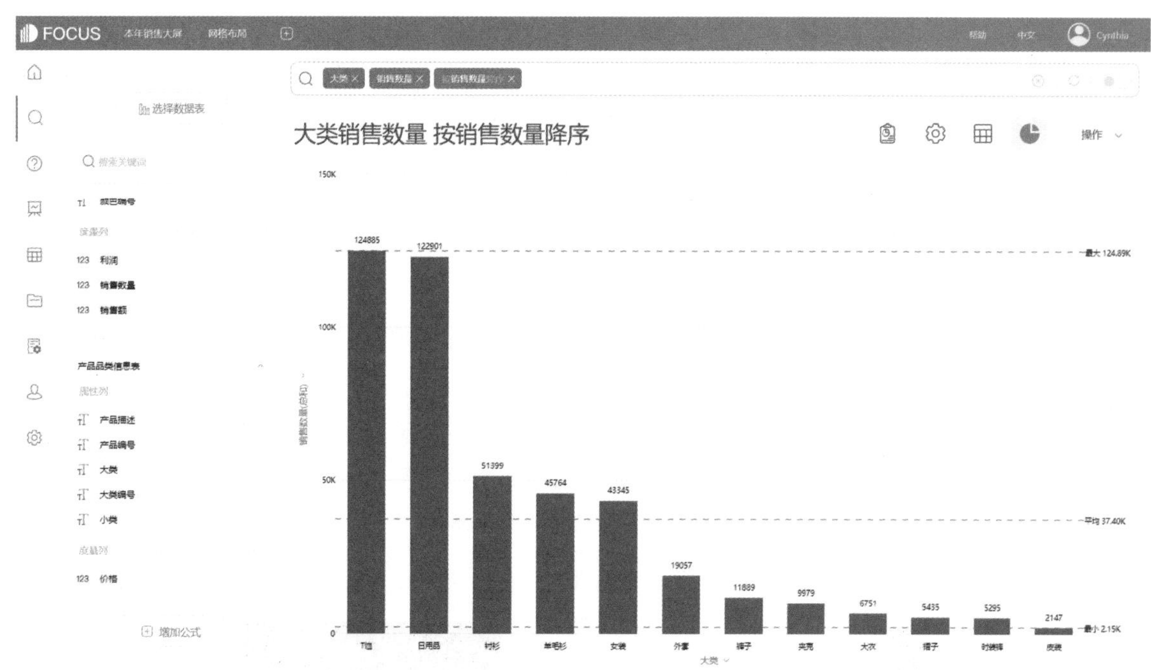

图11-6 某服装企业销量分析

接下来我们分析知名企业的销售情况。同样地，切换数据表为“知名企业产品数据”，双击选择“类别名称销售数量”，在搜索框内输入“按销售数量降序”，将结果以柱状图的进行展示，点击“操作”，保存为历史问答，如图11-7。

（3）直接对比，得出结论

图表制作完毕后，可以通过数据看板整合所有历史问答，以便多个图表可以进行直接对比。在数据看板页面，我们可以调整图表的大小及位置，在自由布局下，点击某一组件，可以在页面右侧进行尺寸等组件样式配置；鼠标选中组件进行拖动可以自由变换组件的位置；除此之外，还可以导入文字组件、多媒体和素材，对数据看板进行美化，如图11-8。

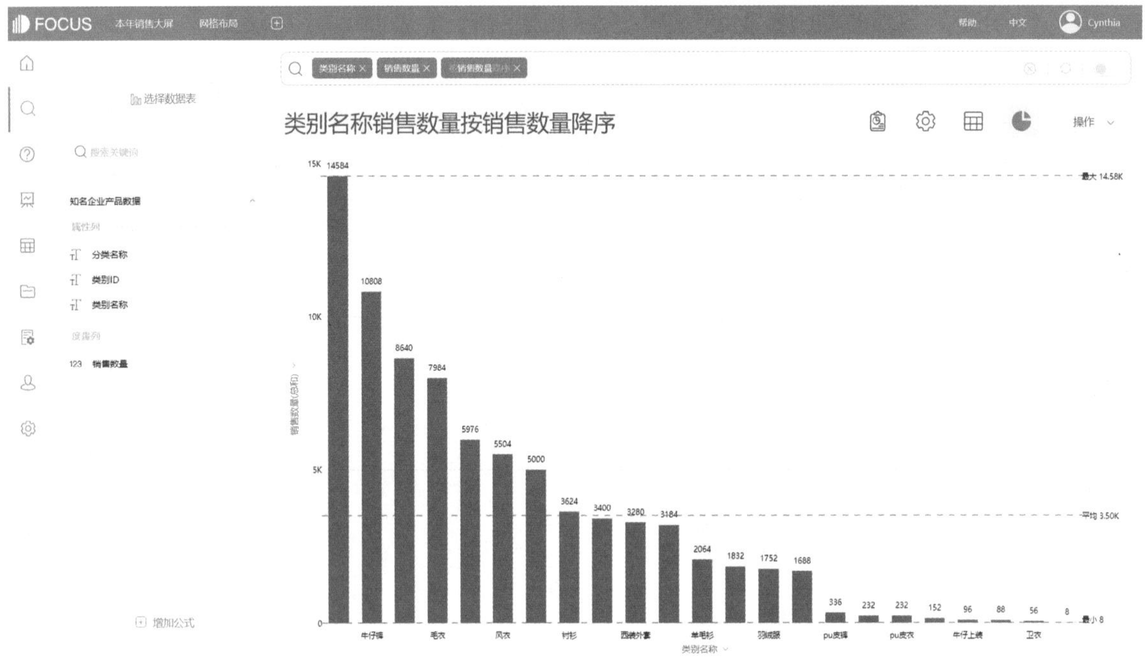

图11-7　知名企业销量分析

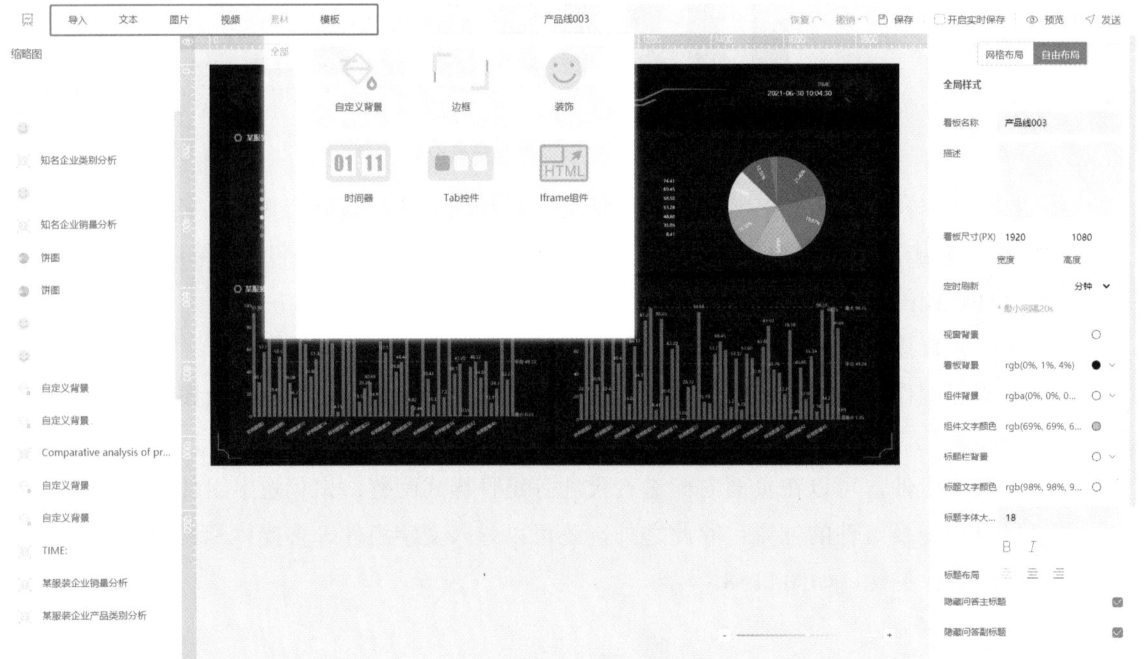

图11-8　修改组件样式

经过简单的布局调整和样式设计，我们得到了最终的产品线对比分析数据看板，如图11-9所示。

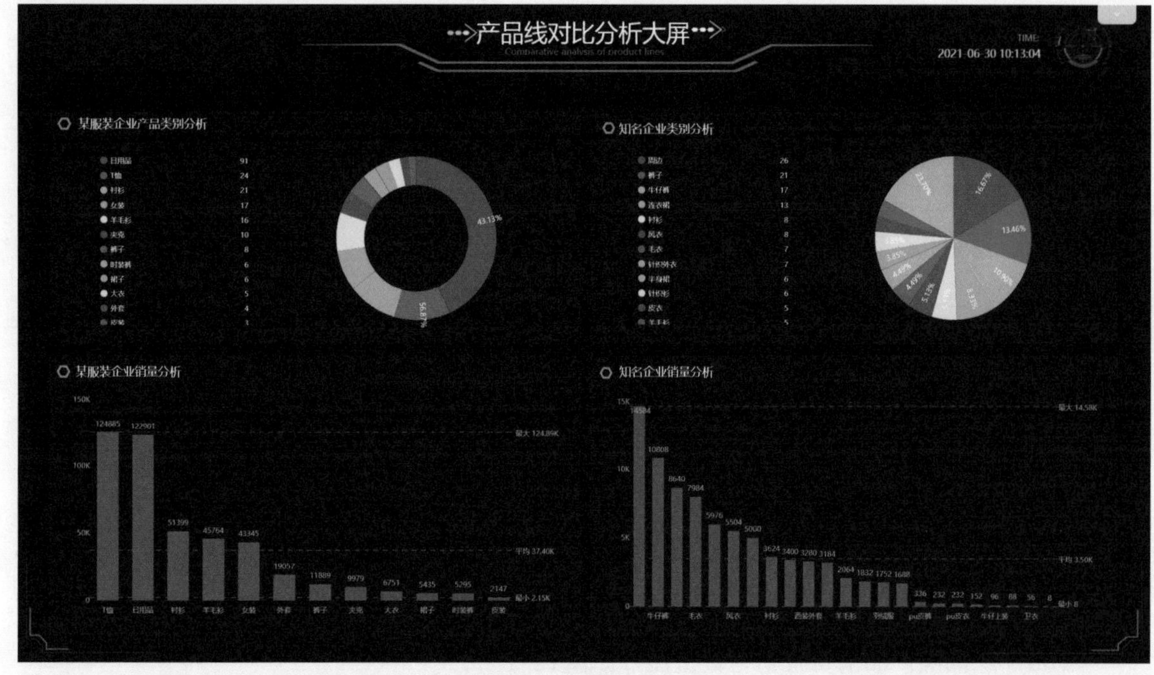

图11-9　数据看板效果

课后习题

对比该服装企业和知名企业不同类别销售数量的极差值，并绘制对比看板；

提示：极差值＝单品最大值－单品最小值

第12章 发现销售的规律特征

12.1 一年销售期产品销售分析

从一张来自某服装销售企业的销售表中提取2018年一整年的历史销售数据，绘制成一级品类产品的每月销售数量图，如图12-1。

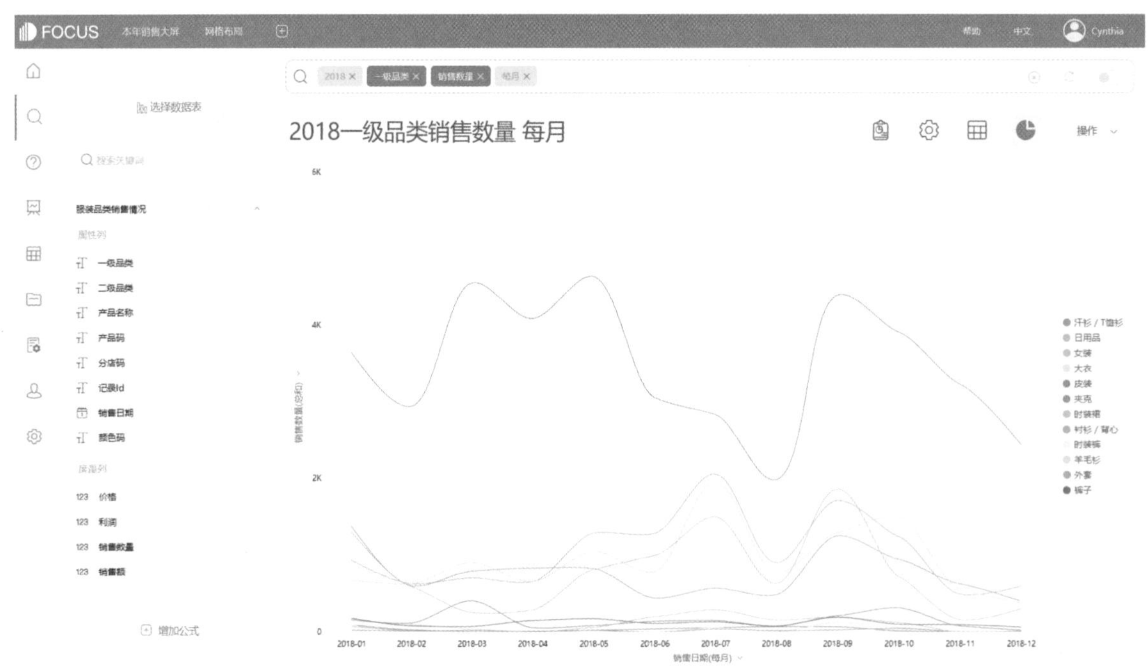

图12-1　某服装企业产品线年销售趋势

我们可以看到，品类为“汗衫/T恤衫”的产品销售量是最大的，月份上显示该品类的销售旺季是3到7月，可以推测最重要的影响因素可能是气温、季节。而羊毛衫、大衣等保暖性服装的销售量呈现出与汗衫/T恤衫不同的季节性特征，从日常生活习惯判断应该也是受季节影响的结果。

接下来对产品的二级品类进行衍生分析，特别是针对“汗衫/T恤衫”品类的产品，对其下属二级品类的销售量进行分析查看，如图12-2。

图12-2 钻取分析汗衫/T恤衫的二级品类

这里我们可以看到两种子产品T恤衫和汗衫在一整年的各个月份的销售情况，T恤衫有更为明显的春秋季服装产品的季节性特征，而汗衫更偏向于夏季季节性特征。顾客的购买很符合日常的生活习性。

在这个分析过程中我们得出，商品销售一般都有其独特的销售周期。受到季节循环以及消费者生活习惯的影响，服装类是以年为销售周期进行循环。而在图形展示过程中，图12-1虽然展现了完整的问题，但是陈列的信息太多，容易让读者错过重点信息，图12-2有针对性地对类别进行二次分析，结合图12-2就会有更好的展示效果。

12.2 长周期分组多层级分析

上节我们分析了具体一个销售周期中各品类产品的销售数量，从中看出服装类商品销售数量存在明显的季节性影响。那么这样的季节性是真实恒定的吗？

我们提取最近三年全部的销售情况，按年统计分析每个一级品类不同月份的销售量，如图12-3。

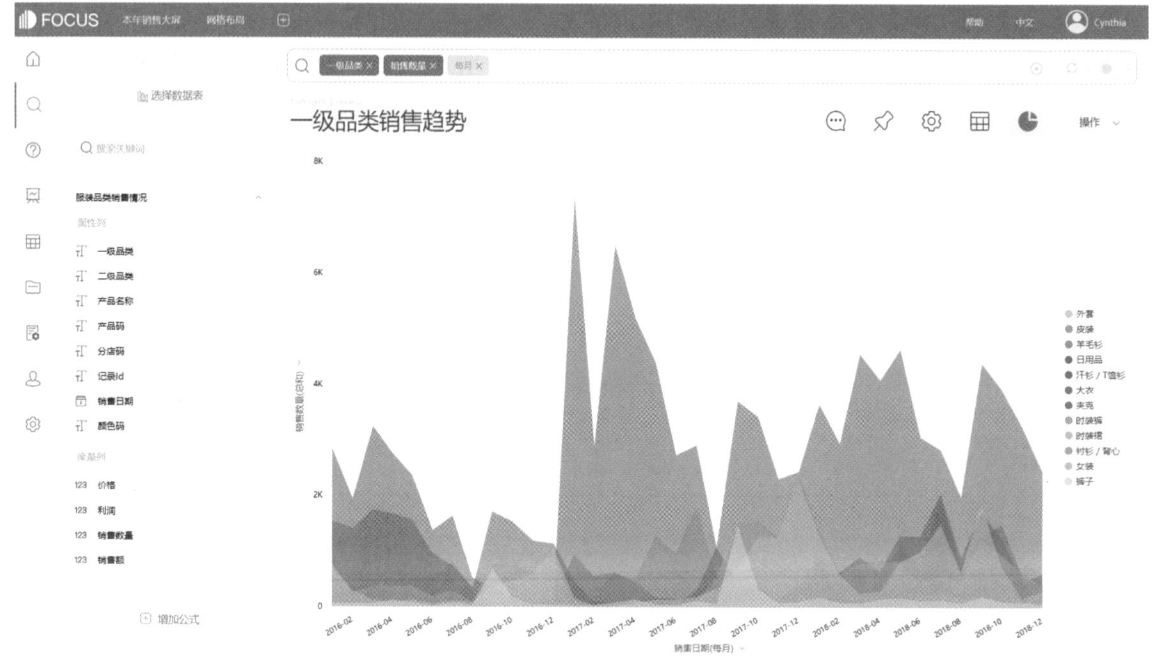

图12-3　各品类近三年销售数量趋势

这时我们就会发现，之前在一年周期内呈现出季节性的数据，放置到三年的时间长度中却并没有呈现出类似的季节性特征。结合上一节内容，同样可知，从一级品类和二级品类去看产品的销售数量，得出的结论也存在很大的差异。因为在大规模的分析维度上，数量级的膨胀和品类中各个产品数据的相互影响，导致相对规模较小、类别较细的产品的特征被忽略了，所以针对分析需求选择合适的分析维度和分组方式是很重要的。分组再结合多维度联动分析的方式较为科学全面，因此，设计了一份完整的产品销售规律可视化大屏，如图12-4。

结合三年整体销售和各年份的销售情况来分析，可以发现更多的问题。比如在销售情况最好的一级品类“汗衫/T恤衫”中，二级品类“汗衫”的销量前期一直很小。该一级品类的销售量是在2017年末暴涨起来的，同时伴随着一级品类销量的暴涨，原本低迷的二级品类“汗衫”的销售情况逐渐有了起色。

发生这种变化的原因是什么？是消费者的需求发生了变化？是气候温度的影响？还是产品本身的变化带来的？而这会成为一种持续的销售模式吗？从图表上我们可以看到，“汗衫/T恤衫”品类的销量已经开始有所回落，那么如何去维持之前高涨的销售状态呢？这里便提出了一个需要继续调查的问题，而这一问题的答案可能会促使后续销售策略甚至产品开发方向发生改变。

这个案例虽然简单，但是提供了一个很好的思路，企业管理者应该关注每一个异常的销售细节，不管它是好的变化还是坏的，然后进行追踪。

销量变动的原因是市场还是企业自身？

特殊场景的产品需求点在哪里，如何去迎合？

繁多的产品如何进行分组分析，以及应该结合怎样的分析维度去看？

找到真正的问题所在和问题背后的原因，才是销售分析的重中之重。

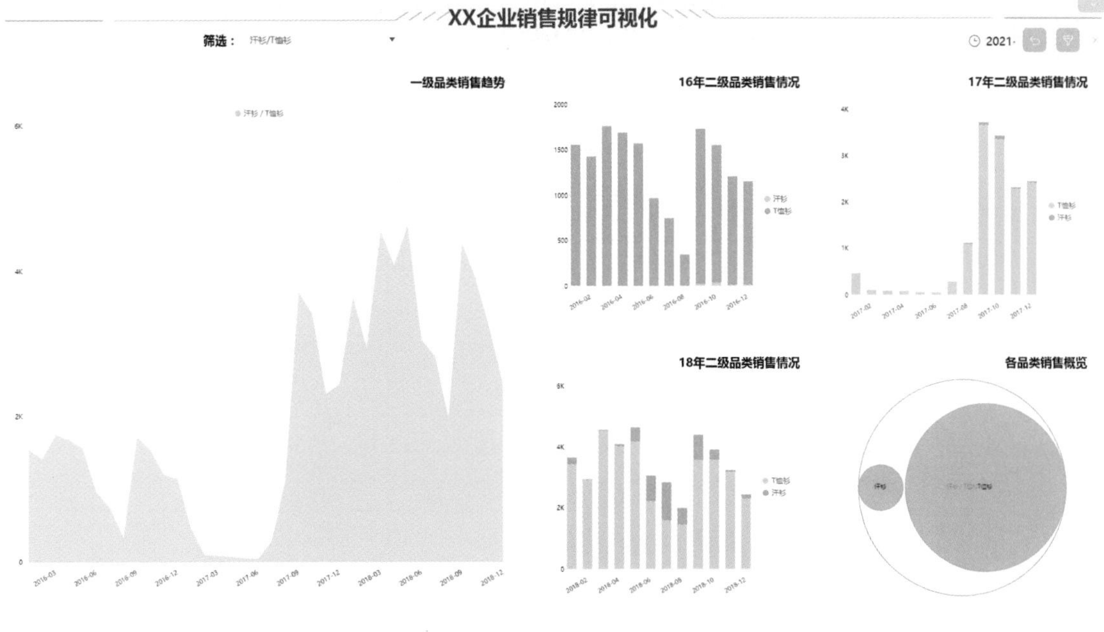

图 12-4　T恤类产品线深入分析

12.3 产品数据清洗处理

一份完整清楚的数据是完成一份出色的数据分析报告的基础，但是我们在实际案例中接触到的业务数据往往没有那么“干净”“清晰”，这就要求我们需要对原始数据表进行简单的数据清洗、多表关联等预处理工作。本章节的内容就着重介绍一下 DataFocus 系统中的数据预处理方式。使用的示例数据是三张销售表（表 12-1 至表 12-3）中的原始数据。

表 12-1 产品信息表

	A	B	C	D	E
1	产品码	产品名称	一级品类	二级品类	价格
2	115121	彩色化纤围	日用品	帽子，手套	90
3	116256	花案化纤围	日用品	帽子，手套	62.1
4	119427	披肩围巾套	日用品	珠宝饰品	110
5	120114	皮带	日用品	皮带，箱包	79.9
6	121764	钟型项链	日用品	珠宝饰品	69.9
7	122709	带垂饰耳环	日用品	珠宝饰品	69.99
8	128390	仿小山羊皮	时装裙	短裙	163.9
9	128969	彩色T恤衫	汗衫/T恤衫	T恤衫	82.8
10	129925	钢珠项链	日用品	珠宝饰品	224.1

表 12-2 时间码表

	A	B	C	D	E	F
1	周ID	年内周	自然年	季度	月名称	自然月
2	1	1	2014	1	一月	1
3	2	2	2014	1	一月	1
4	3	3	2014	1	一月	1
5	4	4	2014	1	一月	1
6	5	5	2014	1	一月	1
7	6	6	2014	1	二月	2
8	7	7	2014	1	二月	2
9	8	8	2014	1	二月	2
10	9	9	2014	1	三月	3

表 12-3 销售记录表

	A	B	C	D	E	F	G	H
1	记录Id	产品码	颜色码	周ID	分店码	利润	销售额	销售数量
2	1	115121	189	158	3	135.1	298	2
3	2	115121	189	158	137	95.2	790	10
4	3	115121	189	158	277	63.6	149	1
5	4	128390	224	158	3	43.3	135	1
6	5	128390	243	158	197	30.9	135	1
7	6	128390	712	158	197	40.6	135	1
8	7	128390	763	158	185	42.8	135	1
9	8	128390	770	158	197	38.8	135	1
10	9	136786	953	158	197	60.8	198	2

我们使用DataFocus系统的中间表功能，将这三张表整理为分析时需要用到的的中间表“服装品类销售情况”表，如图12-5。

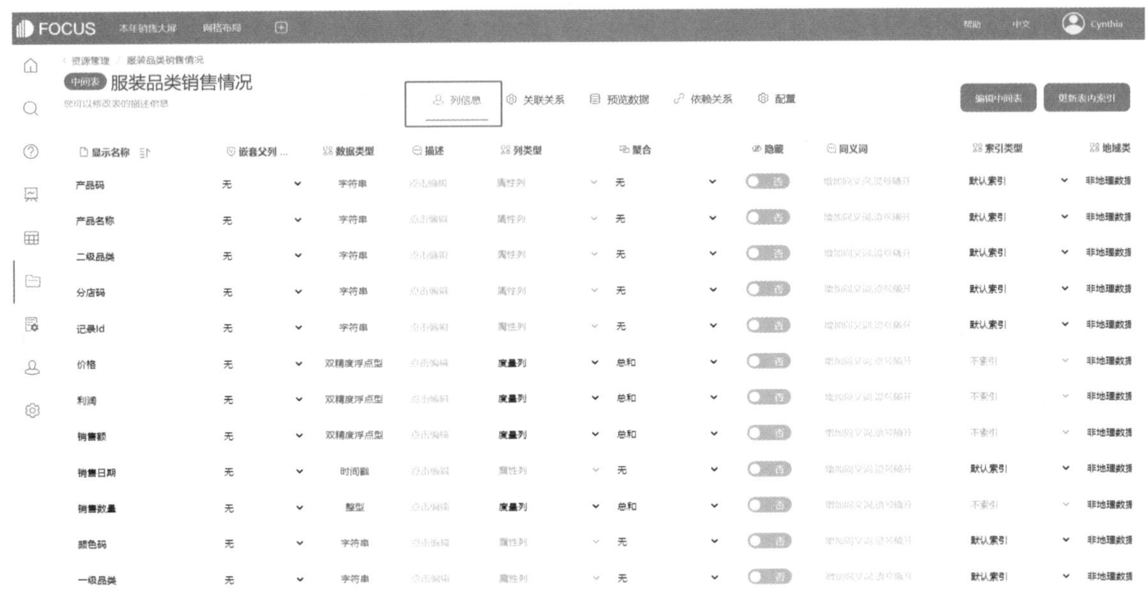

图 12-5 整合后的销售表

（1）正确导入三张原始表

导入文件类型选择“CSV”时，会比Excel导入多出一个界面，如图12-6所示。需要用户选择正确的文件编码，这里我们一般修改为“ANSI”；

修改完毕，点击“下一步”，修改列的数据类型后，点击“确定”即可导入csv数据表；

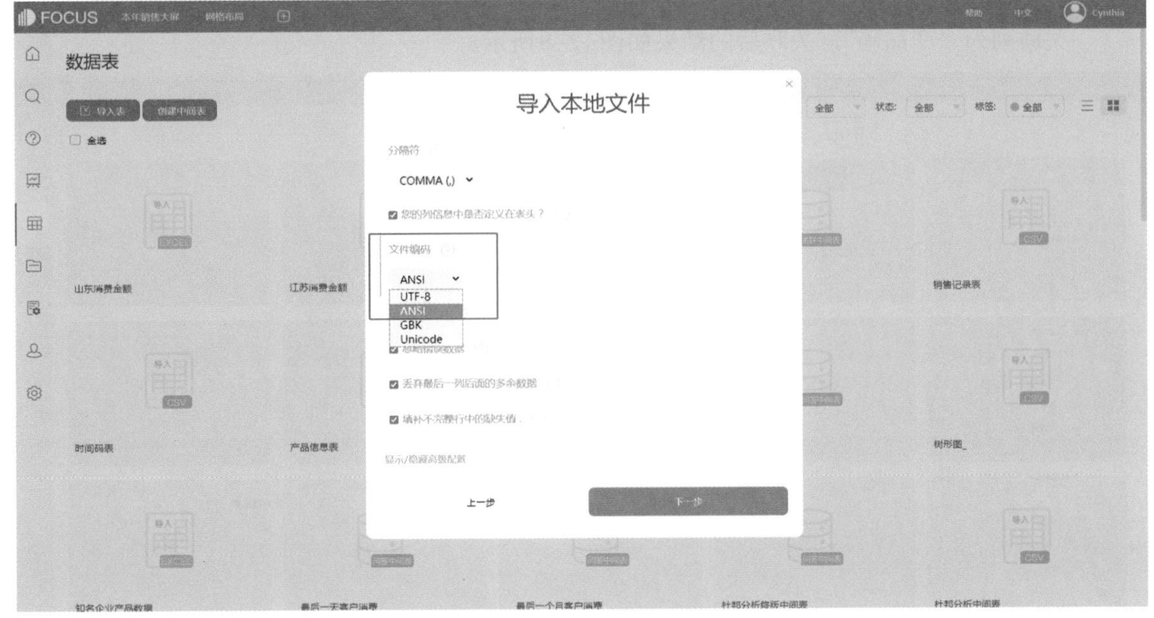

图 12-6 修改文件编码

（2）创建中间表

在“数据表管理”模块点击“创建中间表”；选择数据源表为“产品信息表”“时间码表”和“销售记录表”，如图12-7所示；

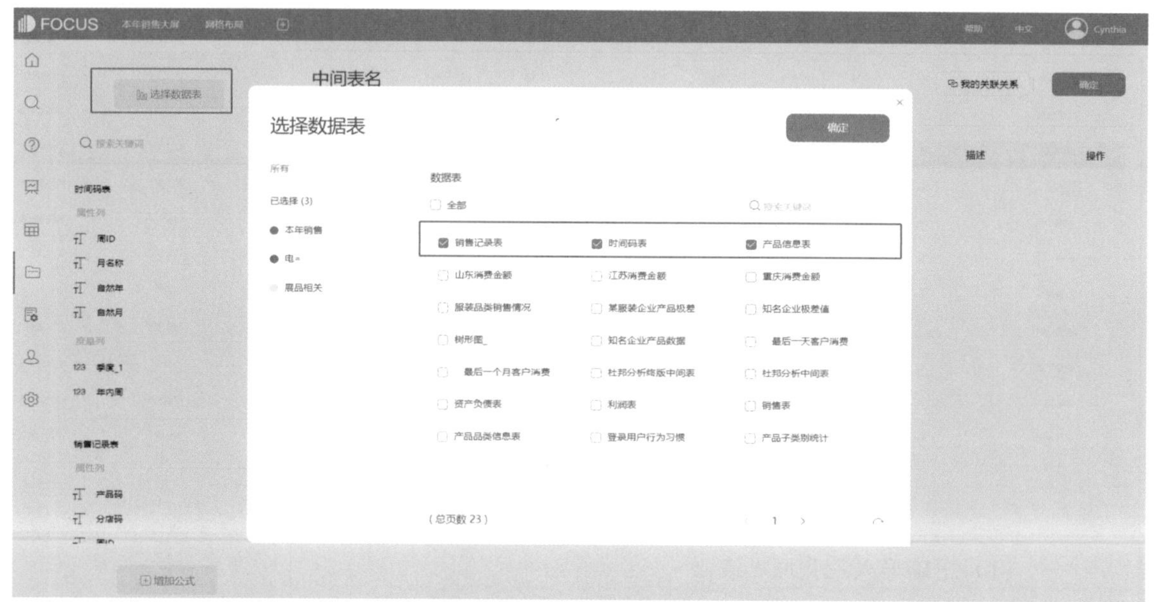

图12-7　选择数据源表

（3）多表关联

因为有多张数据源表，需要先建立表与表之间的关联关系。将销售记录表和时间码表进行内关联，关联列为“周ID”；将销售记录表和产品信息表进行内关联，关联列为“产品码”，关联后的结果如图12-8所示。

图12-8　多表关联

(4) 添加公式和列字段

增加公式“销售时间”，将日期转换成系统内通用的时间日期格式列，如图12-9所示。

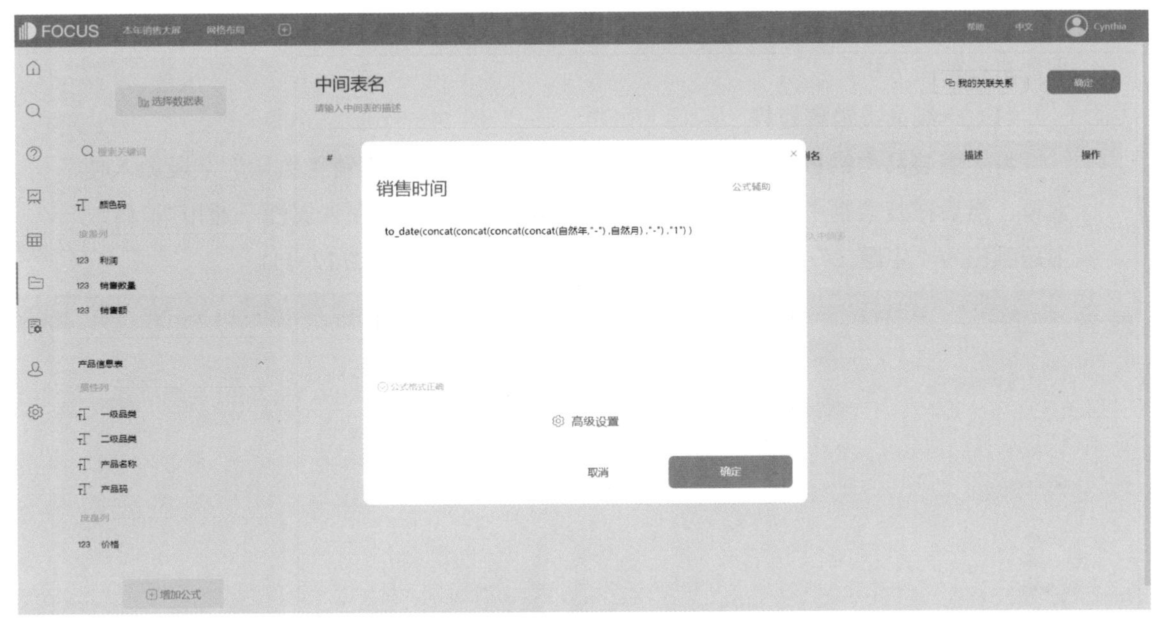

图12-9 公式销售时间列

双击列名选择添加需要的列（来自多表），修改中间表名，如图12-10所示；点击“确定”，等待中间表创建完成即可使用。

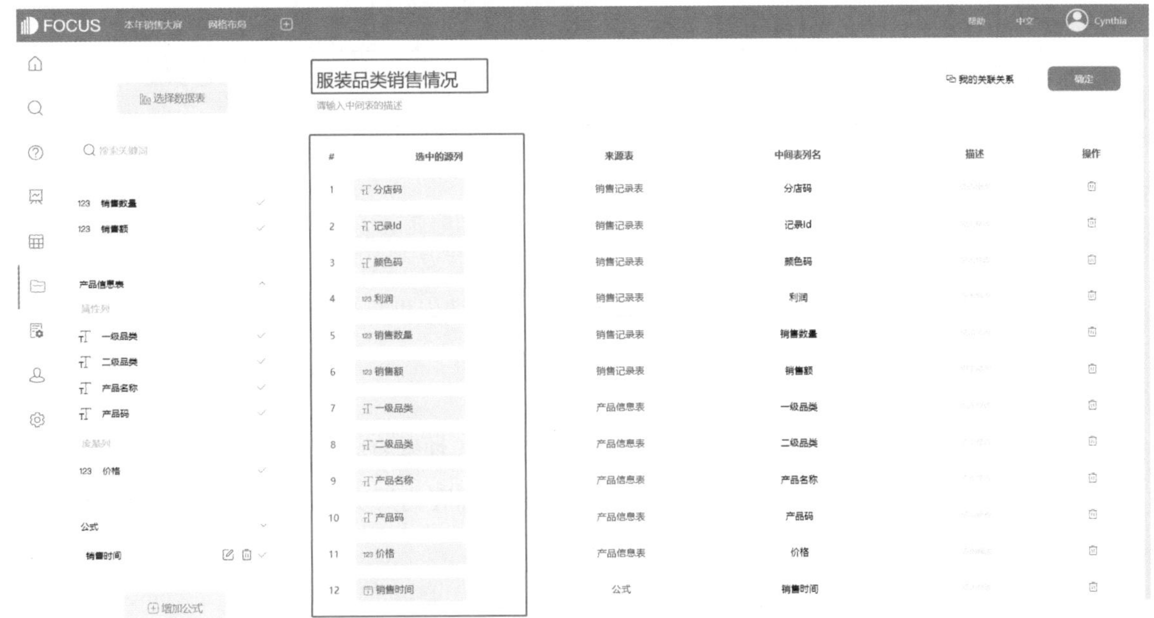

图12-10 创建中间表

12.4 技术实现：应用DataFocus实现12.3的分析

将上一小节经过数据预处理得到的中间表“服装品类销售情况”作为本节的数据源进行使用分析。

（1）一级品类销售趋势

将“服装品类销售情况”作为数据源，双击“一级品类销售数量”字段加入搜索框，然后在搜索框中输入“每月”，选择面积图；打开“图表属性—通用”，修改主题颜色为“主题二”；点击“操作”，保存为历史问答，如图12-11。

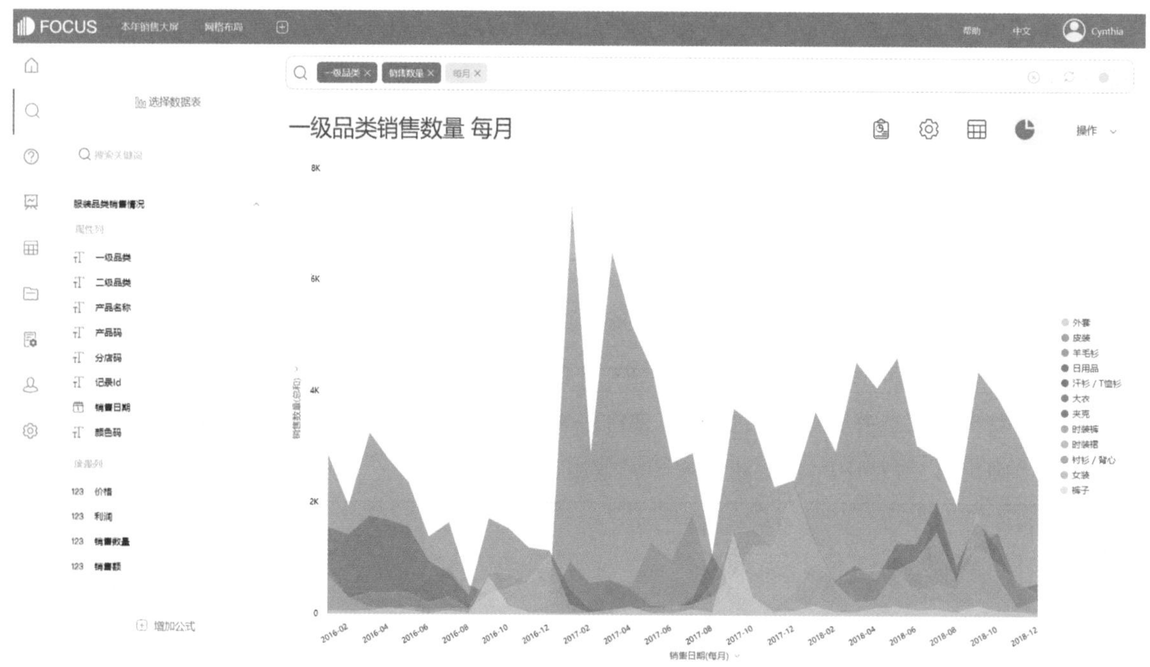

图12-11　一级品类每月销售趋势

（2）各品类销售概览

双击“一级品类二级品类销售数量”字段加入搜索框，选择打包图；点击“操作”，保存为历史问答，如图12-12。

（3）2016年二级品类销售情况

双击“二级品类”“销售数量”字段，将其加入搜索框，然后在搜索框中输入“每月”“2016”，选择堆积柱状图；点击“操作”，保存为历史问答，如图12-13。

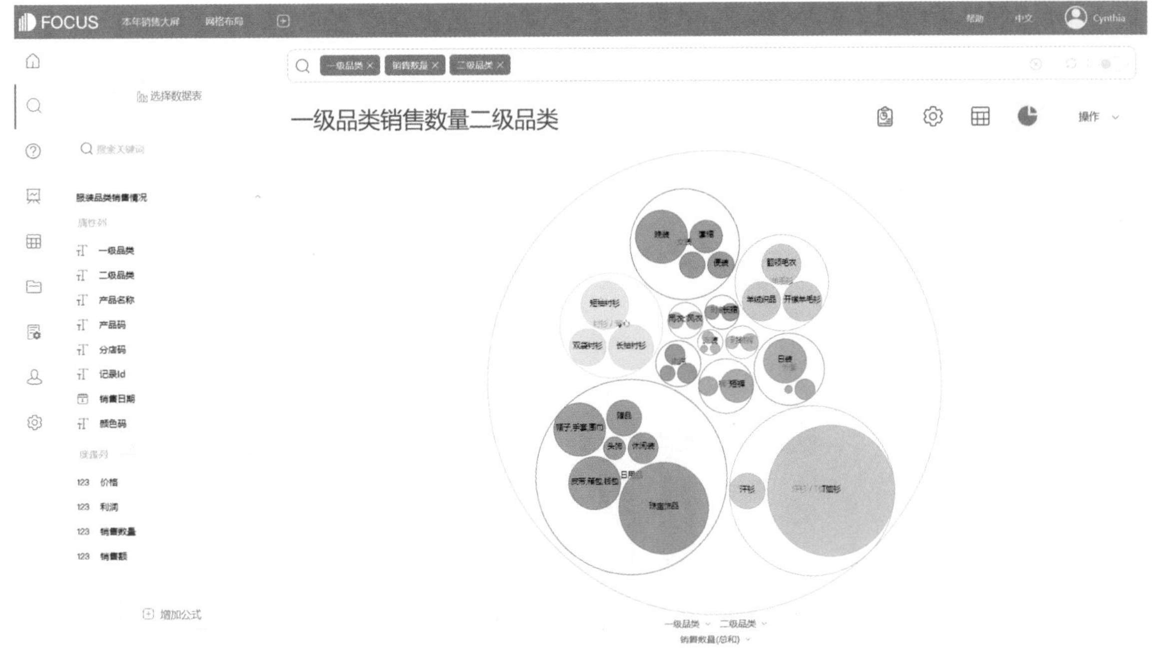

图12-12　多级品类销售结构图

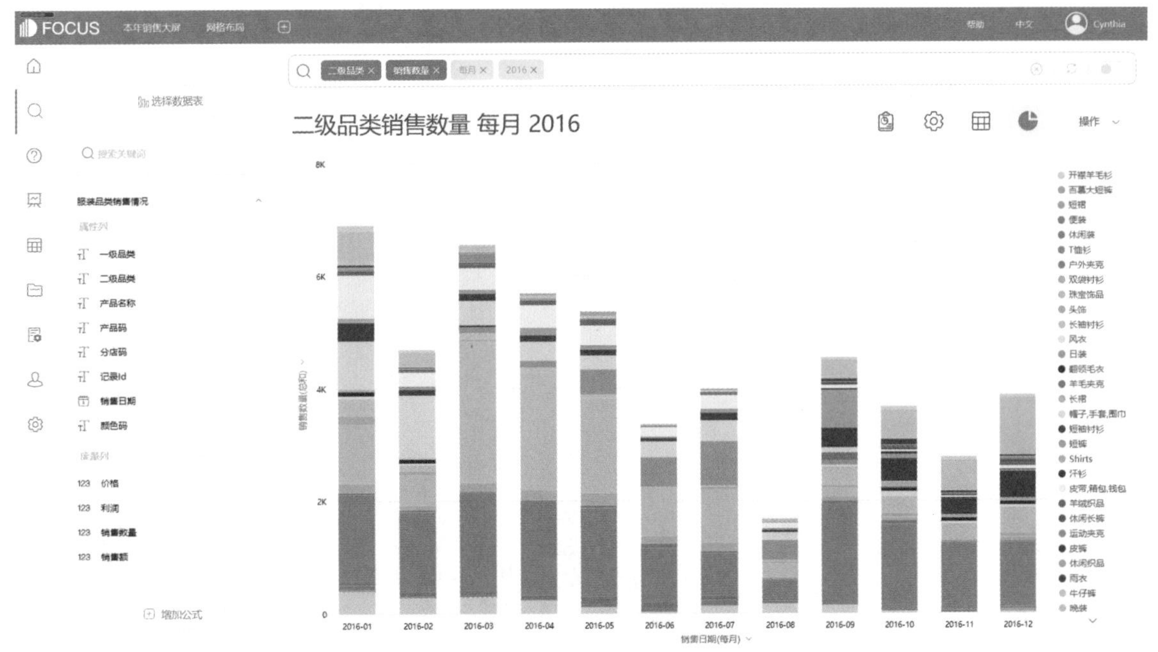

图12-13　2016年二级品类销售趋势

（4）2017年二级品类销售情况

在上一步图的基础上，将“2016”改为“2017”；点击“操作”，保存为历史问答，如图12-14。

（5）2018年二级品类销售情况

在上一步图的基础上，将“2017”改为“2018”；点击“操作”，保存为历史问答，如图12-15。

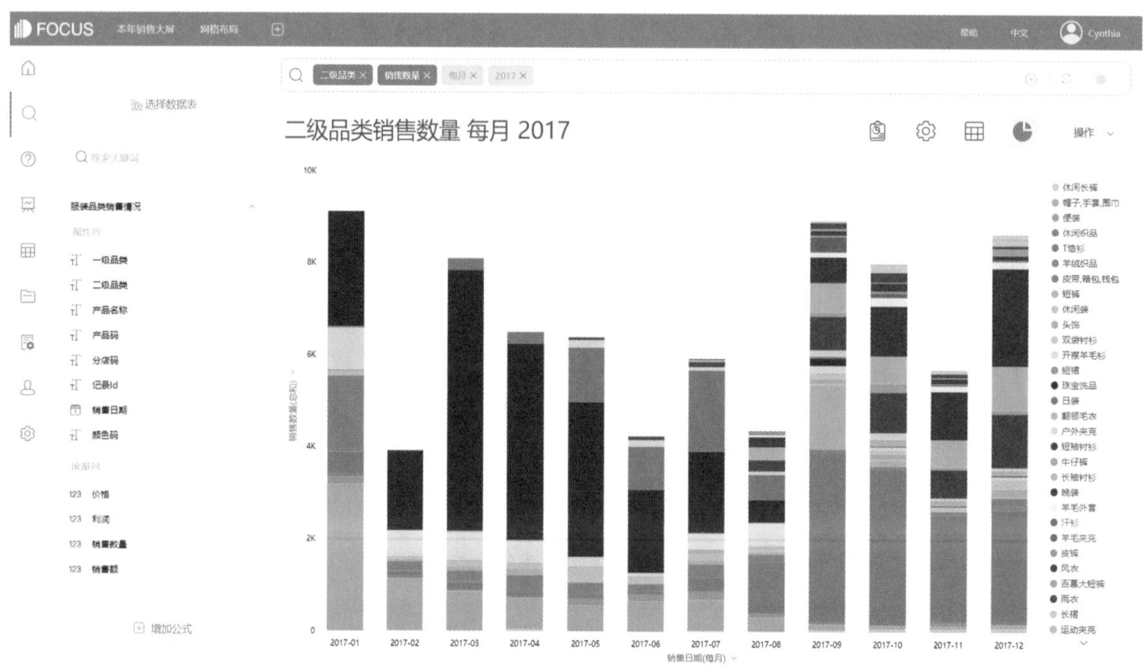

图12-14　2017年二级品类销售趋势

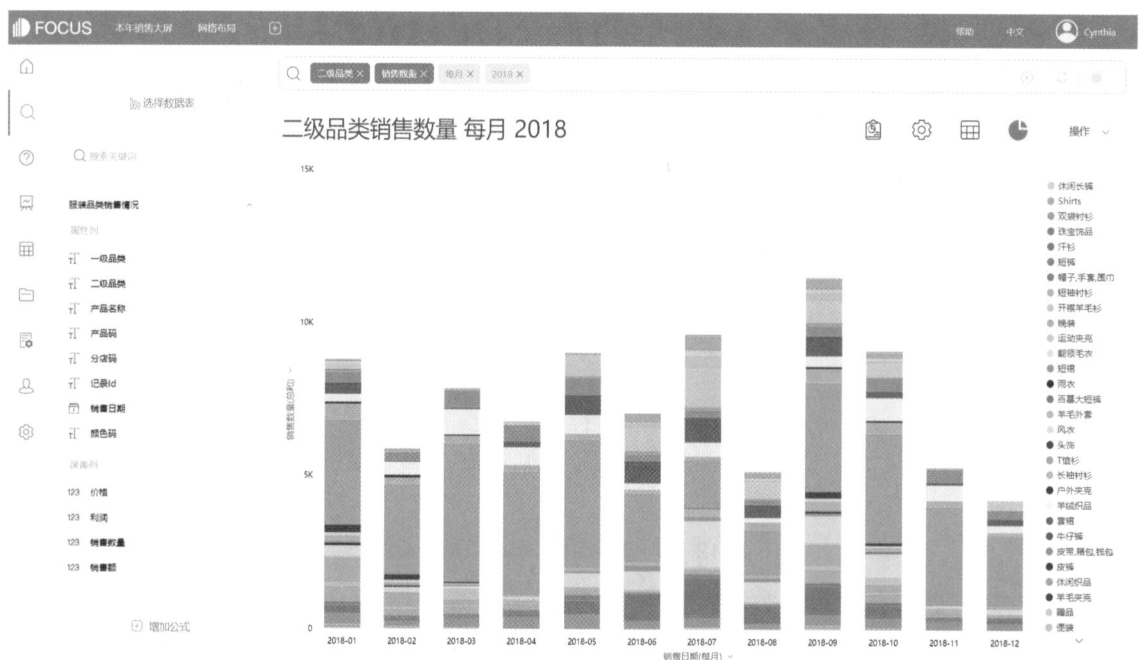

图12-15　2018年二级品类销售趋势

（6）看板调整及筛选

进入“企业销售可视化规律”看板，在自由布局下调整看板各个问答的大小。再添加组件“筛选下拉框”，选定筛选列为一级品类，如图12-16所示。在预览界面中，可以点击筛选下拉框，选择一级品类为“汗衫/T恤衫”，进行联动筛选。

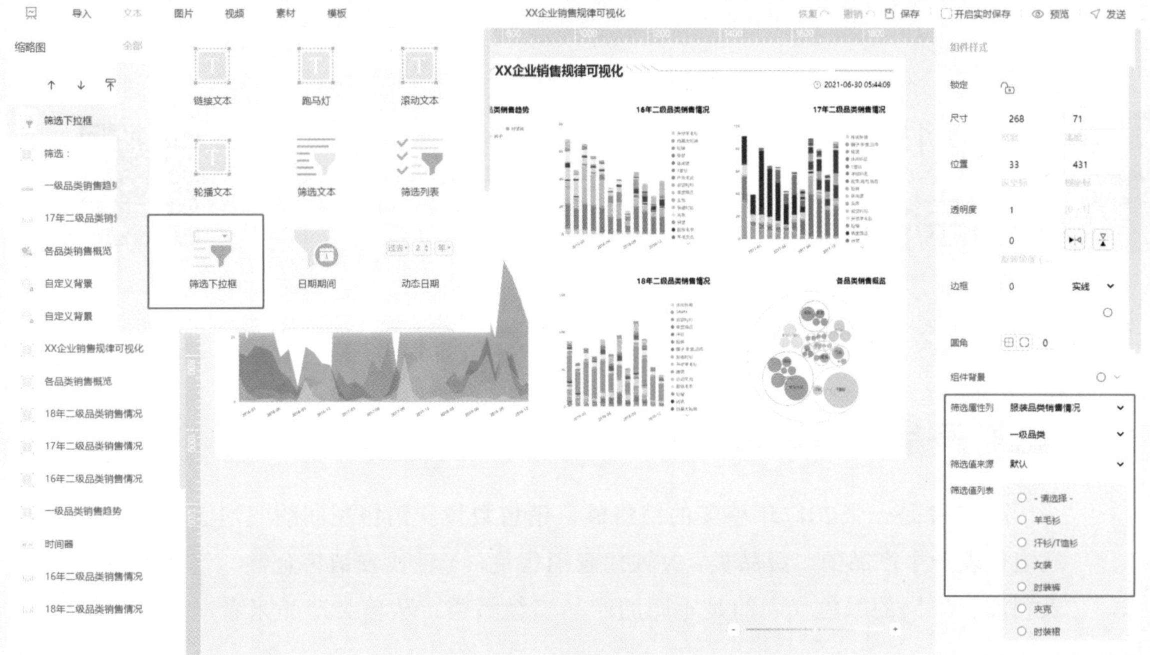

图12-16　配置数据看板

课后习题

实现本案例，并思考如果数据看板中的一级品类选择为“外套”，看板结果如何。

第13章 综合评估产品价值

13.1 产品销售初步分析

图13-1是一张2017年整年的销售额、销售数量和销售利润的气泡图。每一个气泡代表一个产品的二级品类，X轴代表销售量，Y轴代表销售金额，气泡大小代表利润。不同的颜色代表的是不同的产品二级品类。从单类产品来看，销售额越

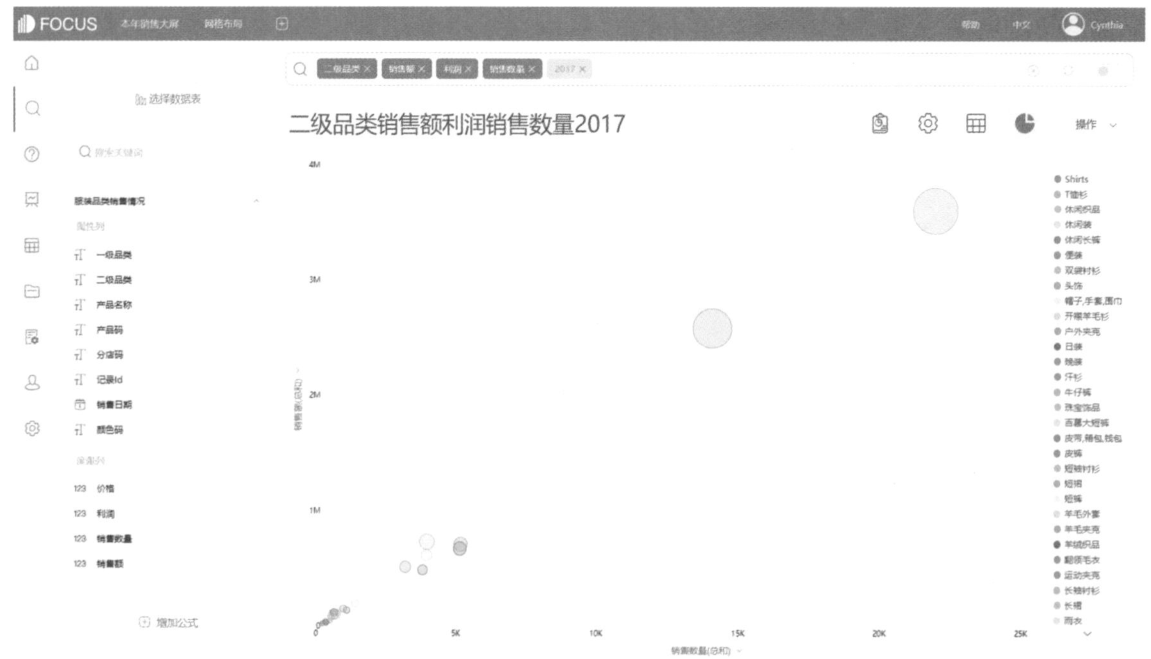

图13-1　2017年二级品类销售情况气泡图

多、销售量越大、利润值越高的产品就越好，而这反映在图表上就是气泡越靠近右上角、气泡面积越大越好。但这并不代表其他的产品就不好，一些销量大但是利润较低的产品适用于做产品促销，可用来做引流或者品牌影响力推广之类的活动，然后通过给其他高利润的产品带来更多的销售量来获得相应的利润补偿。具体要根据企业的需求和状态而定，综合、全面地评判衡量产品的价值，及时科学地进行销售策略的转变和制定。

13.2 产品价值总和评估

图13-2是某儿童用品厂商的玩具类产品在某月的销售盈利情况散点图，可以用来分析不同产品的销售（促销）价值。

可以看到该散点图中的横坐标轴为产品利润，纵坐标轴为产品关联流水利润（即产品的销售流水利润减去自身销售利润后的净利润），不同颜色的圆点为不同的产品，圆的大小代表产品的总销售额。与横纵坐标轴各自平行的红线分别代表对应轴的零线，将散点图分为四个象限。

通过这张图我们可以进行分析：

一般，第一象限（右上角的象限）产品的净利润为正，产品的销售利润也为正，这说明这款产品是客户喜欢并需要的硬通货；第二象限（左上角的象限）产品

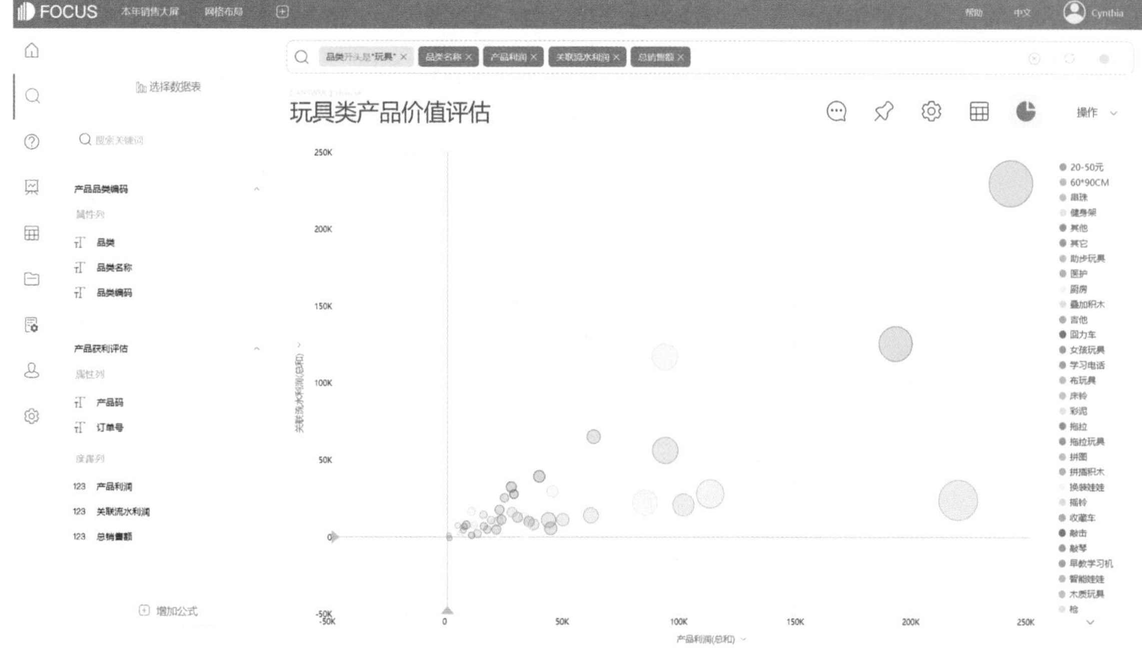

图13-2 产品价值评估气泡图

的净利润为正，销售利润为负，是用于促销扩展市场的产品；第三象限（左下角的象限）产品的净利润为负，销售利润也为负，是应该优化或下架停产的产品；第四象限（右下角的象限）产品的净利润为负，销售利润为正，是用来做捆绑销售的促销产品。

这是一个通俗常态的聚类划分法，但并不是完全的策略，还需要针对具体产品来做调整。

13.3 技术实现：应用DataFocus实现13.2的分析

（1）处理数据

将图13-3和图13-4进行内关联，关联列为产品码与品类编码。

	A	B	C
1	品类名称	品类编码	品类
2	听装	100000	奶粉:孕妇奶粉:牛奶粉
3	盒装	100001	奶粉:孕妇奶粉:牛奶粉
4	听装	101000	奶粉:婴儿奶粉:牛奶粉
5	盒装	101001	奶粉:婴儿奶粉:牛奶粉
6	听装	101010	奶粉:婴儿奶粉:牛奶粉
7	盒装	101011	奶粉:婴儿奶粉:牛奶粉
8	听装	101020	奶粉:婴儿奶粉:牛奶粉
9	盒装	101021	奶粉:婴儿奶粉:牛奶粉
10	听装	101030	奶粉:婴儿奶粉:牛奶粉
11	盒装	101031	奶粉:婴儿奶粉:牛奶粉
12	听装	101100	奶粉:婴儿奶粉:羊奶粉
13	听装	101110	奶粉:婴儿奶粉:羊奶粉
14	听装	101120	奶粉:婴儿奶粉:羊奶粉
15	听装	101200	奶粉:婴儿奶粉:特殊配方奶粉
16	盒装	101210	奶粉:婴儿奶粉:特殊配方奶粉

图13-3　产品品类编码

	A	B	C	D	E
1	订单号	产品码	产品利润	关联流水利	总销售额
2	204312400	160020	2	74.6	6.9
3	204314901	160010	447.7	1351	944.5
4	204315001	160010	72.8	109.5	162.5
5	204315101	160010	-3.9	112.6	3
6	204315201	160010	69.1	164.7	145
7	204315301	160020	375.2	837.2	796.1
8	204315401	160020	339.5	514	732.8
9	204315501	160020	376.4	636.9	811.1
10	204315601	160020	354.3	1104.9	747.6
11	342360402	160001	0	37.5	5
12	343489100	160020	2.2	28	9.5
13	343781600	160001	1.8	29.7	5.3
14	343783000	160001	2.2	47.2	5.3
15	344039700	160010	1.4	34.9	5.1
16	344048900	160021	3	14.7	10.4

图13-4　产品获利评估

（2）制作气泡图

将关联后的“产品品类编码”和“产品获利评估”作为数据源；输入搜索语句“品类开头是‘玩具’品类名称产品利润关联流水利润总销售额”，选择气泡图；点击配置图轴，X轴为产品利润，Y轴为关联流水利润，大小为总销售额，如图13-5。

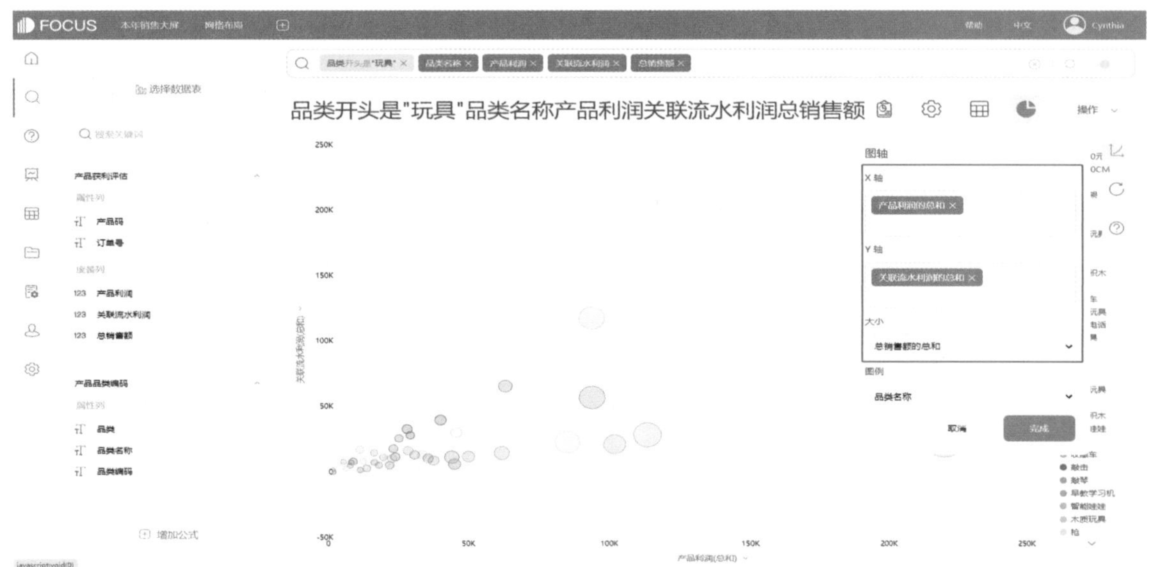

图13-5　玩具类产品价值评估

（3）配置最小值、设置目标值

调整X轴的最小值，使图形呈现四象限，如图13-6；分别点击X、Y轴的列名，配置目标值为0，点击“操作”，保存为历史问答，如图13-7。

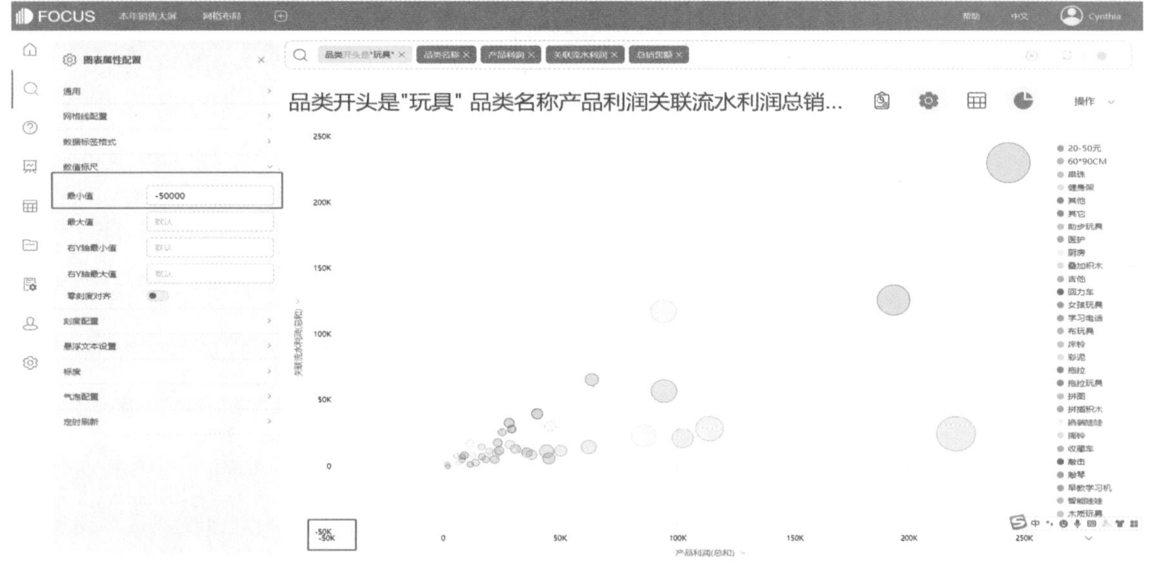

图13-6　配置最小值

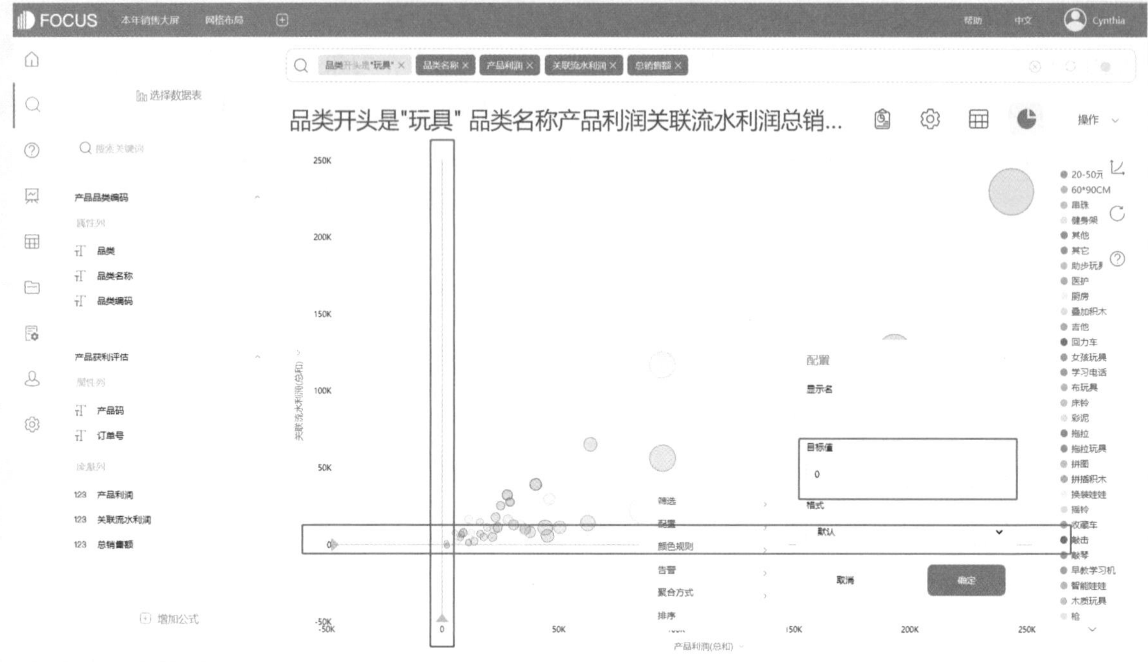

图13-7 配置标度线

课后习题

本章节内容中涉及的四象限分析法又可以称为什么？其特点是什么？

第二部分　客户主题分析

客户是企业的生命线。针对客户的运营分析是企业数据分析的重要组成部分。接下来的4章将详细讲述如何围绕客户从多种角度进行分析，比如，对客户进行分群归类，了解客户的流失情况，分析客户的生命周期，构建企业客户的RFM模型。这些分析有助于企业经营者对客户进行画像，进而更加精准地进行产品定位，或者更加有效地针对不同客群设置精细的促销策略。

第14章
客户分群模型

14.1 根据消费行为对客户进行分级

（1）传统商业数据分析

传统商业数据分析从产品销售结果出发，主要注重销售数量、销售金额、单品销售利润等等，通过统计上述指标，来做一些企业日常决策。

从传统商超销售数据统计图（图14–1）中可以看到熟食类的销售量最多，结合观察不同类商品的销售金额和销售频次，可以看到消费金额较高的产品来自销售量较小的珠宝和女性服装以及销售相对中频的化妆品。从中得出女性市场商品的单价高，同时销售额也高的结论，这和销售市场的基本情况相对一致，表明这个销售数据表现较为正常。

传统的商业分析可以对产品的生产和配置、经营状况进行追踪和了解。在信息爆炸的时代，人手一只手机实时接收各类信息，而企业如果还停留在查看昨天的销售数据阶段，显然已经落后了。如今，卖方市场竞争激烈，因此仅从产品出发的信息开始不足以支持企业的进一步决策了。经营者需要另辟新角度切入分析，以获得更多的信息。

这里就要说到消费者行为分析。对客户的深入探索是商业分析的永恒主题。首先企业需要针对消费者进行特征分析，基于此实现消费人群的精准营销。延伸而来的就是如何平衡营销成本和营销获利、如何给消费者提供更好的服务等来增加企业的竞争力。但是所有策略实施的前提，都是根据消费者行为对客户进行分群。

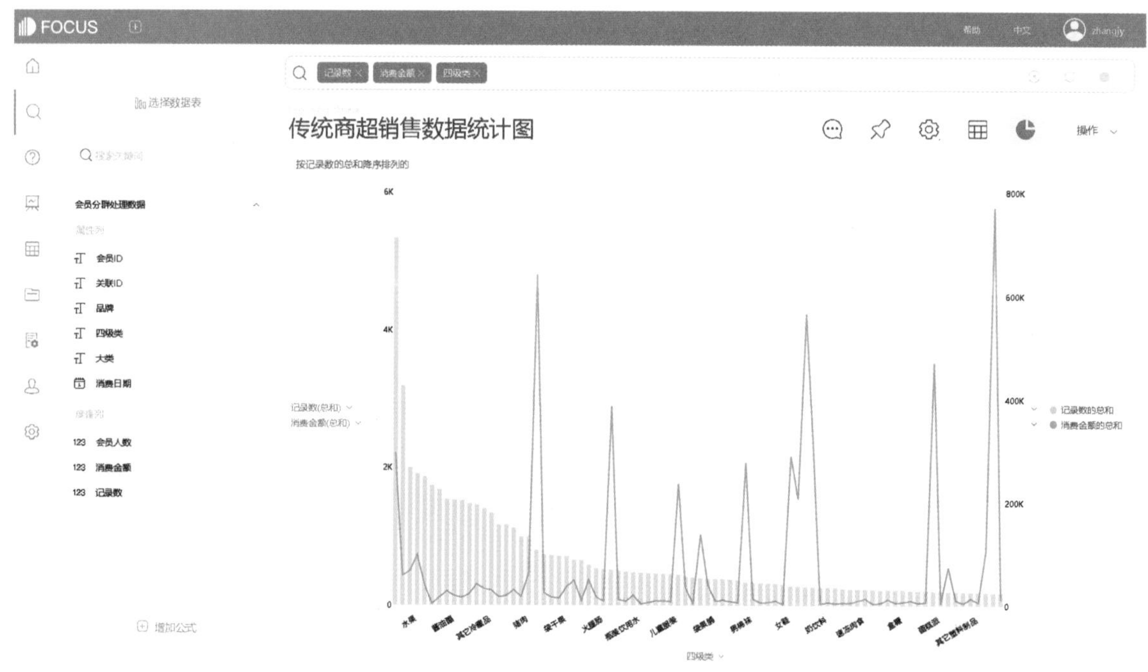

图14-1　商超销售数据统计

（2）基于客户维度的商业指标分析

营销过程中产生的客户行为的信息量很大，我们不可能对用户逐个进行分析，这时候我们需要一种更合理的归纳方式。按行为的差异将客户进行分群，从而探索不同群体的代表特征，实现不同群体的精准营销。比如，综合考虑会员的销售金额、销售数量，将客户划分为4个群体，了解不同客户群的消费能力和购物的品类结构等，如图14-2。

我们分别观察每个群集在不同大类上的购买数量和购买金额情况，可以方便观察不同群体在不同类上的购买分布，如图14-3。

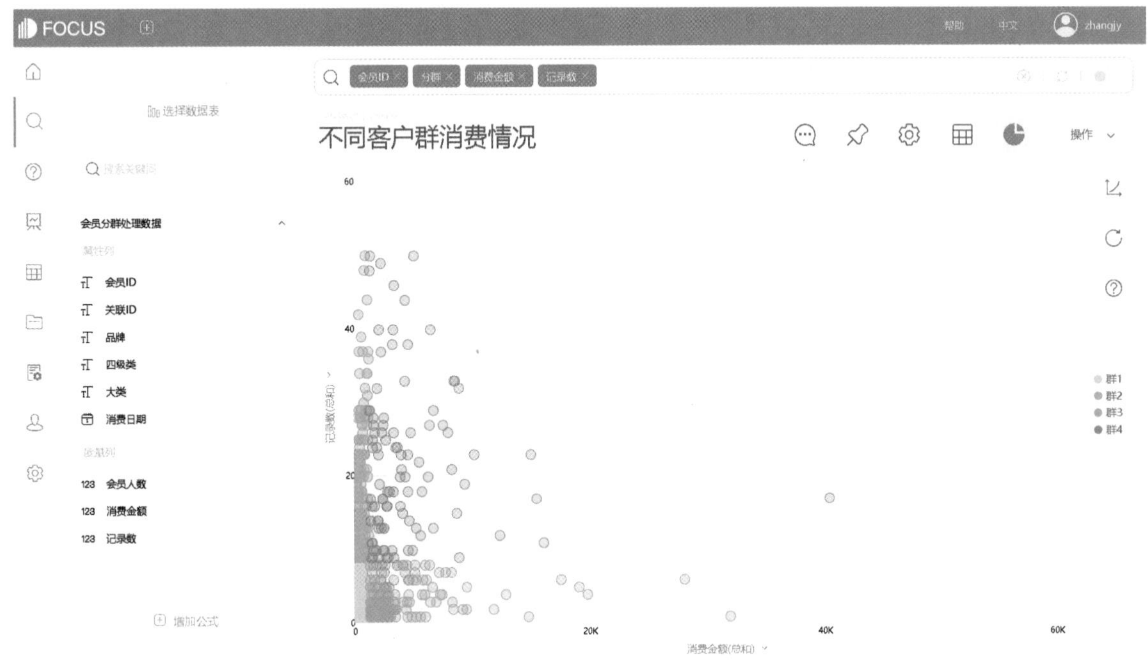

图 14-2　不同客户群消费情况

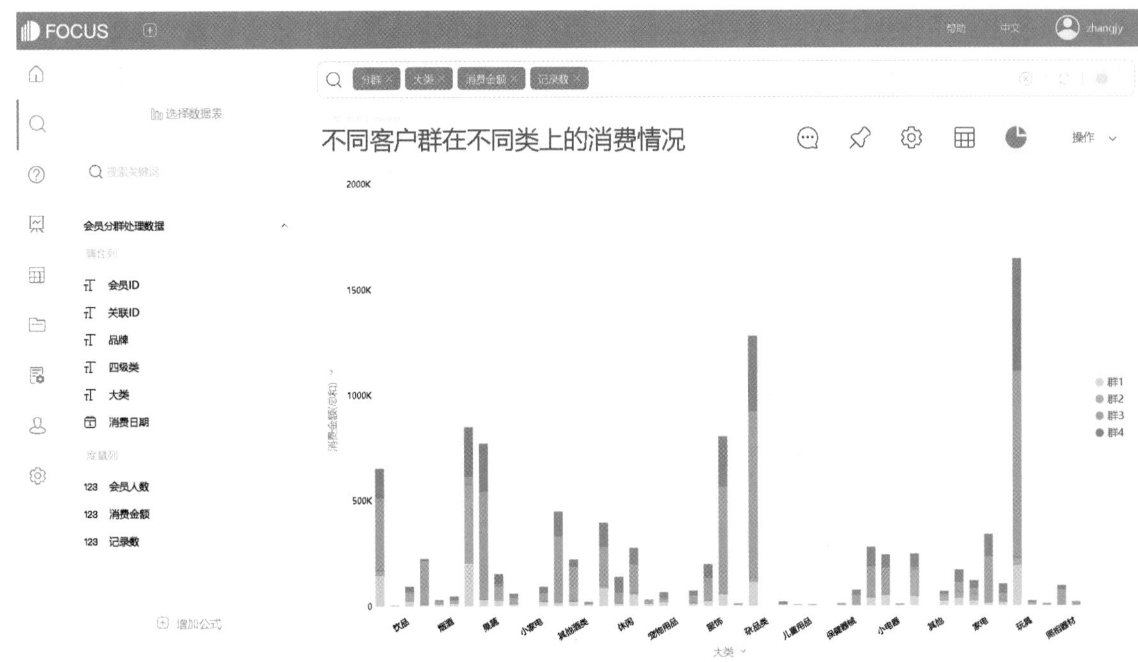

图 14-3　不同群体在不同类上的消费情况

我们也可以筛选出单个群集，这样的数据观察会相对清晰。例如我们筛选出群2的行为模式，可以看到他们在不同大类上的消费情况，如图14-4。

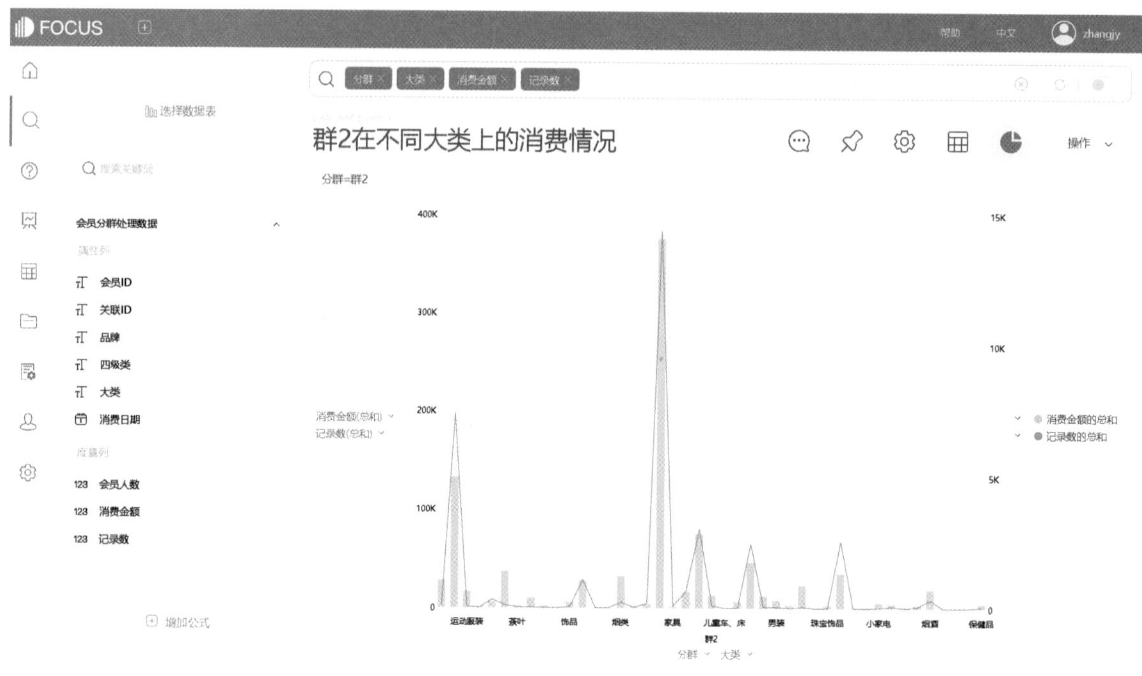

图 14-4　群 2 在不同大类上的消费情况

最后我们组合群集消费图表构建一个综合观察数据看板，根据数据更新随时跟踪观察经营状态，如图 14-5。这样就可以根据数据变化，及时调整群集的划分标准，探查更多的客户群行为特征来支持商业决策。

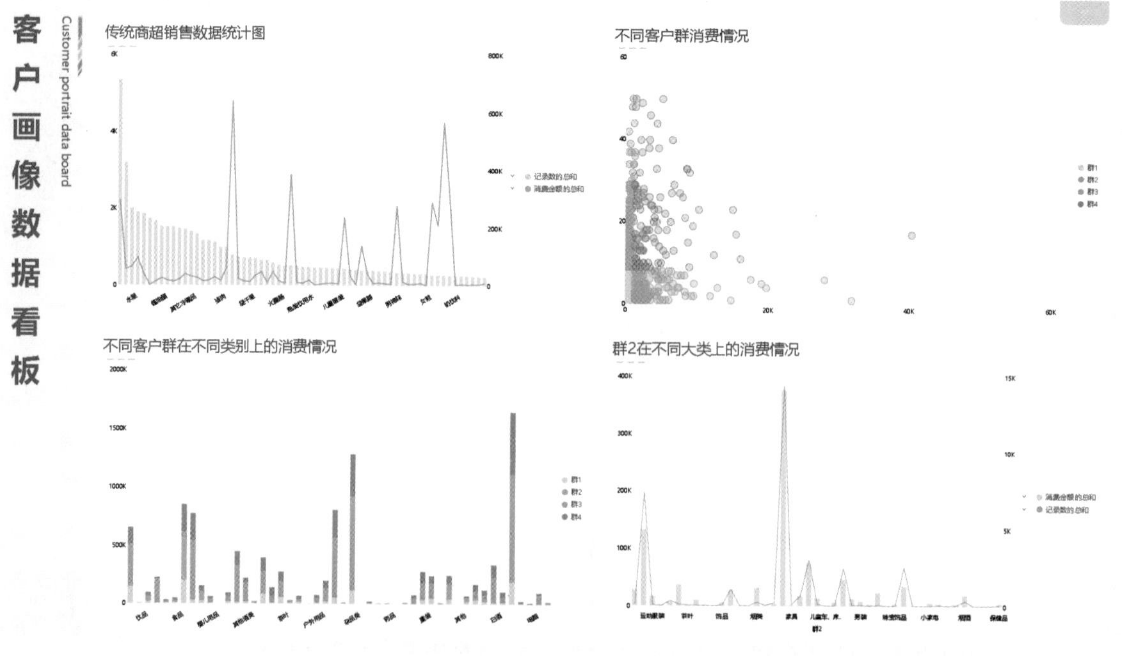

图 14-5　客户画像数据看板

14.2 技术实现：应用DataFocus实现14.1的分析

（1）导入数据，如图14-6和图14-7。单击“导入表”选择导入本地数据→在弹出的对话框中选择xls格式文件→选择“会员分群数据.xls”文件→单击打开按钮→选择上传→确认数据列信息无误后，点击“确定”，完成数据的导入。

图14-6　选择导入的数据

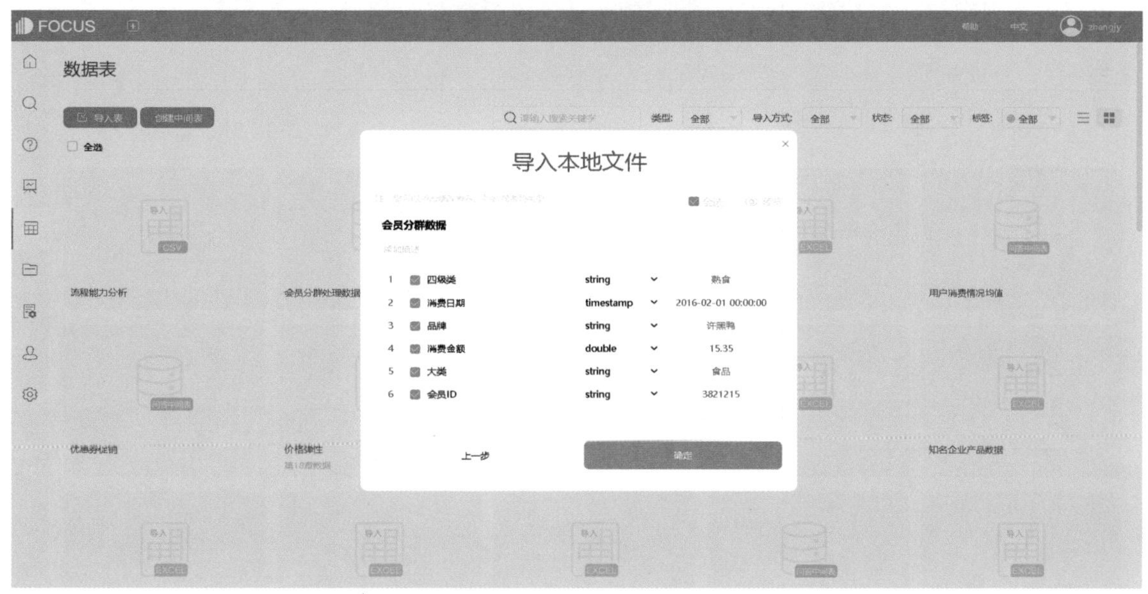

图14-7　导入数据编辑

（2）构建“会员人数”字段，如图14-8。进入搜索页面→选择数据表“会员分群数据”→单击“增加公式”→输入公式内容：unique_count（会员ID）→将新字段命名为“会员人数”→单击“确定”，完成新字段构建。

图14-8　构建“会员人数”字段

（3）构建“记录数”字段，如图14-9。单击“增加公式”→输入公式内容：count（会员ID）→将新字段命名为“记录数”→单击“确定”，完成新字段构建。

图14-9　构建“记录数”字段

（4）构建“人均记录数”字段，如图14-10。单击“增加公式”→输入公式内容：记录数/会员人数→将新字段命名为“人均记录数”→单击“确定”，完成新字段构建。

图14-10　构建“人均记录数”字段

（5）构建“人均消费额”字段，如图14-11。单击“增加公式”→输入公式内容：sum（消费金额）/会员人数→将新字段命名为“人均消费额”→单击“确定”，完成新字段构建。

图14-11　构建“人均消费额”字段

（6）构建“关联ID”字段，如图14-12。单击“增加公式”→输入公式内容：to_string（1）→将新字段命名为“关联ID”→单击“确定”，完成新字段构建。

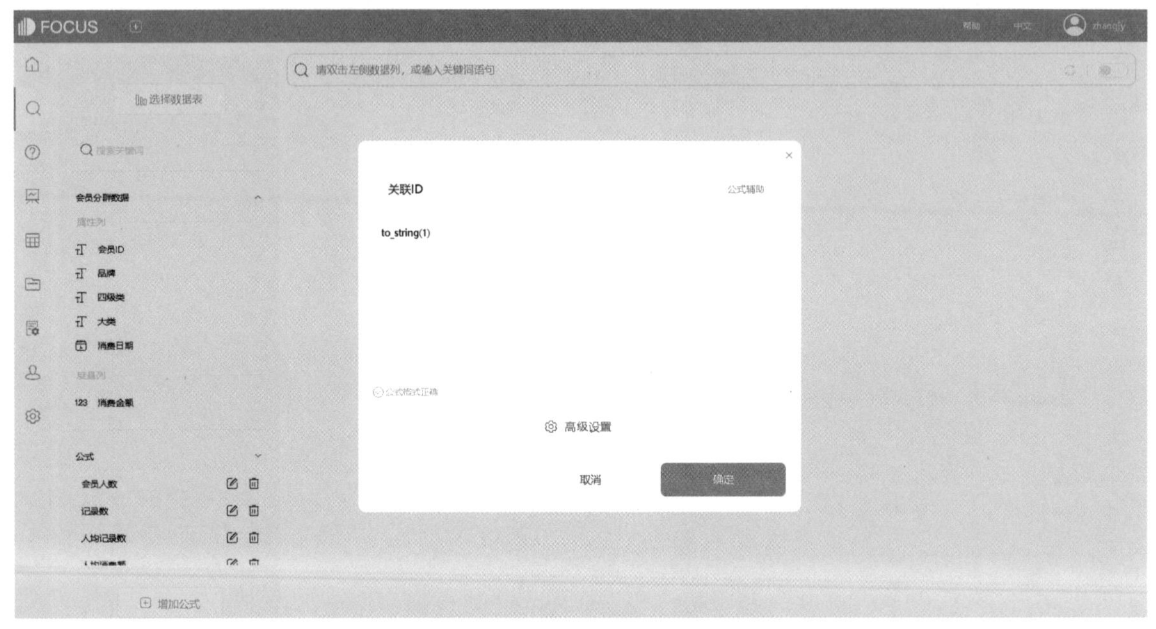

图14-12　构建“关联ID”字段

（7）创建“用户消费情况均值”中间表，如图14-13。选择“关联ID”“人均消费额”“人均记录数”字段进入搜索框→点击操作→保存为中间表→命名为“用户消费情况均值”→单击“确定”，完成新中间表的创建。

图14-13　创建用户消费情况均值中间表

（8）创建“会员分群处理数据”中间表，如图14-14。选择“会员ID”“品牌”“四级类”“大类”“消费日期”“消费金额”“会员人数”“记录数”“关联ID”字段进入搜索框→点击“操作”，保存为中间表→命名为“会员分群处理数据”→单击“确定”，完成新中间表的创建。

图14-14 创建“会员分群处理数据”中间表

（9）创建关联关系，如图14-15。在项目管理页面选择“会员分群处理数据”工作表源→选择“关联关系—增加关联”→选择“用户消费情况均值”维度表→连接类型选择“内连接”→选择源列为“关联ID”字段，目标列为“关联ID”字段→点击“确定”，完成关联关系的创建。

（10）构建“分群”字段，如图14-16。进入搜索页面→选择数据表“会员分群处理数据”“用户消费情况均值”→单击“增加公式”→输入公式内容：if sum（记录数）＜average（人均记录数）and sum（消费金额）＜average（人均消费额）then“群1”else if sum（记录数）＞average（人均记录数）and sum（消费金额）＜average（人均消费额）then“群2”else if sum（记录数）＜average（人均记录数）and sum（消费金额）＞average（人均消费额）then“群3”else“群4”→将新字段命名为“分群”→单击“确定”，完成新字段构建。

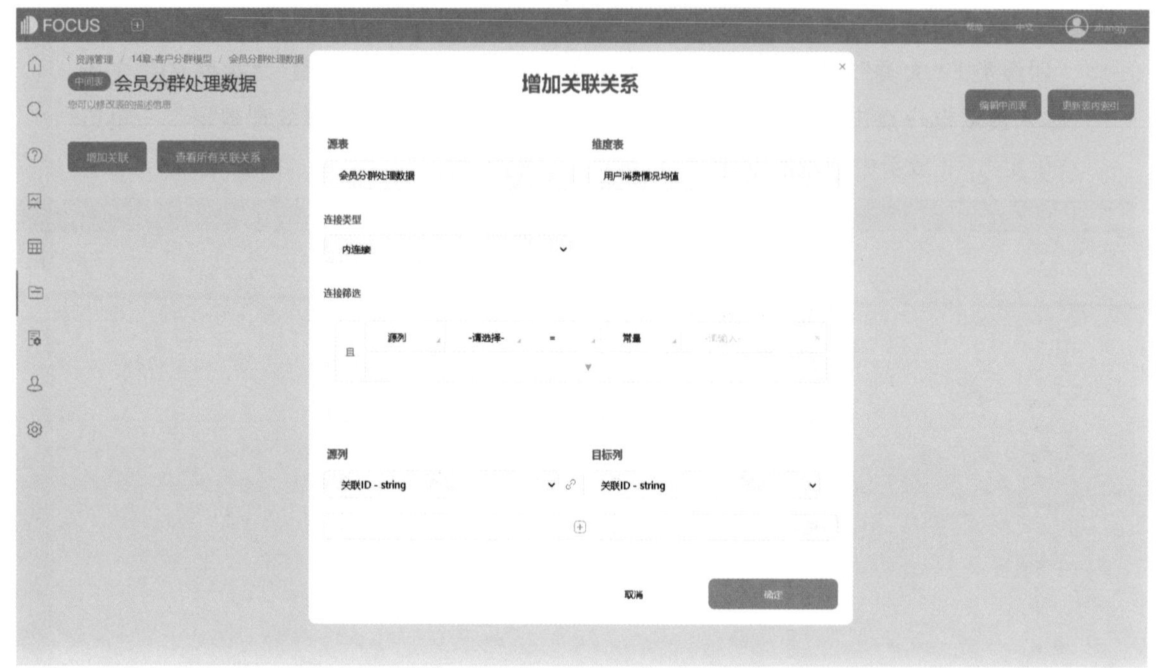

图14-15 创建关联关系

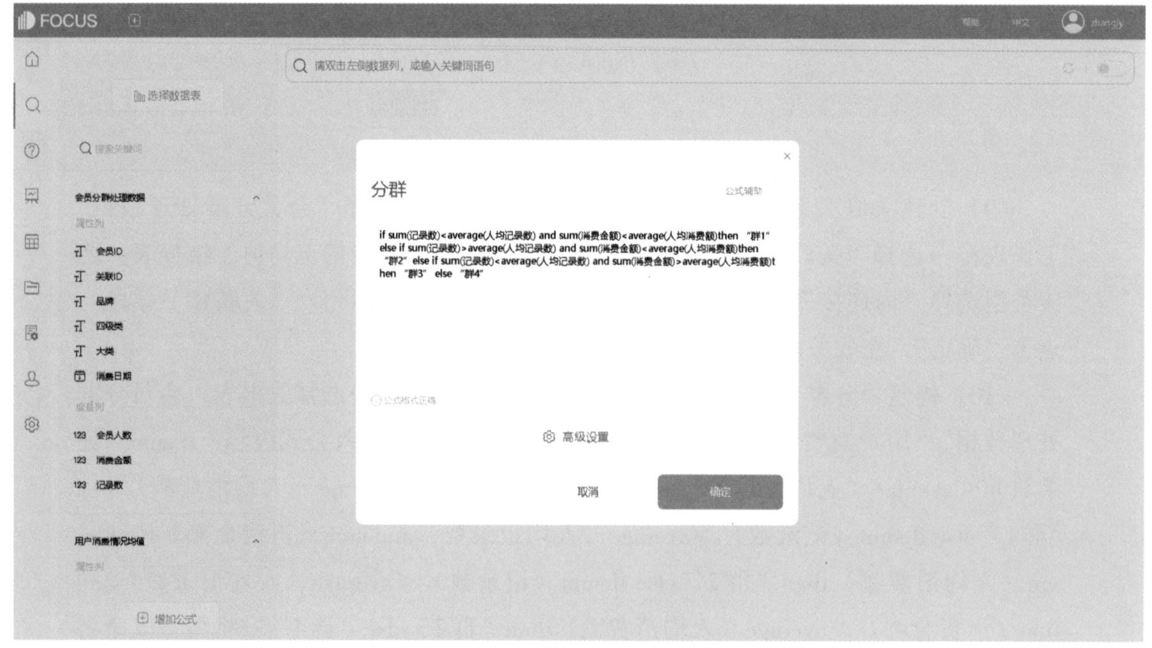

图14-16 构建"分群"字段

（11）创建"会员分群"中间表，如图14-17。选择"会员ID""分群"字段进入搜索框→点击操作→保存为中间表→命名为"会员分群"→单击"确定"，完成新中间表的创建。

图14-17　创建"会员分群"中间表

（12）创建关联关系，如图14-18。在项目管理页面选择"会员分群处理数据"工作表源→选择"关联关系—增加关联"→选择"会员分群"维度表→连接类型选择"内连接"→选择源列为"会员ID"字段，目标列为"会员ID"字段→点击"确定"，完成关联关系的创建。

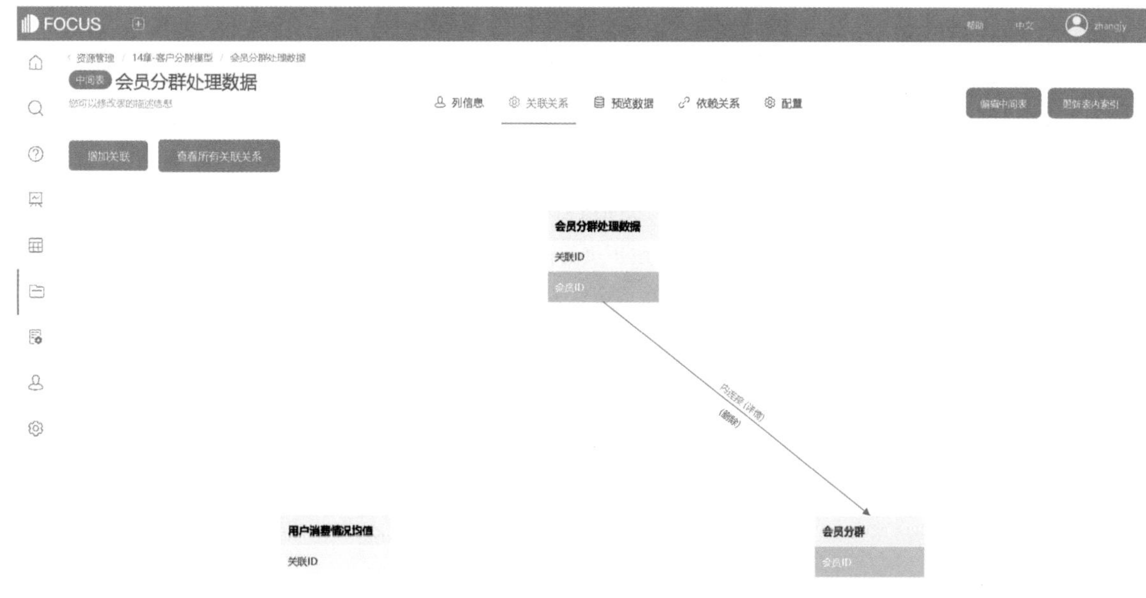

图14-18　创建关联关系

（13）不同客户群消费情况，如图14–19所示。进入搜索页面→选择数据表“会员分群”“会员分群处理数据”→双击选择“会员ID”“分群”“消费金额”以及“记录数”字段→切换图形为散点图→点击“操作”，保存为历史问答，命名为“不同客户群消费情况”。

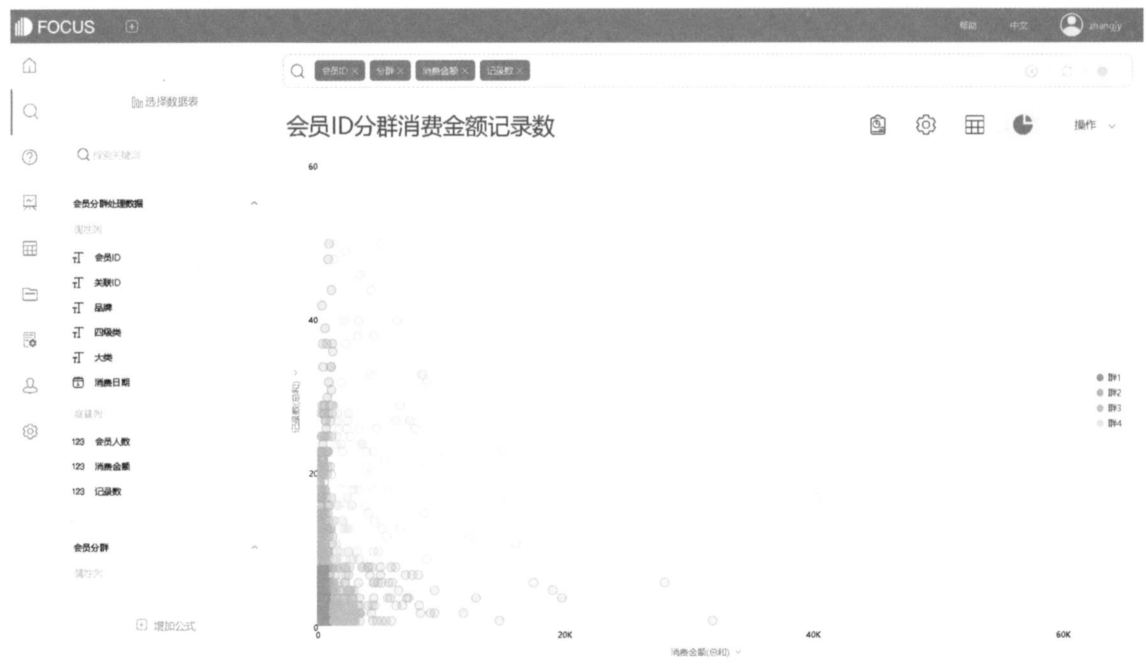

图14–19 不同客户群消费情况

（14）双击选择“分群”“大类”“消费金额”以及“记录数”字段→切换图形为堆积柱状图→点击“操作”，保存为历史问答，命名为“不同客户群在不同类上的消费情况”，如图14–20。

（15）在上图的基础上切换图形为组合图→筛选出“分群”字段中的“群2”→点击图轴按钮，设置“记录数的总和”为右Y轴→点击图表属性按钮，设置主题颜色和线条粗细，美化图表→点击“操作”，保存为历史问答，命名为“群2在不同大类上的消费情况”，如图14–21至图14–25。

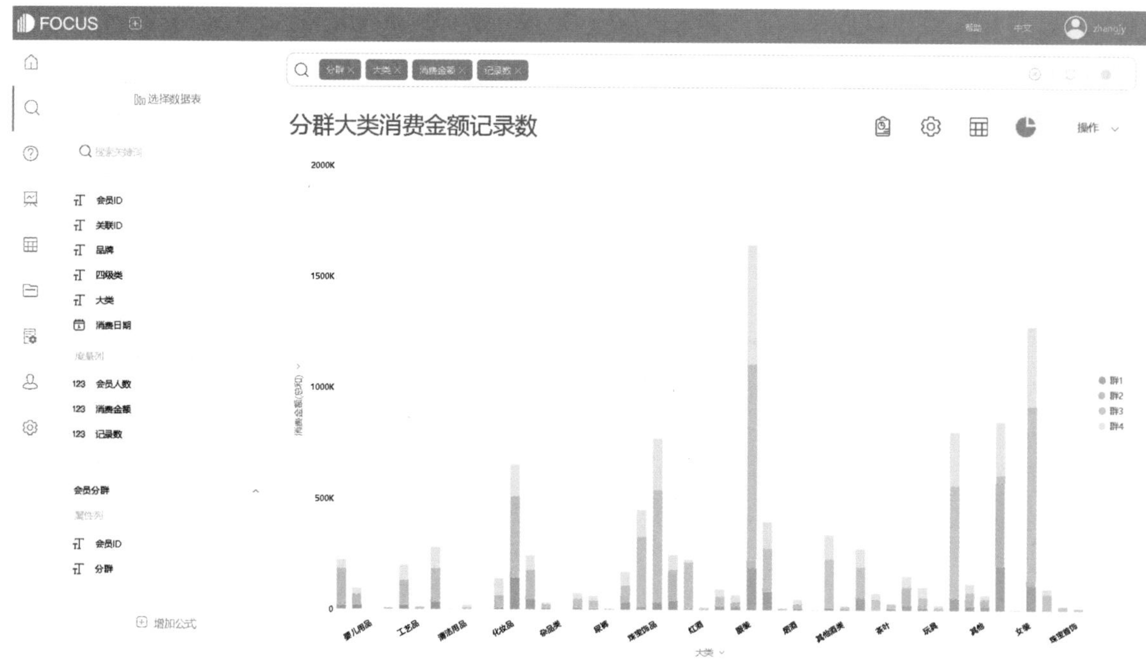

图 14-20　不同客户群

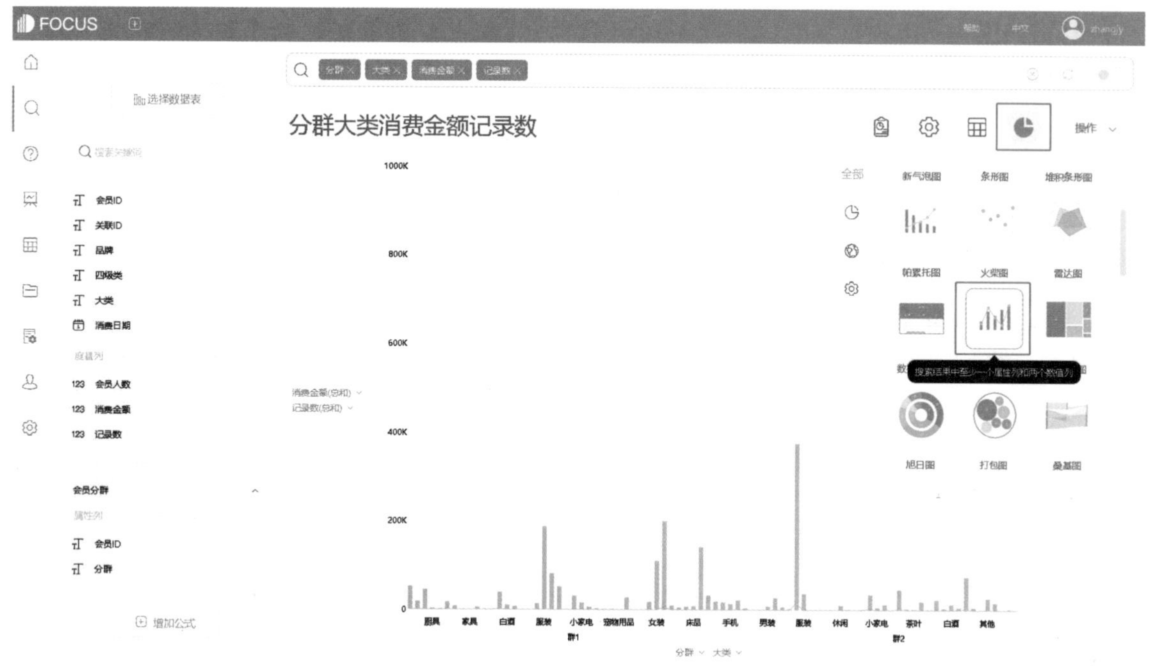

图 14-21　消费金额记录数

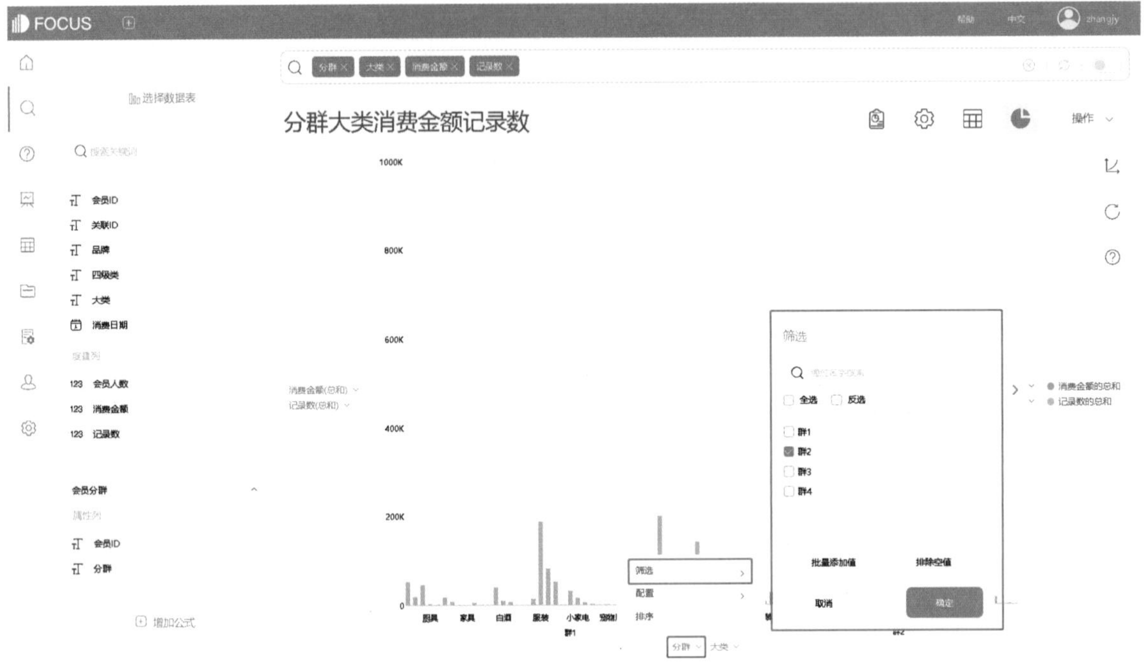

图14-22　筛选群2

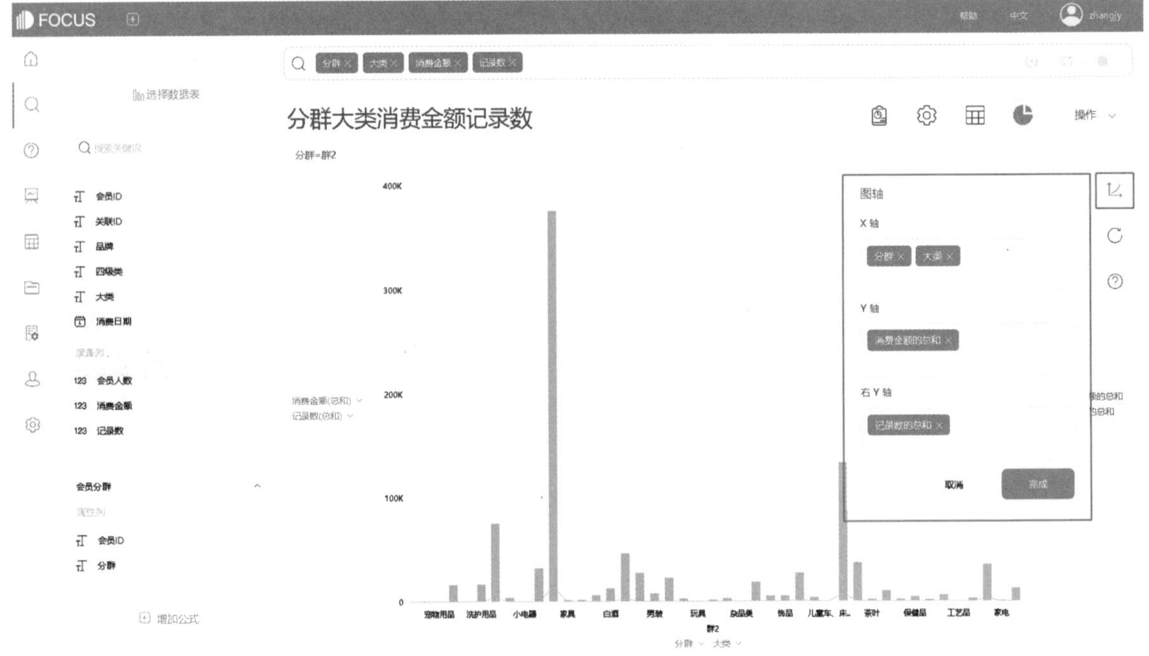

图14-23　调整图轴

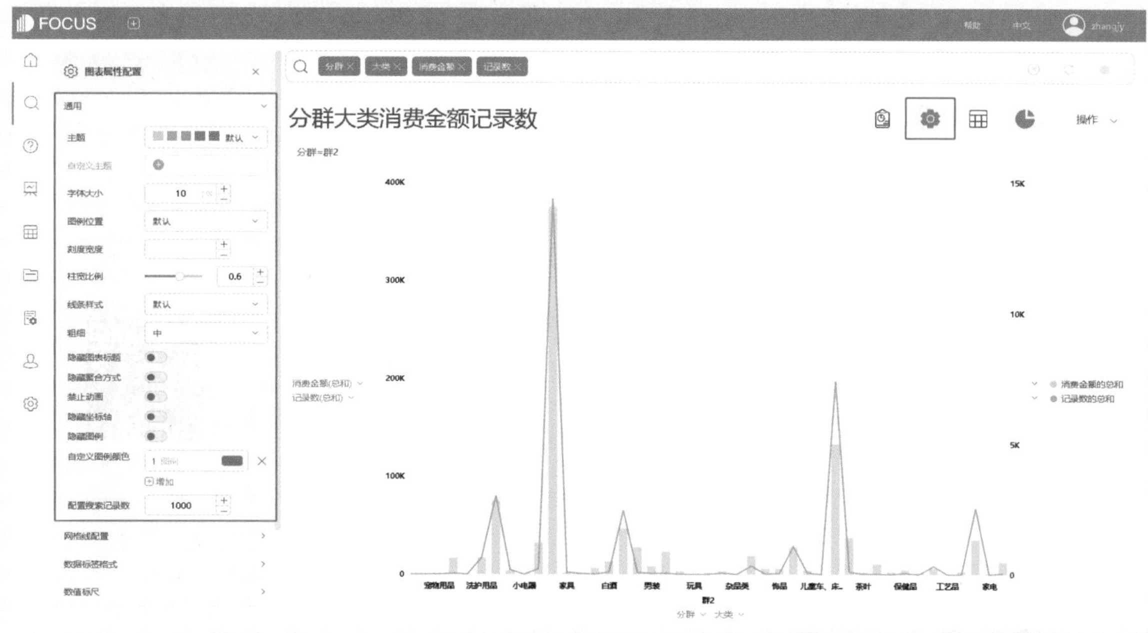

图 14-24　自定义颜色

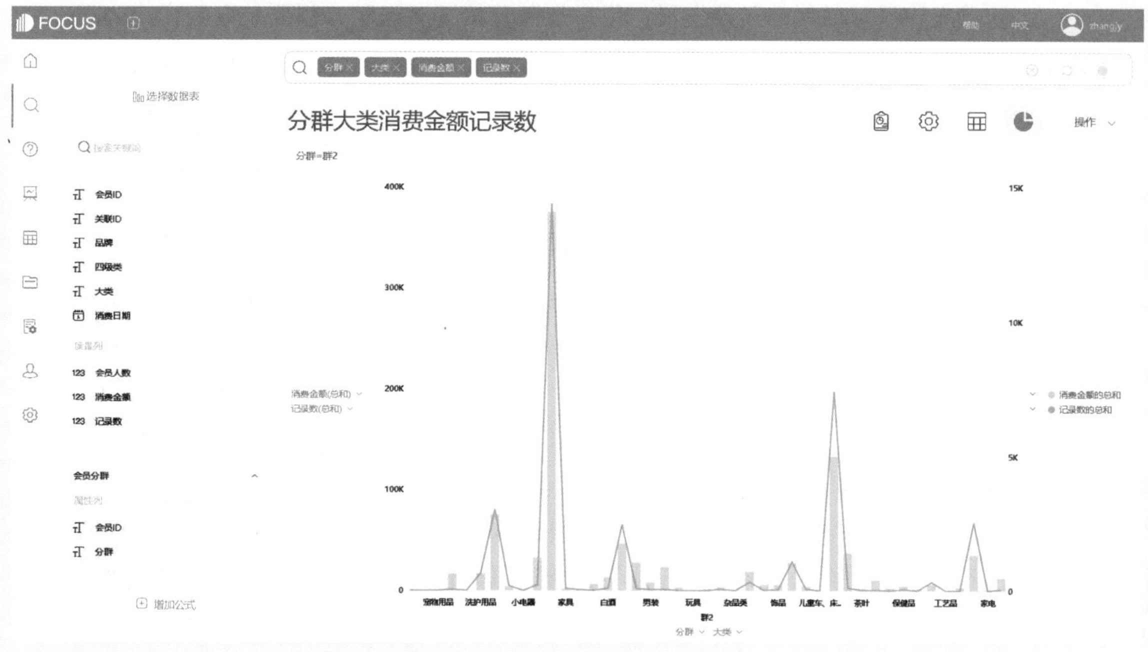

图 14-25　群 2 消费金额记录数情况

课后习题

导入示例数据，制作一张“客户画像数据看板”。

第15章 研究客户流失情况

15.1 客户留存分析

随着现阶段互联网的飞速发展，用户规模开始逐渐饱和，想要获取新客户的难度在不断增加。因此，如何留住老用户成为各企业的首要问题，留存率已成为检验产品的重要指标。但在现实生活中，受制于一些实际情况，比如内部营销管理中缺乏有效的分析和反馈机制，很难建立有效的目标客户行为体系，或者在很多商业场景中，客户流失行为点不容易精确界定等，很多企业在老用户的维持和留存上并没有主动采取相关措施，因此老客户的流失还是比较严重的。

那么，企业应该如何利用数据分析来构建比较有效的客户流失预警模型，做好老客户的维持和留存工作呢？

对于APP的使用者而言，留存率越高，表明该APP越能抓住用户的核心需求；对于APP本身而言，留存率越高，说明活跃用户多，转化为忠实用户的比例会越大。下面介绍常用的客户留存漏斗分析法。

首先我们来观察一下不同月份注册用户的总体留存情况，见图15-1。图形的横轴为用户购买年月份，图例为用户注册月份。每个柱子代表在图例对应月份注册并在纵轴对应月份有购买行为的人数。

我们按注册月份来查看图形，每一类颜色对应的数据代表当月注册并在注册当月之后的月份还存在购买行为的用户数量，即注册后的一段时间依然留存的用户。

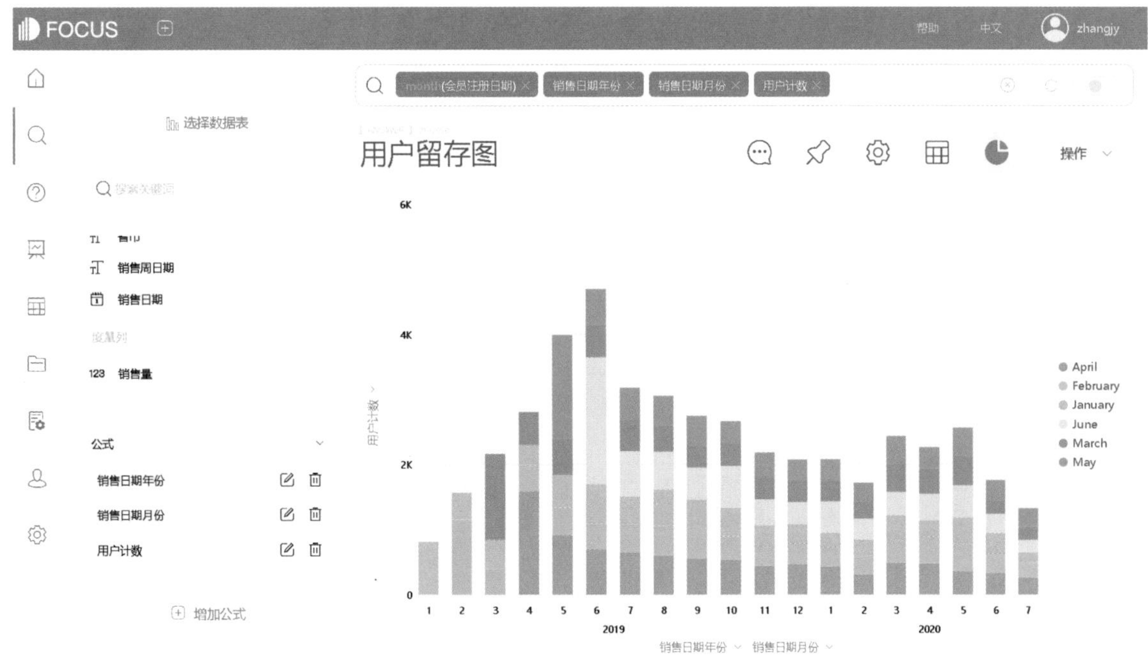

图15-1 用户留存图

为了便于观察，我们增加了一个时间维度字段“购买点会员生命期”（以注册月份为基准，计算销售日期和注册日期的余额差值），将销售日期列替换为相对时间列——购买点会员生命期，如图15-2和图15-3。

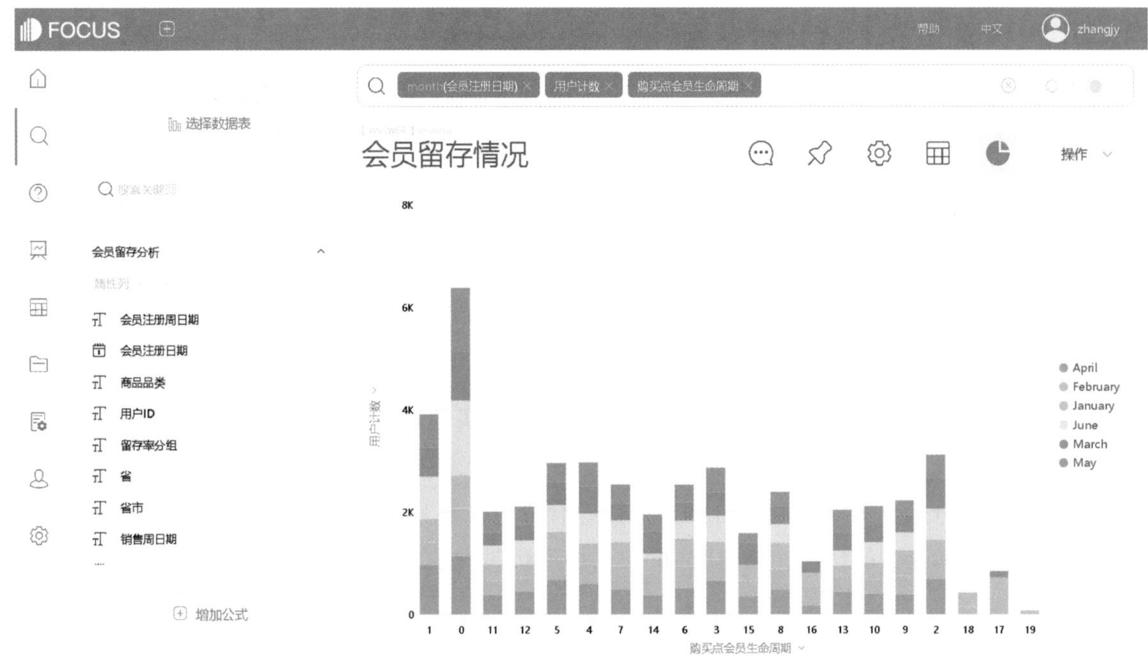

图15-2 会员留存情况

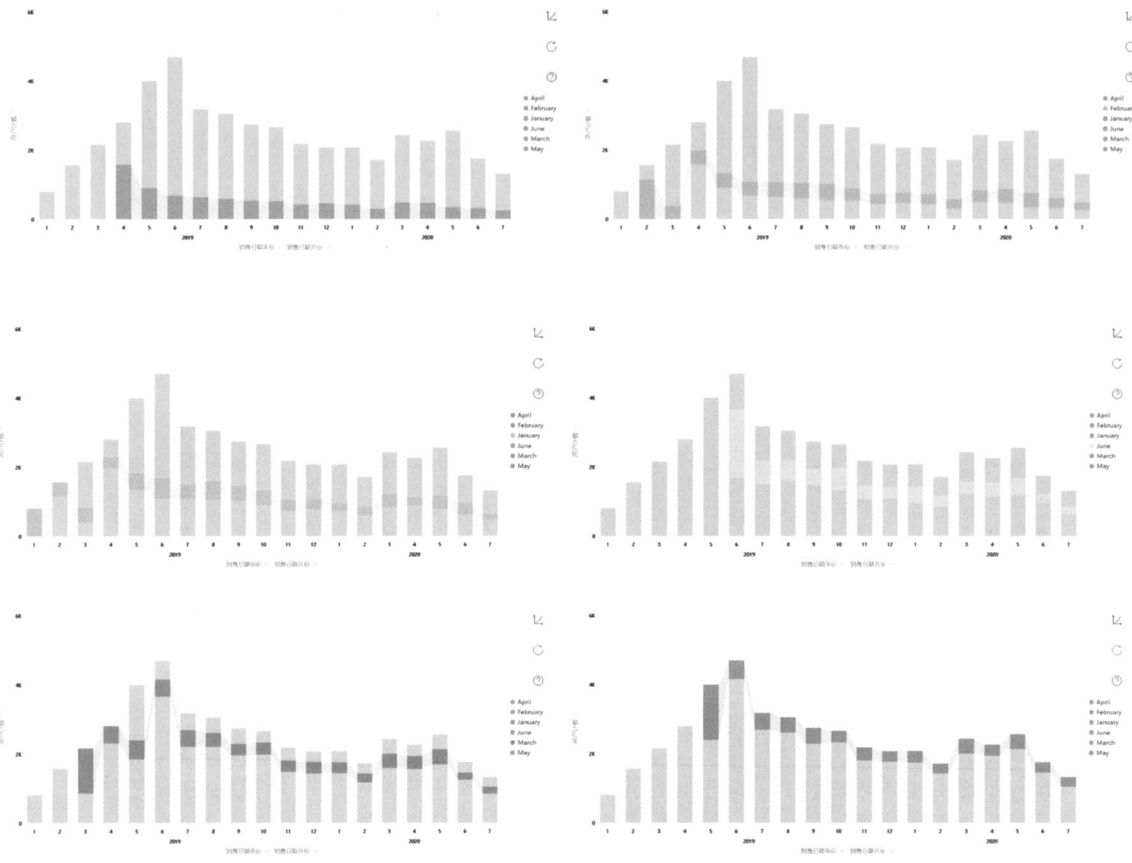

图15-3 按注册月份查看

接下来对图形进行对称处理。绘制成简单的大家更为熟悉的漏斗图（见图15-4），可以看到新注册用户在第二个月复购人数大幅度减少。

那么，大规模用户的市场留存率是否都是这样的水平？我们加入一个地域维度来观察一下不同地域用户的留存率情况，如图15-5。

在没有精确的客户行为（如客户主动注销、退货）来界定客户流失的商业场景中，需要定义一个客户无购买行为的时段，以定义流失，超过这个时间段，就认为是客户流失。一般而言，12个月是一个合适的周期。

按照这个客户无购买行为时间段，将不同购买地域用户归纳为不同的等级组，分别为高留存组、中留存组和低留存组。另外将上图中得分最高组SDWF（山东潍坊）与得分最低组（电商平台购买）做综合分析，观察不同组不同品类首次购买的平均数量和金额的情况（见图15-6）。其中颜色越深的单元格代表购买数量越多。

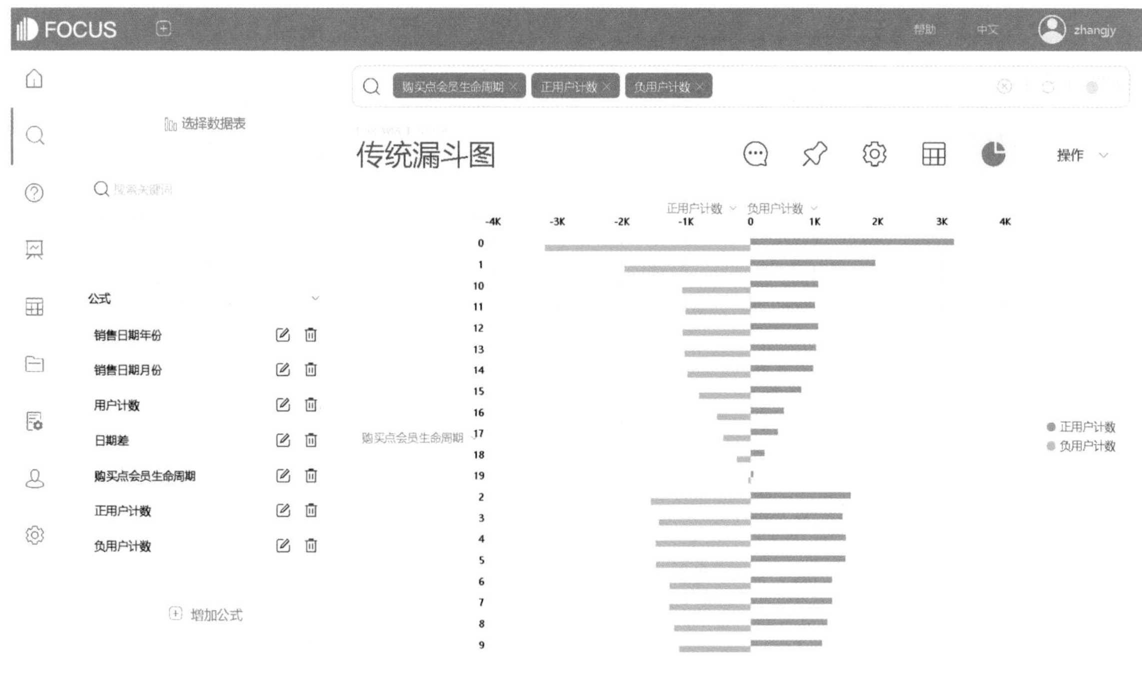

图 15-4 漏斗图

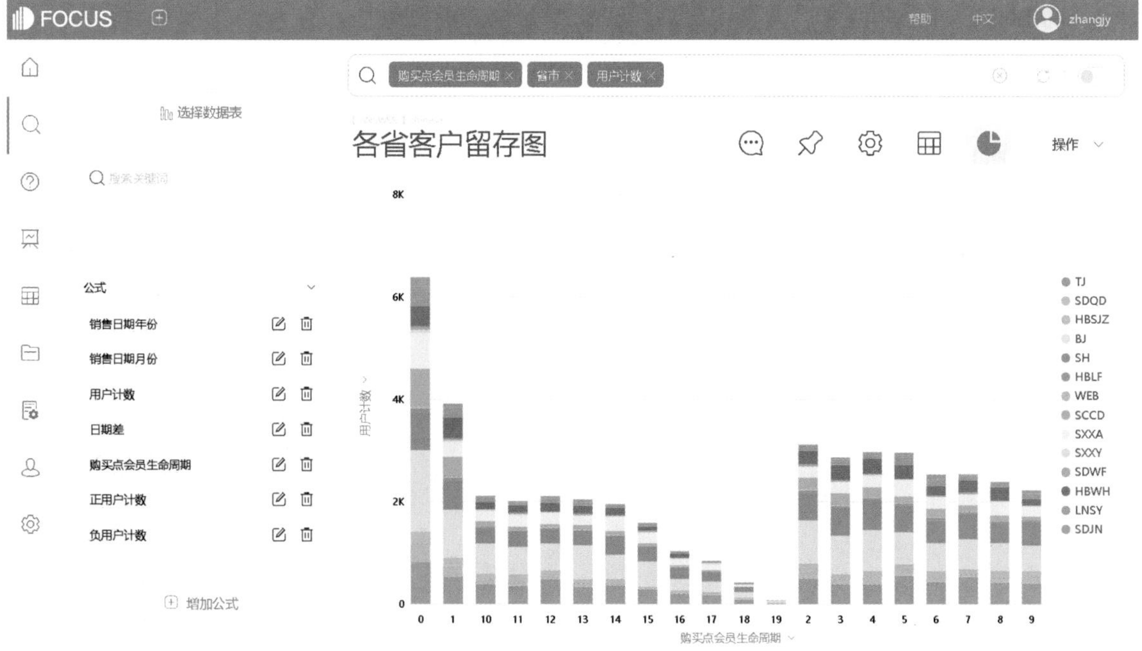

图 15-5 各省客户留存图

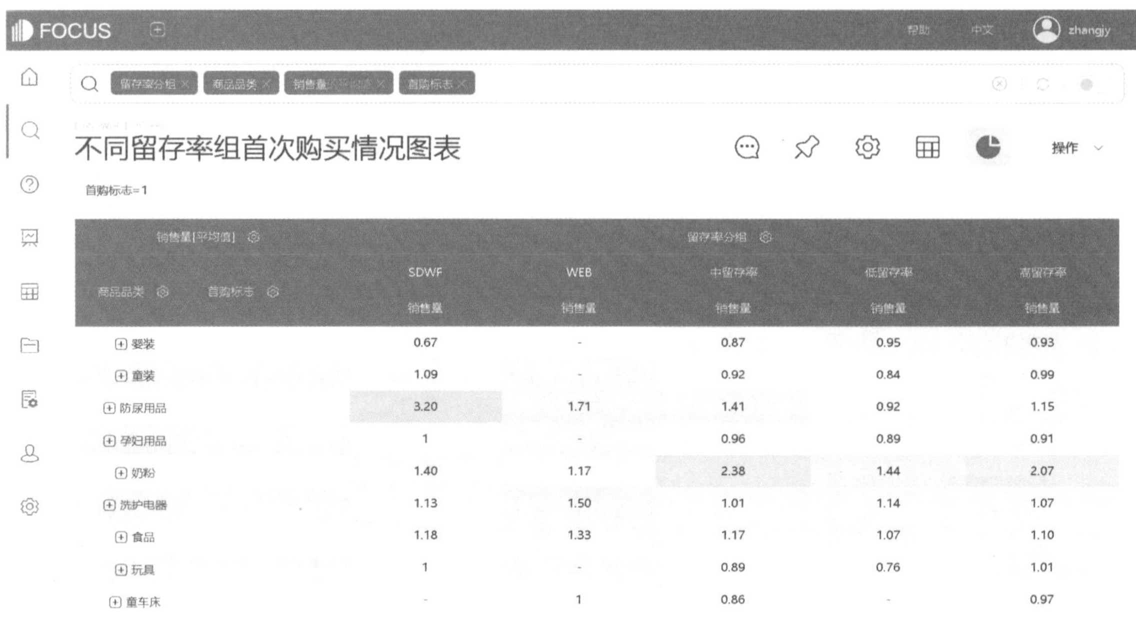

商品品类	首购标志	SDWF 销售量	WEB 销售量	中留存率 销售量	低留存率 销售量	高留存率 销售量
婴装		0.67	-	0.87	0.95	0.93
童装		1.09	-	0.92	0.84	0.99
防尿用品		3.20	1.71	1.41	0.92	1.15
孕妇用品		1	-	0.96	0.89	0.91
奶粉		1.40	1.17	2.38	1.44	2.07
洗护电器		1.13	1.50	1.01	1.14	1.07
食品		1.18	1.33	1.17	1.07	1.10
玩具		1	-	0.89	0.76	1.01
童车床		-	1	0.86	-	0.97

图15-6 不同留存率组首次购买情况图表

从上图中我们发现，通过网络注册的电商销售模式用户留存率较低。说明想要维护住信息获取便捷、具有比价后购买的行为模式的网络用户较为困难。留存率最高的SDWF地区的用户，首次购买行为中孕妇用品、童装和防尿用品的平均购买量高于其他群体。

图15-7是整个客户留存数据看板，在数据看板中可以动态筛选不同品类的留存数据。

图15-7 数据看板

15.2 客户黏性分析

在客户流失情况分析中，除了用户的“留存”，我们还需要进一步增强用户的“黏性”。黏性分析是在留存分析的基础上，对一些用户指标进行深化，除了一些常用的留存指标外，黏性分析能够从更多维度了解产品或者某功能粘住用户的能力情况，更全面地了解用户如何使用产品，新增什么样的功能可以增强用户留存下来的欲望，不同用户群体之间存在什么样的差异，不同用户对新增的功能有何看法。黏性分析能帮助企业更科学全面地评估产品及其功能情况，有针对性地制定留存策略。

近些年来，移动互联网飞速普及，各式各样的APP如雨后春笋般出现，有的如昙花一现，有的却能持久受到人们的喜爱。其实归根结底，是一个用户留存和黏性的问题。因此，很多人会有这样的一个疑问：如何提高用户黏性呢？我们以某款APP为例介绍黏性分析法。

首先我们需要知道对于本款APP，用户在近一周内使用了几天。见图15-8，可以看到最近一周内，只登录一天的用户占绝大部分，一周登录次数超过5天的用户非常少。

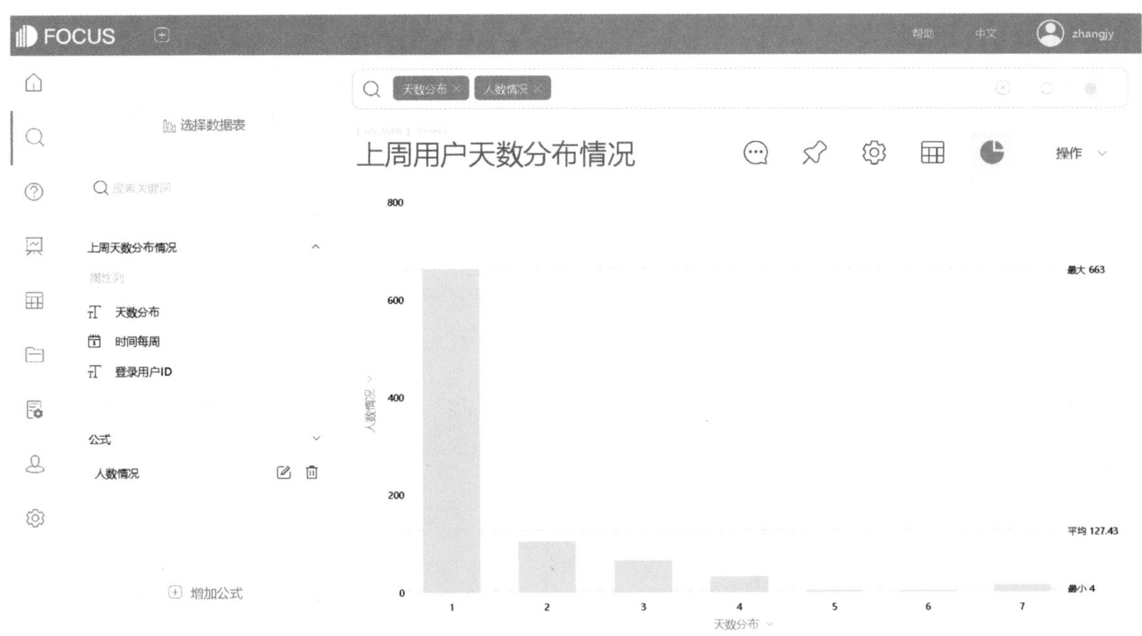

图15-8 上周用户登录天数分布

接下来对不同用户群之间的黏性进行对比，如图15-9。我们将时间数据筛选为近1个月，即数据收集点以前的一个月。该用户群分为充值会员和非会员，因此可以对比不同用户群在近一个月内登录天数分布情况。

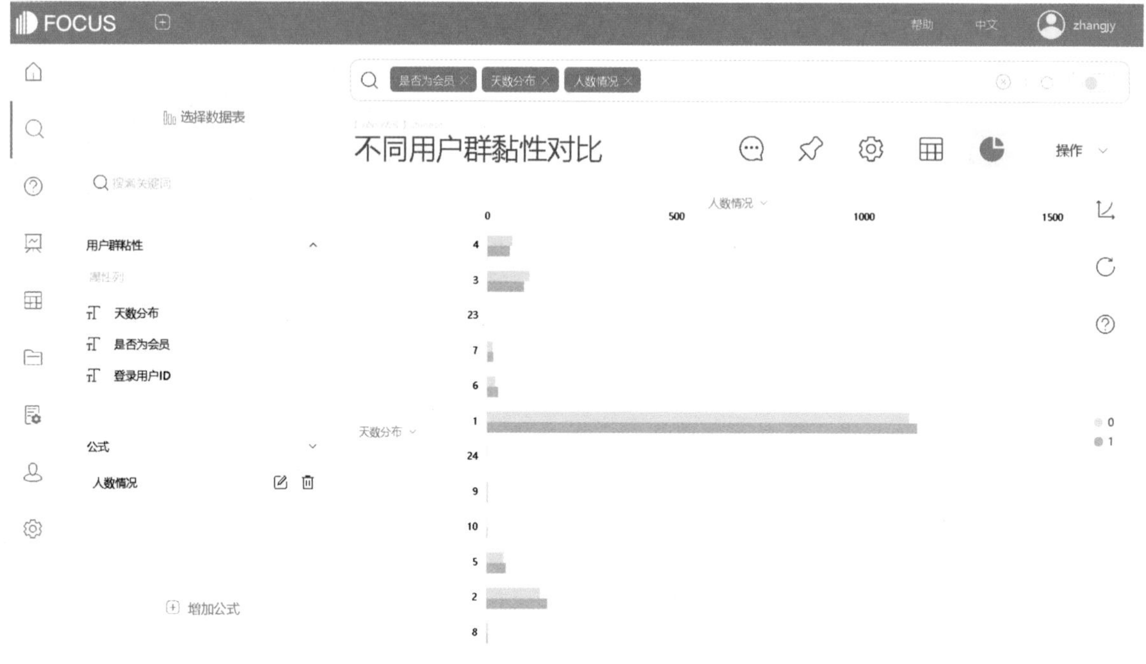

图15-9 不同用户群黏性对比

得到用户群之间的黏性对比后，我们分析了2021年第17周至第22周，会员和非会员每周用户签到行为在两天及两天以上的人数变化趋势，如图15-10。

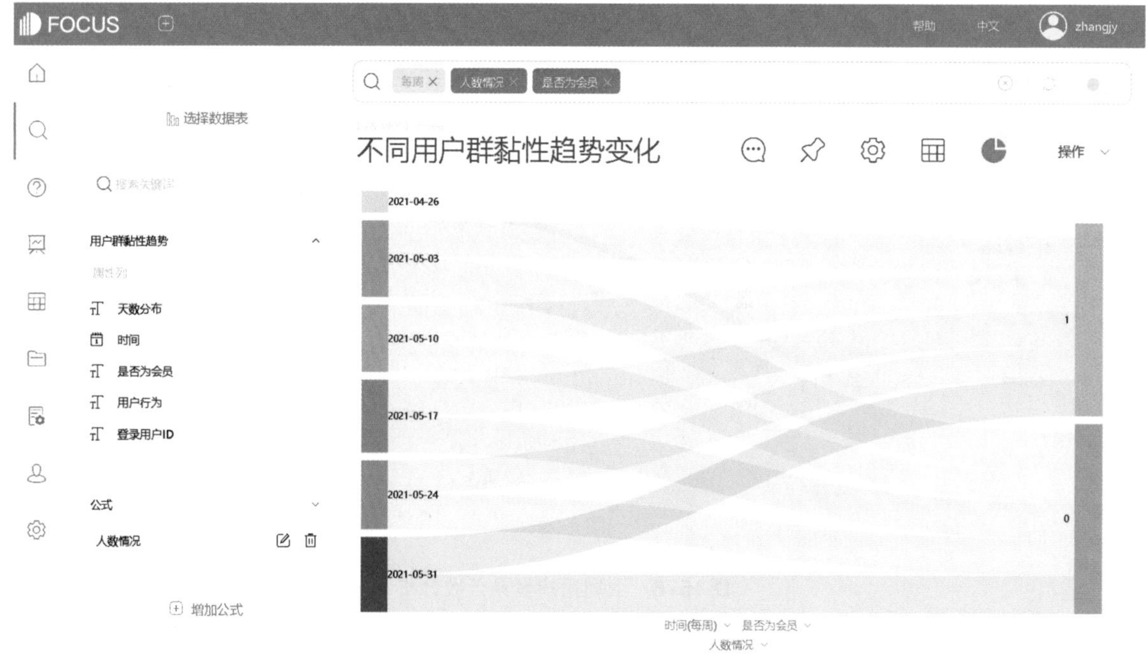

图15-10 不同用户群黏性趋势变化

综合以上分析，可以看出，该APP的会员用户的黏性稍强于普通用户；而APP的签到功能，对增强用户黏性并没有帮助，如图15-11。

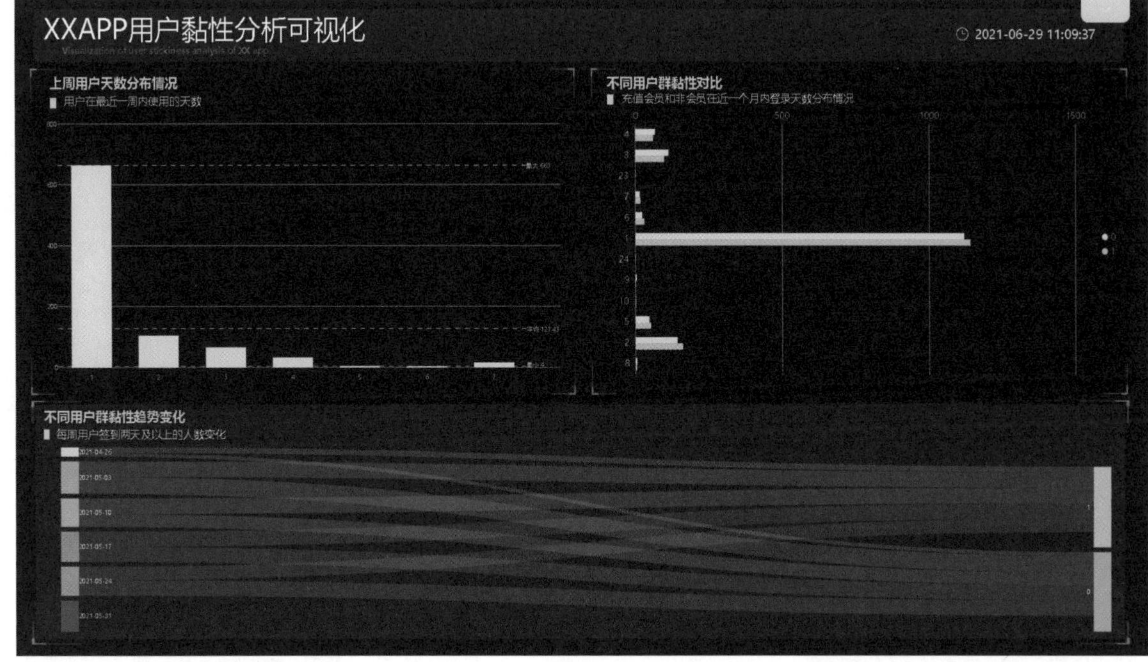

图15-11　用户黏性分析数据看板

15.3 技术实现：应用DataFocus实现15.1及15.2的分析

15.3.1 留存分析

（1）导入数据。单击“导入表”选择导入本地数据→在弹出的对话框中选择csv格式文件→选择“会员留存分析.csv”文件→单击“打开”按钮→选择上传→修改文件编码为“ANSI”格式→单击“下一步”→查看数据列信息无误后，点击“确定”，完成数据的导入（如图15-12至图15-14）。

（2）构建“销售日期年份”字段。进入搜索页面→选择数据源“会员留存分析”→单击增加公式→输入公式内容：year（销售日期）→选择列类型为“属性列”，聚合方式为“无”→将新字段命名为“销售日期年份”→单击“确定”，完成新字段构建，如图15-15。

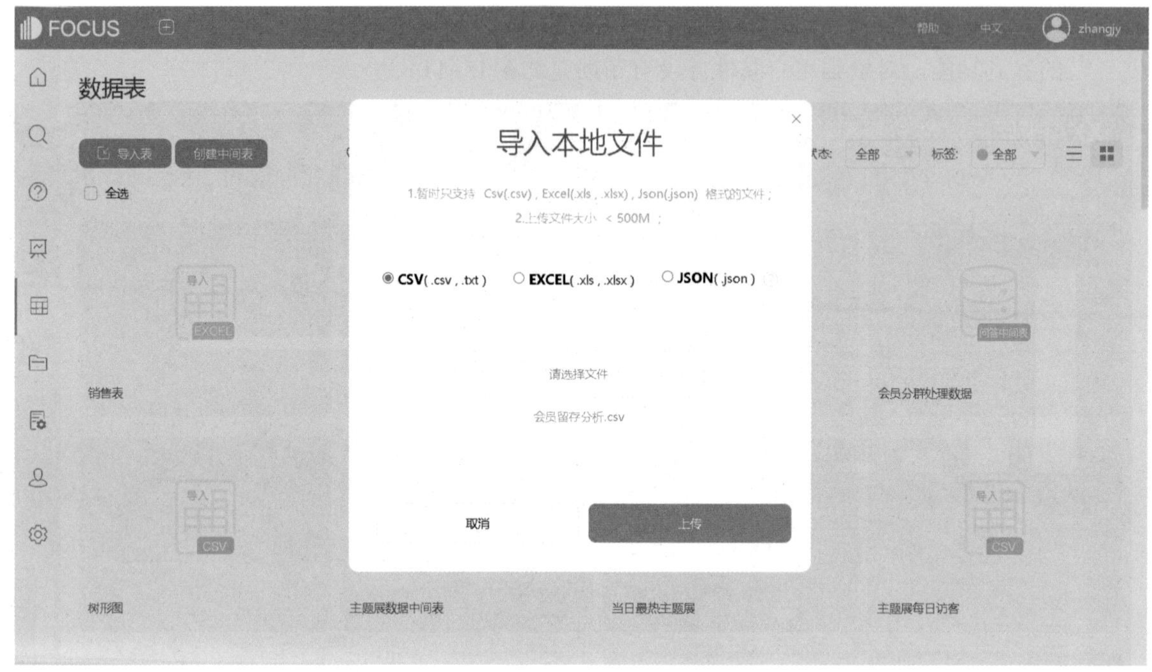

图 15-12　导入数据

图 15-13　数据导入配置

图15-14 选择导入字段

图15-15 构建“销售日期年份”字段

（3）构建“销售日期月份”字段。单击“增加公式”→输入公式内容：month_number（销售日期）→选择列类型为“属性列”，聚合方式为“无”→将新字段命名为“销售日期月份”→单击“确定”，完成新字段构建，如图15-16。

图15-16　构建"销售日期月份"字段

（4）构建"用户计数"字段。单击"增加公式"→输入公式内容：count（用户ID）→将新字段命名为"用户计数"→单击"确定"，完成新字段构建，如图15-17。

图15-17　构建"用户计数"字段

（5）用户留存分析。在搜索栏输入month（会员注册日期），双击选择“销售日期年份”“销售日期月份”以及“用户计数”字段→切换图形为堆积柱状图→配置图设置：将图例设置为month（会员注册日期）字段，横轴设置为销售日期年份和销售日期月份字段→点击“操作”，保存为历史问答，命名为“用户留存图”，如图15-18。

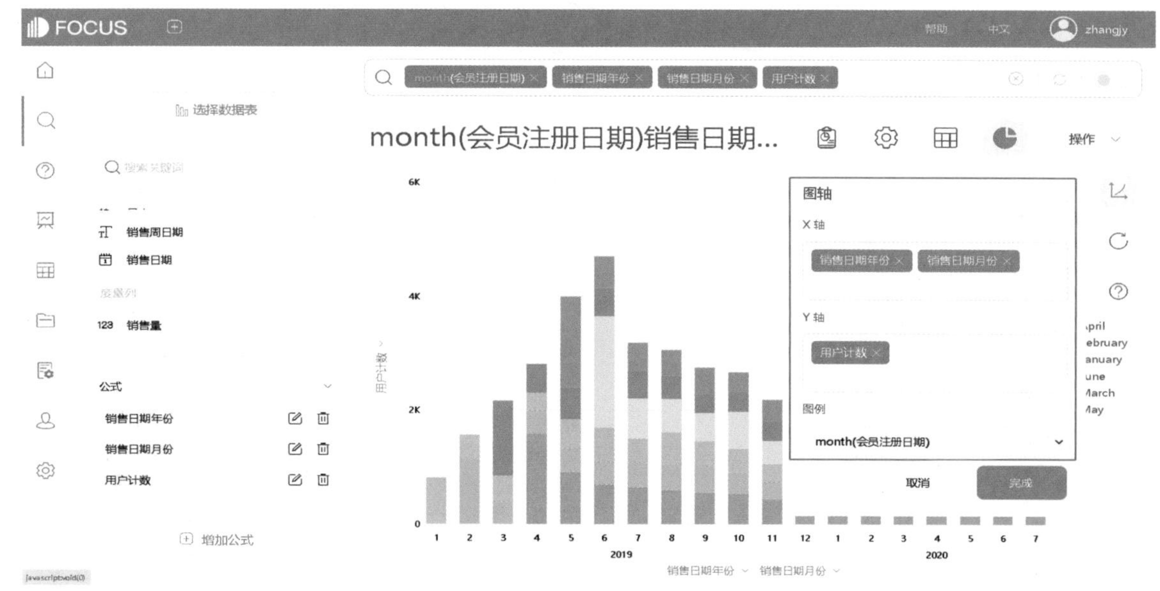

图15-18　用户留存分析

（6）构建“日期差”字段。单击“增加公式”→输入公式内容：to_string（diff_days（销售日期，会员注册日期））→将新字段命名为“日期差”→单击“确定”，完成新字段的构建，如图15-19。

图15-19　构建“日期差”字段

（7）构建“购买点会员生命周期”字段。单击“增加公式”→输入公式内容：to_string（ceil（to_integer（日期差）/30））→将新字段命名为“购买点会员生命周期”→单击“确定”，完成新字段的构建，如图15-20。

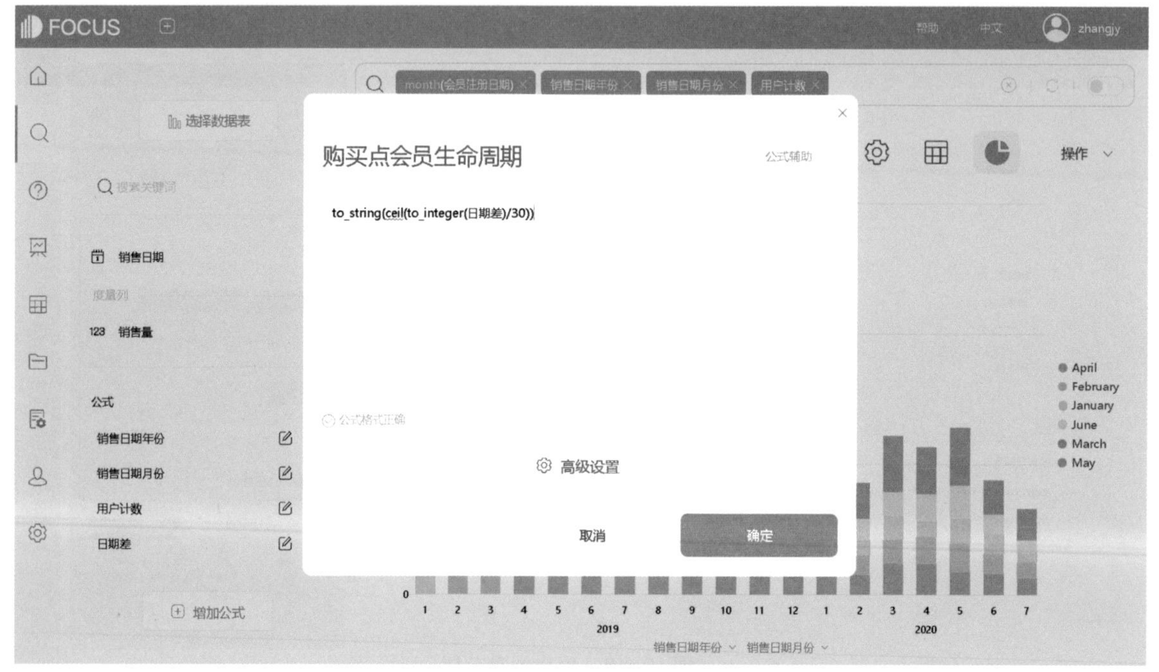

图15-20 构建“购买点会员生命周期”字段

（8）会员留存情况。在搜索栏中删除“销售日期年份”“销售日期月份”字段→双击“购买点会员生命周期”字段进入搜索框→图形选择堆积柱状图→点击“操作”，保存为历史问答，命名为“会员留存情况”，如图15-21。

（9）构建“正用户计数”字段。单击“增加公式”→输入公式内容：count（用户ID）/2→将新字段命名为“正用户计数”→单击“确定”，完成新字段的构建，如图15-22。

（10）构建“负用户计数”字段。单击“增加公式”→输入公式内容：0-count（用户ID）/2→将字段命名为“负用户计数”→单击“确定”，完成新字段的构建，如图15-23。

（11）传统漏斗图。在搜索栏中删除“用户计数”“month（会员注册日期）”字段→双击“正用户计数”“负用户计数”字段进入搜索框→切换图形为条形图→点击“操作”，保存为历史问答，命名为“传统漏斗图”，如图15-24。

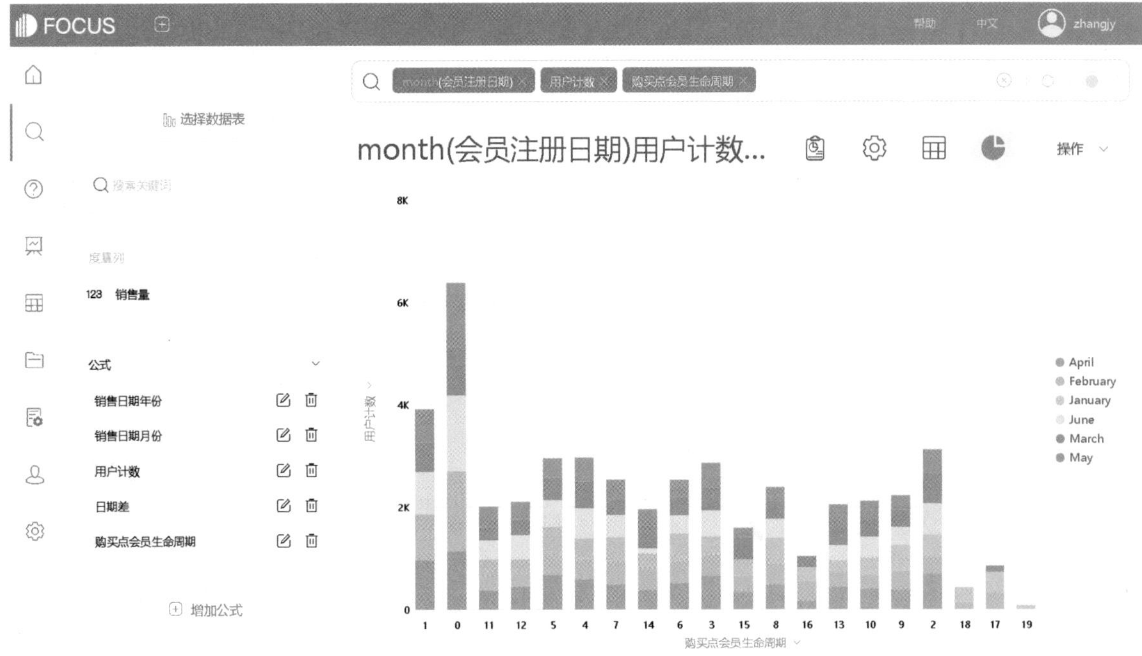

图15-21 会员留存情况分析

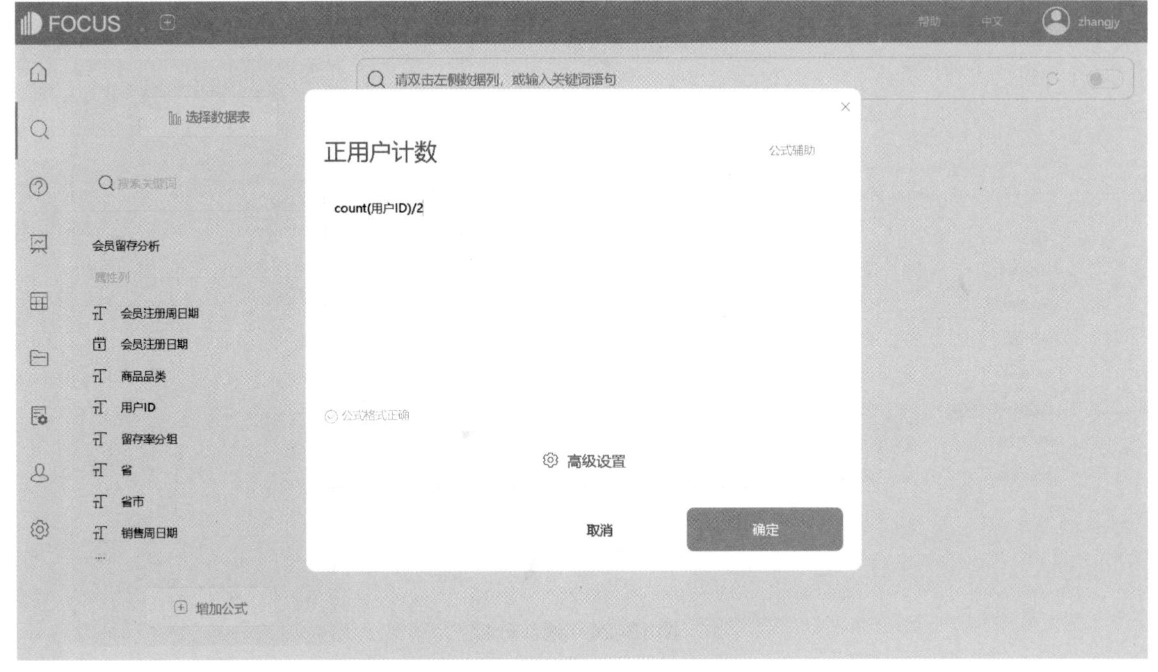

图15-22 构建"正用户计数"字段

图15-23　构建“负用户计数”字段

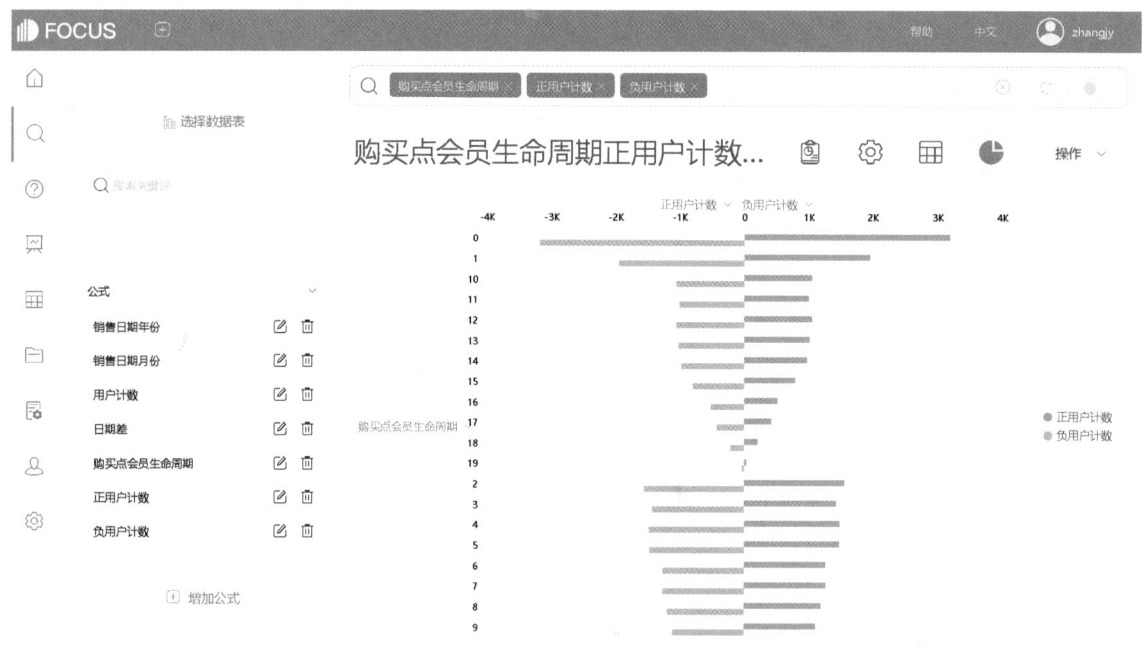

图15-24　漏斗分析

（12）各省客户留存图形。在搜索栏中删除“正用户计数”“负用户计数”字段→双击“省市、用户计数”字段进入搜索框→切换图形为堆积柱状图→配置图设置：将图例修改为省市字段，横轴修改为购买点会员生命周期字段→点击“操作”，保存为历史问答，命名为“各省客户留存图”，如图15-25。

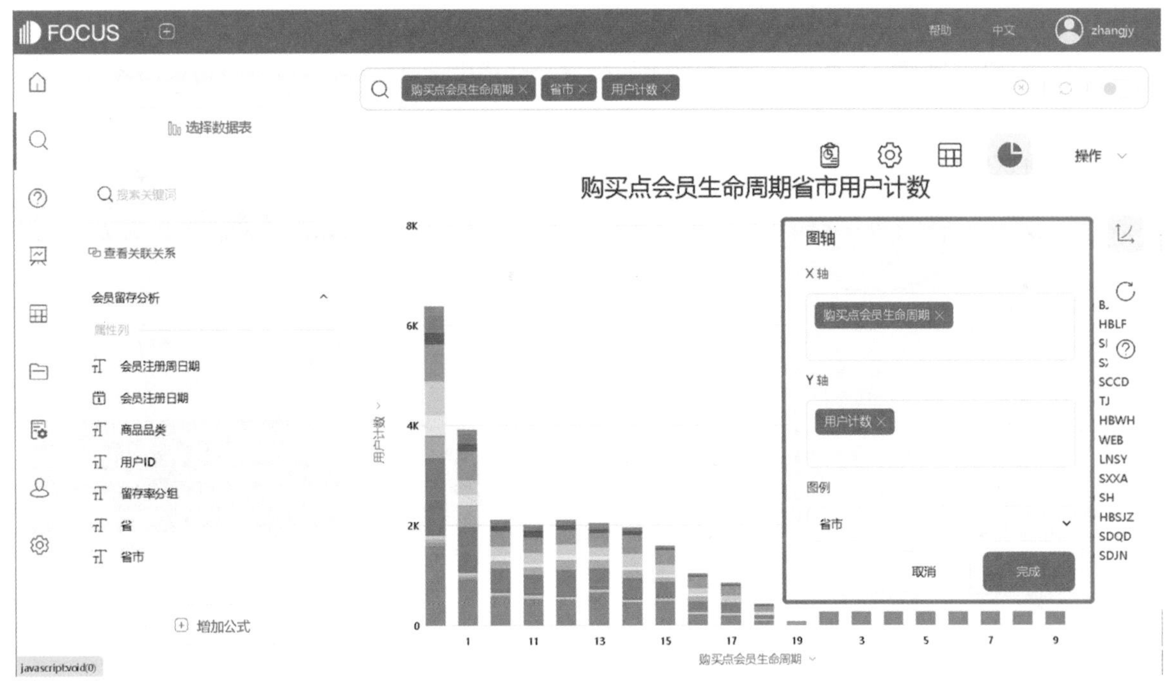

图15-25　各省客户留存

（13）构建“首购标志”字段。单击“增加公式”→输入公式内容：if会员注册日期等于销售日期then 1 else 0→选择列类型为“属性列”，聚合方式为“无”→将新字段命名为“首购标志”→单击“确定”，完成新字段的构建，如图15-26。

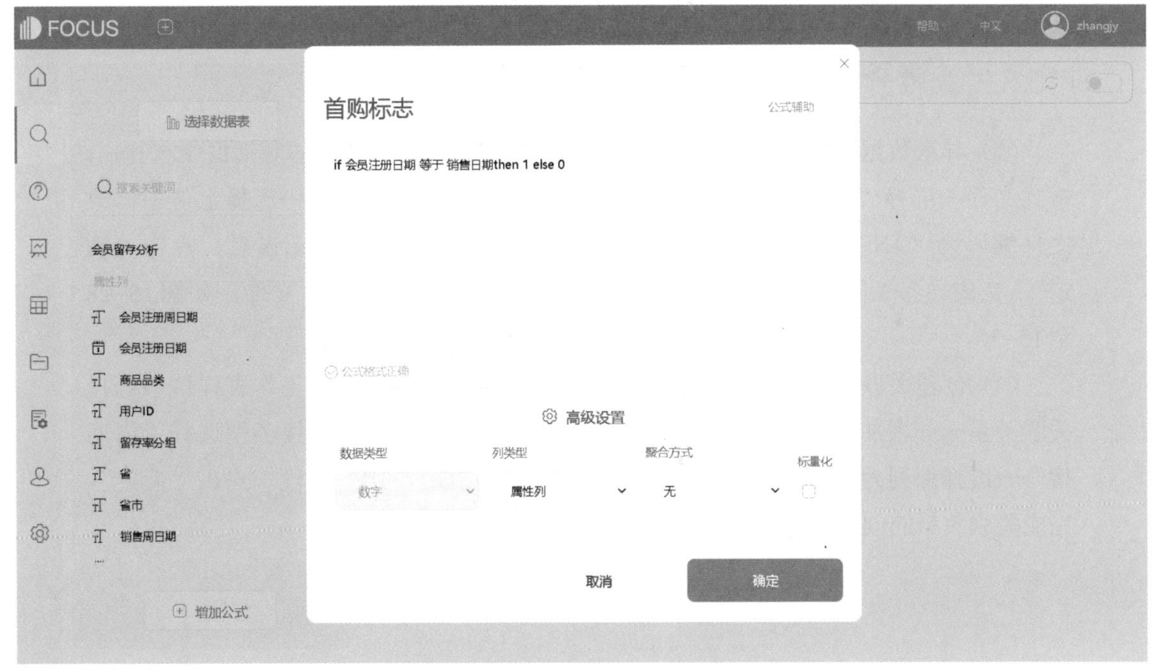

图15-26　构建“首购标志”字段

（14）不同留存率组首次购买情况图表。在搜索栏中输入“留存率分组”“商品品类”“销售量的平均值”“首购标志”字段→筛选出“首购标志＝1”→切换图表为数据透视图→选择热图模式→点击“操作”，保存为历史问答，命名为“不同留存率组首次购买情况图表”，如图15-27。

图15-27　不同留存率组首次购买情况

15.3.2 黏性分析

（1）导入数据。单击“导入表”选择导入本地数据→在弹出的对话框中选择csv格式文件→选择“用户登录汇总.csv”文件→单击“打开”按钮→选择上传→修改文件编码为“ANSI”格式→单击“下一步”→查看数据列信息无误后，点击“确定”，完成导入→同样的操作步骤上传“登录用户会员属性.csv”文件，如图15-28至15-30。

（2）创建关联关系。在数据管理页面进入“用户登录汇总”工作表详情→选择关联关系——增加关联→选择“登录用户会员属性”维度表→连接类型选择“内连接”→选择源列为“登录用户ID”字段，目标列为“用户ID”字段→点击“确定”，完成关联关系的创建，如图15-31。

图 15-28 选择数据

图 15-29 导入数据配置

图 15-30 选择导入字段

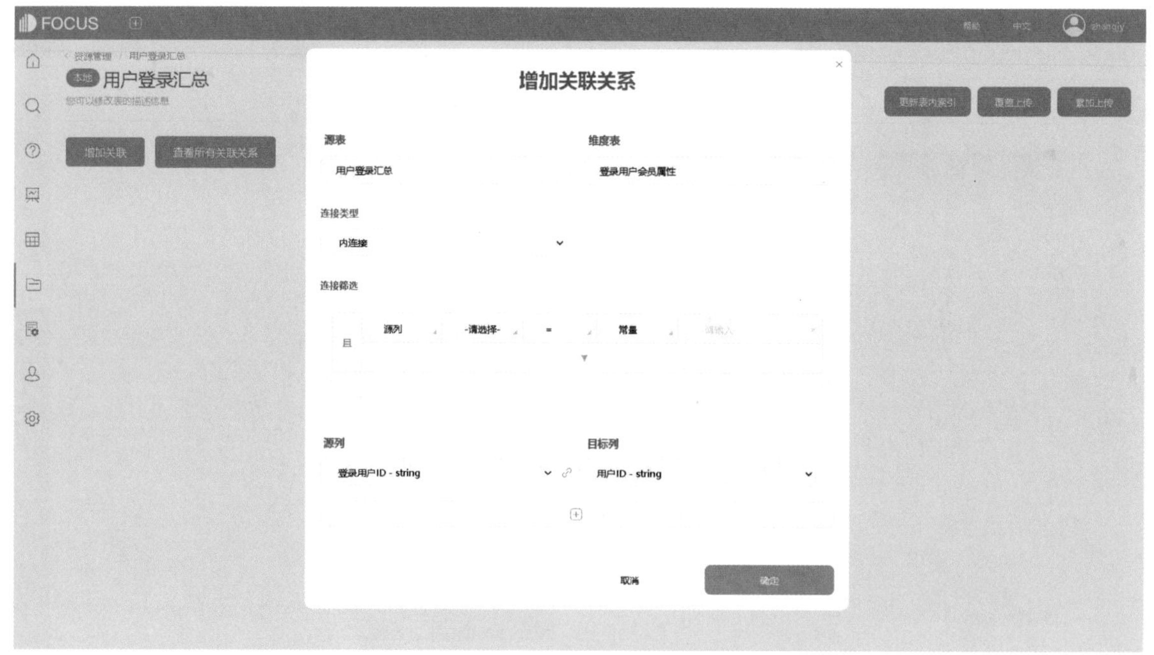

图 15-31 创建关联关系

（3）构建“天数分布”字段。进入搜索页面→选择“用户登录汇总”“登录用户会员属性”数据表→单击增加公式→输入公式内容：to_string（count(登录用户ID)）→将新字段命名为“天数分布”→单击“确定”，完成新字段的构建，如图15-32。

图15-32 构建“天数分布”字段

（4）创建“上周天数分布情况”中间表。在搜索框中键入“每周”→选择“时间”“登录用户ID”“天数分布”字段进入搜索框→筛选日期为“时间>=‘2021-5-31’”→点击“操作”，保存为中间表→命名为“上周天数分布情况”→单击“确定”，完成新中间表的创建，如图15-33和图15-34。

图15-33 创建上周天数分布中间表

图15-34 保存中间表

（5）创建“用户群黏性”中间表。选择“登录用户ID”“天数分布”“是否为会员”“时间”四列进入搜索框→筛选时间为收集数据时间点前一个月，即时间大于等于“2021-5-7”→点击“操作”，保存为中间表→命名为“用户群黏性”→单击“确定”，完成新中间表的创建，如图15-35和图15-36。

登录用户ID	是否为会员	天数分布
20181201005	0	3
20181201006	1	3
20181201007	1	2
20181201008	1	2
20181201009	0	2
20181201010	1	2
20181201100	1	1
20181201101	0	1
20181201102	1	1
20181201103	1	1
20181201104	1	1
20181201105	1	1

图15-35 创建用户群黏性中间表

图15-36 保存中间表

（6）创建“用户群黏性趋势”中间表。选择“用户行为”“登录用户ID”“天数分布”“是否为会员”四列进入搜索框→键入“每周”→筛选“用户行为＝‘签到’”→点击“操作”，保存为中间表→命名为“用户群黏性趋势”，设置中间表列名，完成新中间表的创建，如图15-37和图15-38。

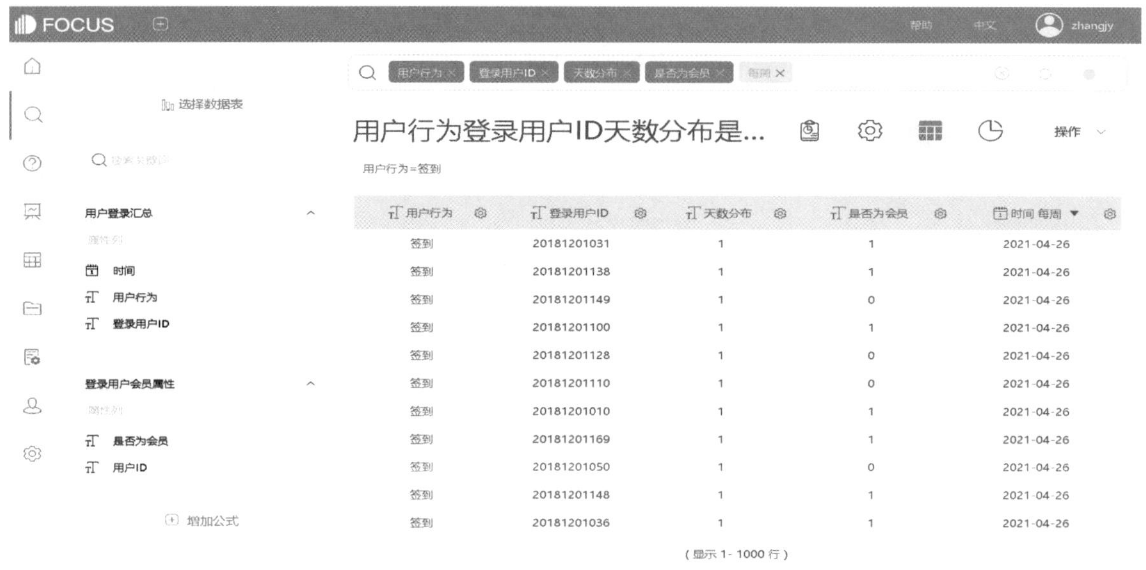

图15-37 创建用户群黏性趋势中间表

图15-38 保存中间表

（7）构建“人数情况”字段。打开“上周天数分布情况”中间表→单击增加公式→输入公式内容：count（天数分布）。将新字段命名为“人数情况”→单击“确定”，计算各天用户的人数分布情况，如图15-39。

图15-39　构建“人数情况”字段

（8）上周用户天数分布。选择“天数分布”“人数情况”两列加入搜索框→切换图表类型，选择柱状图→点击图表属性→修改主题颜色→点击“操作”，保存为历史问答，命名为“上周用户天数分布情况”，如图15-40。

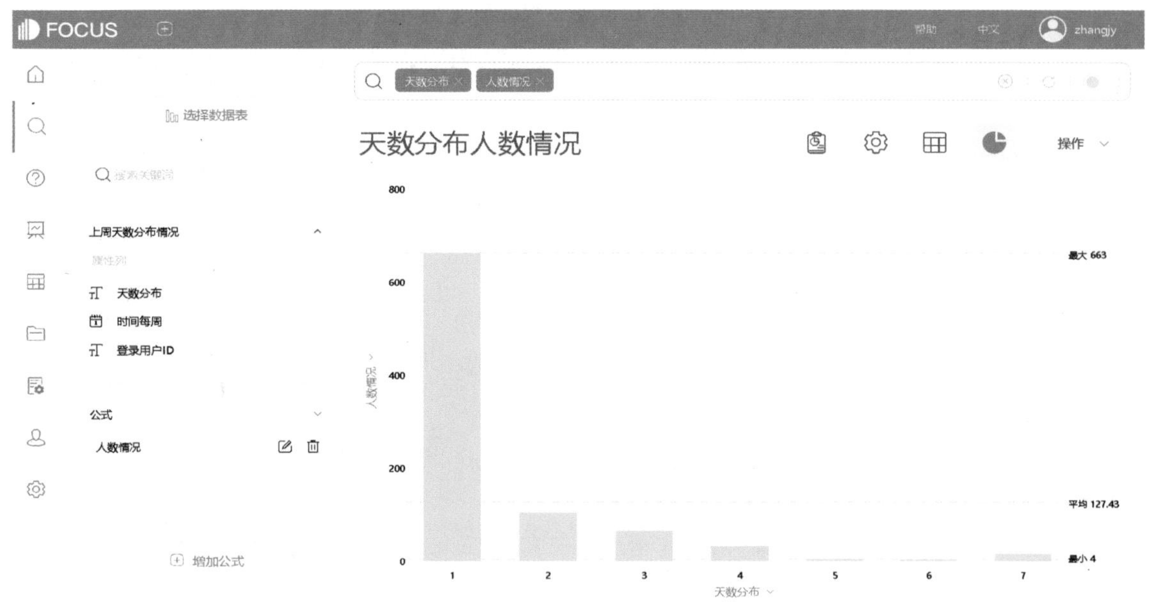

图15-40　上周用户天数分布情况

（9）不同用户群黏性对比图。打开“用户群黏性”中间表→选择“是否为会员”“天数分布”“人数情况”三列加入搜索框→图表类型选择条形图→点击“操作”，保存为历史问答，命名为“不同用户群黏性对比”，如图15-41。

（10）不同用户群黏性趋势变化。打开“用户群黏性趋势”中间表→在搜索栏键入“每周”→选择“是否为会员”“人数情况”两列加入搜索框→图表类型选择桑基图→点击“操作”，保存为历史问答，命名为“不同用户群黏性趋势变化”，如图15-42。

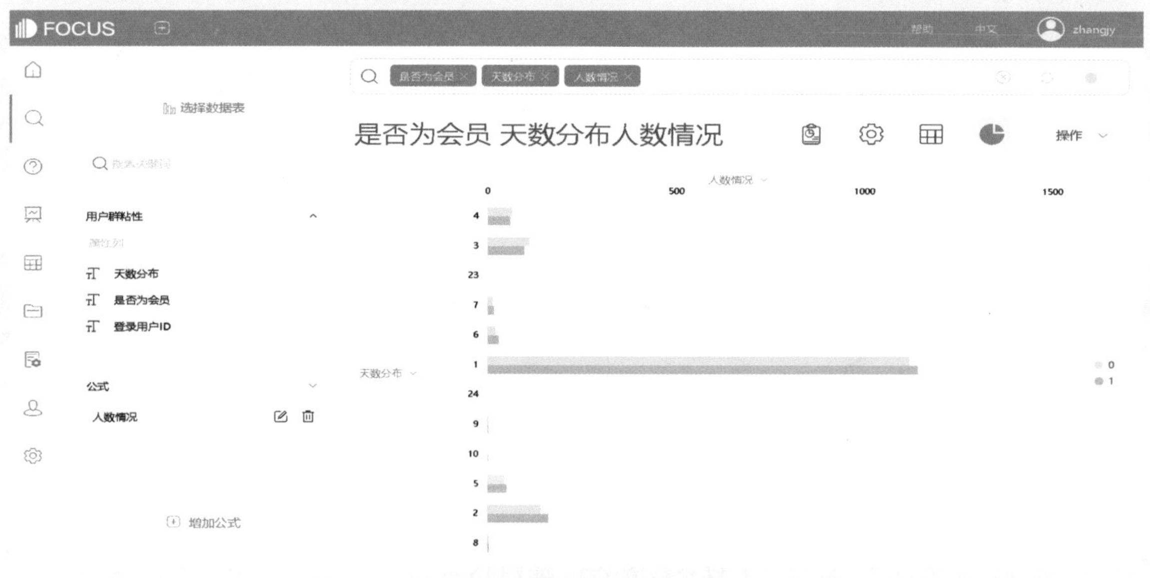

图 15-41　不同用户群黏性对比

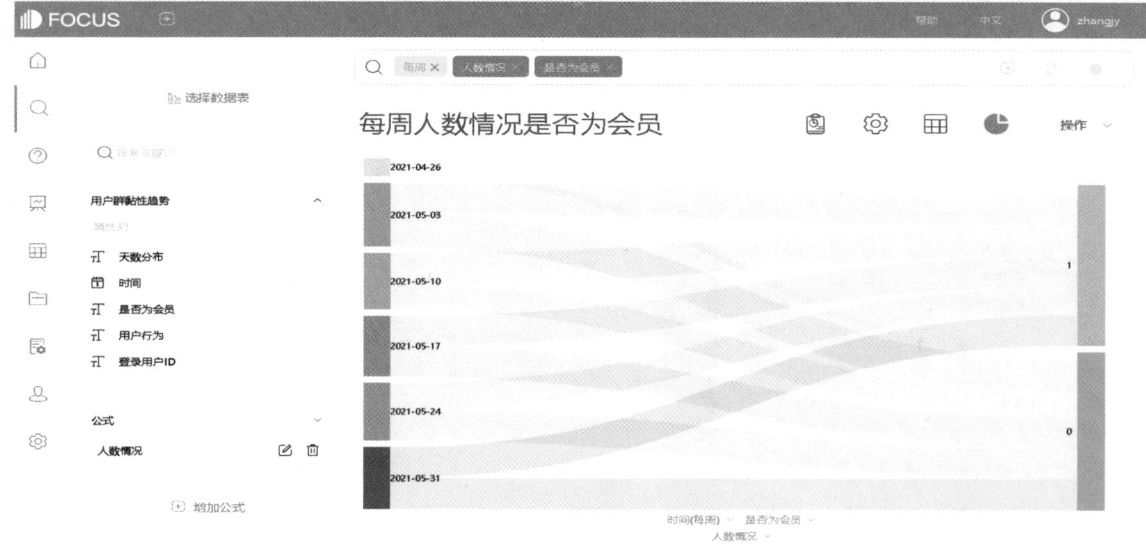

图 15-42　不同用户群黏性趋势变化

课后习题

导入示例数据，制作一张“用户黏性分析数据看板”或“客户留存分析数据看板”。

第16章 客户生命期分析

所谓客户生命周期，简单来说，就像人的生命一样，存在着诞生、成长、成熟、衰老、死亡的一个完整过程。和人类的生命类似，客户生命周期也有短有长，存在不同的价值。因此对客户的生命周期进行分析就显得尤为重要，通过分析找出其中可能蕴含的信息，为企业的经营决策提供参考依据。

作为企业最重要的资源之一，每个客户的生命周期都能产生一定的商业价值，但有些用户注定更有价值。客户生命周期分析是指从客户开始接触并使用企业产品到客户完全不再使用该产品的全过程，是指客户与企业产品之间的关系水平随时间变化的发展轨迹，动态描述客户关系在不同阶段的总体特征。

客户生命周期大致可以划分为五个阶段，分别是考察期、形成期、稳定期、退化期和流失期。考察期是客户关系开始孕育的阶段，在这阶段需要通过一些有效的渠道提供合适的价值定位以获取客户；形成期是客户关系的快速发展的阶段，此阶段可以通过推出刺激需求的产品组合或服务组合把客户培养成高价值客户；稳定期是客户关系发展较为成熟的阶段，此阶段的主要任务是培养客户的忠诚度；退化期是客户关系水平发生逆转的阶段，该阶段可以通过建立客户预警机制，实时监控，延长客户的生命周期；流失期是客户已经流失的阶段，该阶段的主要任务是如何赢回客户。更为精准地，可以将整个生命周期划分为11个关键价值创造节点，即客户的购买意向，新增客户的获取，客户每月收入贡献的刺激与提高，客户日常服务成本的管理，交叉销售/叠加销售，价格调整，签约客户的合同续签，客户在品牌间转移的管理，对流失的预警和挽留，对坏账的管理，对已流失的客户进行赢回，这些环节其实就是企业日常运营的重点。客户生命周期分析围绕着这11个关键价值创造环节，利用丰富的客户数据进行深入分析，设计针对单个客户的个性化策略，继而通过运营商与客户间的大量接触点，执行这些策略。

16.1 客户生命周期分析

客户生命周期是由企业的产品生命周期演变而来，但对于商业企业而言，客户的生命周期比企业的产品生命周期重要得多。那为什么要分析客户的生命周期和价值？因为无论运营做得多么出色，都无法阻止客户的流失，所以只能尽一切可能延长客户的生命周期，并使得客户在生命周期中创造尽可能多的商业价值。

下面我们将观察一组数据集，通过对数据集的分析，简单了解一下客户生命周期理论。

首先观察数据集内最后一个月有消费的客户，计算其生命期，然后将计算得出的生命期筛选掉生命周期过长的客户后，分成10组进行统计，绘制客户生命周期柱状图。因为要观察客户的复购行为，所以排除数据中当天办卡当天消费的客户。图16-1显示，最后月份有消费行为的客户，以生命期1年期左右的客户为主，2—3年的老顾客也占了较大的比重，整体结构还算健康。

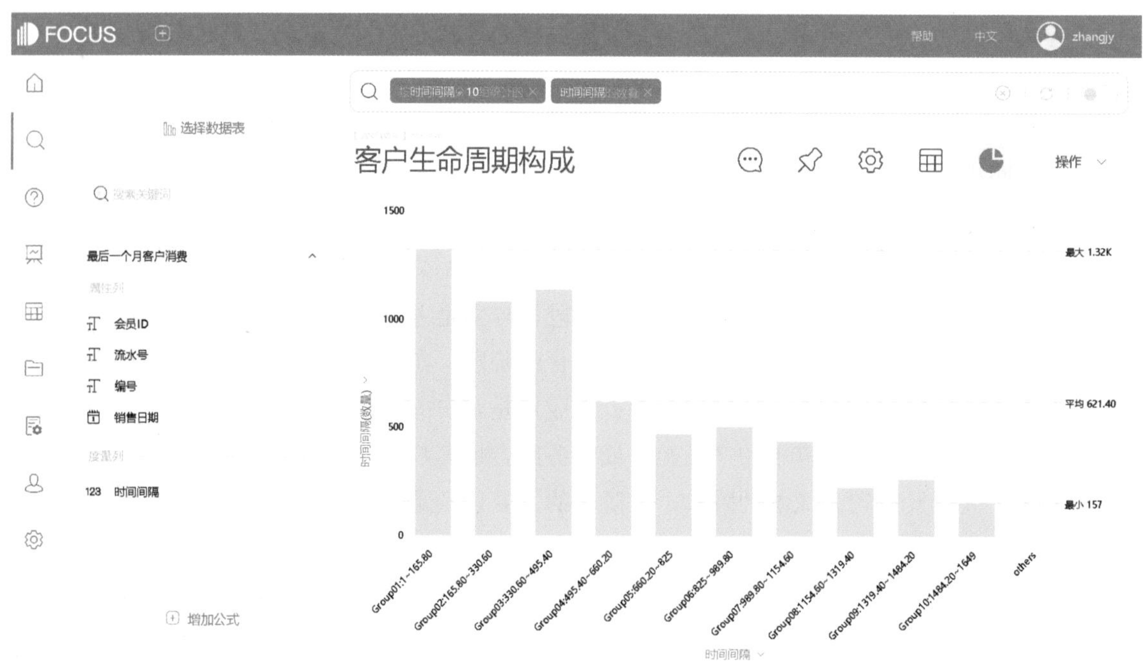

图16-1 客户生命周期构成

从图16-2中，可以看到在此次数据分析周期的最后一天有消费行为的客户，同样以生命期1年期左右的客户为主，2—3年的老顾客也占了较大的比重，但客户总体分布在上半年，也就是说，上半年成为会员的客户较下半年多。

这里就是举了一个简单的例子，可以根据数据和分析场景，添加需要分析的客户生命周期的情况。

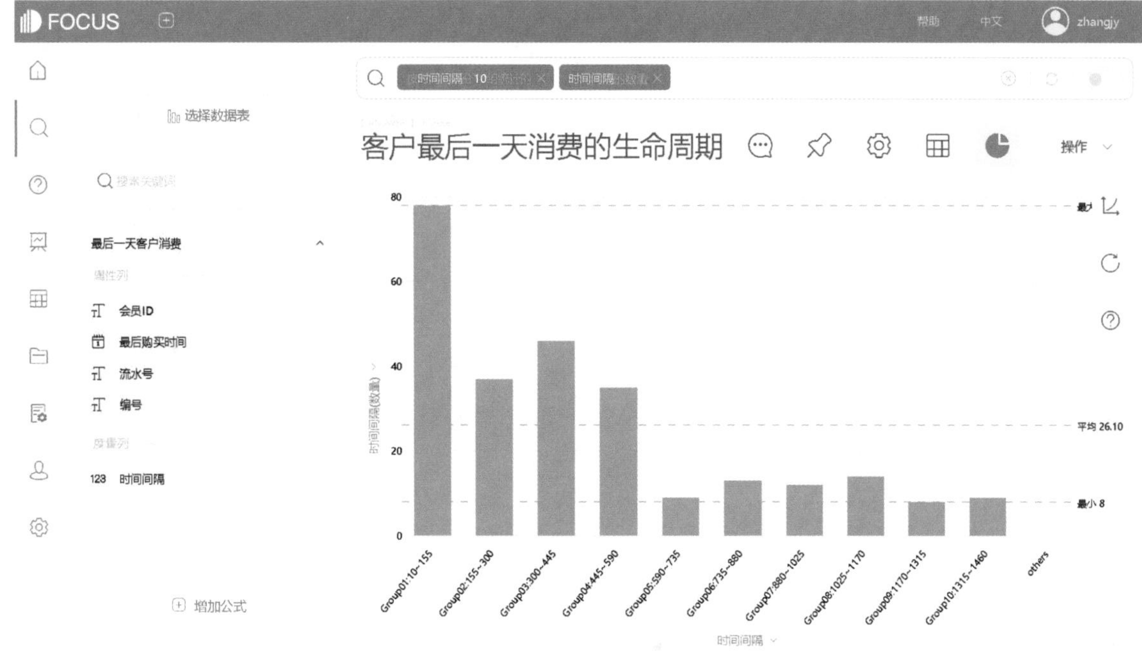

图16-2 客户最后一天消费的生命周期

16.2 技术实现：应用DataFocus实现16.1的分析

下面讲述一下利用DataFocus数据分析工具制作图表的主要操作过程。

（1）导入数据。单击“导入表”选择导入本地数据→在弹出的对话框中选择csv格式文件→选择“RFM模型分析.csv”文件→单击“打开”按钮→选择上传→修改文件编码为“ANSI”格式→单击“下一步”→查看数据列信息无误后，点击“确定”，完成数据的导入（如图16-3至图16-5）。

图 16–3　导入数据

图 16–4　数据导入配置

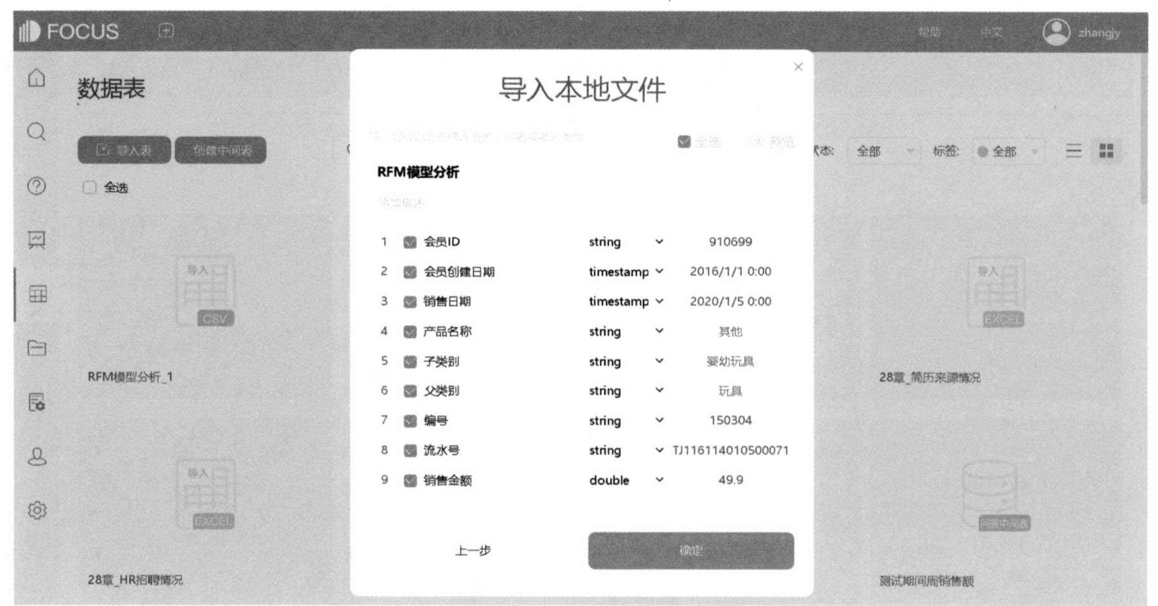

图16-5 选择导入字段

（2）构建“最后购买时间”字段。单击“增加公式”→输入公式内容：max（销售日期），计算客户最后一次消费的日期→命名为“最后购买时间”→单击“确定”，完成新字段的构建，如图16-6所示。

图16-6 公式创建“最后购买时间”字段

（3）构建“时间间隔”字段。单击“增加公式”→输入公式内容：diff_days（销售日期，会员创建日期），计算每个客户此次消费与其创建会员日期之间的时间间隔

→命名为“时间间隔”→单击“确定”，完成新字段的构建，如图16-7。

图16-7　公式创建“时间间隔”字段

（4）创建“生命周期分析”中间表。选中“RFM模型分析”数据源的所有列和添加的两个公式，进入搜索框→点击“操作”，保存为中间表→命名为“生命周期分析”→单击“确定”，完成新中间表的创建，如图16-8和图16-9。

图16-8　创建“生命周期分析”中间表

图 16–9 保存中间表

（5）添加“是否复购”字段。选择数据表“生命周期分析”，单击“增加公式”→输入公式内容：if会员创建日期＝销售日期then 0 else 1，区分客户是否出现复购行为，用以排除当天办卡当天消费的客户→命名为“是否复购”→单击“确定”，完成新字段的构建，如图16–10。

图 16–10 创建“是否复购”字段

（6）创建“最后一个月客户消费”中间表。双击选择“会员ID”“流水号”“编号”“销售日期”“时间间隔”字段，进入搜索框→筛选销售日期在最后一个月范围内的数据，即“销售日期>=‘2020-07-01’”，并筛选“时间间隔的总和<=2000”和“是否复购的总和=1”→点击“操作”，保存为中间表→命名为“最后一个月客户消费”，修改中间表列名→单击“确定”，完成新中间表的创建，如图16-11和图16-12。

图16-11　创建“最后一个月客户消费”中间表

图16-12　保存中间表

（7）查看客户生命周期构成。选择数据表为“最后一个月客户消费”，在搜索框输入“按时间间隔分10组统计的时间间隔的数量”→图表类型选择柱状图→更换主题颜色→点击“操作”，保存为历史问答，命名为“客户生命周期构成”，如图16-13。

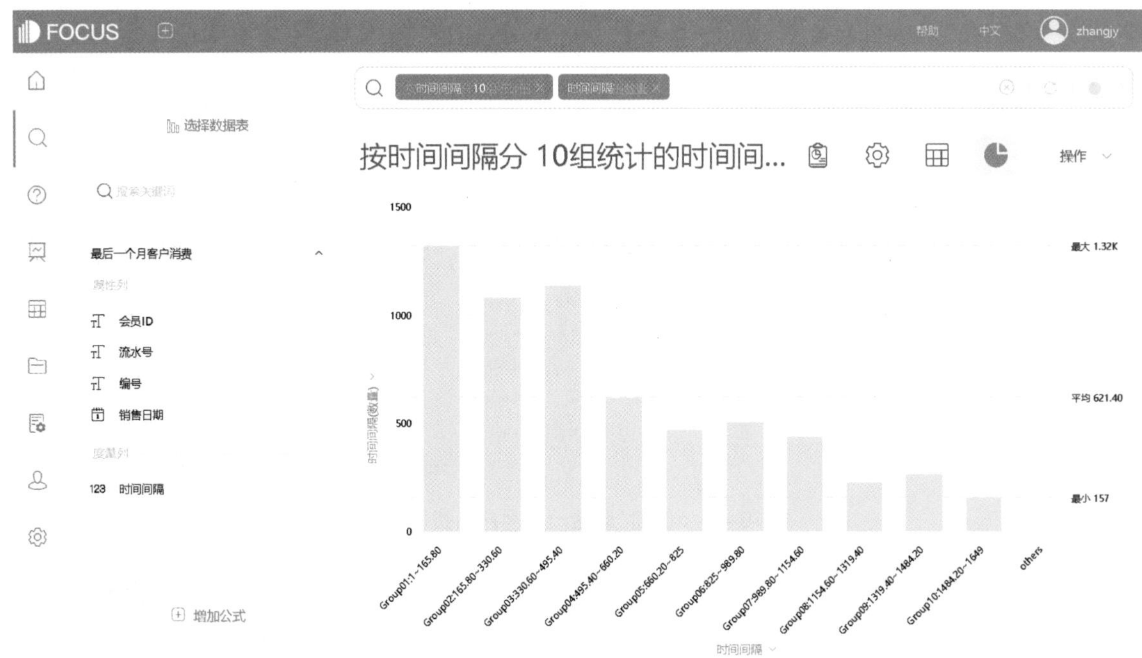

图16-13　客户生命周期构成

（8）创建“最后一天客户消费”中间表。选择数据表为“生命周期分析”，双击选择“会员ID”“流水号”“编号”“时间间隔”“最后购买时间”进入搜索框→筛选“最后购买时间＝‘2020-07-23’”和“时间间隔的总和＜＝1500”→点击“操作”，保存为中间表→命名为“最后一天客户消费”，修改中间表列名→单击“确定”，完成新中间表的创建，如图16-14和图16-15。

图16-14 创建“最后一天客户消费”中间表

图16-15 保存中间表

（9）查看客户生命周期构成。选择数据源为“最后一天客户消费”，在搜索框中输入“按时间间隔分10组统计的时间间隔的数量”→图表类型选择柱状图→点击“操作”，保存为历史问答，命名为“客户最后一天消费的生命周期”，如图16-16。

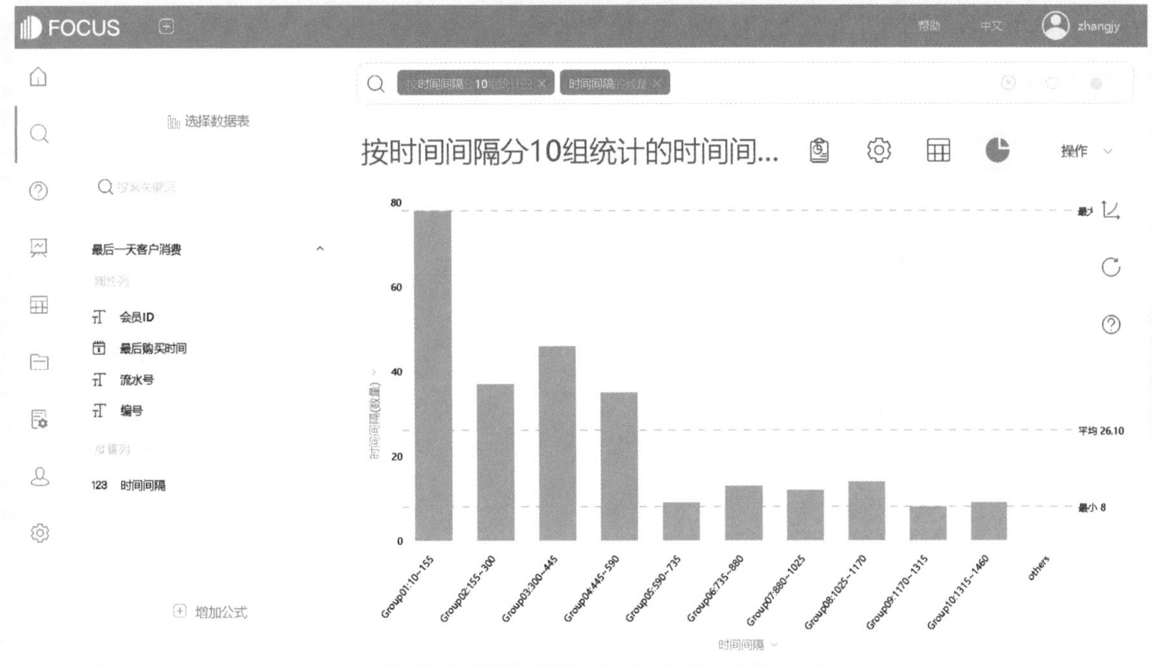

图16-16 客户最后一天消费的生命周期

课后习题

1. 导入示例数据，观察数据集内最后一个月有消费的客户，计算其生命周期，并分10组进行查看。

2. 导入示例数据，查看数据集内，最后一天有消费行为的客户，其生命周期情况。

第17章 RFM模型

17.1 RFM模型介绍

在上一章中，我们了解了客户生命周期的概念。这章我们来看另外一种客户价值体系的分析——RFM分析。在零售行业中，RFM模型是衡量客户价值和客户创利能力的重要工具和手段。该模型通过一个客户的近期购买行为、购买的总体频率以及花了多少钱三项指标来描述该客户的价值状况。一般的分析型CRM着重于对客户贡献度的分析，而RFM则强调以客户的行为来区分客户。

RFM包含以下三个指标：

R（Recency）：客户最近一次交易时间。最近一次消费时间越近的顾客最有可能是对提供的商品或者服务最有反应的群体，R在互联网产品指标中代表最近一次登录。

F（Frequency）：代表客户在最近一段时间内交易的次数。最常购买的顾客，也是满意度最高的顾客，F在互联网产品指标中代表登录频率。

M（Monetary）：客户在最近一段时间内交易的金额。消费金额是所有数据报告的支柱，客户的交易度量越大越好，M在互联网产品指标中代表在线时长。

对个体进行上述三个指标的综合状态分析，可以描绘出个体的状态。而对整个用户群体进行上述三个指标的综合分析，就可以看到产品用户的消费特征群像。接下来我们具体来看看RFM分析的使用，观察企业整个用户群体的生命周期状况、消费情况和活跃情况。这里我们加入了一个客户生命周期维度（客户最后一次购买行为点的客户生命周期），引入新指标“RFM_L”分析。

在观察消费频次和消费金额的基础上，计算出R值，观察所有客户最后一次消费的时间点距离2020年8月1日（数据提取时间范围之后月份第一天）的天数。R值越小，代表最后一次消费时间距离分析时间点越近，客户活跃程度高。从图17-1中可以看到，纵坐标代表消费次数，横坐标代表最近一次消费时间，圆圈大小代表消费金额，一个圆代表一个客户。

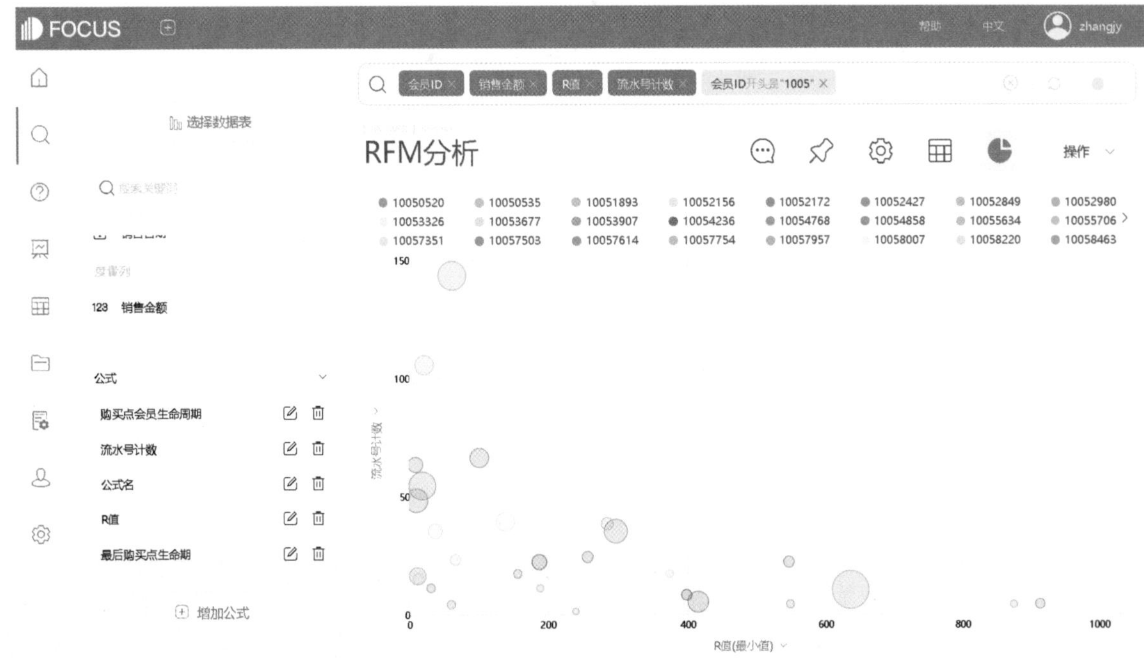

图17-1 RFM分析

在图形中加入客户最后一次消费时间点的生命周期信息，以点的大小来表示（见图17-2），观察在不同消费状态下的客户生命周期状态。我们可以看到横坐标为R值，纵坐标为最后购买点的生命周期。将两张图结合起来，便是RFM_L分析。

接下来需要对客户进行分类，研究不同类型群体的消费特征。消费进度、消费频率、消费额是测算消费者价值最重要也是最容易的方法，这充分表现了这三个指标对营销活动的指导意义，通过建模可以发现高价值客户的特征和行为模式，并迅速定位到该类人群，建立良好的客户关系，以获得更高的企业利润。除了进一步建模之外，还可以结合其他营销目标，通过客户的消费行为数据，构建多种具有混合特征的标签，实现更细微、更精准的营销活动，如图17-3。

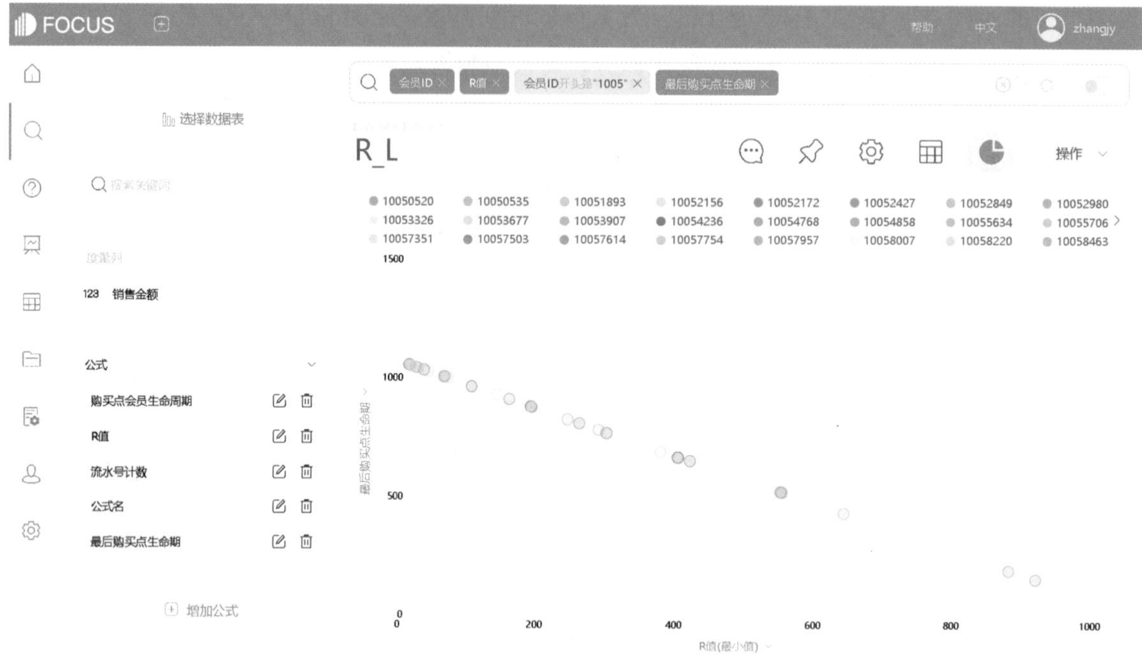

图 17-2　RFM_L 分析

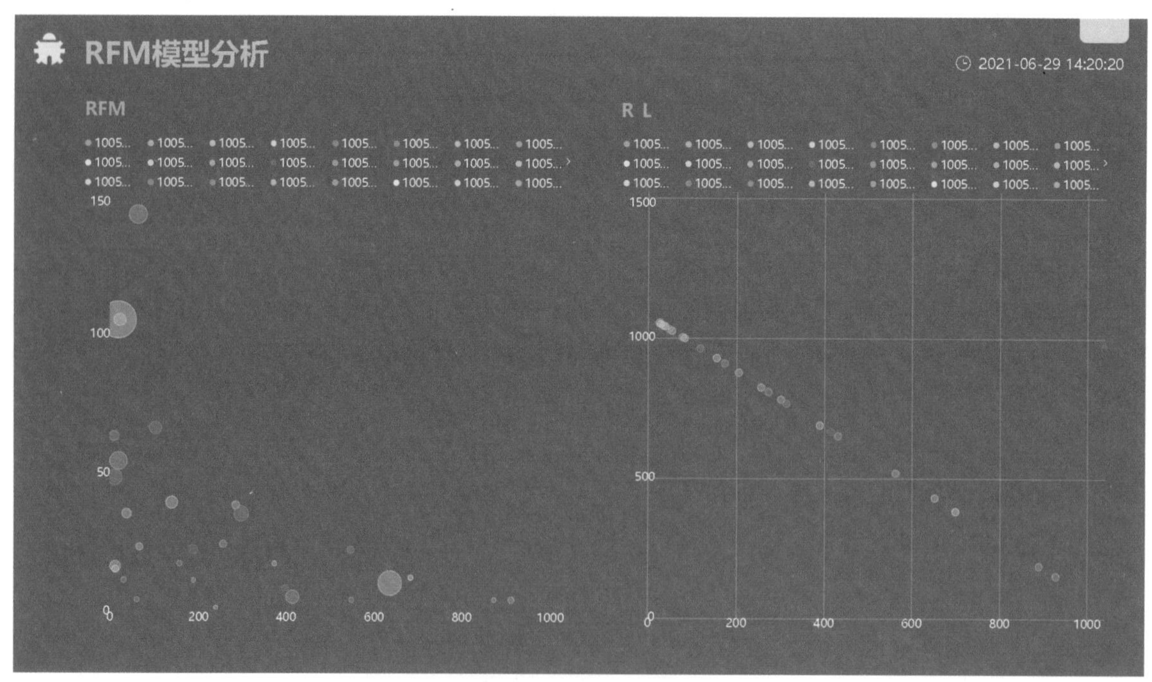

图 17-3　数据看板

17.2 技术实现：应用DataFocus实现17.1的分析

（1）构建“购买点会员生命周期”字段。打开“RFM模型分析”数据表→单击“增加公式”→输入公式内容：if diff_days（销售日期，会员创建日期）>0 then diff_days（销售日期，会员创建日期）else 0→单击“确定”，完成字段的创建，如图17-4。

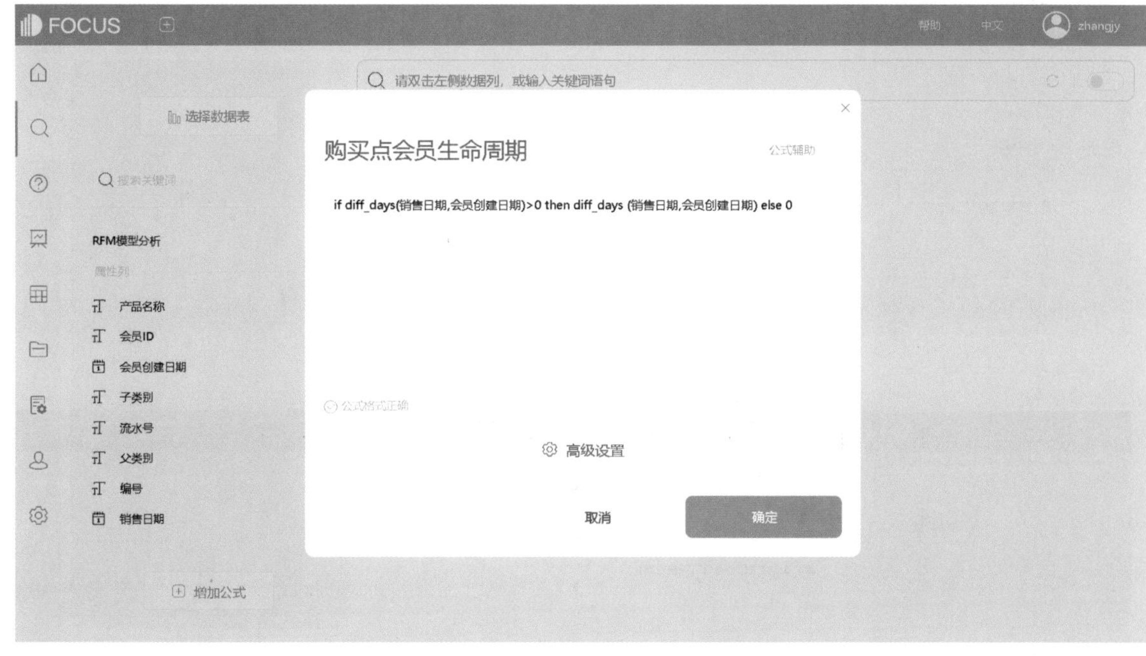

图17-4 构建“购买点会员生命期”字段

（2）构建“最后购买点生命期”字段。单击“增加公式”→输入公式内容：max（购买会员生命周期）→命名为“最后购买点生命期”→单击“确定”，完成字段的创建，如图17-5。

（3）构建“R值”字段。单击“增加公式”→输入公式内容：diff_days（“2020-8-1”，销售日期）→设置聚合方式为“最小值”→命名为“R值”→单击“确定”，完成字段的创建，如图17-6。

（4）构建“流水号计数”字段。单击“增加公式”→输入公式内容：count（流水号）→命名为“流水号计数”→单击“确定”，如图17-7。

（5）RFM分析。双击选择“会员ID”“销售金额”“R值”“流水号计数”进入搜索框→在搜索框中键入“会员ID开头是‘1005’”，筛选出ID是1005开头的学生会员→切换图形为气泡图，并更改图例位置，保存为“RFM分析”历史问答，如图17-8和图17-9。

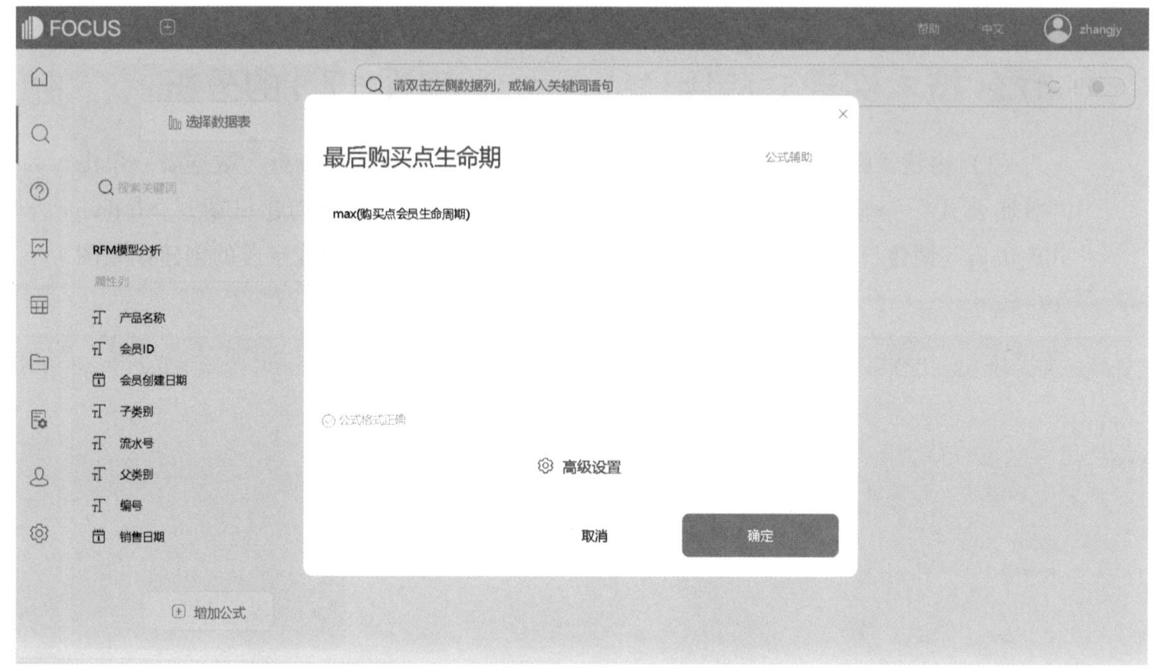

图 17–5　构建“最后购买点生命期”字段

图 17–6　构建“R值”字段

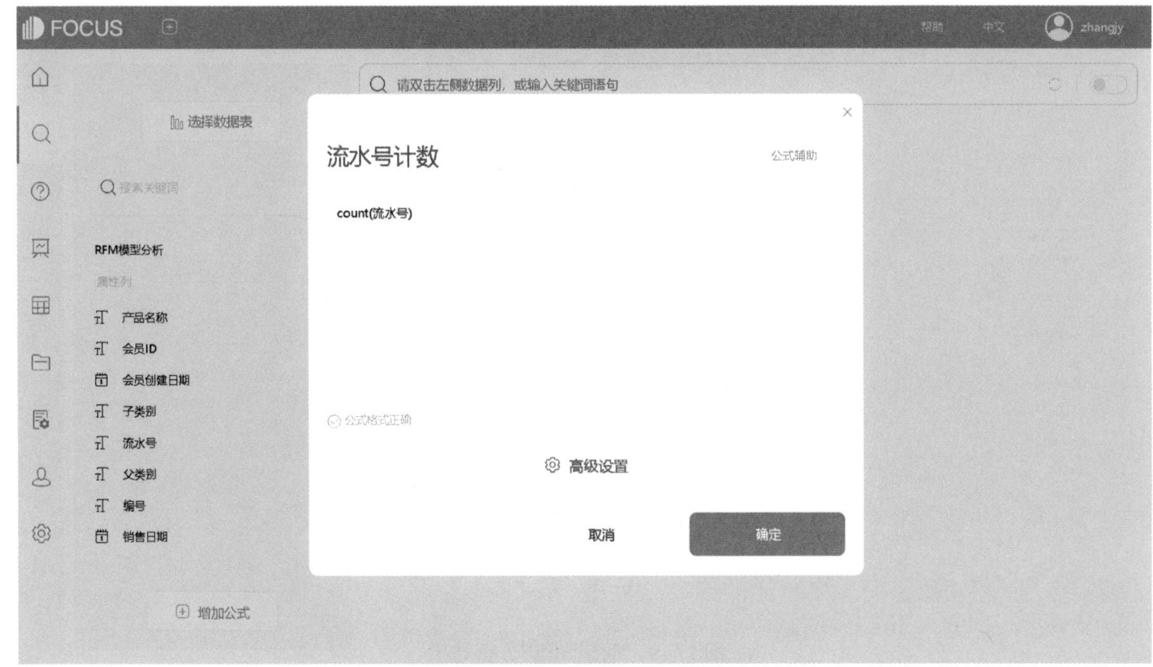

图 17-7 构建“流水号计数”字段

图 17-8 RFM 分析

（6）R_L分析。删除“销售金额”“流水号计数”字段，双击选择“最后购买点生命期”进入搜索框→切换图形为散点图，保存为“R_L”历史问答，如图17-10。

图17-9　调整RFM分析结果

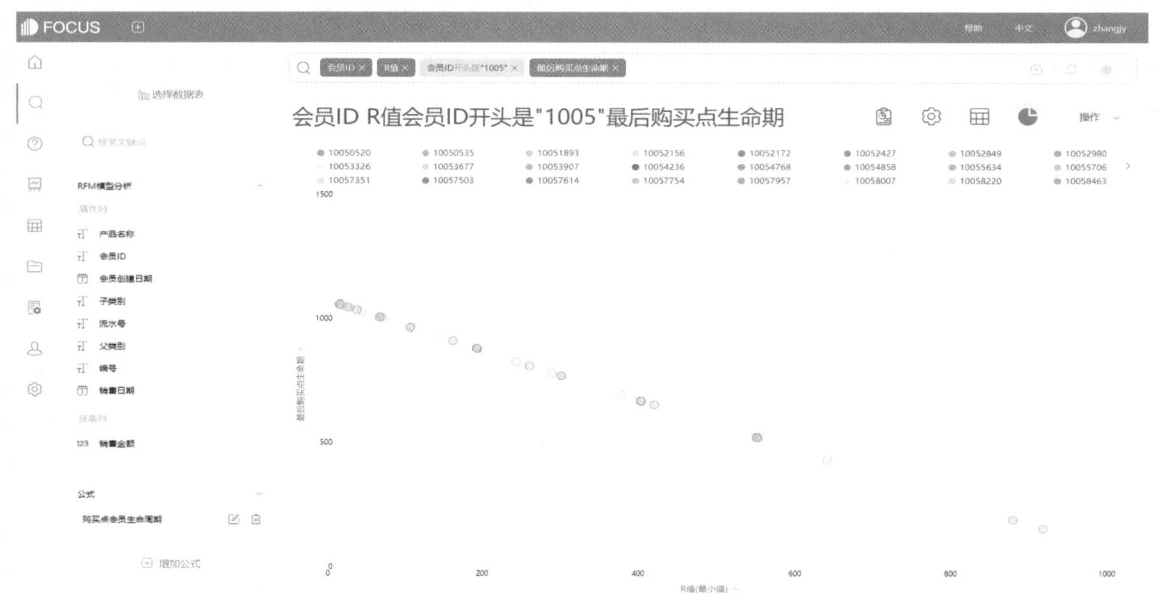

图17-10　R_L分析结果

课后习题

导入示例数据，制作数据看板，查看会员ID开头为“1005”的客户，RFM和R_L情况。(注：R值计算，使用“客户最后一次消费时间点”距离“数据提取时间范围之后月份第一天”的天数)。

第三部分　营销主题分析

营销是企业重要的业务活动之一。优秀的营销往往是中小企业飞速成长的引擎，也是大型企业垄断市场的重要手段。营销往往需要投入大量资源，因此通过数据分析的方法了解营销成果、评估营销效益、优化和改进营销策略，是非常有价值的工作。接下来的四个章节将给出评估价格优惠政策的效果、媒体的衡量和筛选、运用A/B测试方法、购物篮分析甄选促销政策、制定捆绑销售策略的具体实践方法。

第18章
价格优惠对客户的态度影响

优惠券作为一种重要的促销手段，自19世纪20年代出现以来，经过纸质券、打印券再到电子券的不断演化，到现在几乎每个能够进行交易的网络平台都有优惠券的存在。

小小的优惠券其实并不简单。从本质上来讲，它是个经济学问题，优惠券是一种“价格歧视”策略。“价格歧视”属于微观经济学范畴，通常指商品或服务的提供者针对不同的消费需求进行的价格差异化设定，既不侵犯消费者平等权，也不违背公平交易原则，是商家追求利润最大化的合理定价行为；但同时，它也是个消费心理学问题，更是运营人需要掌握的重要运营策略。用户需要的不一定是占便宜，而是占便宜的感觉。如果直接降价，短时间内确实会刺激销量上升，但是时间一长，当用户熟悉了这个价格之后，这种刺激就失去了作用，当你恢复原来的价格时，反而可能导致销量下降。而使用优惠券，会产生一种对比效应，使用户产生了占便宜的感觉，让用户产生一种有便宜不占白不占的冲动，从不买到买，从少买到多买。

因此，用好优惠券是一种重要的运营策略。对活动运营而言，优惠券是订单转化和提升客单价的有力工具；对用户运营而言，优惠券是维护用户乃至召回用户的重要手段。

18.1 优惠券的使用情况

本次分析的数据来源于一个企业案例，本章主要利用了其中消费者优惠券和价格弹性的部分内容作示例。在数据收集时间范围的两年内，为了提高企业业绩，该企业针对不同产品做过各种不同形式的促销活动，几乎把市场上常见的营销策略都用了个遍。但因为不懂得灵活运用数据，导致无法评估各种促销活动的价值与优势。因此本章利用这部分历史数据，帮助企业分析优惠券的使用情况，评估营销活动价值。

首先我们使用“促销分析”数据集，得到该时期商家发放的优惠券数量以及用户使用的优惠券数量的散点图。在实际场景中，优惠券的使用情况还与活动力度等一系列因素有关，因此假设此次分析在各种限制因素都不存在的情况下进行，且用户之间不存在任何差异。结果如图18-1所示，X轴代表用户获得的优惠券数量，Y轴代表用户使用的优惠券数量，图例为区域代号。

图中每个散点代表一个用户，大部分散点集中分布在左下角，其余散点则代表用户之间存在较大的差异，需要进行进一步分析。

通过公式添加一个“用券比率”的字段，然后将计算的“用券比率”分成10组统计，绘制“用券比率”分组统计的柱状图，如图18-2所示，结果显示“用券比率”在10%以内的占比最高，“用券比率”在30%以内累计占比80%。

受源数据限制，我们无法进一步追踪不同产品优惠券的使用情况，所以接下来我们使用“价格弹性”数据集，更宏观地研究不同品类商品在不同价位变化下的销售变化情况，从另一个数据维度分析促销优惠对商品销售的影响。

首先关注各产品小类价位变动与销量变化的关系，如图18-3所示，X轴代表不同的产品小类，Y轴代表销量变化比，图例为折扣情况。结果显示，并非折扣力度越大，销量就一定越高，反而是折扣在5—7折时销量增长最多。不同产品小类受折扣变化的影响也不同，其中销量变化较为突出的是洗衣用品和肉松。

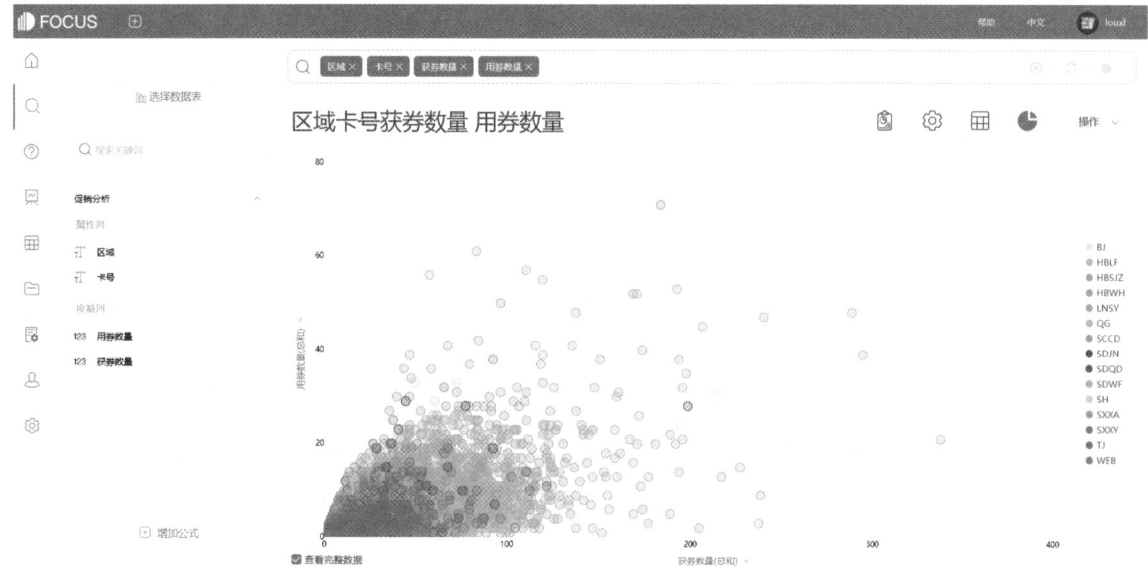

图 18–1 用户获券数及用券数散点分布

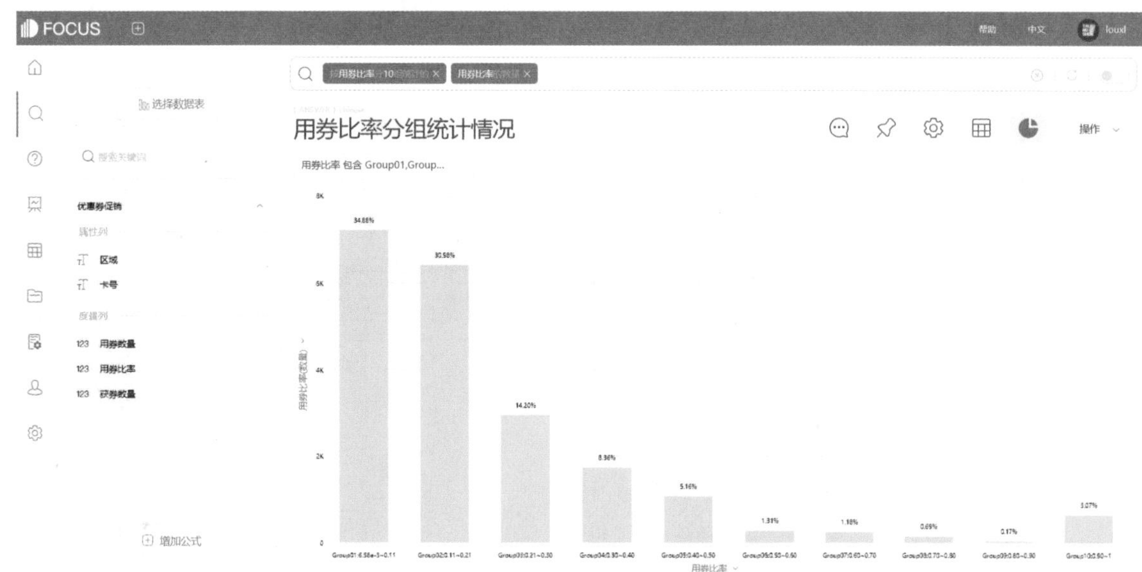

图 18–2 用券比率分组统计情况

接下来，按照不同折扣价位绘制矩形树图，分析各品类产品在不同价位时的销量变化，当然由于数据量较大，因此先过滤掉销量数据太小的产品和折扣在1折以下的数据，再进行数据分析。从图18–4可以看到，数据并不是呈现“折扣越低，销量就越高”的规则，在折扣很低的区域，销量情况反而不太理想，这说明消费者有自己的判断，超低价位折扣可能会引起消费者的警惕，最佳的折扣价位是7—9折。

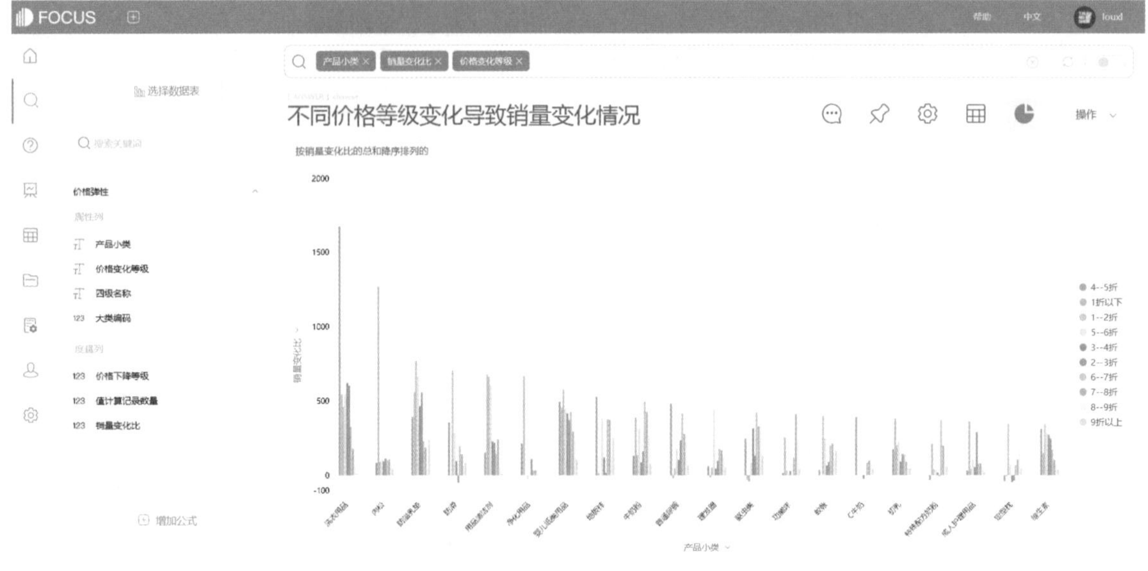

图 18-3　不同价格等级变化导致销量变化情况

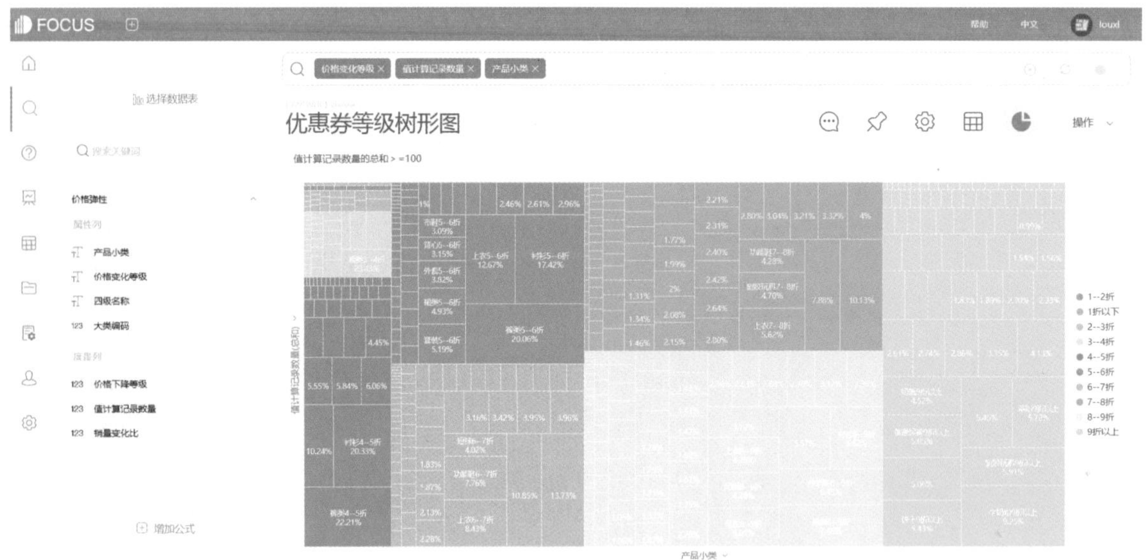

图 18-4　优惠券等级树形

18.2 技术实现：应用DataFocus实现18.1的分析

（1）导入数据。将分析所需的数据“促销分析”“价格弹性”导入DataFocus系统，选择恰当的数据类型。

（2）制作散点图。选择“促销分析”数据表，双击“区域”“卡号”“获券数量”“用券数量”进入搜索框，制作散点图，如图18-5。

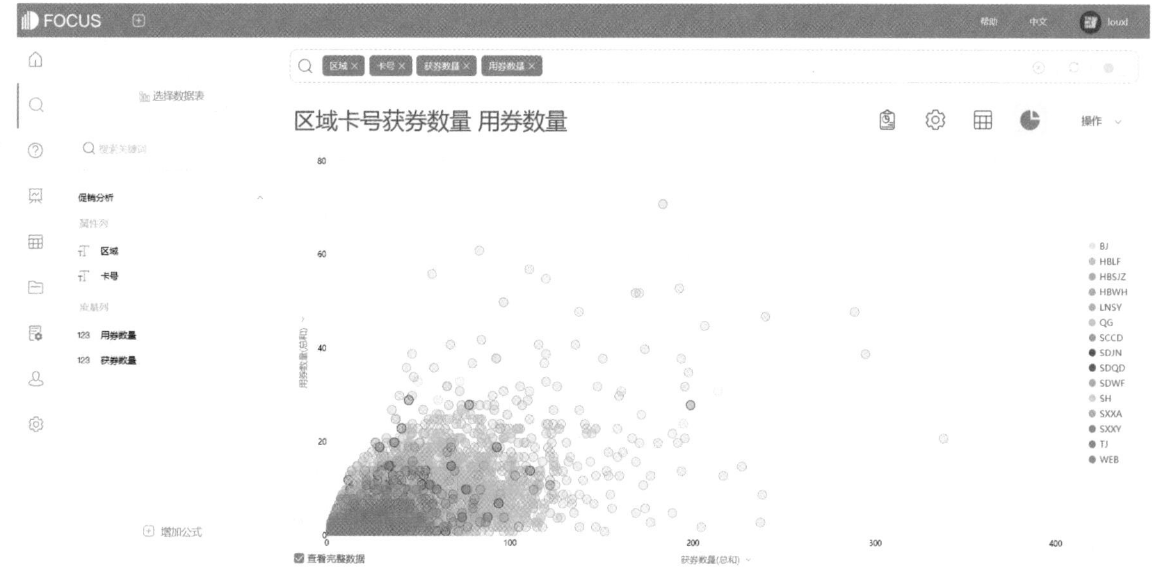

图18-5 用户获券数及用券数散点图

（3）添加公式“用券比率”。左下角选择“增加公式”，添加字段“用券比率”，输入“sum（用券数量）/sum（获券数量）”，计算用户获得优惠券后的用券比率情况，如图18-6。

图18-6 公式创建“用券比率”字段

（4）创建中间表“优惠券促销”。选中“促销分析”数据源的所有列和添加的公式“用券比率”，去掉个别的离群值，固定“用券比率”的数值小于1.5，单击保存为中间表，将中间表命名为“优惠券促销”，如图18-7所示。

图18-7　创建中间表“优惠券促销”

（5）制作柱状图。将“用券比率”进行分组统计。选择数据源为“优惠券促销”，在搜索框中键入“按用券比率分10组统计的用券比率的数量”（如图18-8所示），即可将用券比率按照相等的间隔划分为10组进行统计。

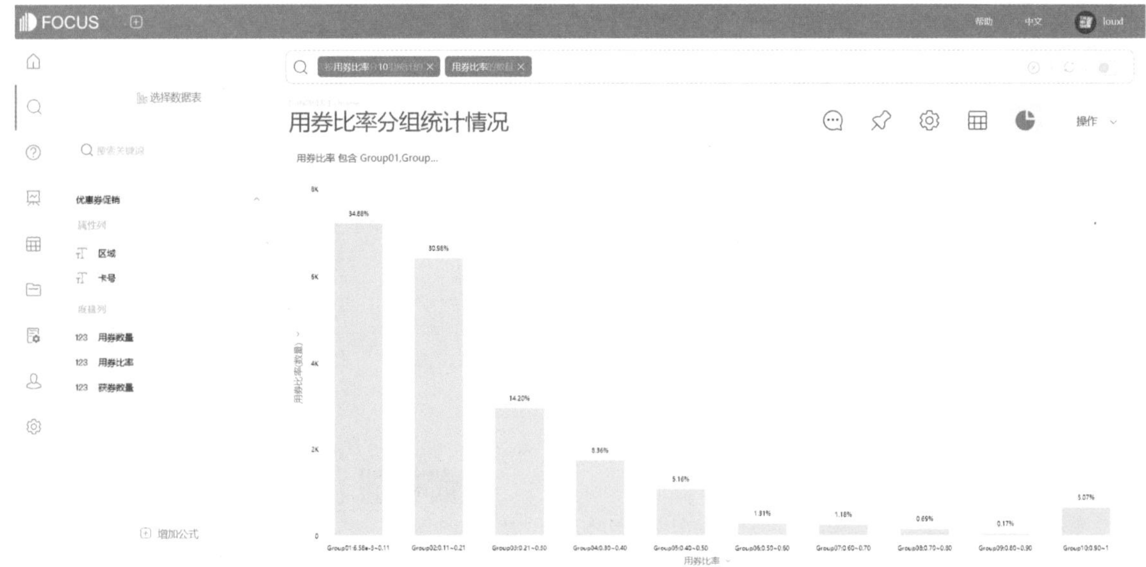

图18-8　用券比率分组统计情况

（6）制作柱状图。选择“价格弹性”数据表，双击“产品小类”“价格变化等级”“销量变化比”，选择柱状图。由于数据差异较大，纵轴的划分并不合理，因此配置图表的数据标尺，根据得出的数据结果配置最小值为-100，最大值为2000（如

图18-9）。最后得出的柱状图，如图18-10所示。

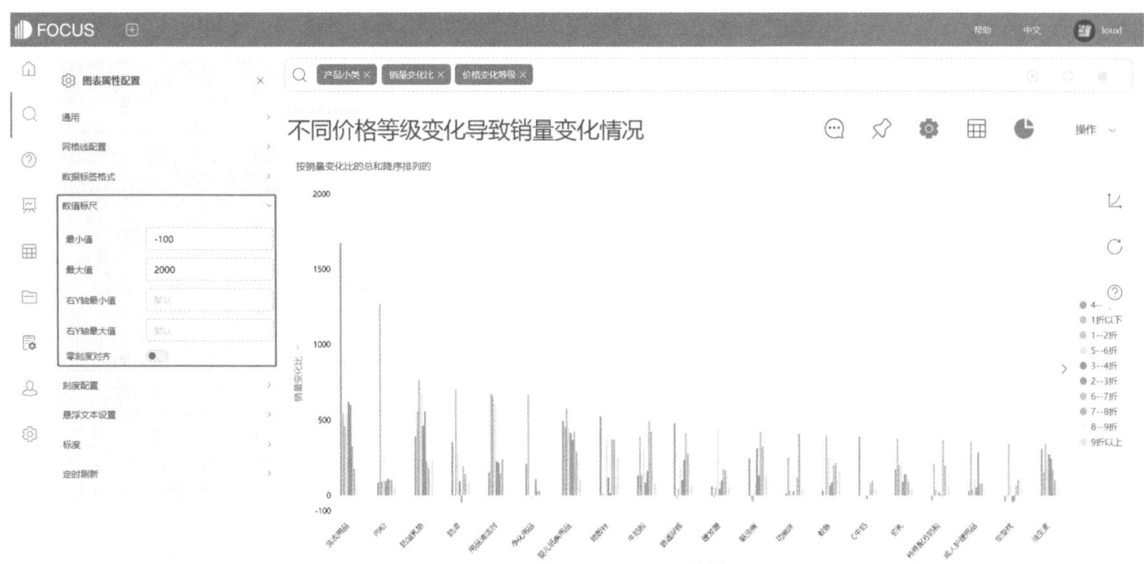

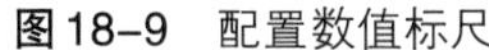

图18-9　配置数值标尺

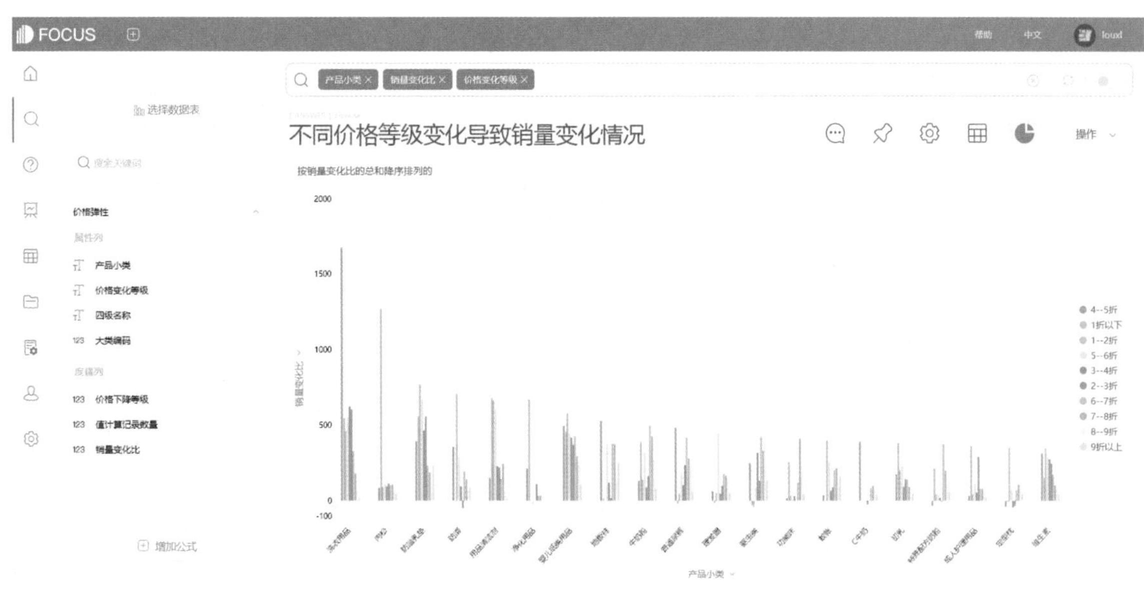

图18-10　不同价格等级变化导致销量变化情况

（7）制作矩形树图。双击“产品小类”“价格变化等级”“值计算记录数量”，并筛选“值计算记录数量的总和>=100”的数据，同时，价格等级筛选去除“1折以下”的数据，最后得出不同价位的产品销售数量情况的矩形树图，如图18-11所示。

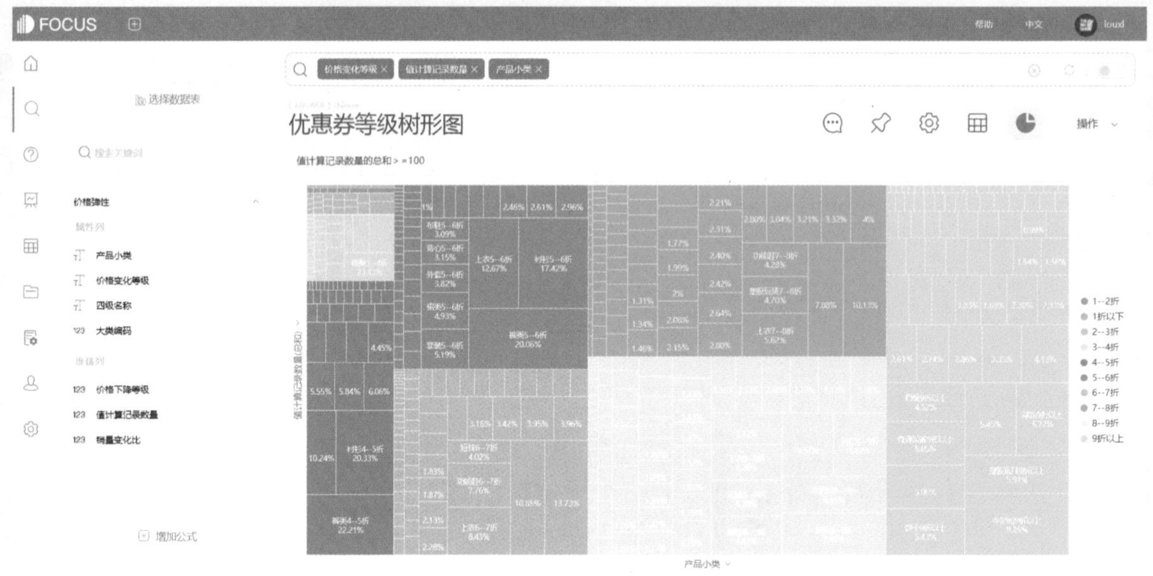

图 18-11　优惠券等级树形

课后习题

利用数据表“价格弹性”，找到每种产品小类销量变化比最大时的价格等级。

第19章 如何衡量媒体的营销价值

随着智能设备的普及以及网络资费的降低，多样化的新媒体平台不断涌现，从文字到图片到短视频，如今每个人都可以轻松地在平台上发布各种形式、各种想法的内容，新媒体平台逐渐发展成为互联网上的流量聚集地。营销就是诸多商业机会中的一环，在新媒体上做营销，可以充分结合新媒体平台的优势，目前业内主流观点认为，新媒体相比传统媒体，有以下几个特点：

（1）信息公开透明：在新媒体平台上，每一个用户都可以成为活动的策划者和参与者、热门信息的见证者和传播者，这些信息免费且可以很方便地搜索到。

（2）丰富的数据信息：通过用户发布的内容、注册资料以及地理位置等信息，可以有效地判断出用户的基本信息、喜好以及购买力，对于企业而言，通过平台自身的数据分析工具或第三方数据分析工具，可以更精准地进行产品或品牌的营销推广。

（3）双向互动：新媒体双向互动的特性能够使企业在与用户日常的互动中准确地了解用户需求，并且可以得到及时反馈。

（4）营销成本低：得益于新媒体平台的运营机制，企业可以直接与消费者产生连接，企业的营销活动可以直接影响消费者，甚至让消费者成为营销活动的传播者，通过便利的新媒体分享功能，进行多节点高频次的传播，但营销成本低并不意味着零成本，必要的营销策划投入，广告的投放与物料制作等，仍会产生成本。

（5）传播范围广：依托于网络及新媒体平台的运营机制，信息通过新媒体可以实现跨地域传播。

（6）及时性强：信息在新媒体平台可以及时高效地传递给用户。

从新媒体营销的市场需求来看，近几年企业在新媒体平台的投入正在逐年增加，尤其是面向大众消费者的企业，新媒体营销正逐渐成为其市场部的重要工作。

从新媒体营销的未来趋势来看，新媒体营销始终离不开新媒体平台，新媒体平台的技术也在不断更新迭代，营销领域的理论与实践也在不断地深入探索，作为新媒体和营销的结合体，未来新媒体营销将会在技术和策划之间寻找平衡点。

19.1 分析：媒体的衡量和筛选

本章以目前最热门的新媒体渠道微信公众号的一份运营数据为分析目标，学会用数据驱动公众号运营，衡量公众号平台价值。

首先我们来看公众号阅读来源分析。阅读来源主要包括：会话、公众号、朋友圈、历史消息、看一看、搜一搜等。会话、公众号反映关注用户的黏性，朋友圈体现了文章的分享情况，看一看、搜一搜则更多是未关注用户的阅读，利用好平台的推荐和流量分发，能有效提升粉丝数和阅读量。

目前该公众号阅读占比如图19-1所示。从图中看出，来源于朋友圈占比29.32%，其次是公众号推送，占比24.15%，来源于聊天会话占比20.37%。可见目前分享带来的阅读量已经超出了公众号关注用户的阅读数，公众号粉丝的用户黏性不足，值得关注和思考如何提升粉丝的活跃度。

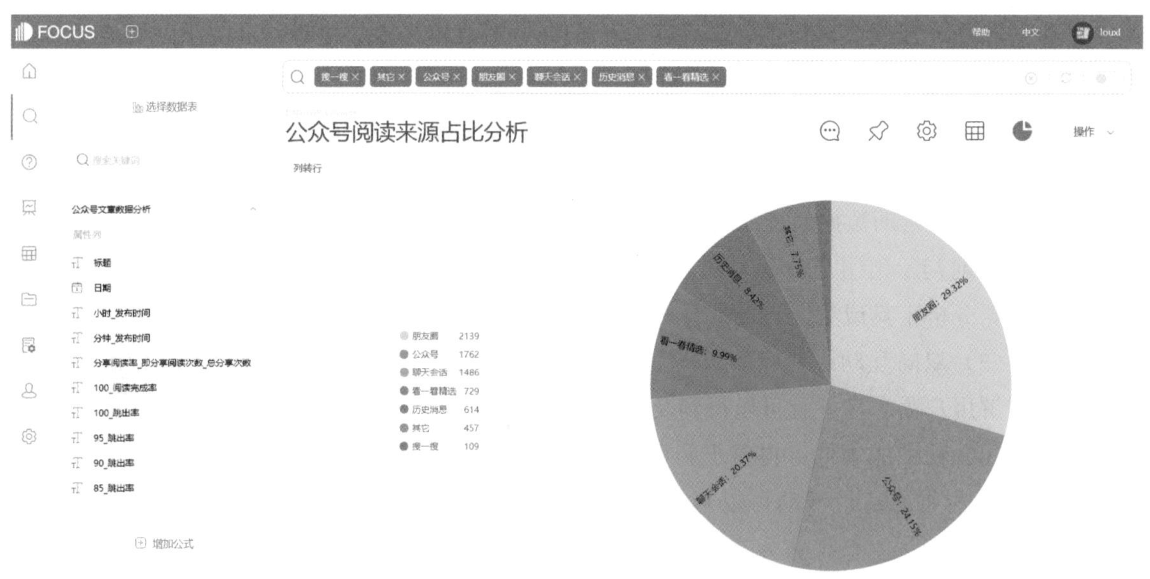

图19-1 公众号阅读来源占比分析

构建一个送达-阅读-分享漏斗，了解阅读人数和分享人数的占比情况，如图19-2所示，从送达人数到阅读人数的平均转化率是4.12%（一般为5%—10%），数据低于平均水平，可见阅读转化率有待提升。从阅读人数到分享人数的平均转化率是9.19%，分享人数占比较高。

图 19–2　公众号行为漏斗

内容是新媒体平台运营的核心，每个新媒体平台都应该有自己的定位，并紧紧围绕定位进行内容输出，因此了解平台不同内容输出的效果至关重要，帮助调整平台运营方向，产出更多优质内容，提升价值。

在案例中，我们把输出内容分为“BI”“分析”“可视化”“教程”“数字化”和“其他”6大类，从阅读量和100%阅读完成率来看，也呈现出了明显的差异。在其余版块中，包含更多捕捉热点内容，带来的阅读量和阅读完成率都领先其余版块。可见思考如何结合热点，提升核心内容的吸引力，是运营要重点考虑的问题。

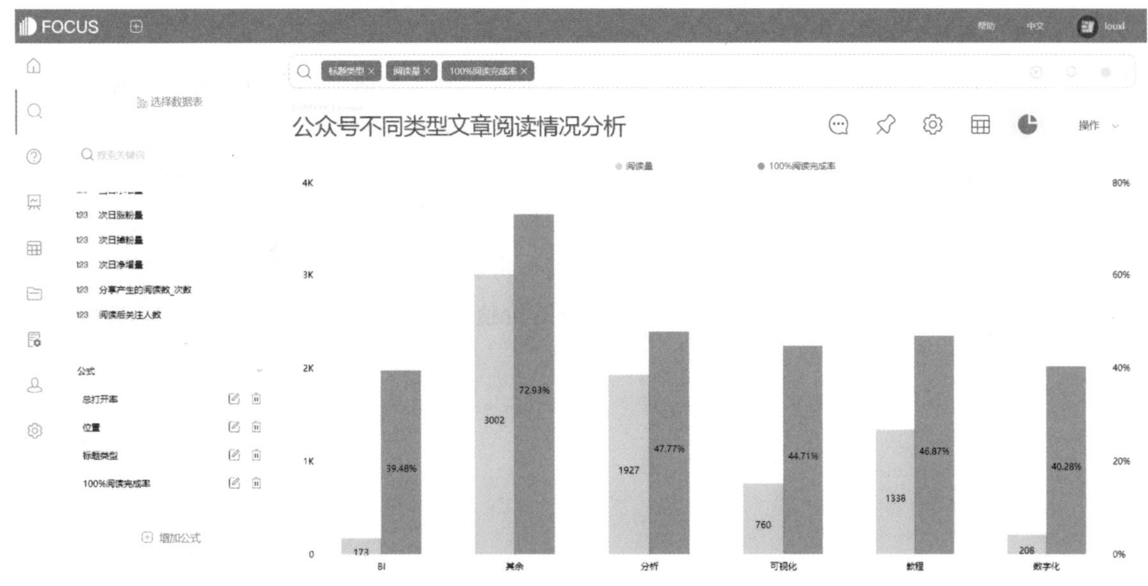

图 19–3　公众号不同类型文章阅读情况分析

在上一个分析的基础上，继续来看各版块内容的发布数量是否均衡，以及平均阅读量的差异。

延续上述的分类标准，我们把输出内容分为“BI”“分析”“可视化”“教程”“数字化”和“其他”6大类。目前各版块的发布数不均衡，可以适当调整比例。从平均阅读量来看，也呈现出了明显的差异。比如“数字化”这一关键词下的内容阅读量较高，但发布数较少，可以增加，提升内容价值。

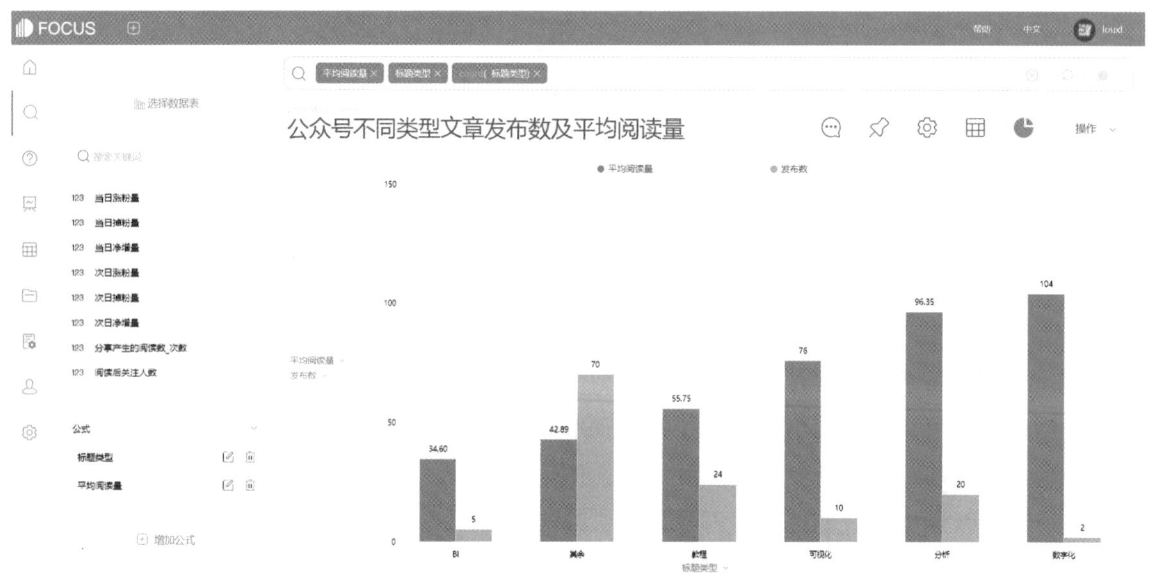

图19-4 不同类型文章发布数及平均阅读量

最后我们可以构建一个新媒体价值分析的数据看板，在数据看板中可以动态跟踪平台状态，如图19-5所示。

指标或许不是唯一的，或许还有更加复杂或者更加全面的指标分析方法，但是对于数据决策者来说，最需要的应是更快、更准、更具洞察的结果，而不是产生的视图有多高端或者复杂。对于媒体的信息或数据来说，在这个时代最明显的特征就是去中心化，而媒体产生的最终价值还是广告和营销。无论是对内的广告组织、商品搭建，还是对外的消息推送，都需要数据分析支持。我们从来源分析、分享情况和内容效果分析了新媒体渠道微信公众号的价值，以期提升平台潜力和传递长期价值。

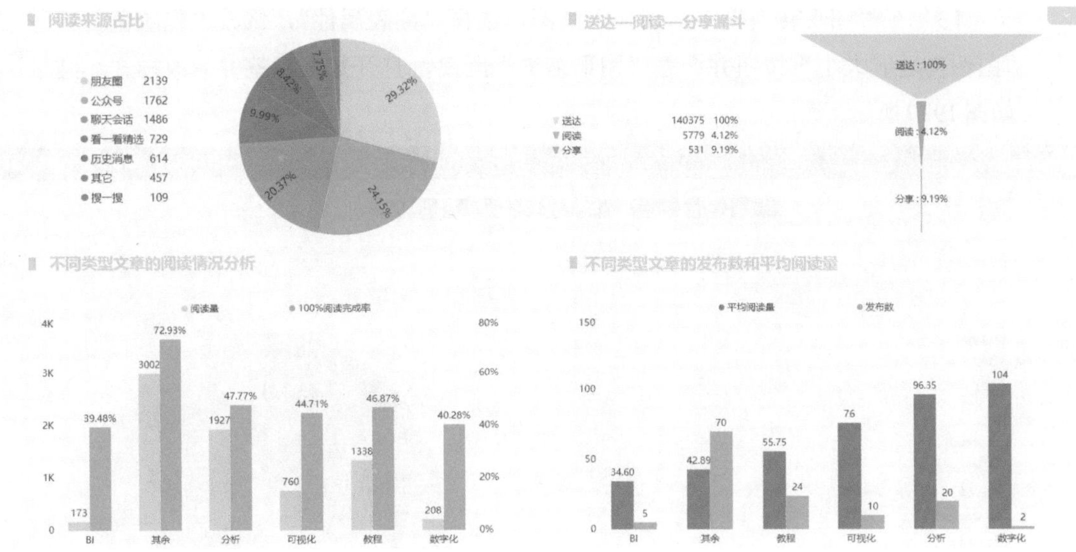

图19-5 新媒体数据看板

19.2 技术实现：应用DataFocus实现19.1的分析

（1）导入数据。将分析所需的数据“公众号文章数据分析”导入DataFocus系统，选择恰当的数据类型。

（2）行列转换。双击选择“公众号_阅读次数”“朋友圈_阅读次数”“聊天会话_阅读次数”“历史消息_阅读次数”“搜一搜”“看一看精选_阅读次数”“其它”，点击右上角“操作”，选择“数据转换”，输入列名，将数据通过列转行转换成一个属性列和一个数值列的数据表，如图19-6所示。

图19-6 行列转换

（3）在“图形转换”中，切换为饼图，选择“图表属性”，修改主题颜色，打开“图例自适应大小”按钮并调整“图形缩进”距离，打开数据标签并修改样式，结果如图19-7所示。

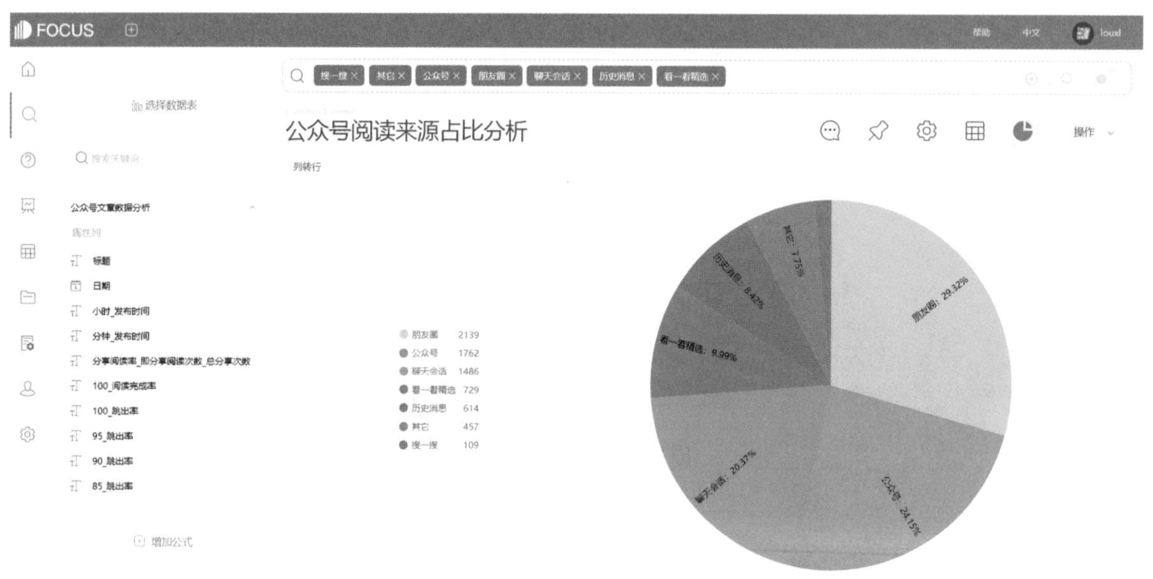

图19-7　阅读来源占比分析

（4）行列转换。双击选择列名“送达人数”“阅读人数”“分享人数”，点击右上角“操作”，选择“数据转换”，输入列名，将数据通过列转行转换成一个属性列和一个数值列的数据表，如图19-8所示。

图19-8　行列转换

（5）点击“图形转换”切换为漏斗图，打开数据标签并修改样式，如图19-9所示。

图19-9　公众号行为漏斗

（6）创建公式“标题类型”。通过标题中包含的关键词类型，我们将文章类型分为6大类。点击“增加公式”，输入公式名“标题类型”，输入公式内容：if contains（标题，“数字化”）then“数字化”else if contains（标题，“可视化”）or contains（标题，“数据看板”）or contains（标题，“报告”）or contains（标题，“仪表盘”）or contains（标题，“仪表板”）then“可视化”else if contains（标题，“BI”）or contains（标题，“商业智能”）then“BI”else if contains（标题，“小学堂”）or contains（标题，“小技巧”）or contains（标题，“34招”）or contains（标题，“实例”）or contains（标题，“案例”）then“教程”else if contains（标题，“分析”）then“分析”else“其余”。点击“确定”保存，如图19-10所示。

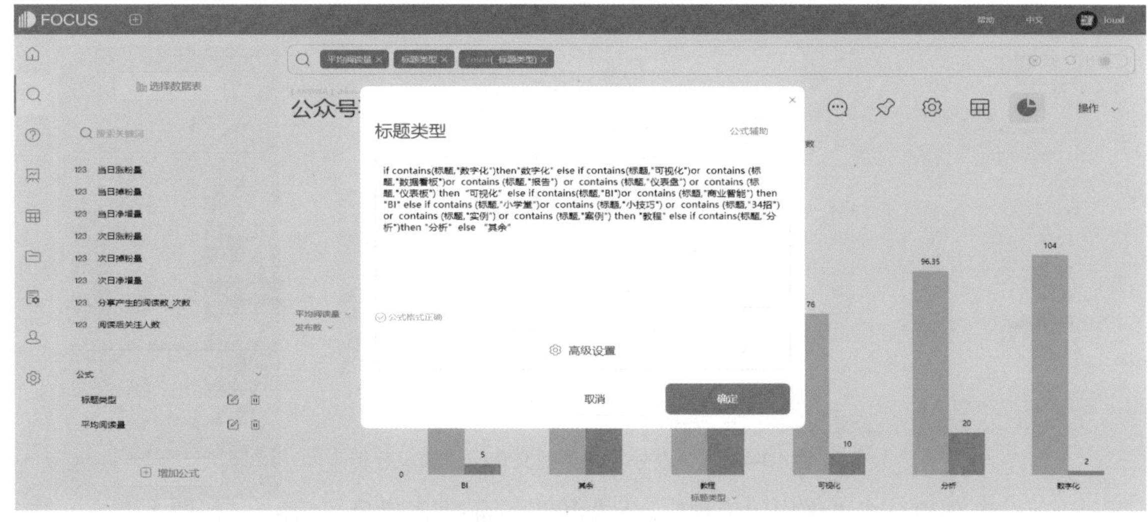

图19-10　创建公式“标题类型”

（7）创建公式“100%阅读完成率”。由于原始数据中的100%阅读完成率是属性列，我们需要做相应的转化，公式内容：to_double（substr（100_阅读完成率，1，strpos（100_阅读完成率，“%”）-1））/100。如图19-11所示。

图19-11　创建公式“100%阅读完成率”

（8）双击选择“标题类型”“100%阅读完成率”“阅读量”，获取公众号不同类型文章阅读情况分析，如图19-12所示。

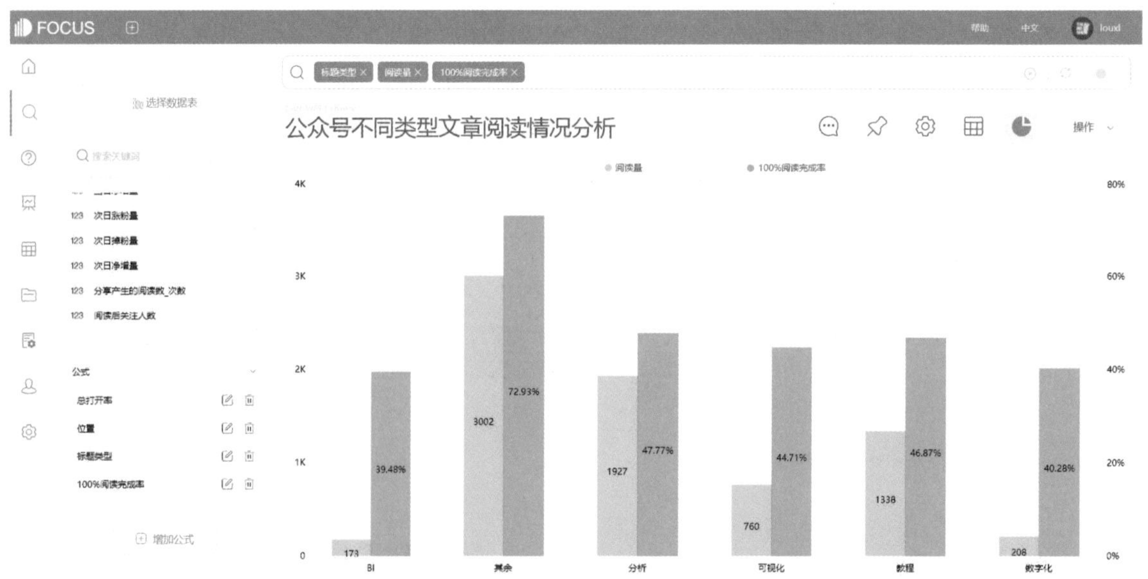

图19-12　公众号不同类型文章阅读情况分析

（9）创建公式“平均阅读量”，公式内容：sum（阅读量）/count（标题类型）。

双击选择“标题类型”“平均阅读量”，输入count（标题类型），获取公众号不同类型文章发布数及平均阅读量，如图19-13所示。

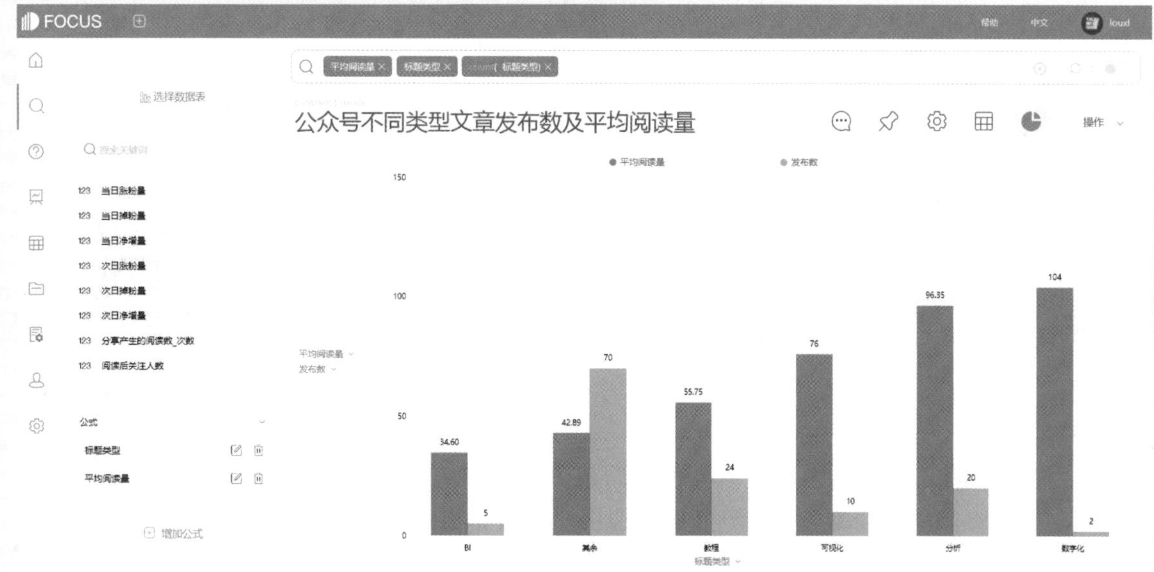

图19-13 公众号不同类型文章发布数及平均阅读量

课后习题

利用数据表“公众号文章数据分析”，分析每个标题类型阅读量排名前3的文章。

第20章 A/B测试分析

A/B测试方法是为Web或APP界面或流程制作的两个（A/B）或多个（A/B/n）版本，在同一时间维度，分别让组成成分相同或相似的访客群组（目标人群）随机地访问这些版本，收集各群组的用户体验数据和业务数据，最后分析、评估出最好的版本，正式采用。A/B测试的原理类似于初高中科学实验的控制变量法，控制其余变量，使之相同或相近，改变某一个变量，最后观察结果是否出现显著的差异。A/B测试最早流行于互联网领域，用于测试所设计的产品功能受欢迎的程度，如今也广泛用于营销策略的制定中。

20.1 新套装促销的A/B测试

本章节的数据来源于某一家连锁比萨店铺。该店铺采用了两种不同的营销方式，希望通过对比实验，找出更加适合该店铺的营销方式。因此他们为每家店铺选择了3家情况相近的对照店铺，每家测试店铺和3家参照店铺为一组，一共准备了9组，进行对比测试，测试时长为23周。

接下来就可以对A/B测试结果进行分析。在分析前，先对数据结构进行了解。“测试分组信息表”中有三个字段，分别是“店铺编号”“是否为测试组”“测试组”。店铺编号是该比萨店所有117家店铺的代号；“是否为测试组”中的“0”代表不是测试店铺，“1”代表测试店铺；测试组就是测试店铺。“全部销售数据”中有三个字段，分别是“店铺编号”“日期”和“周销售额”。该表中每一条数据代表在这个日期所处的一周内，该代号的店铺一周的总销售额。

首先分析测试店铺在测试期前后平均周销售额的对比情况。通过添加公式区分测试时期，“测试前”代表非测试时期，“测试期”代表测试时期。如图20-1所示，蓝色的条形长度全部大于黄色，说明所有参与测试的店铺在测试期的销售额都有所提升，但没有某个店铺出现特别高的情况。因此这并不能说明是营销方式变化所带来的销售额提升，也可能是市场环境的变动。

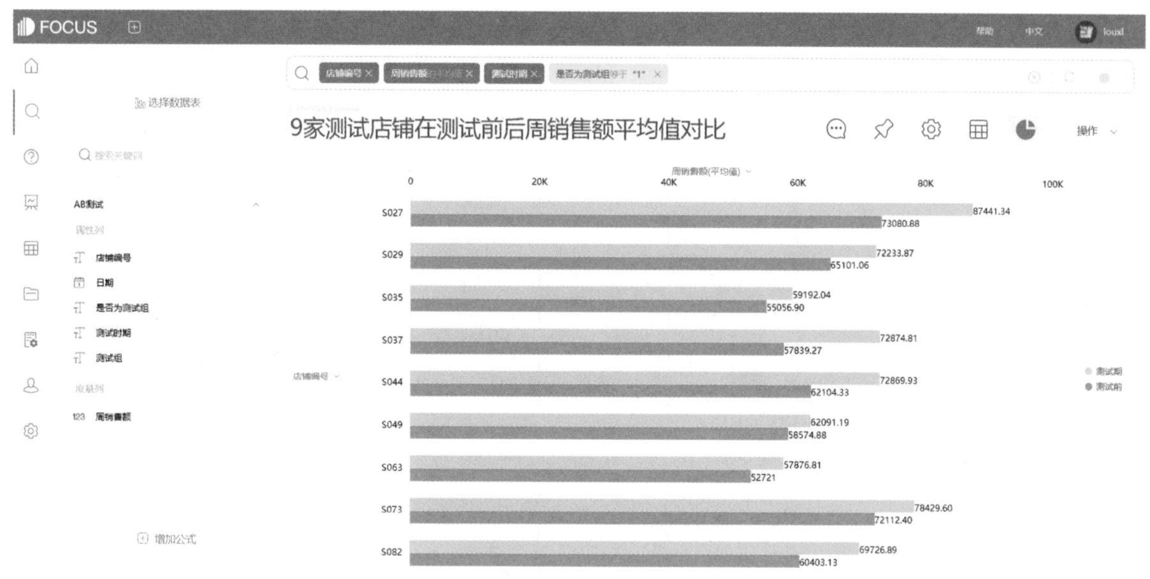

图20-1　9家测试店铺在测试前后周销售额情况对比

如图20-2所示，9家测试店铺汇总的周销售额平均值在测试期前后的情况，可以发现，测试期的柱体高度也明显高于测试前，呼应图20-1。

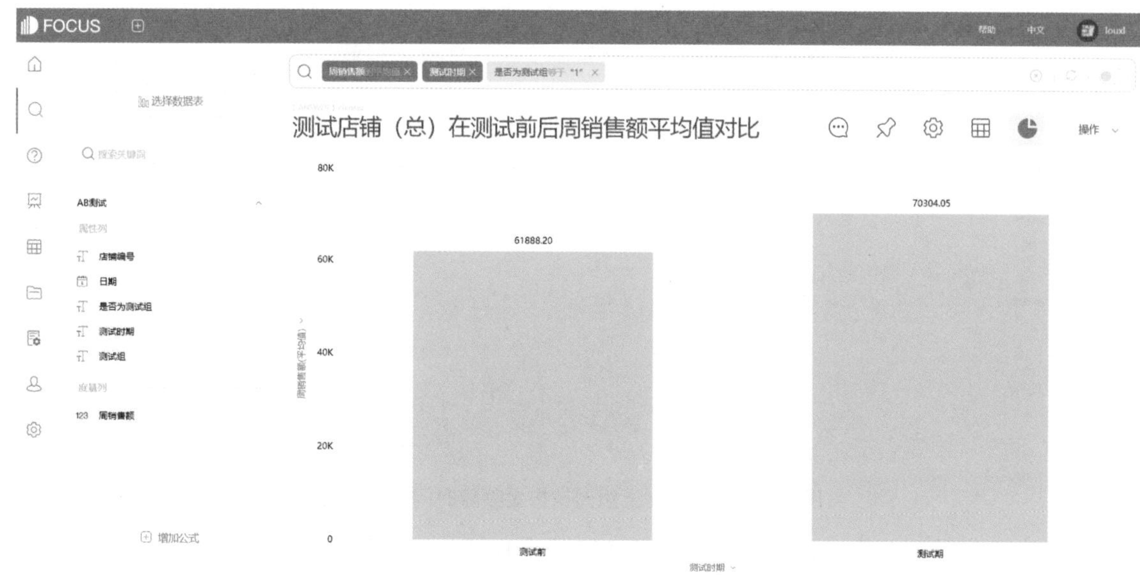

图20-2　测试店铺总体周销售额情况

接下来绘制各测试店铺随着时间变动的周销售额的折线图，如图20-3所示。同时，可以对比单个测试组中测试店铺与其3家参照店铺的周销售额随时间变化情况，如图20-4所示。通过筛选测试组编号，可以将9个测试组的数据都进行展示，这里只展示了测试组为“S027”的情况。

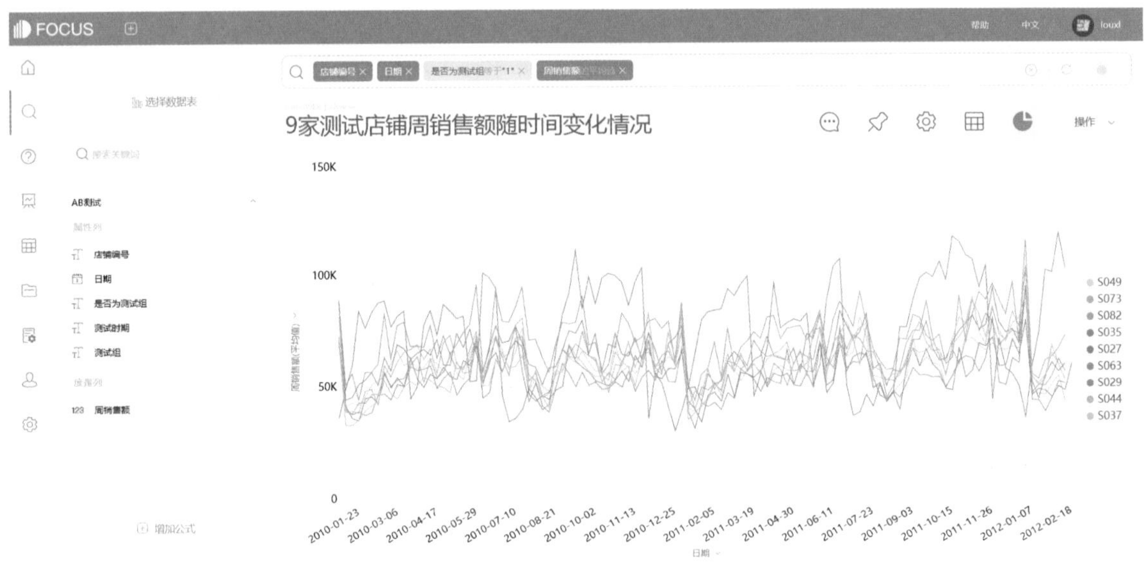

图20-3　9家测试店铺周销售额随时间变化情况

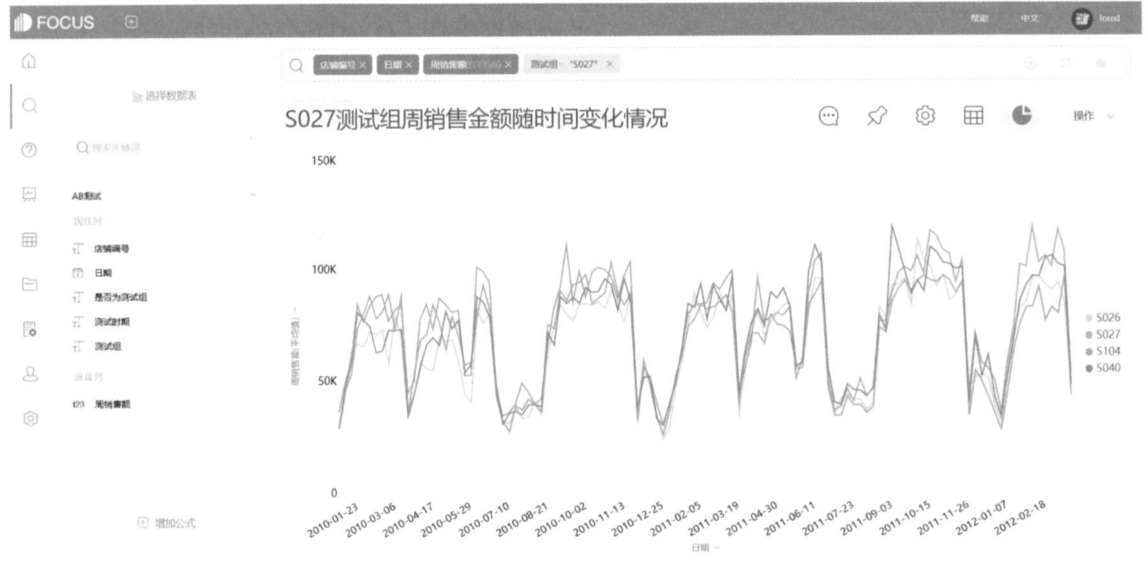

图20-4　S027测试组周销售金额随时间变化情况

继续绘制各测试组周销售额变动情况的堆积柱状图，柱形高度为测试期前后每家店铺周平均销售额的增长百分比。从图20-5可以看出，除了S049组，其余各组的测试店铺的周销售额增长百分比都是组内最高的，因此，基本可以确定，采用新的营销方式能提升店铺的销售额。

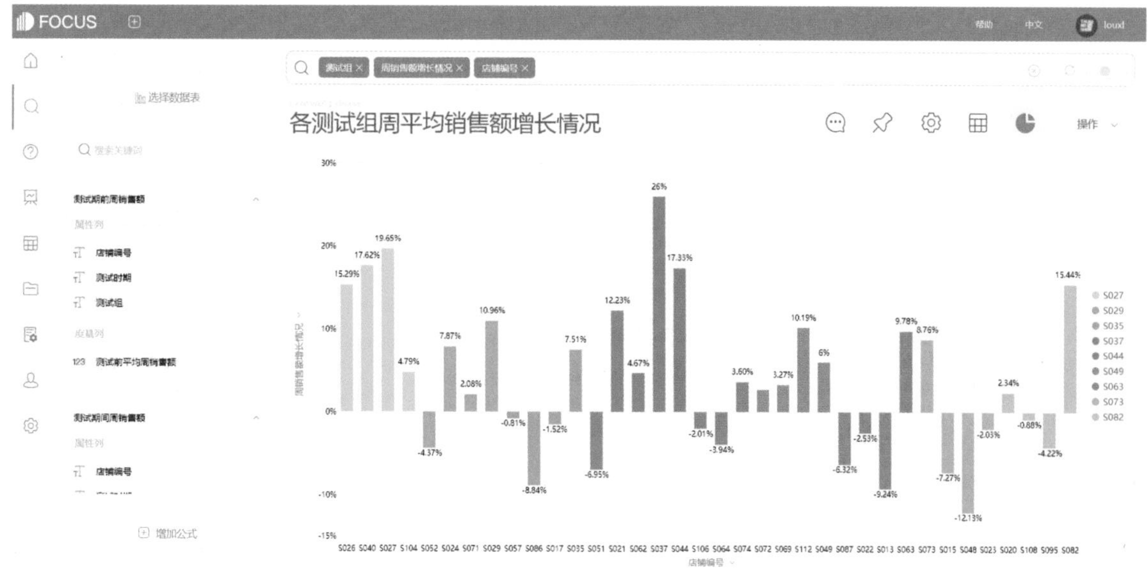

图20-5　各测试组周平均销售额增长情况

20.2 技术实现：应用DataFocus实现20.1的分析

（1）导入数据。将分析所需的数据“测试分组信息表”“全部销售数据”导入DataFocus系统，选择恰当的数据类型。

（2）关联数据表。通过“店铺编号”字段将“测试分组信息表”和“全部销售数据”两个数据源进行关联，如图20-6所示。

图20-6　关联数据源

（3）区分测试前与测试期。选中两个数据源，通过公式添加字段“测试时期”，内容为：if日期大于“2011/10/8”then“测试期”else“测试前”。将整个时间周期划分为测试期和测试前，2011年10月8日（包括2011年10月8日）前划分为“测试前”，2011年10月8日之后为“测试期”，如图20-7。

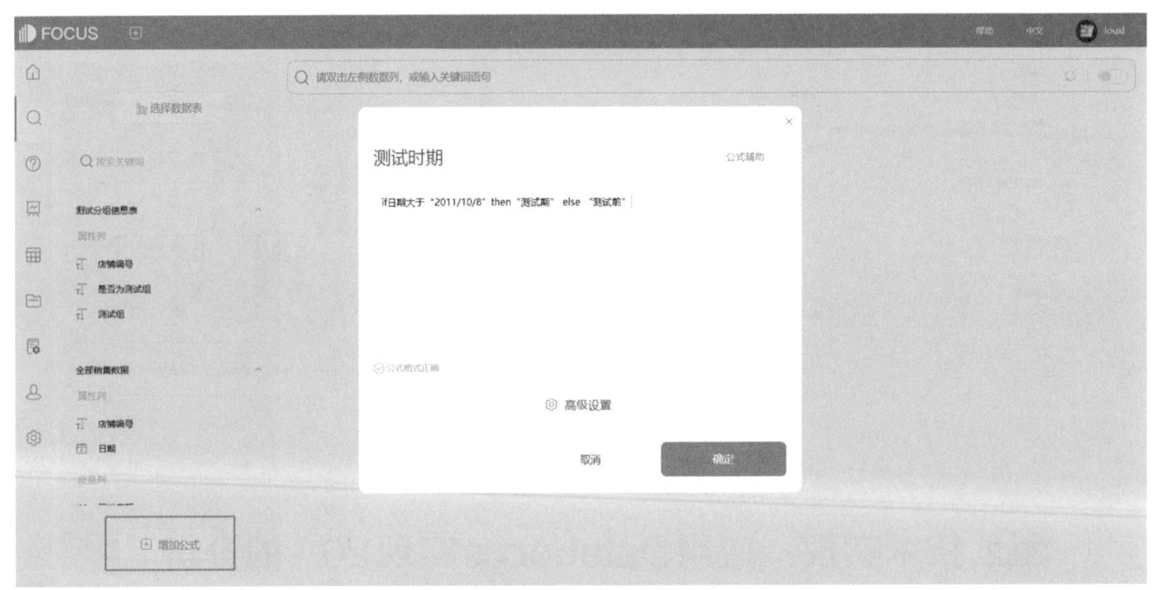

图20-7　公式创建“测试时期”字段

（4）创建中间表“AB测试”。选中“全部销售数据”数据源的全部列，“测试分组信息表”的“是否为测试组”“测试组”和添加的“测试时期”字段，如图20-8；单击“保存为中间表”，并将中间表命名为“AB测试”，如图20-9。

图20-8　选中数据列

图20-9　创建中间表

（5）制作条形图。选择中间表“AB测试”，双击选择“店铺编号”“测试时期”和“周销售额”进入搜索框。输入筛选条件“是否为测试组等于‘1’”，即将所有测试组店铺筛选出来，周销售额的聚合方式修改为“平均值”，得到9家测试店铺在测试期前后周销售额平均值的对比情况，如图20-10所示。

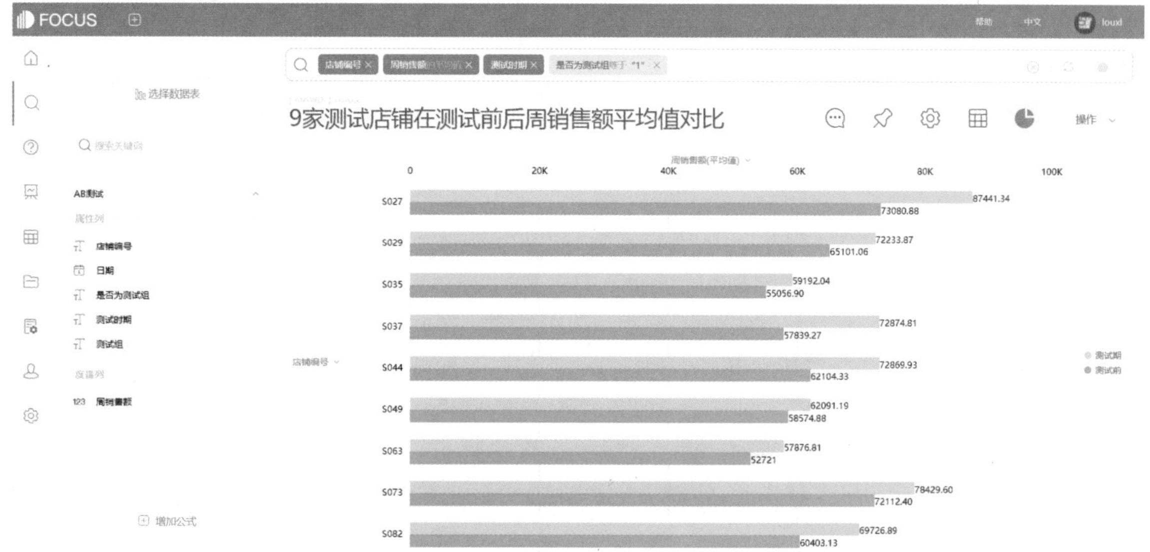

图20-10　9家测试店铺在测试前后周销售额平均值对比

（6）制作总体销售额柱状图。在图20-10的基础上，删去“店铺编号”字段，图表类型选择柱状图，即可得出9家测试店铺测试期前后总体周销售额的对比情况，如图20-11所示。

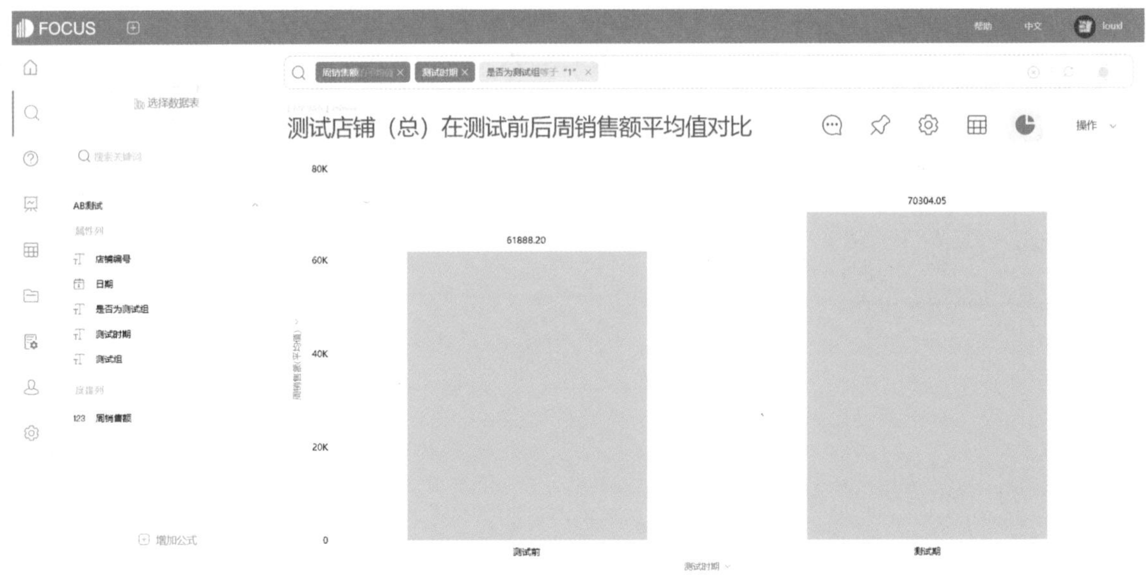

图20-11 测试店铺(总)在测试前后周销售额平均值对比

（7）制作折线图。双击选择“店铺编号”“日期”和“周销售额”进入搜索框，输入筛选条件“是否为测试组等于‘1’”，周销售额的聚合方式修改为“平均值”，可以得到9家测试店铺周销售额的平均值随时间变化的情况，如图20-12。

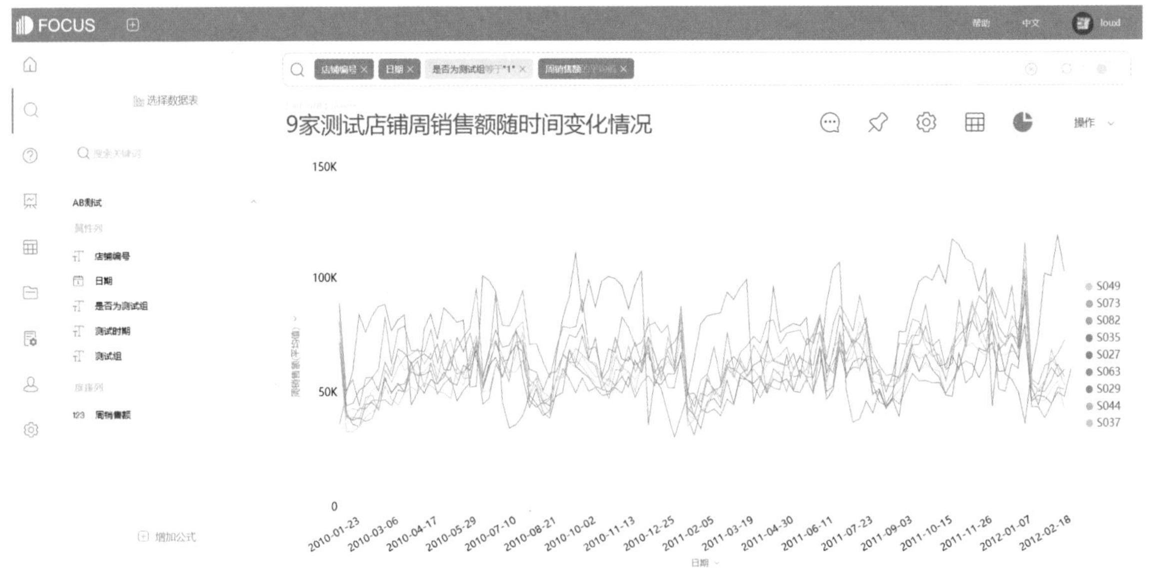

图20-12 9家测试店铺周销售额随时间变化情况

（8）制作每个测试组的折线图。每家测试店铺都有3家参照店铺，图20-12无法显示各个测试组的时序变动情况，因此需要筛选出某一测试组进行具体分析。如图20-13所示，双击选择“店铺编号”“日期”“周销售额”进入搜索框，输入筛选条件“测试组＝‘S027’”，周销售额的聚合方式修改为“平均值”，即可对比S027（测试店铺）与其对照店铺的周销售额的时序变动情况。同理，可以依次筛选测试组为“S029”“S035”“S037”……然后将其放入同一看板中进行观察与分析。

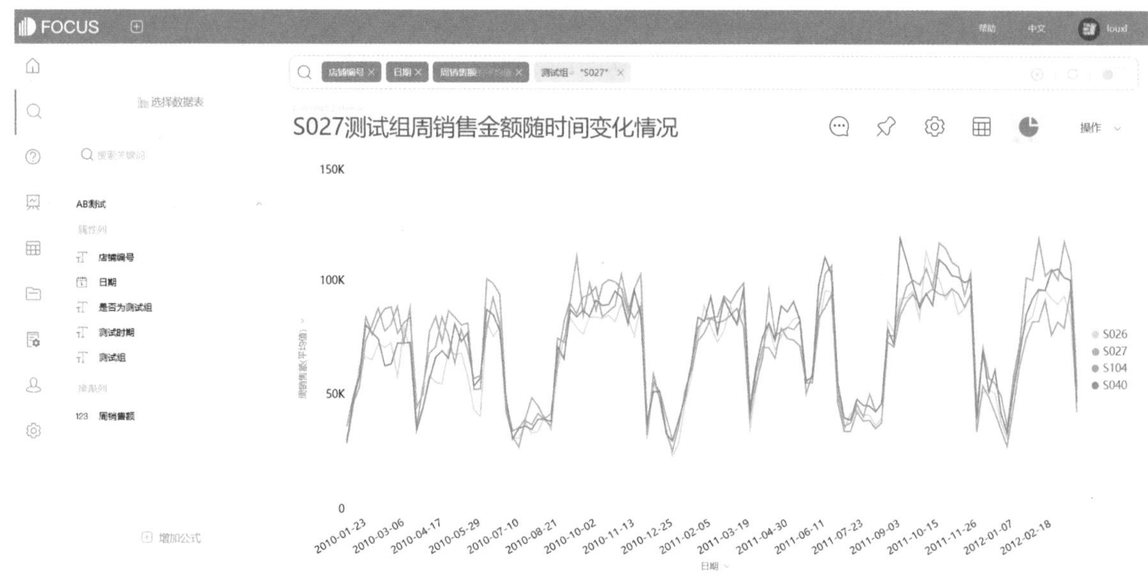

图20-13　S027测试组周销售金额随时间变化情况

（9）创建“各测试组平均销售额”中间表。双击选择“店铺编号”“测试时期”“周销售额”“测试组”进入搜索框，周销售额的聚合方式修改为“平均值”，输入“测试组不为空”，右上角操作保存为中间表，并将中间表命名为“各测试组平均销售额”，如图20-14。

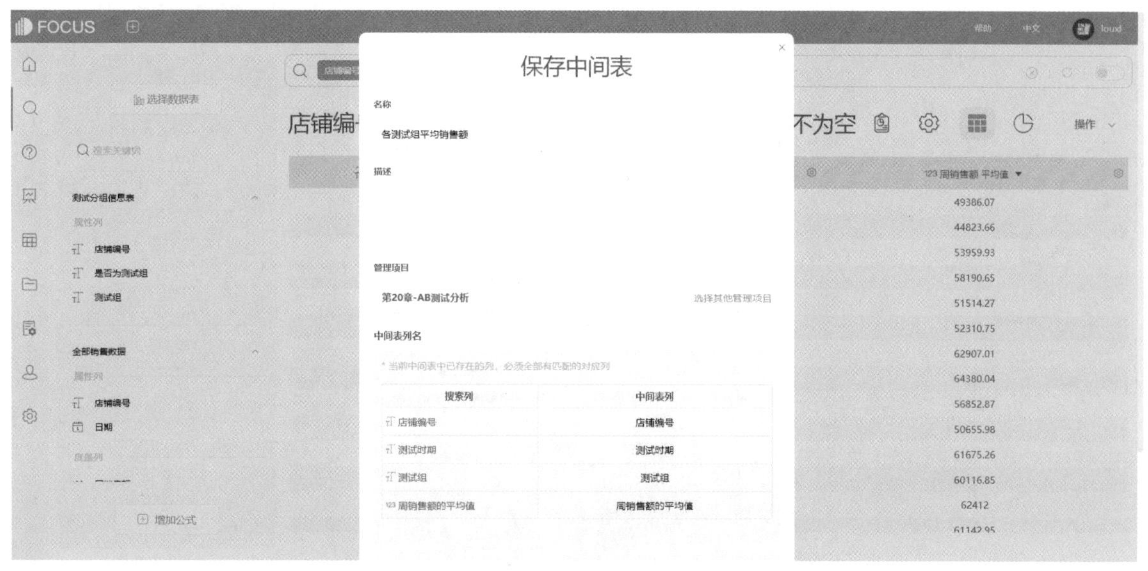

图20-14　创建“各测试组平均销售额”中间表

（10）创建“测试期前周销售额”中间表。选择数据表“各测试组平均销售额”，双击所有列进入搜索框，输入筛选条件“测试时期等于‘测试前’”，右上角操作保存为中间表，并将中间表命名为“测试期前周销售额”，如图20-15。

图20-15　创建“测试期前周销售额”中间表

（11）制作“测试期间周销售额”中间表。在图20-15的基础上，更换筛选条件为测试时期等于“测试期”，右上角操作保存为中间表，并将中间表命名为“测试期间周销售额”，如图20-16。

图20-16　创建“测试期间周销售额”中间表

（12）创建关联关系。将制作完成的“测试期前周销售额”和“测试期间周销售额”中间表通过测试组和店铺编号进行关联，如图20-17。

图20-17　创建关联关系

（13）计算周销售额的增长情况。将“测试期前周销售额”和“测试期间周销售额”作为数据源，添加公式“周销售额增长情况”，输入“（测试期间平均周销售额-测试前平均周销售额）/测试前平均周销售额”，计算测试期前后各测试组店铺周平均销售额的变动百分比，如图20-18。

图20-18　公式创建“周销售额增长情况”字段

（14）绘制堆积柱状图。双击选择任一数据源的“测试组”“店铺编号”和公式“周销售额增长情况”进入搜索框，选择堆积柱状图，如图20-19所示。

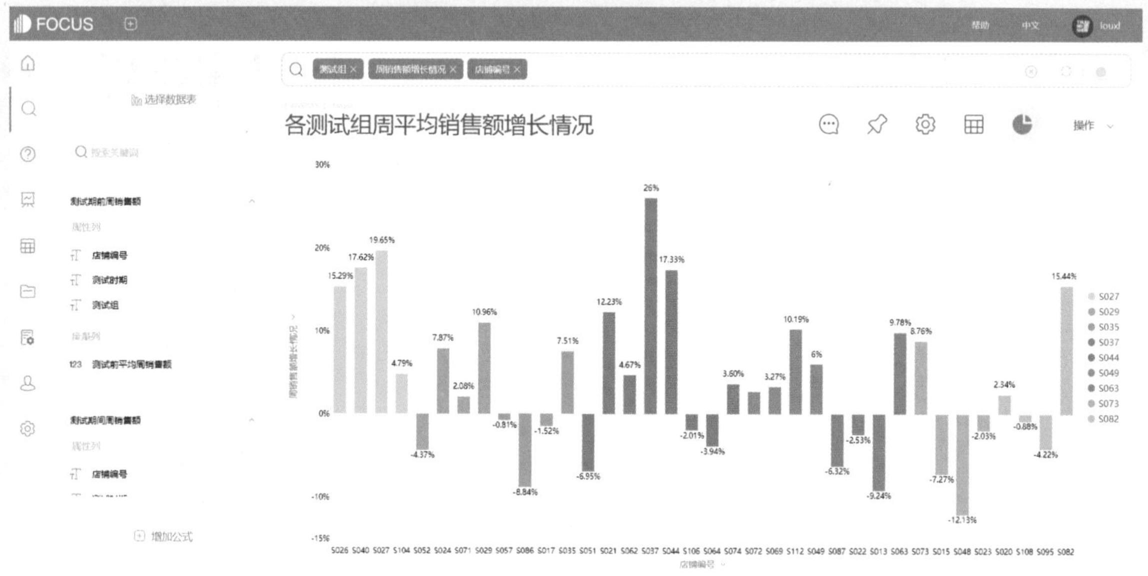

图20-19　各测试组周平均销售额增长情况

20.3 A/B测试

A/B测试一般常用于验证用户体验、市场推广策略等是否正确。通过A/B测试，可以消除客户体验设计中因意见不同而产生的纷争，根据实际效果确定最佳方案；通过对比实验，可以找到问题产生的真正原因，提高产品设计和运营水平；可以建立数据驱动、持续优化的闭环；还可以降低新产品或新特性的发布风险，为产品创新提供保障。

课后习题

利用数据表“AB测试”，制作每个测试组的周销售金额随时间变化折线图。

第21章 购物篮分析

购物篮分析也叫关联分析，是寻找数据之间关联关系的一种分析方法，简单来说就是找出哪些商品放在一起可以带来最大收益。商家往往通过挖掘顾客的购买行为来了解客户，获得更大的利益。我们平时讲到数据挖掘就会提及的“啤酒与尿布”的故事，其实就是一种购物篮分析，沃尔玛将啤酒和尿布两个看上去似乎没有任何关系的商品放在一起进行销售，居然获得了非常好的销售收益。购物篮分析可以帮助我们在门店的销售过程中找到具有关联关系的商品，并以此获得销售收益的增长。

商品相关性其实是因果关系的一种形式。在“啤酒与尿布”的故事中，“尿布”是“原因”，引起了“啤酒加尿布”这样的“结果”。因果关系代表了客户购买行为中的购买目标，不能颠倒因果关系之间的先后顺序，否则会产生适得其反的效果。比如只看到了啤酒畅销，于是拼命组织啤酒促销，但是忘了啤酒与尿布之间的关联关系，结果啤酒的销量反而下降了，这就是忽略了啤酒与尿布的关系导致啤酒滞销的因果关系。

提到商品相关性，很多人认为那就是数据分析的事儿，于是忙着从数据中找商品之间的关联性，其实更重要的是要关注客户心理层面的因素。客户在购物时的心理行为是产生商品之间关联关系最基本的原因，因此在找到购物篮规律时，必须从客户消费心理层面解释这些关联关系。要想详细了解商品相关性形成的客户心理因素，就需要对客户的消费行为进行反复观察，构建客户购物篮场景，这样才能将“啤酒与尿布”的故事发扬光大。

21.1 购物篮分析

商店中的关联性比比皆是，比如便利店的碳酸饮料、矿泉水的销售量与天气温度就具有很强的相关性。为此，日本的零售企业特地制订了碳酸饮料气温指数、矿泉水气温指数，德国的啤酒商制订了啤酒气温指数，等等。

本章节的数据来源于某家大型超市。该超市也想探寻“啤酒与尿布”的神奇关联，通过增加购物篮中的商品数量达到增加销售额的目的，从而获得更大的经营收益。

首先分析不同商品交叉购买的次数，交叉购买的次数多，说明潜在的相关性强。通过添加公式（如图21-1所示）进行筛选，结果如图21-2所示。从数据可以看到，左上角区域的交叉购买次数较多，尤其是椅子类和收纳具同时购买的次数最高，建议继续进行跟踪查看。

图21-1　公式创建“排除后的值”字段

也可以将数据表切换为新气泡图进行查看，气泡图的大小能够反映出数据的大小，结果如图21-3。

子类别信息 排除后的值 排除后的值不为空 count(排除后...

子类别信息	排除后的值	count(排除后的值)
书架	收纳具	177
书架	桌子	44
书架	复印机	147
书架	椅子	209
书架	用品	165
书架	美术	137
书架	纸张	147
书架	设备	83
书架	电话	152
书架	配件	157
书架	用具	161
书架	系固件	154
书架	标签	131
书架	装订机	201

(显示 1- 272 行)

图21-2 查看数值表

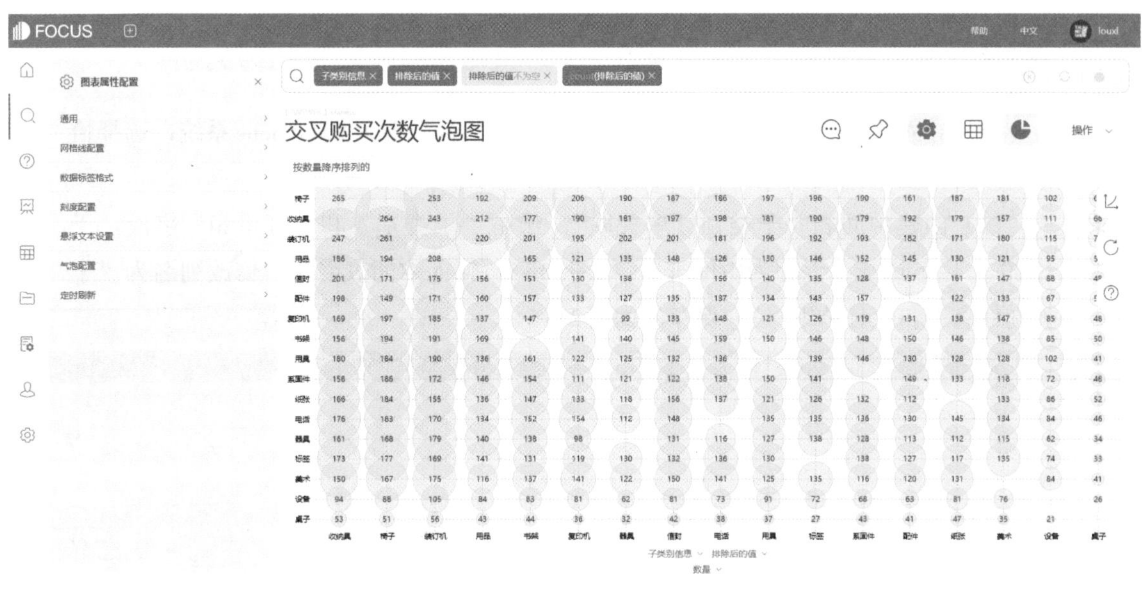

图21-3 交叉购买次数气泡图

次数反映的是绝对大小，我们进一步了解一下各子类别商品与其他类别商品交叉购买的订单占该类别总订单数的占比。计算“交叉订单数/订单数量”求取占比，结果如图21-4所示。从图中可以看到，桌子与装订机共同购买的订单在所有含桌子的订单中占比42%，也是一个值得关注的关联组合，此外，桌子-椅子、桌子-收纳具、用品-装订机、复印机-椅子都是值得进一步探索关联关系的组合，也许“啤酒与尿布”的经典组合就藏在其中。

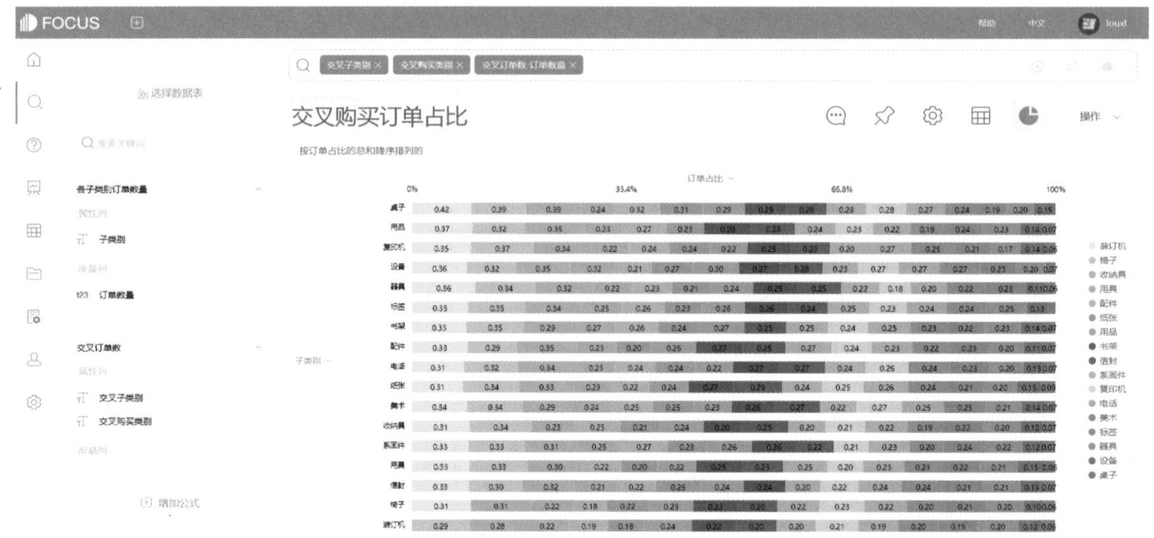

图21-4 交叉购买订单占比

21.2 技术实现：应用DataFocus实现21.1的分析

（1）导入数据。将分析所需的数据“购物篮分析”导入DataFocus系统，选择恰当的数据类型。

（2）创建中间表“子类别订单关联”。选中“子类别”和“订单Id”字段，于“操作”栏下选择“保存为中间表”，如图21-5，输入中间表名称，修改列名为“子类别信息”和“订单编号”，保存，如图21-6。

图21-5 选择数据列保存为中间表

图21-6 创建中间表"子类别订单关联"

（3）创建关联关系。在"数据表管理"或"资源管理"中找到该中间表，进入表详情的关联关系页面，通过订单Id将刚创建的中间表与"购物篮分析"进行关联。

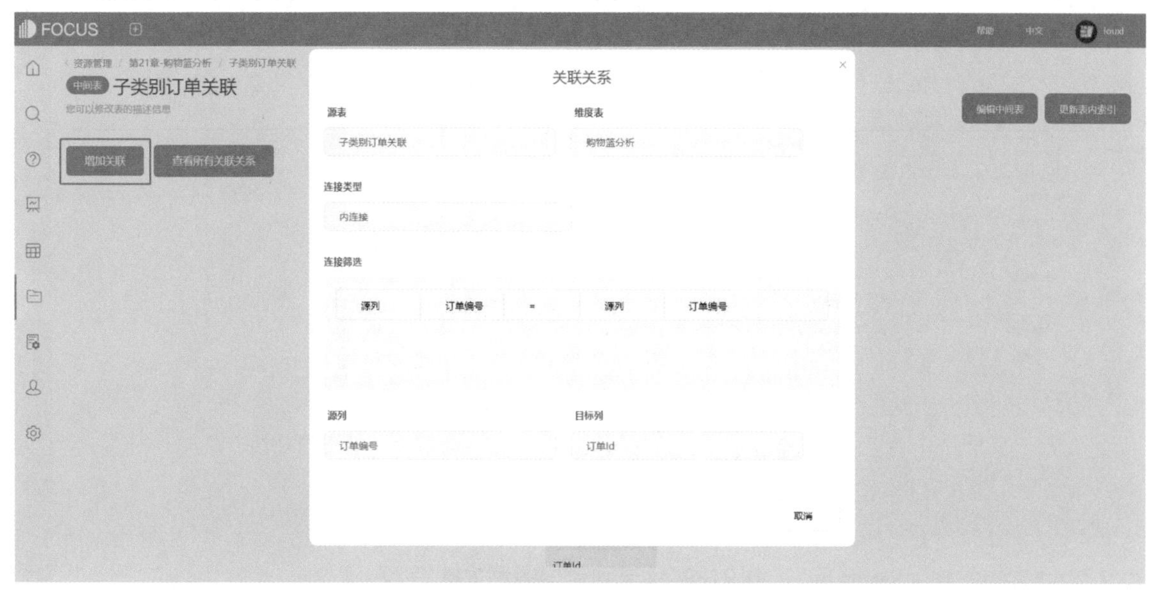

图21-7 创建关联关系

（4）订单匹配。依据订单编号，将中间表各子类别与原表中相同订单的其他子类别进行匹配。将"子类别订单关联"和"购物篮分析"作为数据源，添加公式"筛选"，公式为"not_contains（子类别，子类别信息）"，如图21-8。

图21-8　公式创建"筛选"字段

（5）添加公式“排除后的值”，公式为“if筛选＝True then子类别else ‘’”，如图21-9。

图21-9　公式创建"排除后的值"字段

（6）双击选择“子类别信息”“排除后的值”进入搜索框，输入“count（排除后的值）”，使用关键词“不为空”排除空值。点击数值表中进行查看，并按降序排列，如图21-10。

图21-10　查看数值表

（7）在“图形转换”中，切换为新气泡图，气泡图的大小表示关联关系的大小，结果如图21-11所示。

图21-11　交叉购买次数气泡图

（8）将上述图表保存为中间表，输入中间表名称“交叉订单数”，保存，如图21-12。

图21-12 创建中间表“交叉订单数”

（9）继续使用“购物篮分析”数据表创建中间表，双击键入子类别字段，输入“count（订单Id）”，保存为中间表“各子类别订单数量”，如图21-13。

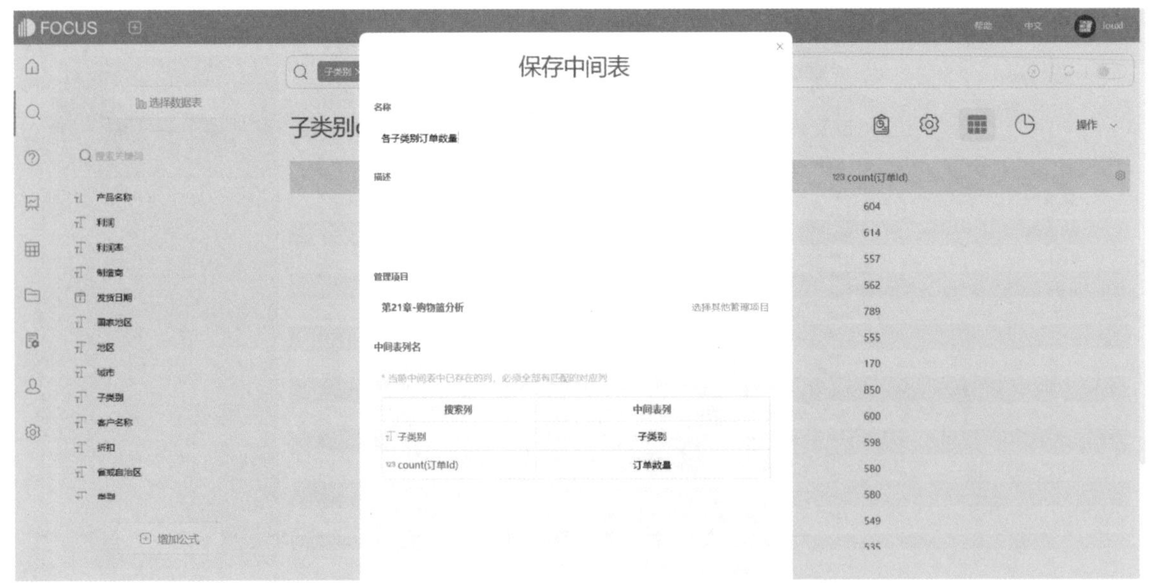

图21-13 创建中间表“各子类别订单数量”

（10）创建关联关系。在“数据表管理”或“资源管理”中找到该中间表，进入表详情的关联关系页面，通过子类别将刚创建的中间表与“交叉订单数”进行关联，如图21-14所示。

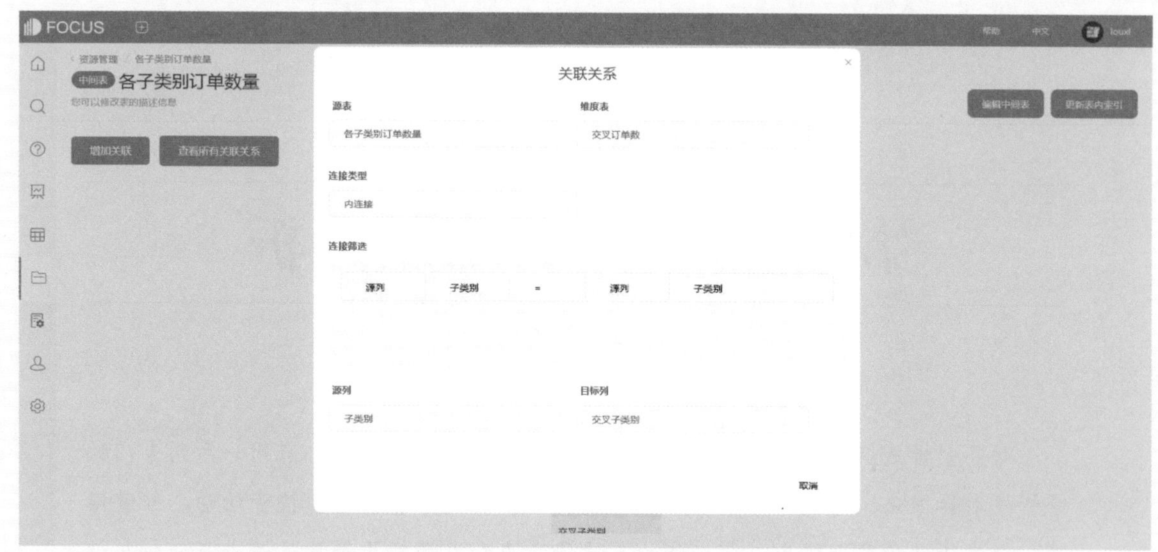

图21-14　创建中间表“各子类别订单数量”

（11）将“各子类别订单数量”和“交叉订单数”作为数据源，双击选择“交叉子类别”“交叉购买类别”，输入“交叉订单数/订单数量”，获取两种商品共同购买的订单占该子类别总订单的百分比，如图21-15所示。

图21-15　交叉购买订单占比

课后习题

单一订单率是指购买单个商品的订单占总订单的比例，利用数据表“购物篮分析”，分析不同地区、不同子类别的单一订单率。

第四部分　财务主题分析

财务分析是以会计核算和报表资料及其他相关资料为依据，采用一系列专门的分析技术和方法，对企业等经济组织过去和现在有关筹资活动、投资活动、经营活动、分配活动的盈利能力、营运能力、偿债能力和发展能力等状况等进行分析与评价的经济管理活动。接下来的5章将详细讲述如何围绕盈利能力、营运能力、偿债能力、发展能力、决策能力进行分析。

第22章 盈利能力分析

盈利能力是指企业通过日常生产经营活动获取利润的能力，它是各种财务因素综合作用的结果，是各项财务指标分析的最终落脚点，盈利能力分析对企业财务分析的重要性不言而喻。

22.1 盈利能力分析

（1）毛利率分析

毛利率指标反映企业生产经营发展的原动力是否充足，是反应营业收入和营业成本关系的重要指标，是盈利能力分析时必须考虑的重要指标之一。毛利率是指毛利与营业收入之间的比率。所谓毛利，是指营业收入与营业成本之间的差额，营业成本是企业最大的开支项目，它的变动对利润影响最大。企业生产经营取得的收入扣除营业成本后有余额，才能用来抵补各项经营支出以计算净利润，毛利是净利润形成的基础。毛利越高，抵补各项支出的能力越强，盈利能力越高，相反，盈利能力越低。

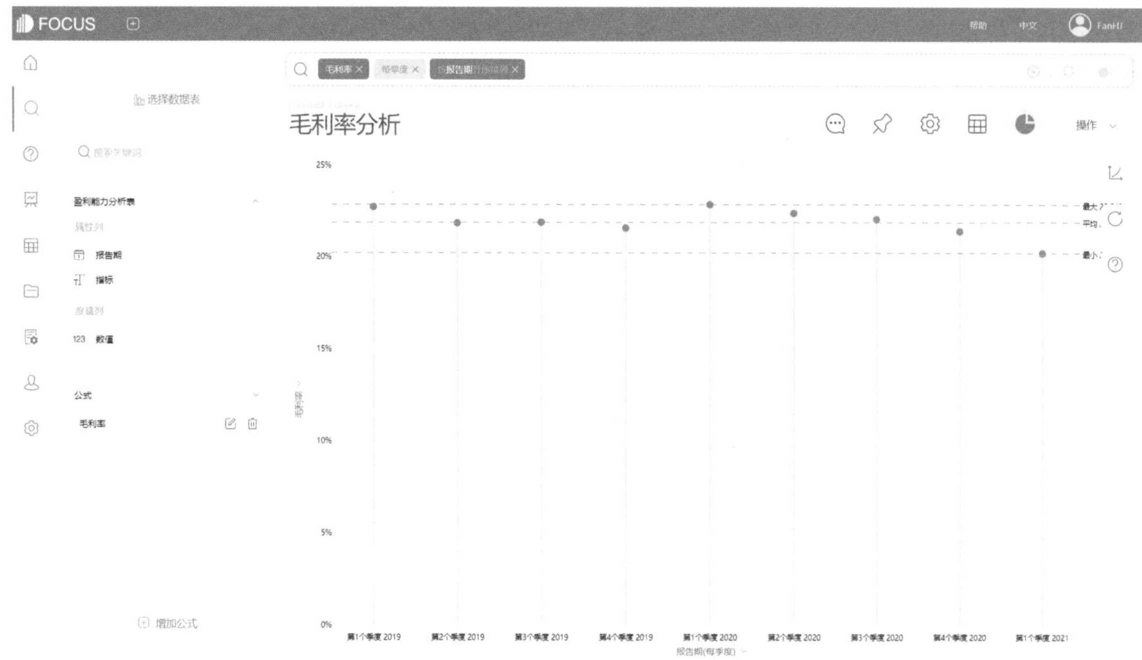

图22-1 毛利率分析

（2）净利率分析

净利率指标是使用最广泛、最能直接体现企业销售活动的获利能力和变化趋势的指标，也是盈利能力分析中必须使用的重要指标之一。当企业的净利润的增长速度快于营业收入的增长速度时，企业的净利率将会呈现上升趋势。其中，营业收入不仅包含主营业务收入而且包含其他业务收入，而利润的形成也并非都由营业收入产生，还受到投资收益、营业外收支等因素的影响。因此在分析过程中需要注意，净利润是否受到了大额的非常项目损益或大额的投资收益的影响。

（3）总资产收益率与净资产收益率分析

总资产净利率（ROA），是衡量企业全部经济资源综合利用效益的指标。这一比率越高，表明资产利用的效率越高，说明企业在增收节支等方面取得了良好的效果，否则相反。值得注意的是，总资产净利率是一个综合指标，总资产来源于股东投入资本和举债两个方面，利润的多少与资产的多少、资产的结构、经营管理水平有着密切的关系。

净资产收益率（ROE），是指净利润与所有者权益之间的比率，反映股东投资的盈利能力。净资产收益率（ROE）仅从股东角度来考察企业盈利水平的高低，而总资产收益率（ROA）则从股东和债权人两方面来考察企业整体盈利水平。在相同的总资产净利率水平上，由于不同的企业采用不同的资本结构形式，即不同的负债和所有者权益比例，会造成不同的净资产收益率。

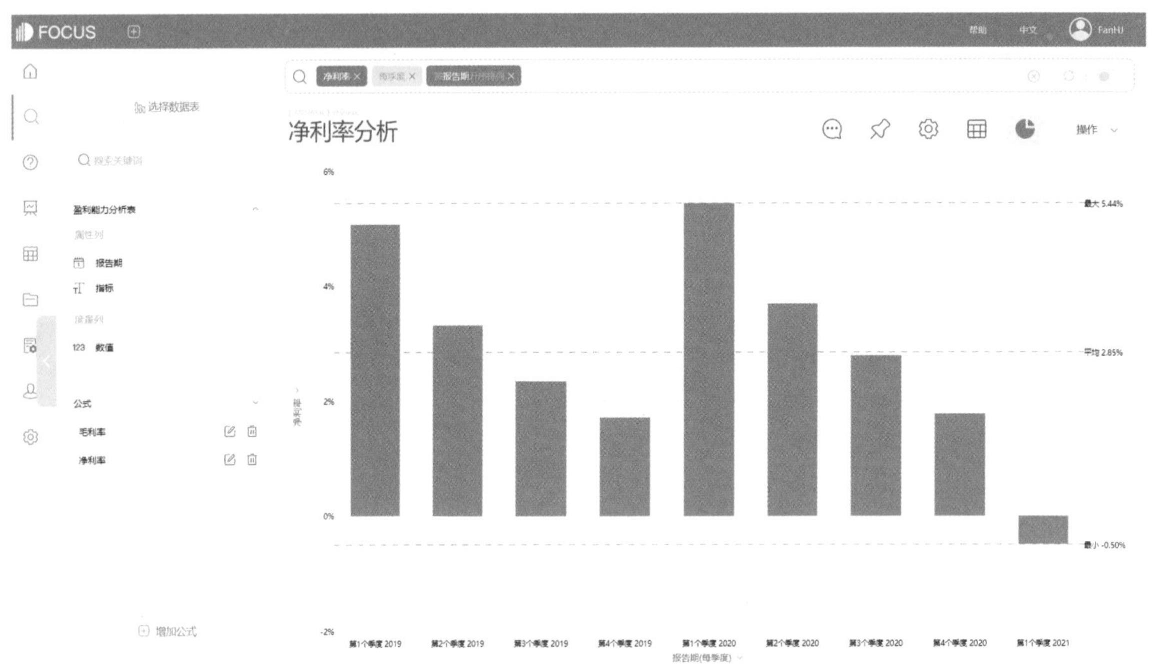

图 22–2　净利率分析

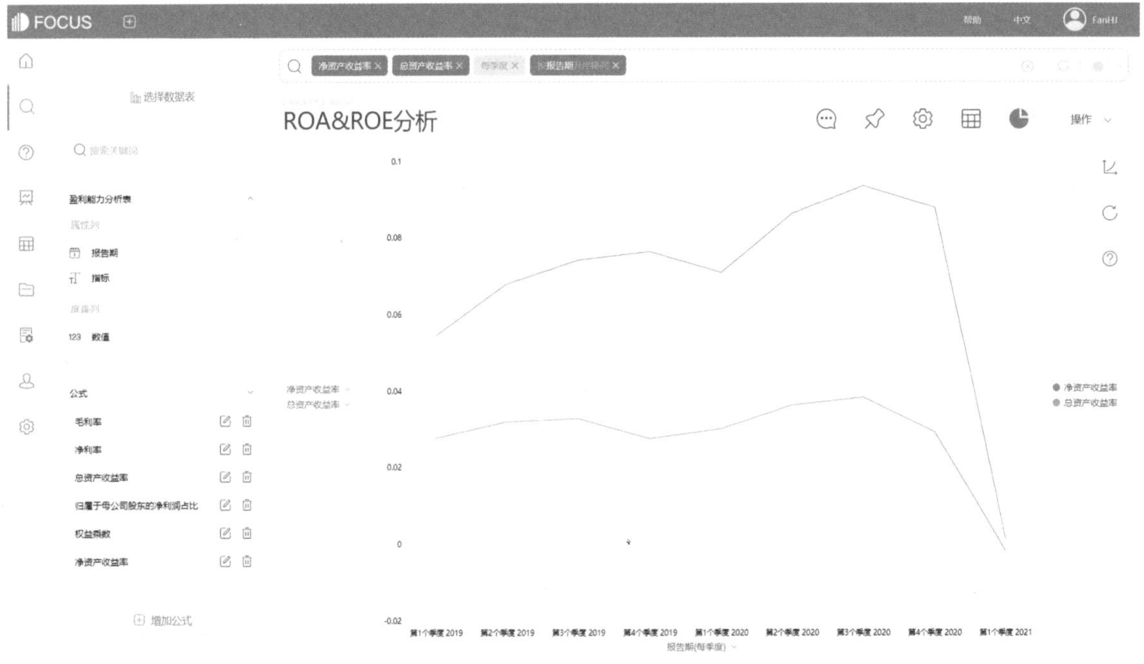

图 22–3　ROA&ROE 分析

（4）期间费用分析

期间费用是指企业日常活动发生的不能计入特定核算对象的成本，而应计入发生当期损益的费用。期间费用是企业日常活动中所发生的经济利益的流出，它是介乎于毛利与营业利润间的重要的支出项目，就利润表上下结构而言，期间费用越大，越容易侵蚀企业利润，而期间费用越小，越容易给企业增加利润。

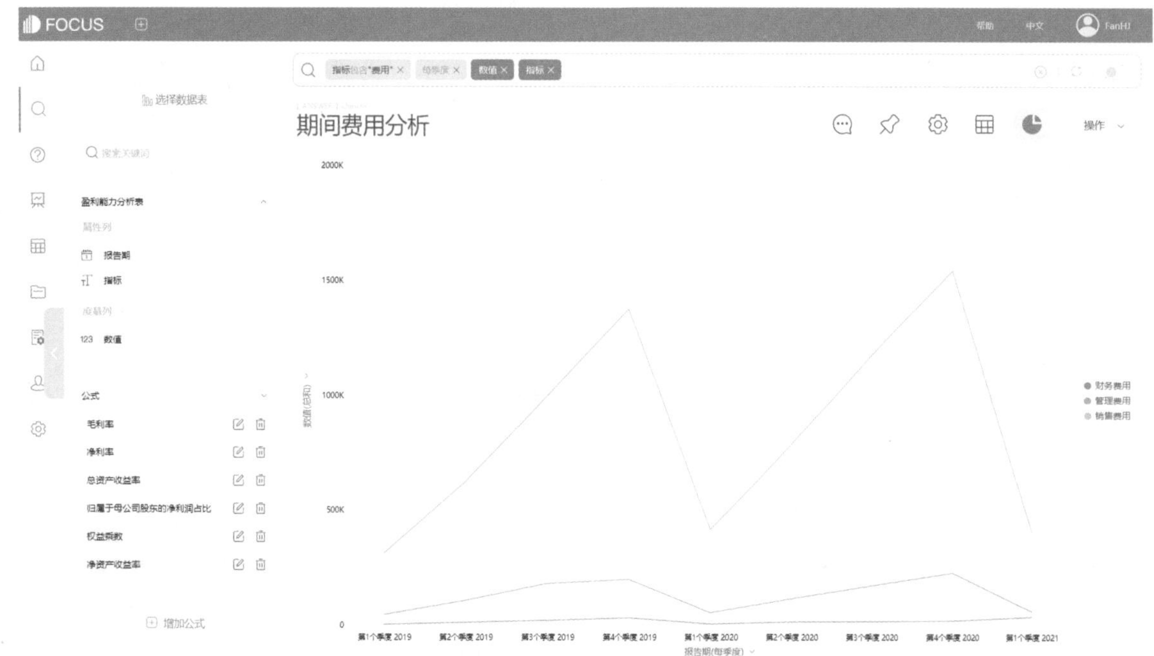

图22-4 期间费用分析

22.2 技术实现：应用DataFocus实现22.1的分析

（1）导入数据。将分析所需的数据“盈利能力分析表”导入DataFocus系统，选择恰当的数据类型。

（2）毛利率分析。选择数据表为“盈利能力分析表”，通过公式添加字段“毛利率”，输入“（sum_if（指标＝‘营业收入’，数值）-sum_if（指标＝‘营业成本’，数值））/sum_if（指标＝‘营业收入’，数值）”，计算毛利率，如图22-5。

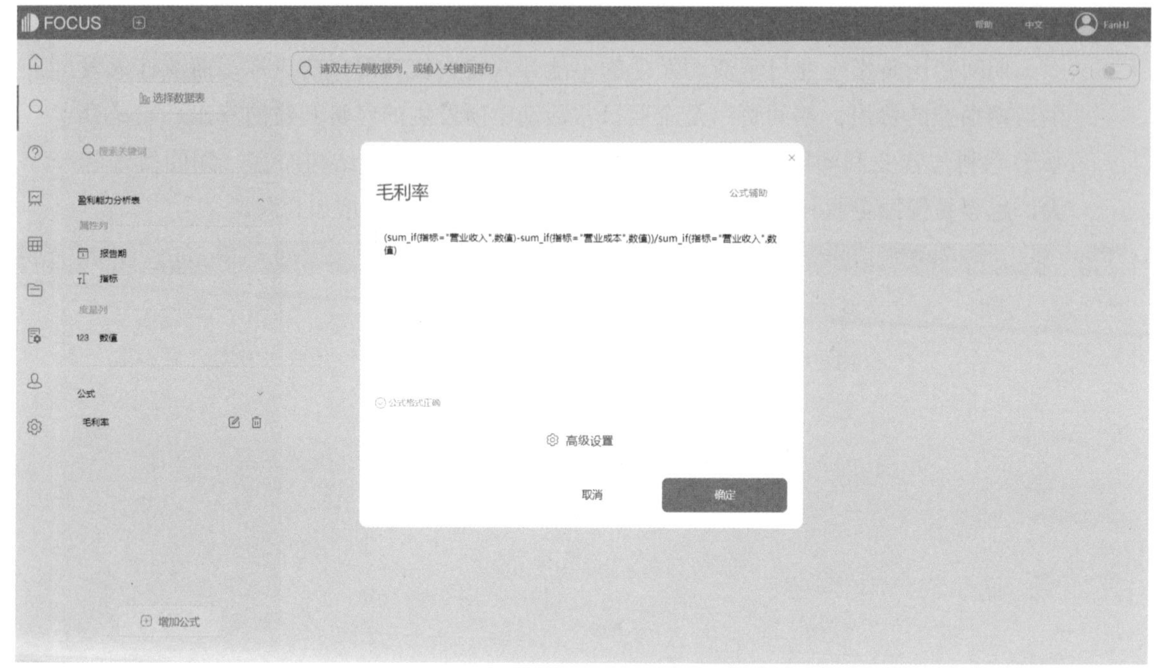

图22-5　公式构建毛利率字段

双击公式“毛利率”，并且在搜索框键入“每季度”关键词，并且为了得到日期升序排列的X轴，在搜索框继续输入“按报告期升序排列”。在数值表界面，修改毛利率配置中的格式为百分比，然后选择火柴图，如图22-6所示。

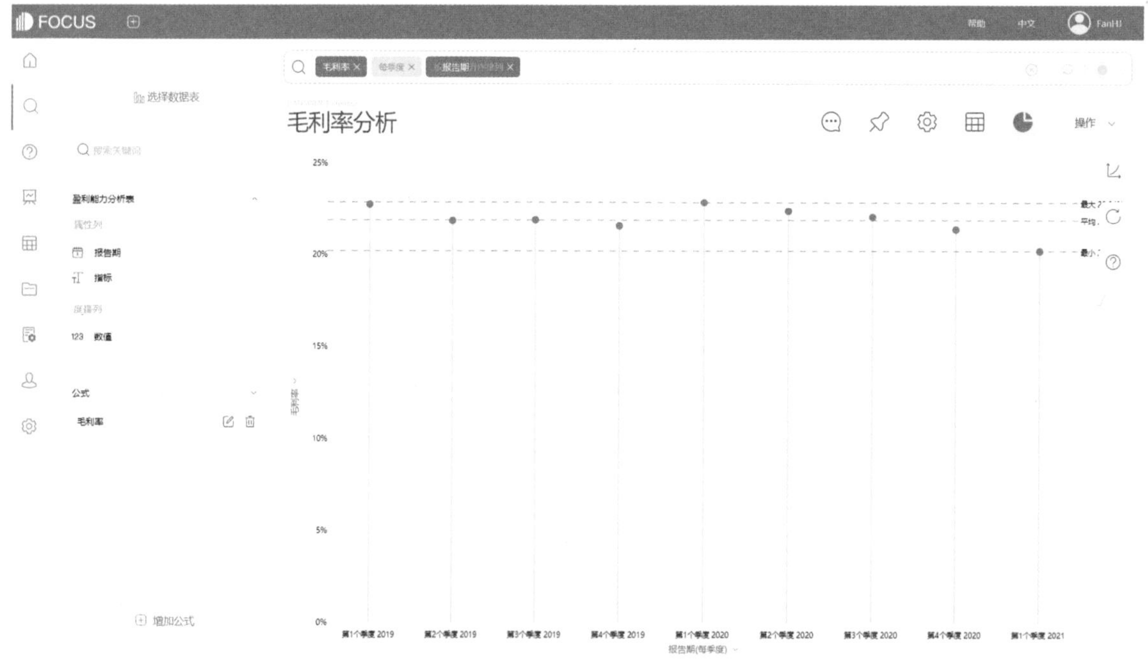

图22-6　毛利率分析火柴图

（3）净利率分析。通过公式添加字段“净利率”，输入“sum_if（指标＝‘净利润’，数值）/sum_if（指标＝‘营业收入’，数值）”，计算净利率，如图22-7。

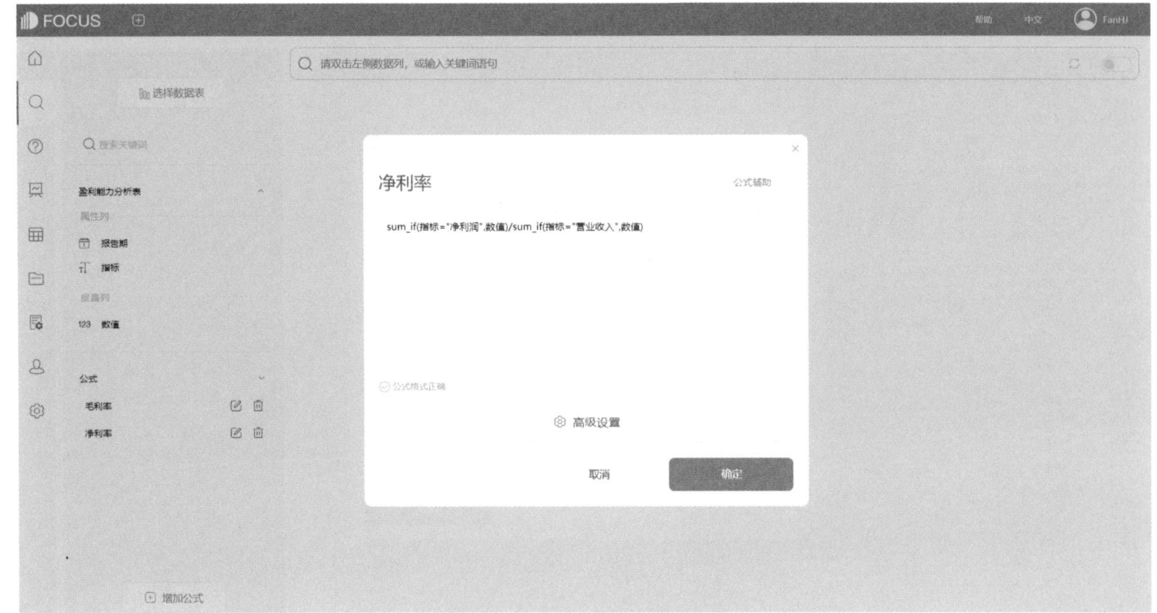

图22-7　公式构建净利率字段

双击公式“净利率”，并且在搜索框键入“每季度”“按报告期升序排列”，修改净利率格式为百分比，选择柱状图，如图22-8所示。

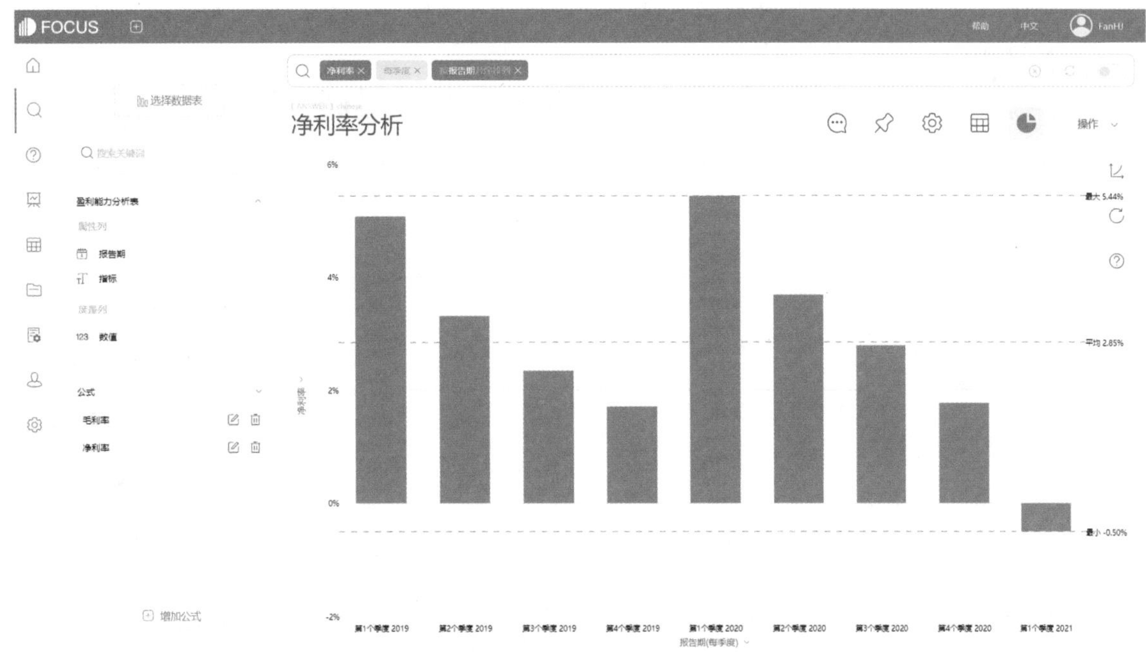

图22-8　净利率分析柱状图

（4）总资产收益率及净资产收益率分析。通过公式添加字段“总资产收益率”，输入“sum_if（指标＝‘净利润’，数值）/sum_if（指标＝‘资产总额’，数值）”，计算总资产收益率，如图22-9。

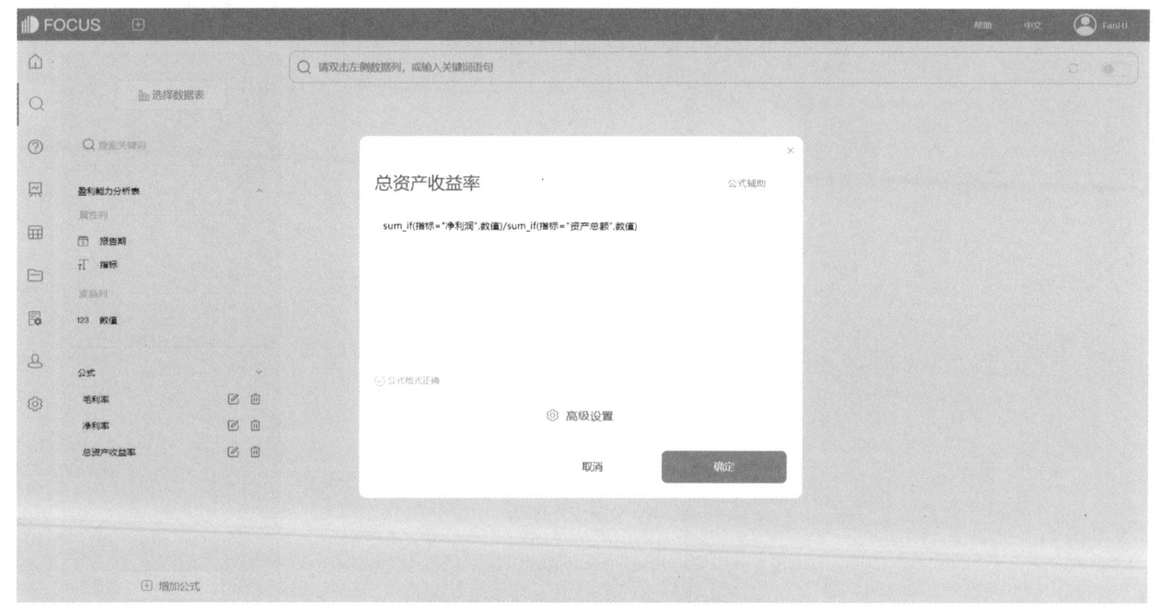

图22-9　公式构建总资产收益率字段

通过公式添加字段“归属于母公司股东的净利润占比”，输入“sum_if（指标＝‘归属于母公司所有者的净利润’，数值）/sum_if（指标＝‘净利润’，数值）”，如图22-10。

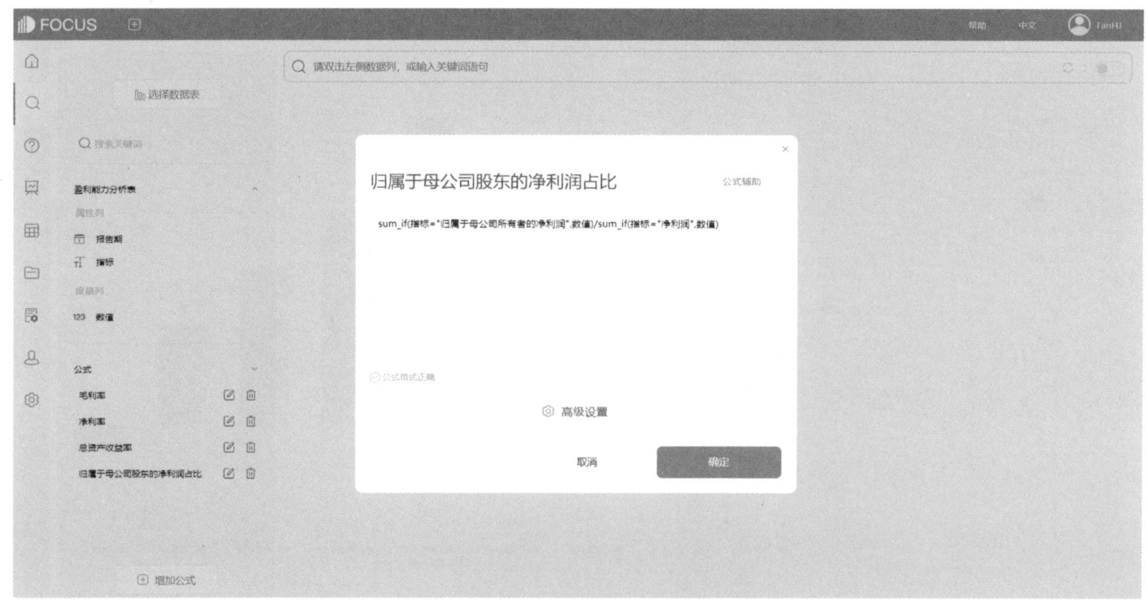

图22-10　公式构建归属于母公司股东的净利润占比字段

继续添加公式“权益乘数”，输入“1/（1-sum_if（指标＝‘负债总额’，数值）/sum_if（指标＝‘资产总额’，数值））”，如图22-11。

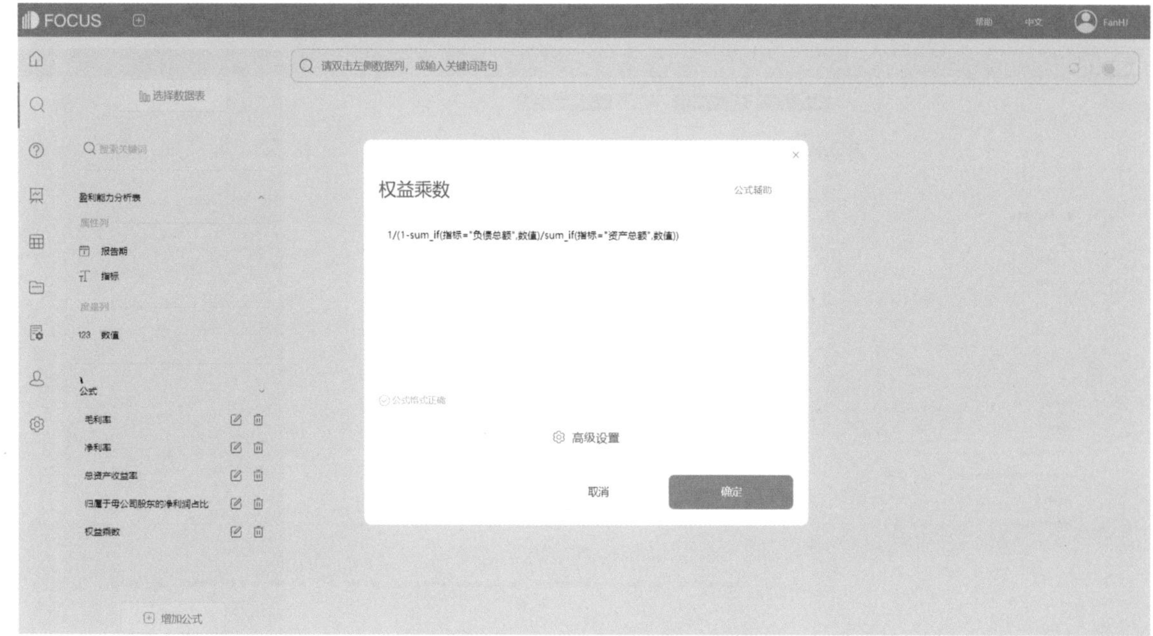

图22-11　公式构建权益乘数字段

在此基础上添加公式“净资产收益率”，输入“总资产收益率*归属于母公司股东的净利润占比*权益乘数”，如图22-12。

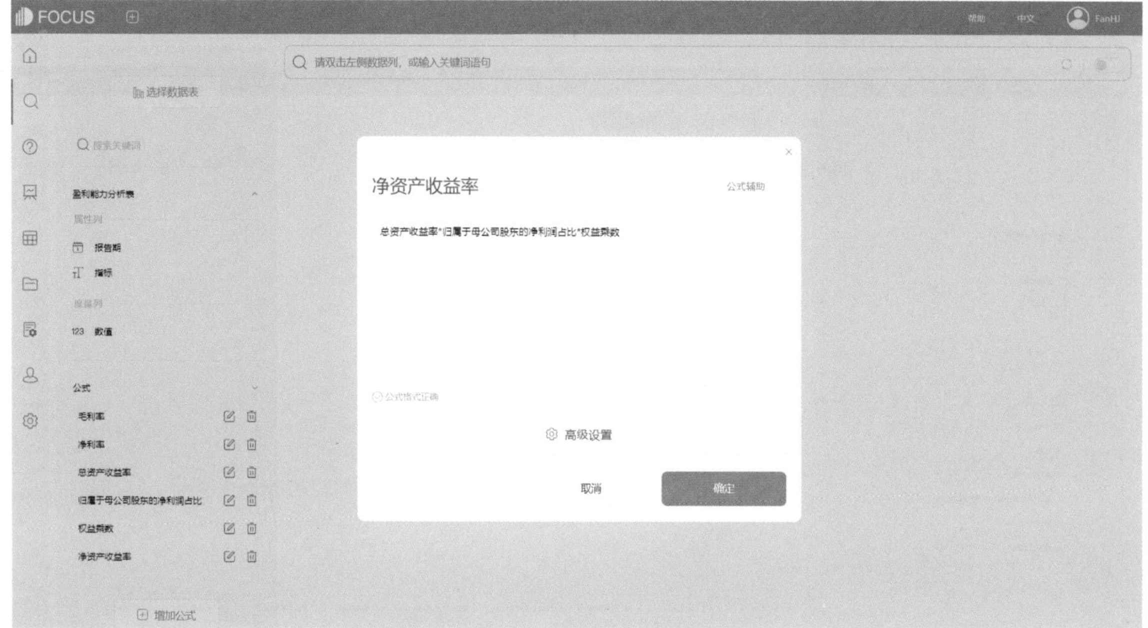

图22-12　公式构建净资产收益率字段

双击公式“总资产收益率”“净资产收益率”，并且在搜索框键入“每季度”“按报告期升序排列”，修改总资产收益率和净资产收益率的格式为百分比，自适应折线图，如图22-13所示。

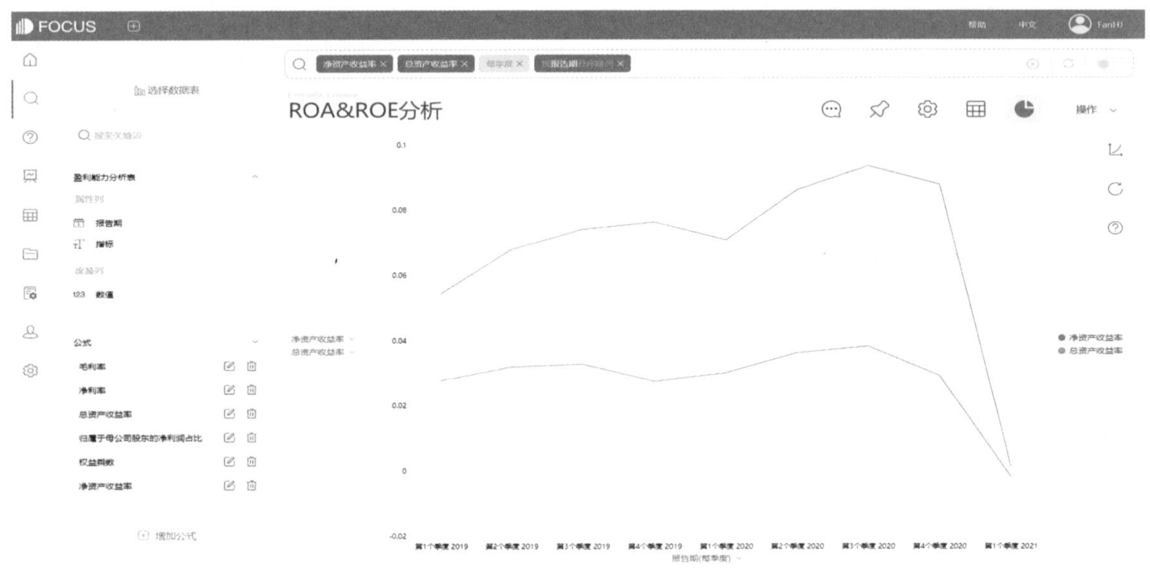

图22-13　ROA&ROE分析折线图

（5）期间费用分析。在搜索框直接输入指标包含“费用”，筛选出期间费用指标，键入“每季度”和“数值”计算每季度期间费用，为了展示各期间费用的情况，继续键入“指标”。选择折线图，并修改配置图，X轴为“报告期每季度”，Y轴为“指标”，如图22-14。

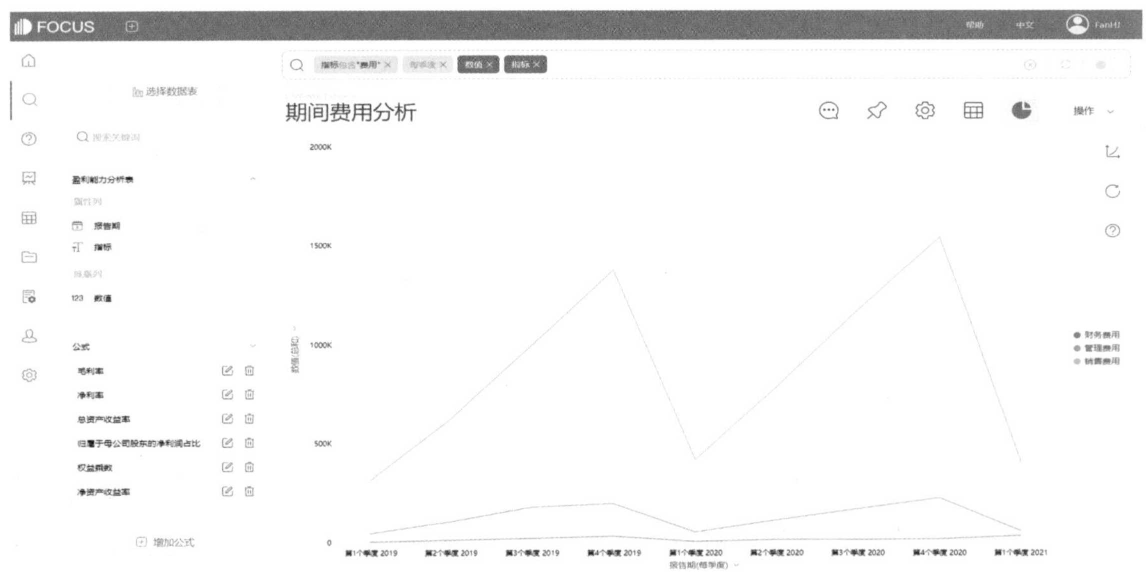

图22-14　期间费用分析

（6）创建数据看板，将各分析历史问答组件导入看板，适当补充其他组件和调整样式得到盈利能力分析大屏，如图22-15。

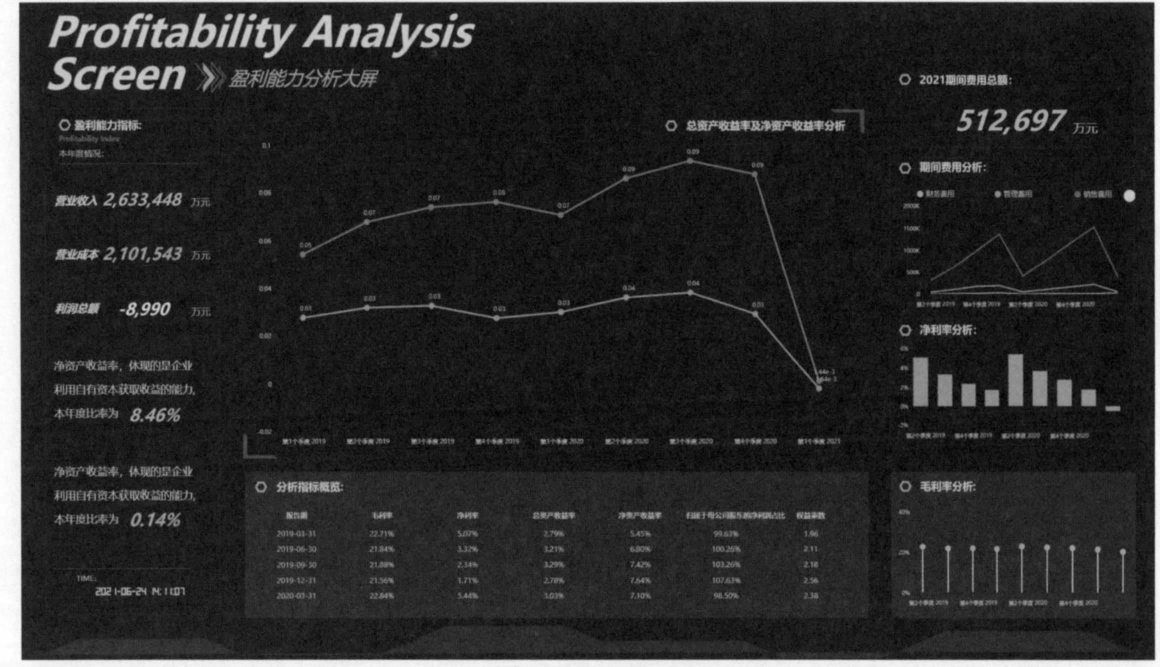

图22-15　盈利能力分析大屏

课后习题

针对期间费用的分析，期间费用率也是一个重要分析指标，期间费用率越高就越容易削薄公司的盈利，反之，就越容易让企业产生盈利，因此，期间费用率实际上就体现出了企业管控能力的高低。利用公式构建期间费用率指标，并选取合适的角度进行分析。

第23章 营运能力分析

营运能力是指企业的经营运行能力，即企业运用各项资产以赚取利润的能力。营运能力分析是指通过计算企业资金周转的有关指标分析其资产利用的效率，是对企业管理层管理水平和资产运用能力的分析。

23.1 营运能力分析

（1）总资产周转分析。总资产周转率是最常用于测量资产管理效率的指标，它综合反映了企业整体资产的营运能力，体现了企业经营期间全部资产从投入到产出周而复始的流转速度，一般来说，资产的周转次数越多或周转天数越少，表明其周转速度越快，企业的资产经营利用的效果越好，企业的经营效率也就越高，从而企业的偿债能力和盈利能力也越强。反之，则表明企业利用资产进行经营活动的能力比较差、效率低，最终还将影响企业的盈利能力。

（2）流动资产周转分析。流动资产周转率是评价企业资产利用效率的又一重要指标，它衡量的是包括应收账款和存货在内的全部流动资产的运营效率，体现了企业全部资产中流动性最强的流动资产的流转速度。一般情况下，该比率越高，企业流动资产的周转速度越快，利用效率越高，从而在一定程度上企业的营运能力也越强。

（3）存货周转分析

存货周转率是对流动资产周转率的补充说明，是衡量企业销售能力及存货管理水平的综合性指标。存货周转率反映了企业存货周转的速度，同时也能够反映出企业流动资金被存货占用的情况和企业销售的情况。一般情况下，较高的存货周转率意味着存货周转较快，对于企业来说在保证生产经营连续性的同时，能提高资金的使用效率。

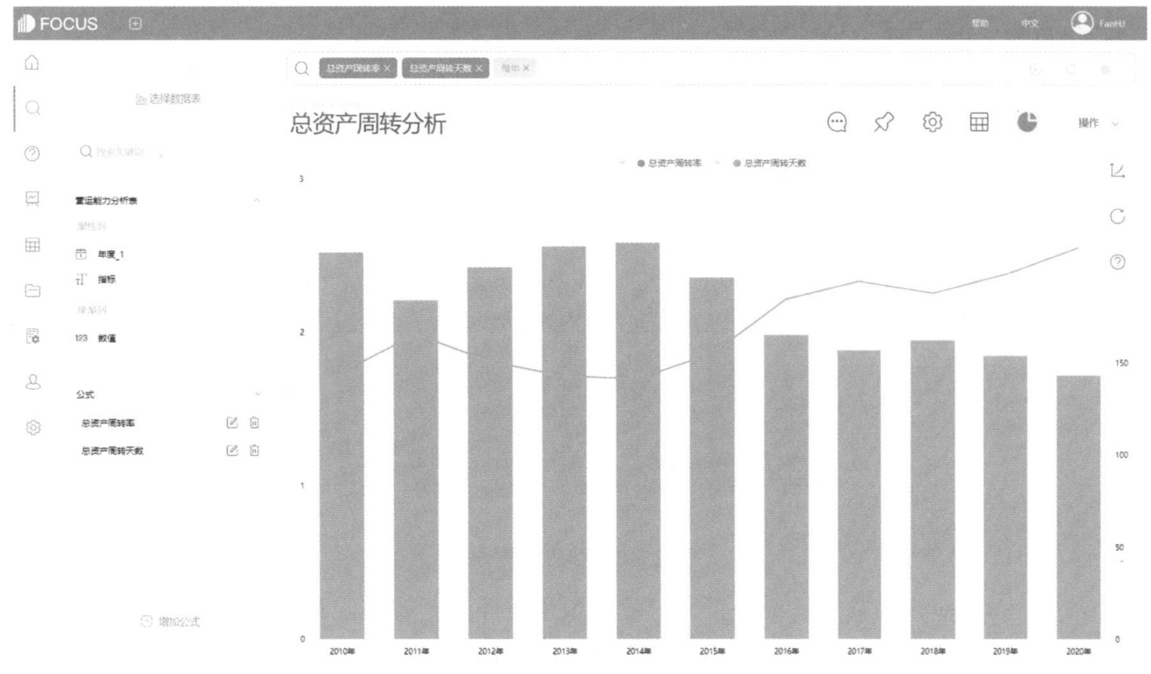

图 23-1　总资产周转分析

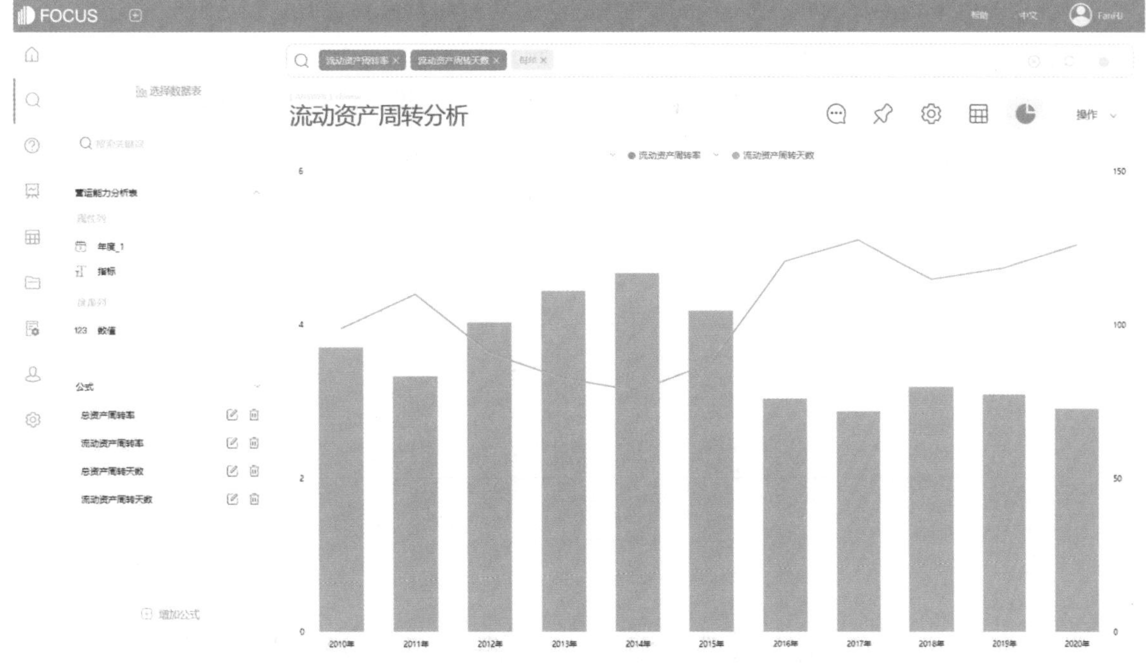

图 23-2　流动资产周转分析

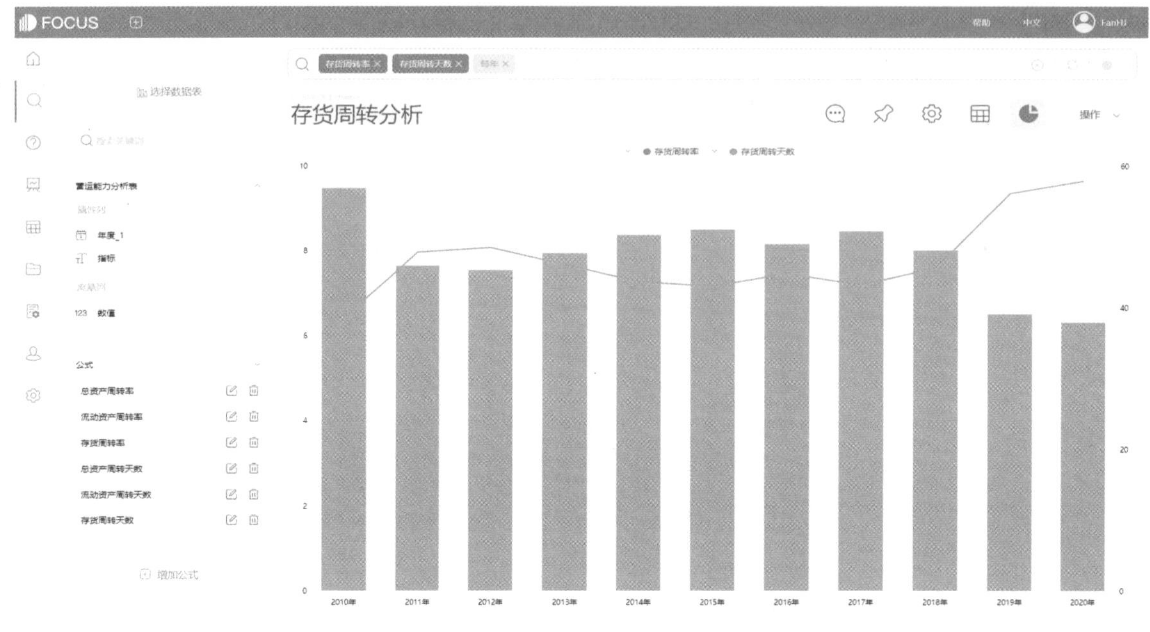

图23-3　存货周转分析

（4）应收账款周转率分析。应收账款是企业流动资产除存货外的另一重要项目，公司的应收账款如能及时收回，公司的资金使用效率便能大幅提高。应收账款周转率反映了公司应收账款周转的速度，一般情况下，较高的应收账款周转率意味着企业的平均账期较短，资产流动更快，偿债能力相对来说更强。反之应收账款周转率如果过低则可能形成呆账甚至坏账，影响资产流动，对企业的生产经营不利。

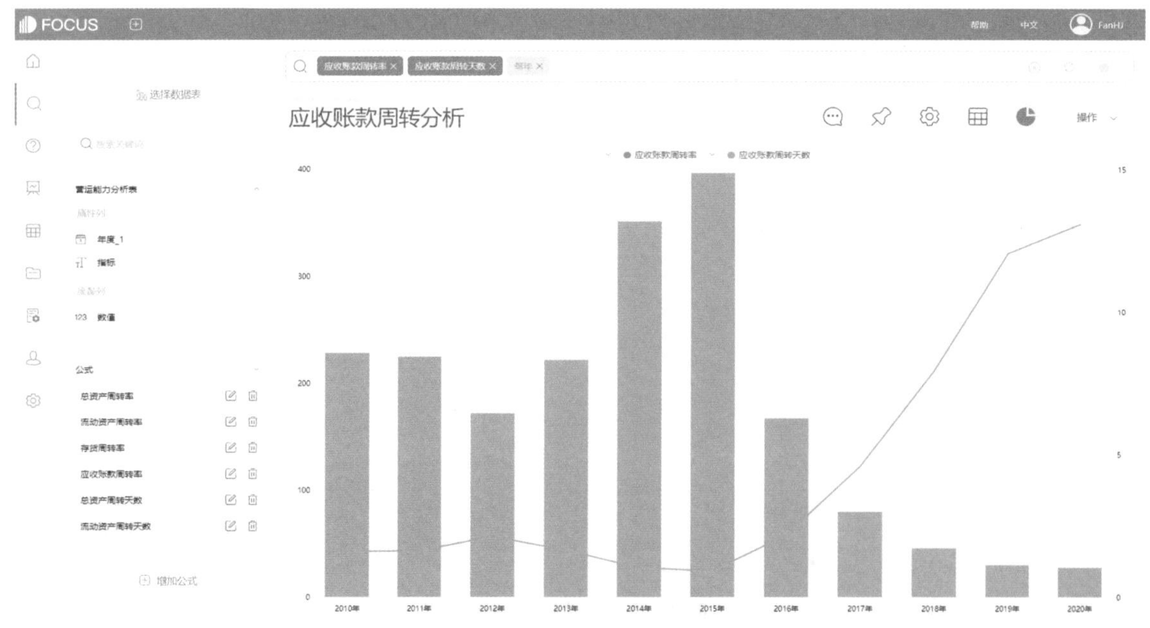

图23-4　应收账款周转分析

23.2 技术实现：应用DataFocus实现23.1的分析

（1）导入数据。将分析所需的数据“营运能力分析表”导入DataFocus系统，选择恰当的数据类型。

（2）总资产周转分析。通过公式添加字段“总资产周转率”，输入“sum_if（指标＝‘营业收入’，数值）/（（sum_if（指标＝‘资产总额年初数’，数值）＋sum_if（指标＝‘资产总额期末数’，数值））/2）”，计算总资产周转率，如图23-5。

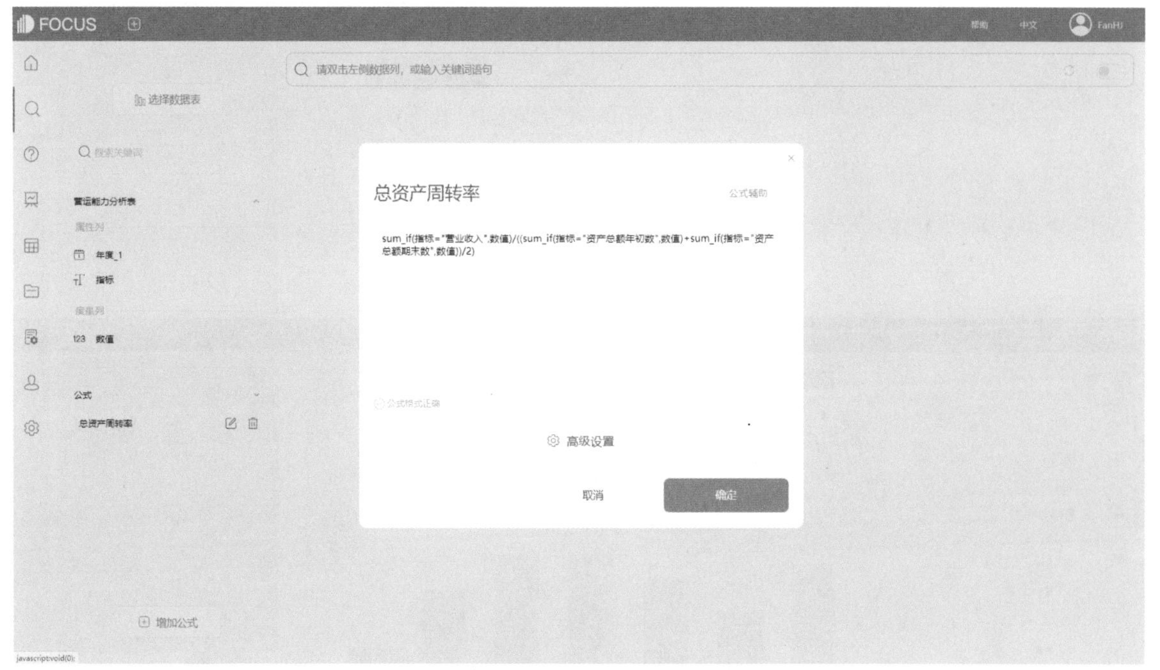

图23-5　公式构建总资产周转率字段

通过公式添加字段“总资产周转天数”，输入“365/总资产周转率”，如图23-6。

双击公式“总资产周转率”“总资产周转天数”，并且在搜索框键入“每年”，选择组合图，并修改图配置，左Y轴为“总资产周转率”，右Y轴为“总资产周转天数”，如图23-7所示。

图23-6　公式构建总资产周转天数字段

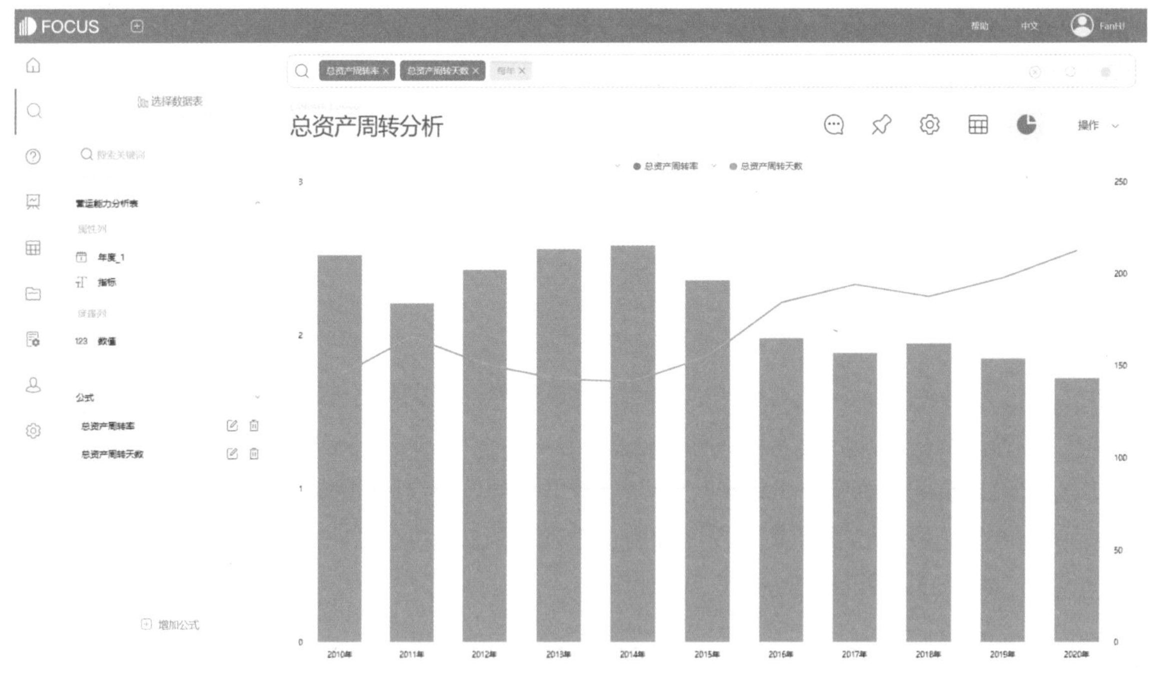

图23-7　总资产周转分析组合图

（4）流动资产周转分析。通过公式添加字段“流动资产周转率”，输入“sum_if（指标＝‘营业收入’，数值）/((sum_if（指标＝‘流动资产年初数’，数值）＋sum_if（指标＝‘流动资产期末数’，数值））/2）”，计算流动资产周转率，如图

23-8。

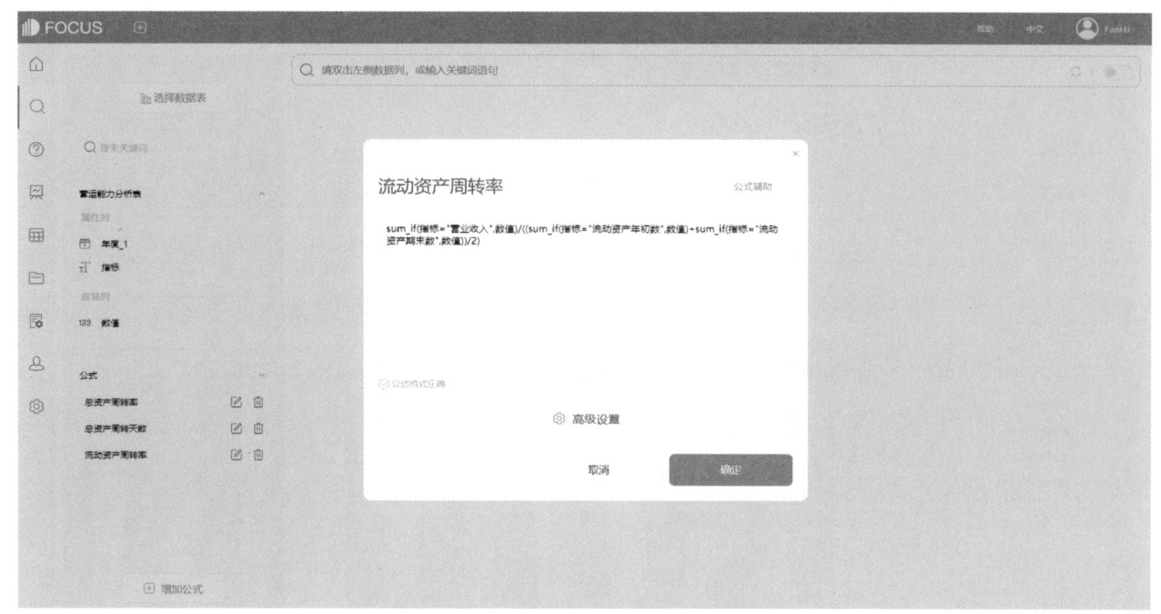

图23-8 公式构建流动资产周转率字段

通过公式添加字段“流动资产周转天数”，输入“365/流动资产周转率”，如图23-9。

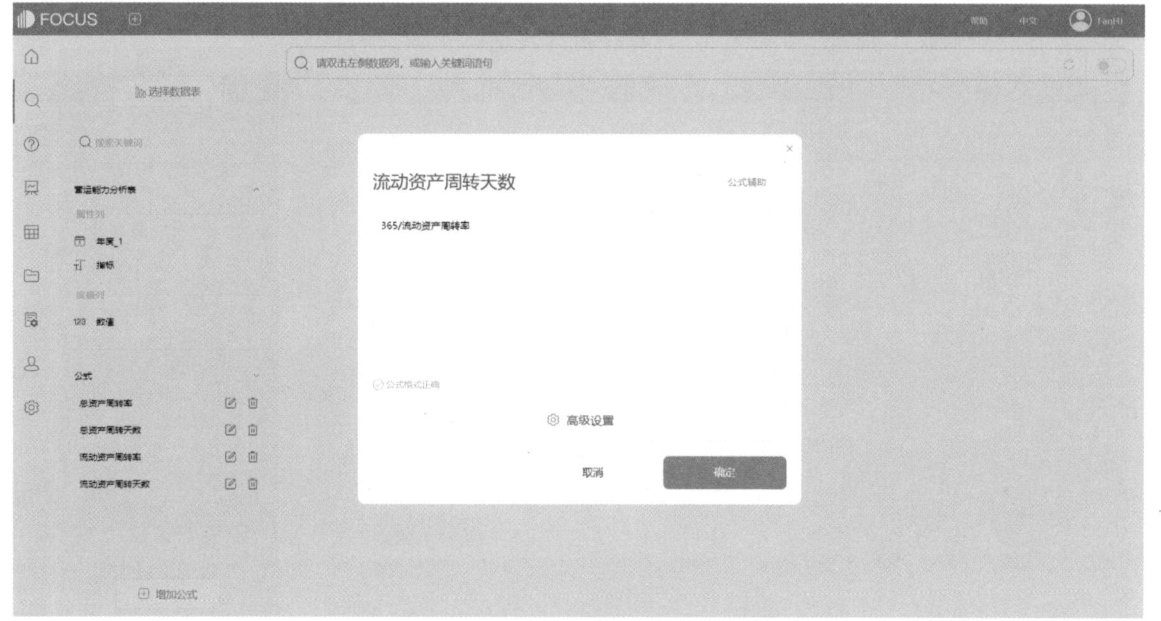

图23-9 公式构建流动资产周转天数字段

双击公式“流动资产周转率”“流动资产周转天数”，并且在搜索框键入“每年”，选择组合图，并修改图配置，左Y轴为“流动资产周转率”，右Y轴为“流动资产周转天数”，如图23-10所示。

图23-10 流动资产周转分析组合图

（5）存货周转分析。通过公式添加字段“存货周转率”，输入“sum_if（指标＝‘营业成本’，数值）/（（sum_if（指标＝‘存货年初数’，数值）＋sum_if（指标＝‘存货期末数’，数值））/2）”，计算存货周转率，如图23-11。

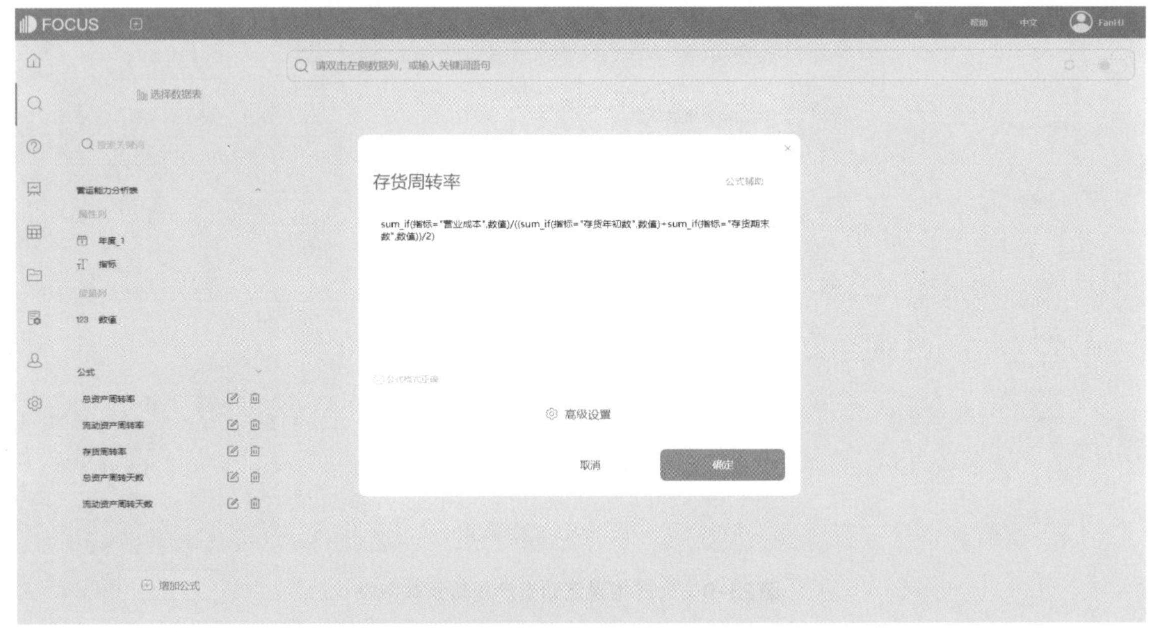

图23-11 公式构建存货周转率字段

通过公式添加字段“存货周转天数”，输入“365/存货周转率”，如图23-12。

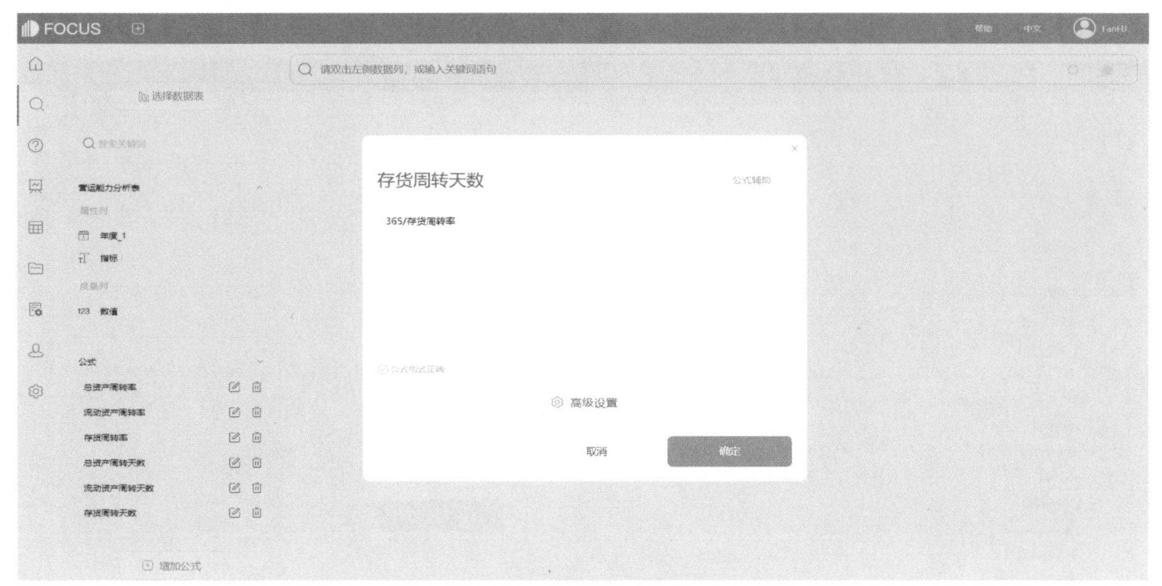

图23-12　公式构建存货周转天数字段

双击公式“存货周转率”“存货周转天数”，并且在搜索框键入“每年”，选择组合图，并修改图配置，左Y轴为“存货周转率”，右Y轴为“存货周转天数”，如图23-13所示。

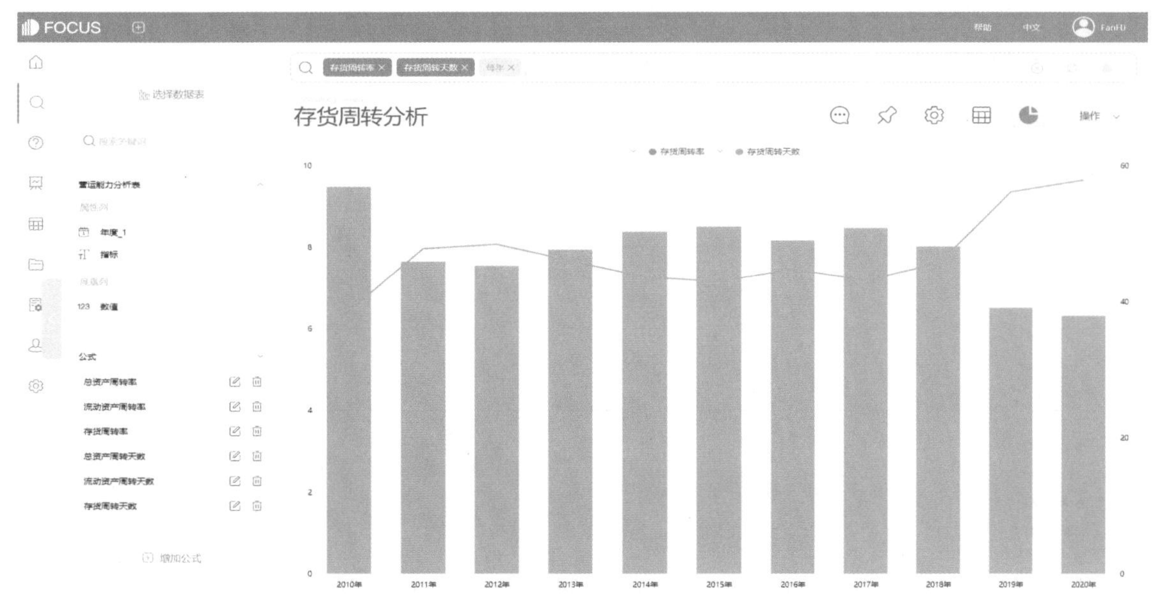

图23-13　存货周转分析组合图

（6）应收账款周转分析。通过公式添加字段“应收账款周转率”，输入“sum_if（指标＝‘营业收入’，数值）/（（sum_if（指标＝‘应收账款年初数’，数值）＋sum_if（指标＝‘应收账款期末数’，数值））/2）”，计算应收账款周转率，如图

23-14。

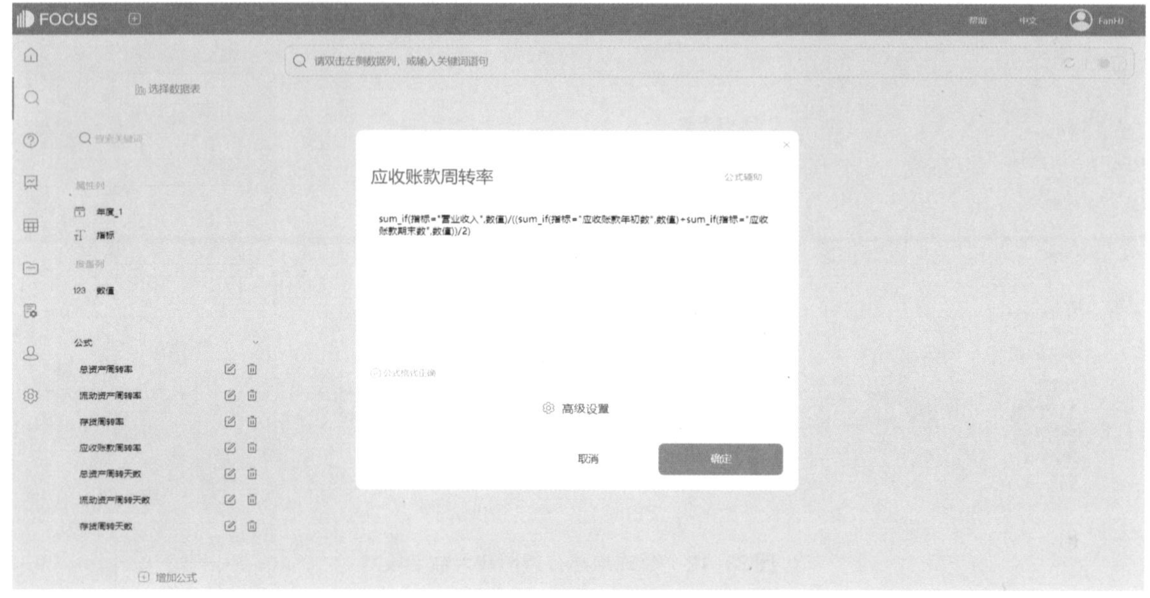

图23-14　公式构建应收账款周转率字段

继续增加公式，输入“365/应收账款周转率”，计算应收账款周转天数，如图23-15。

图23-15　公式构建应收账款周转天数字段

双击公式“应收账款周转率”“应收账款周转天数”，并且在搜索框键入“每年”关键词，选择组合图，并修改图配置，左Y轴为“应收账款周转率”，右Y轴为“应收账款周转天数”，如图23-16所示。

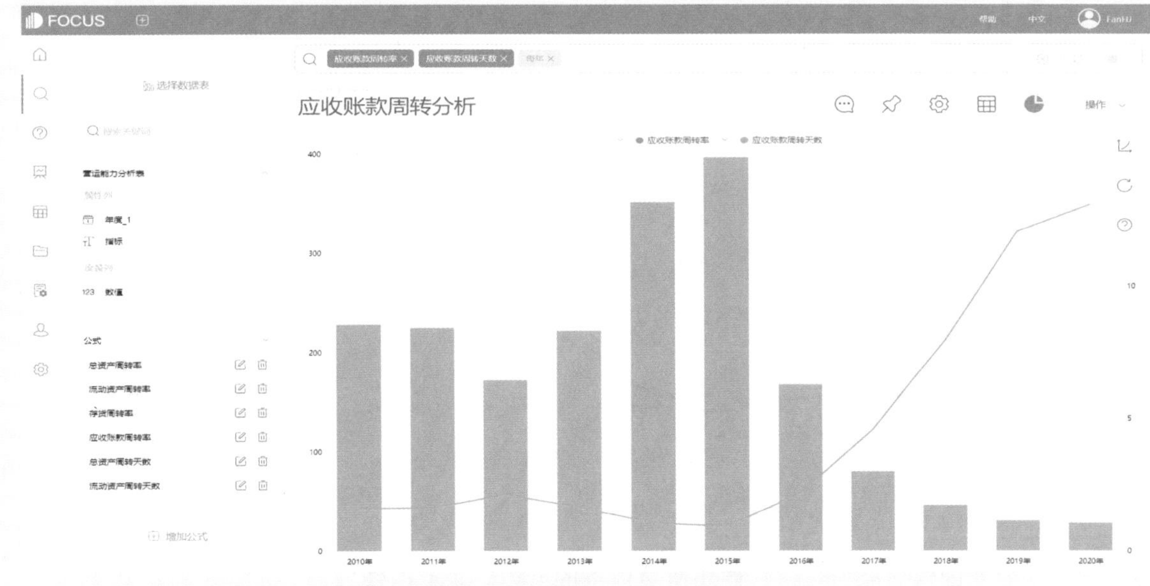

图23-16 应收账款周转分析组合图

（7）创建数据看板，将各分析历史问答组件导入看板，适当补充其他组件和调整样式得到营运能力分析大屏，如图23-17。

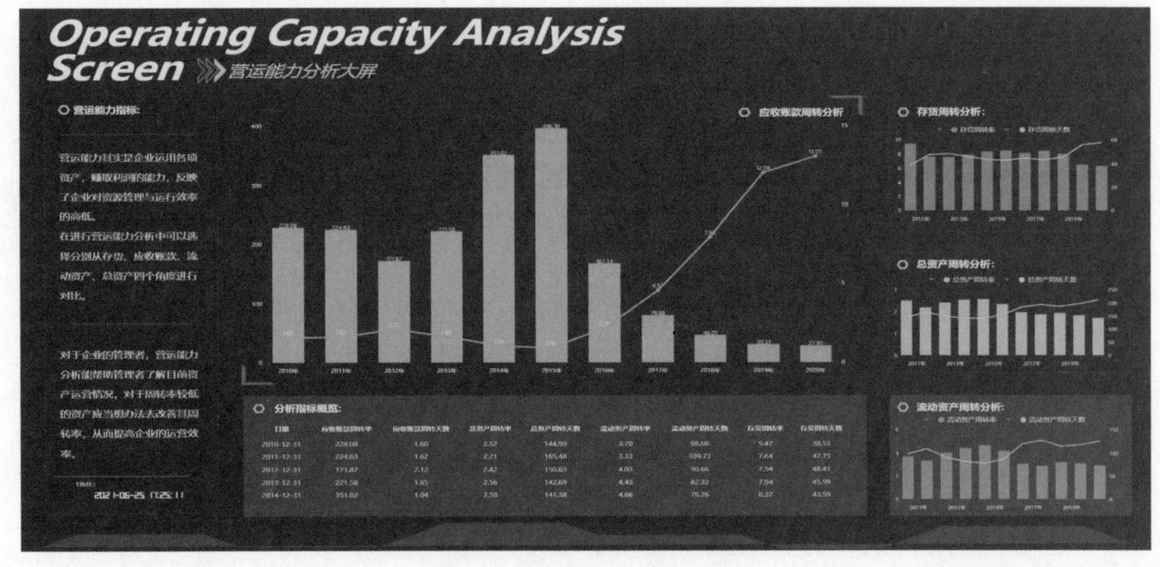

图23-17 营运能力分析大屏

课后习题

制作营运能力分析大屏中的“分析指标概览”历史问答，将其导入数据看板，修改组件样式配置获得案例中实现效果。

第24章 偿债能力分析

企业的偿债能力是指它偿还所负债务的能力，企业的偿债能力是指企业用其资产偿还短期债务与长期债务的能力。企业有无支付现金的能力和偿还债务能力，是企业能否健康生存和发展的关键。偿债能力分析是企业财务分析的重要内容，包括短期偿债能力和长期偿债能力。

24.1 偿债能力分析

短期偿债能力分析指标包括流动比率、速动比率、现金比率等。而长期偿债能力分析指标包括资产负债率、产权比率、权益乘数等。

（1）流动比率分析

流动比率是流动资产和流动负债的比值，它反映企业流动资产对流动负债的保障程度。一般情况下，该指标越高，表明企业短期偿债能力强。但该比率不能过高，过高则表明企业流动资产占用较多，可能是存货积压，应收账款过多且收账期延长，以及待摊费用增加所致，而真正可用来偿债的资金和存款却严重短缺，会影响企业资金使用效率和获利能力。一般情况下，营业周期、应收账款和存货的周转速度是影响流动比率的主要因素，如图24-1。

（2）速动比率分析

速动资产是指流动资产扣除存货之后的余额，在速动资产中扣除存货是因为存货的变现速度慢，可能还存在损坏、计价等问题。速动比率是速动资产和流动负债的比值，它进一步反映流动负债的保障程度。一般情况下，该指标越大，表明企业短期偿债能力越强。影响速动比率的重要因素是应收账款的变现能力，在分析速动比率时可结合应收账款周转率、坏账准备计提政策一起考虑，如图24-2。

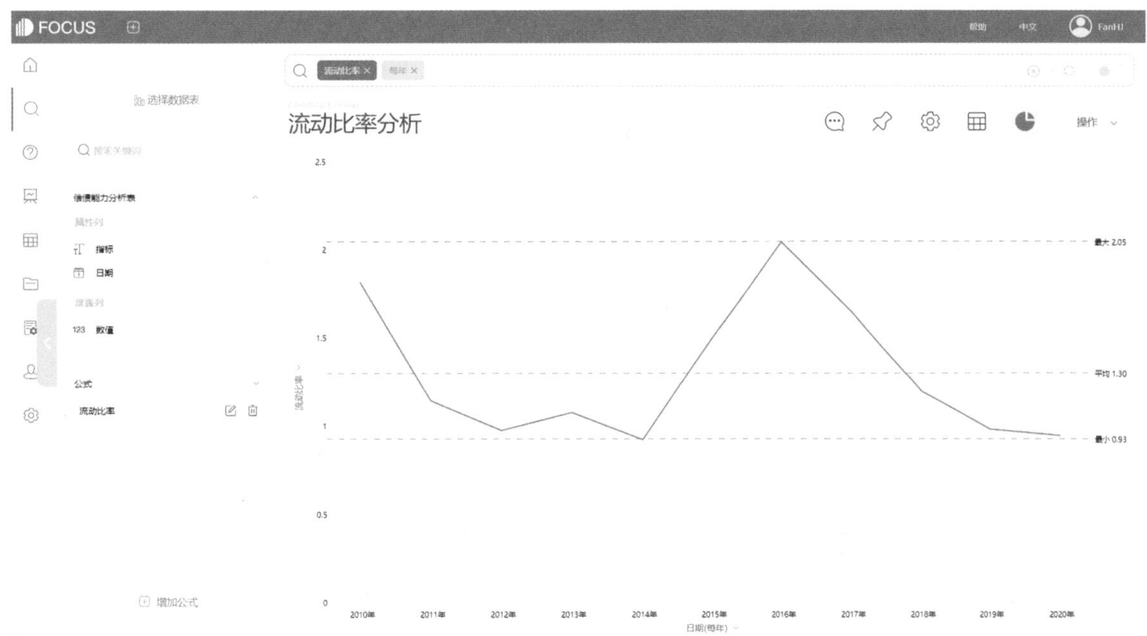

图24-1　流动比率分析

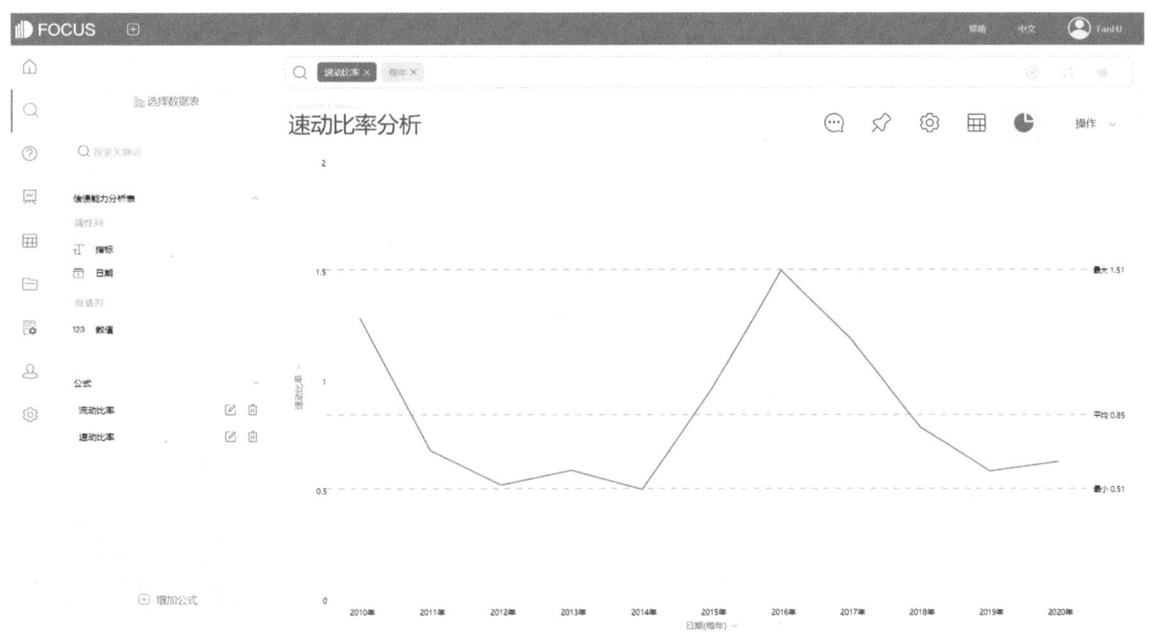

图24-2　速动比率分析

（3）现金比率分析

现金比率是货币资金与流动负债的比值，反映了企业可用现金及变现方式清偿流动负债的能力。该指标能真实地反映企业实际的短期偿债能力，该指标值越大，反映企业的短期偿债能力越强，如图24-3。

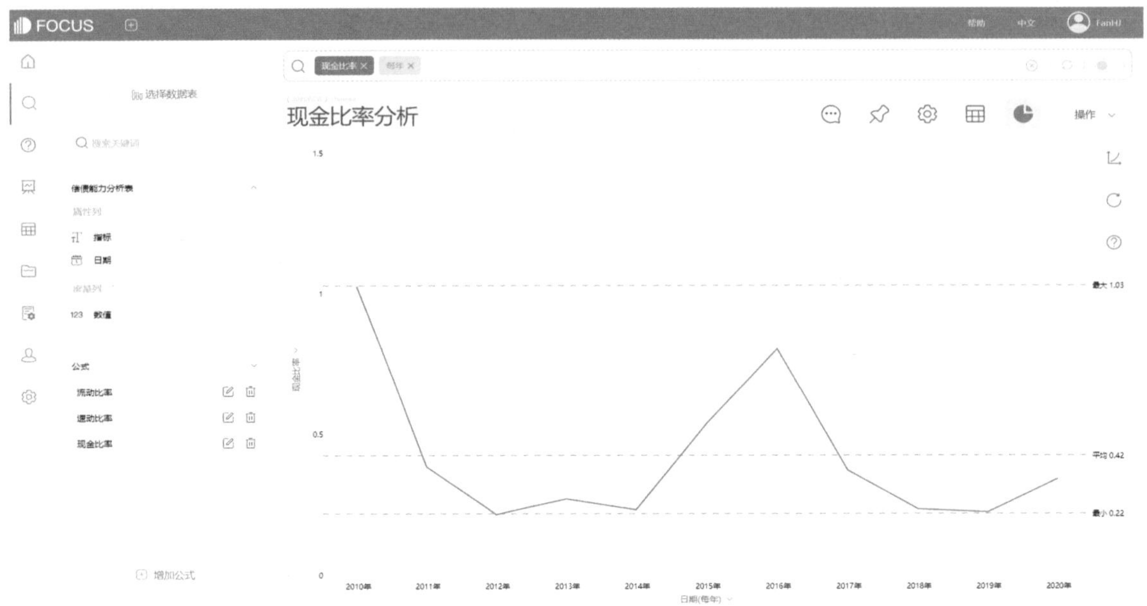

图24-3 现金比率分析

（4）资产负债率分析

资产负债率是负债总额和资产总额的比值，它反映了在总资产中有多大比例是通过借债来筹资的，反映了企业在清算时保护债权人利益的程度。该指标是评价企业负债水平的综合指标，同时也是一项衡量企业利用债权人资金进行经营活动能力的指标，如图24-4。

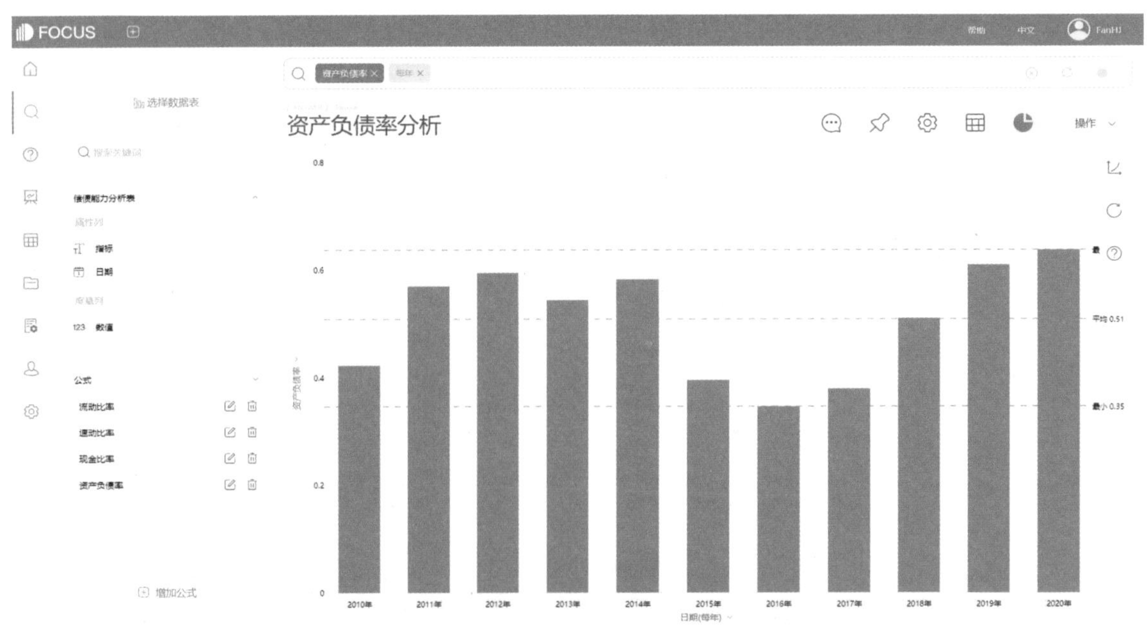

图24-4 资产负债率分析

（5）产权比率分析

产权比率是负债总额和所有者权益的比值，它反映了企业自有资金偿还全部债务的能力，因此它又是衡量企业负债经营是否安全有利的重要指标。一般来说，产权比率越低，表明企业长期偿债能力越强，债权人权益保障程度越高，承担的风险越小，如图24-5。

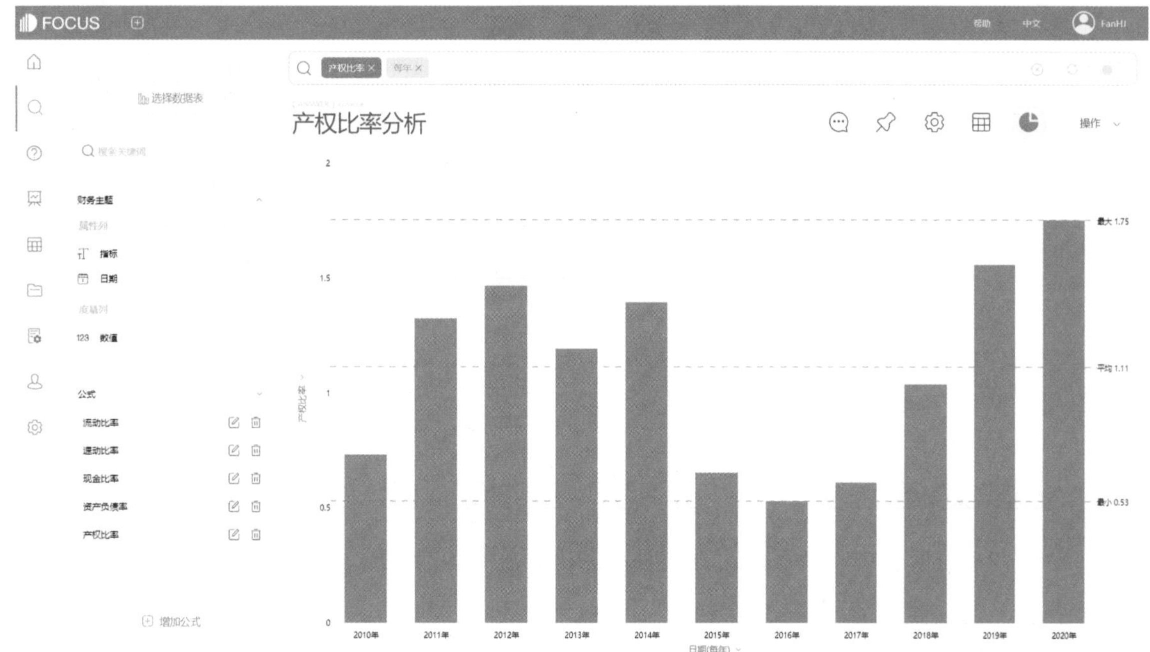

图24-5　产权比率分析

（6）权益乘数分析

权益乘数即权益总资产率，是资产总额与所有者权益的比值，它反映了企业财务杠杆的大小。权益乘数越大，说明股东投入的资本在资产中所占的比重越小，财务杠杆越大。反之，该比率越小，债权人权益的保障程度越高，企业的偿债能力也就越强，如图24-6。

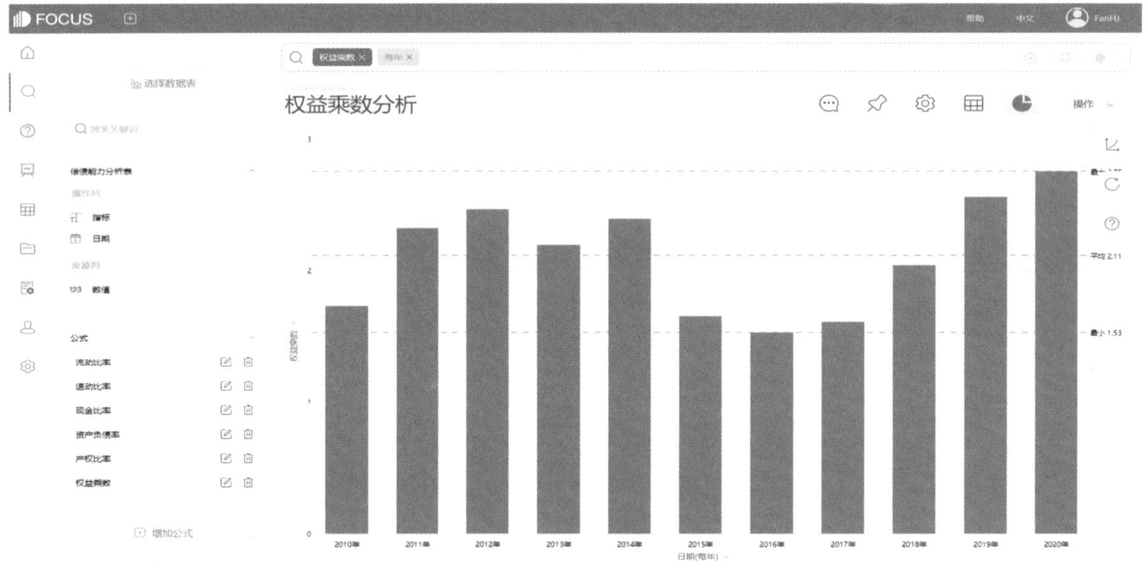

图24-6　权益乘数分析

24.2 技术实现：应用DataFocus实现24.1的分析

（1）导入数据。将分析所需的数据“偿债能力分析表”导入DataFocus系统，选择恰当的数据类型。

（2）流动比率分析。通过公式添加字段“流动比率”，输入“sum_if（指标＝‘流动资产总额’，数值）/sum_if（指标＝‘流动负债总额’，数值）”，计算流动比率，如图24-7。

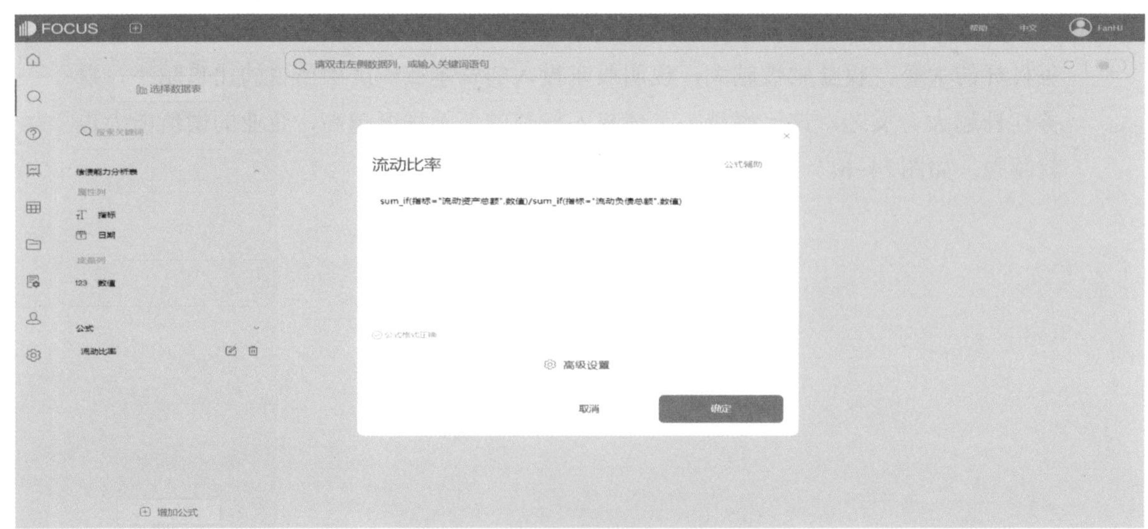

图24-7　公式构建流动比率字段

双击公式“流动比率”，并且在搜索框键入“每年”，自适应折线图，如图24-8所示。

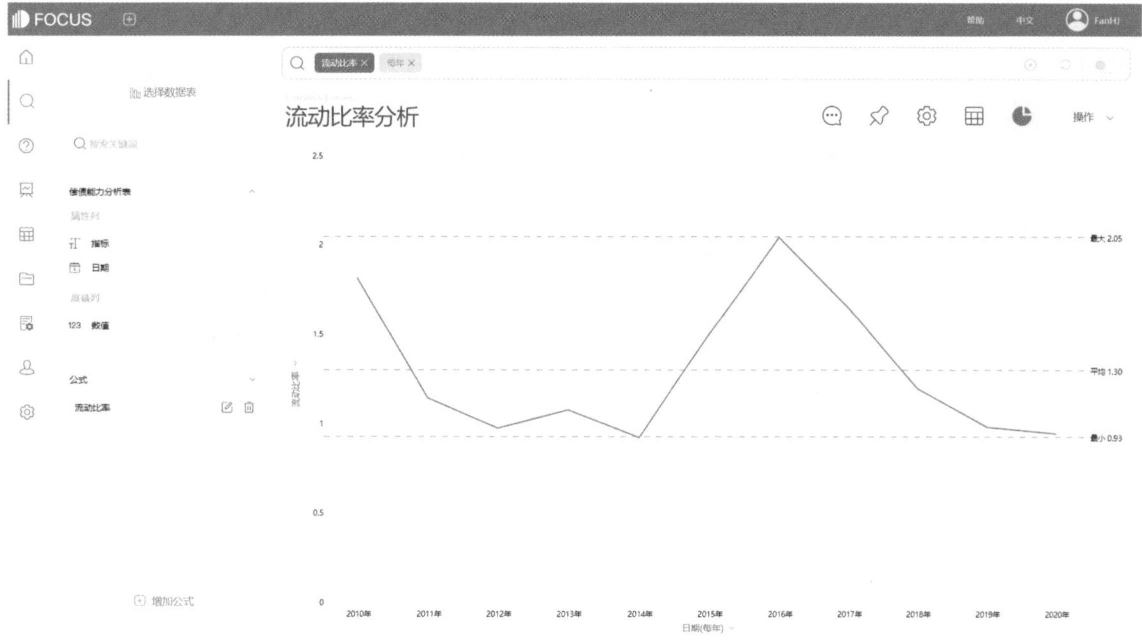

图24-8 流动比率分析折线图

（4）速动比率分析。通过公式添加字段“速动比率”，输入“（sum_if（指标＝‘流动资产总额’，数值）-sum_if（指标＝‘存货’，数值））/sum_if（指标＝‘流动负债总额’，数值）”，计算速动比率，如图24-9。

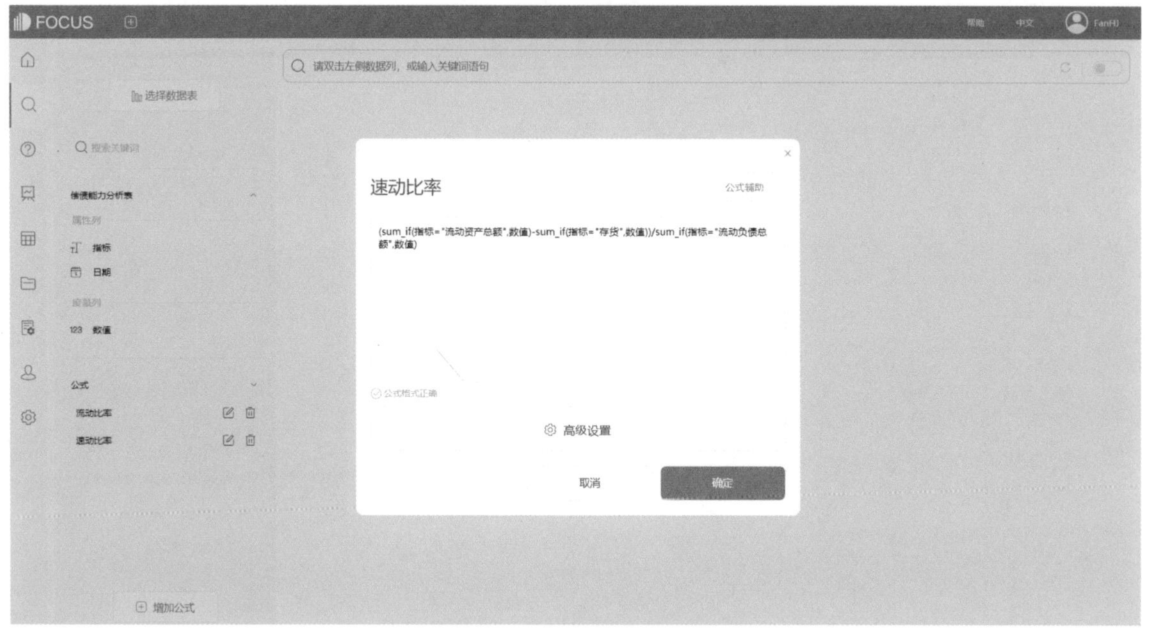

图24-9 公式构建速动比率字段

双击公式“速动比率”，并且在搜索框键入“每年”，自适应折线图，如图24-10所示。

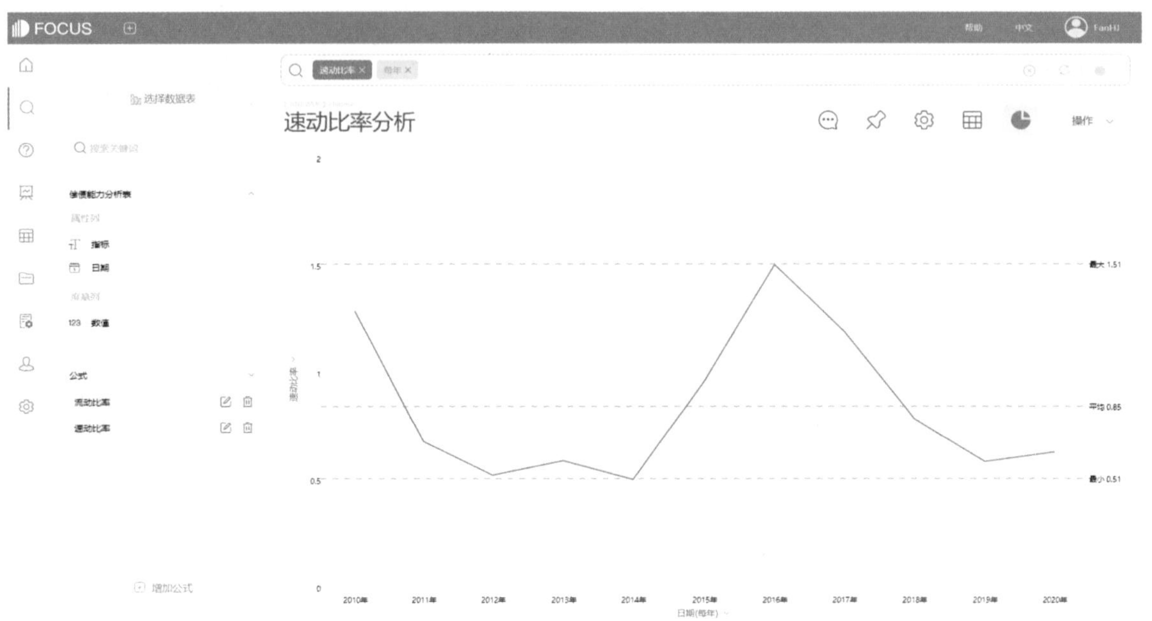

图24-10　速动比率分析折现图

（5）现金比率分析。通过公式添加字段“现金比率”，输入“sum_if（指标＝‘货币资金’，数值）/sum_if（指标＝‘流动负债总额’，数值）”，计算现金比率，如图24-11。

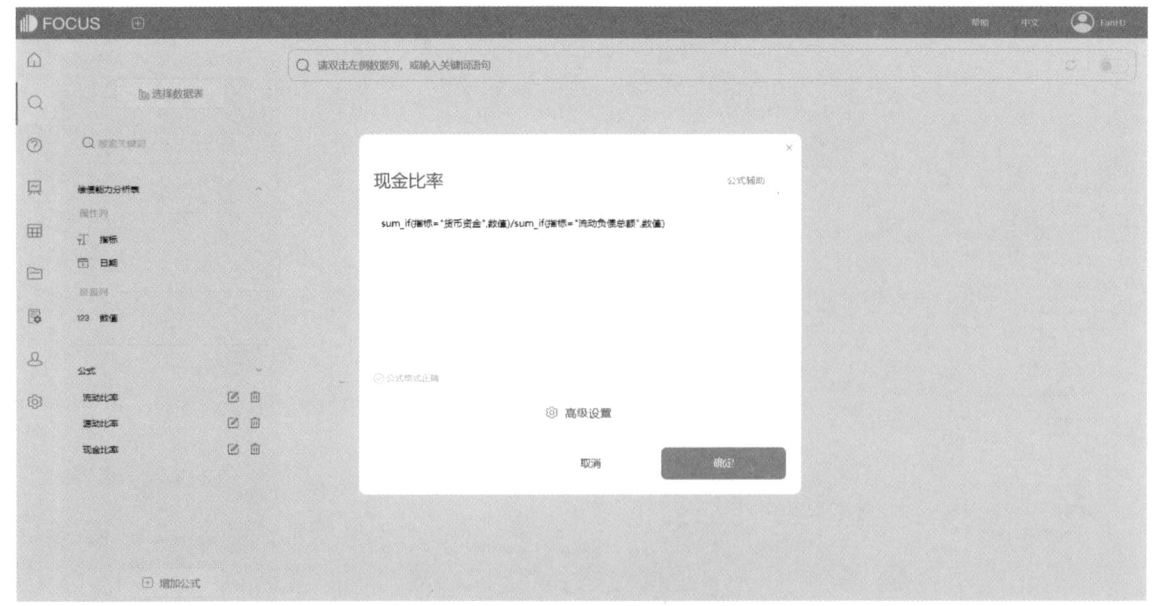

图24-11　公式构建现金比率字段

双击公式“现金比率”，并且在搜索框键入“每年”，自适应折线图，如图24-12所示。

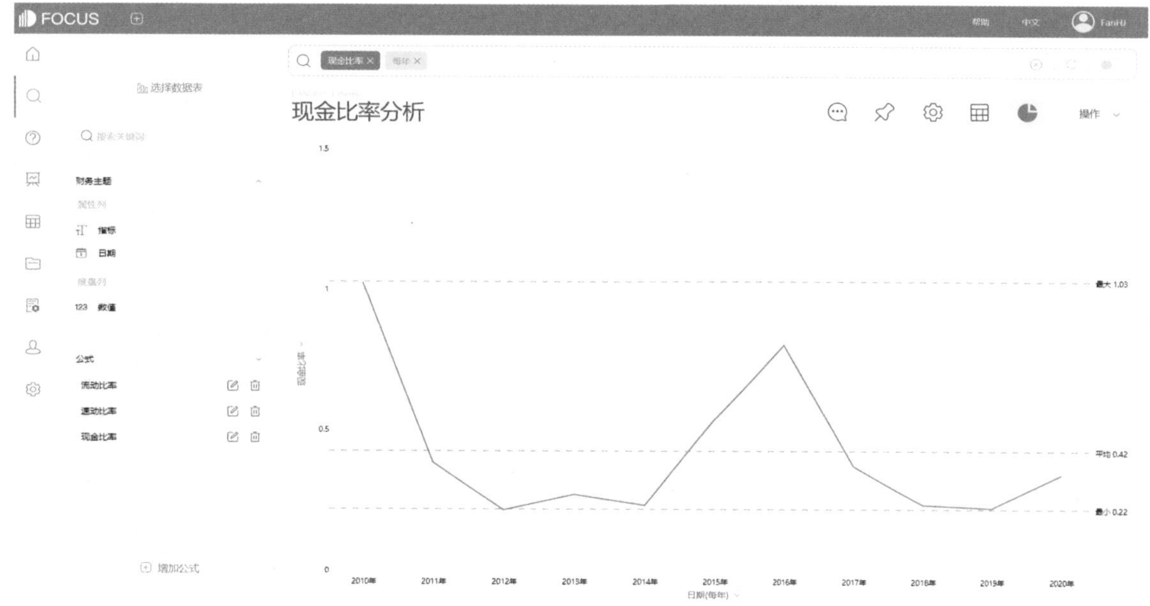

图24-12 现金比率分析折线图

（6）资产负债率分析。通过公式添加字段“资产负债率”，输入“sum_if（指标＝‘负债总额’，数值）/sum_if（指标＝‘资产总额’，数值）”，计算资产负债率，如图24-13。

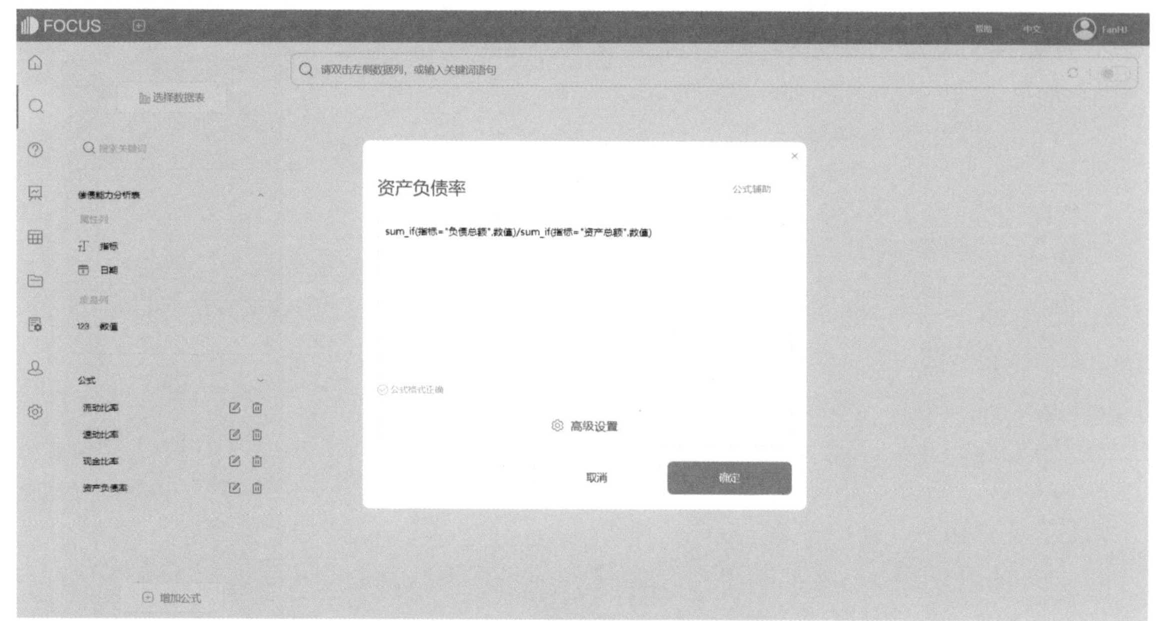

图24-13 公式构建资产负债率字段

双击公式“资产负债率”，并且在搜索框键入“每年”，选择柱状图，如图24-14所示。

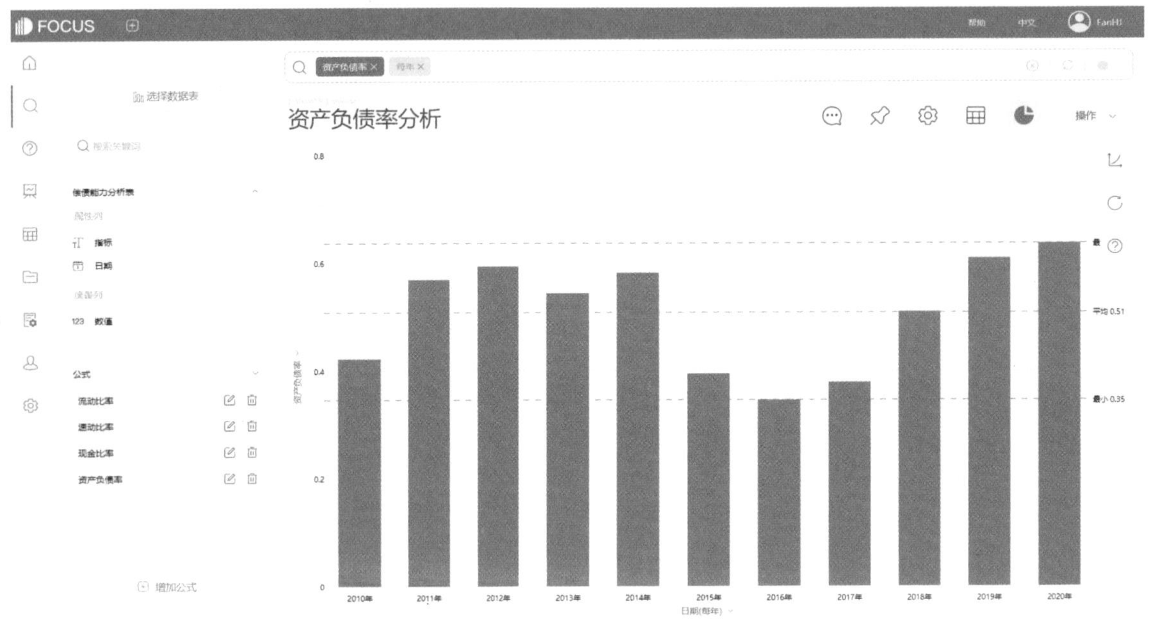

图24-14　资产负债率分析柱状图

（7）产权比率分析。通过公式添加字段“产权比率”，输入“sum_if（指标＝‘负债总额’，数值）/sum_if（指标＝‘股东权益’，数值）”，计算产权比率，如图24-15。

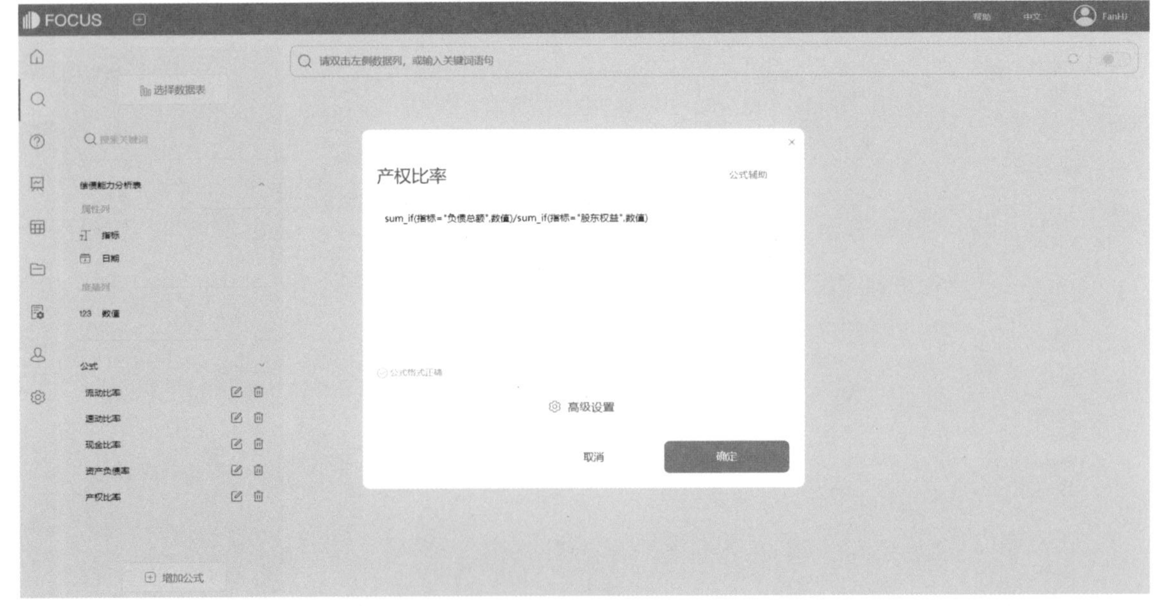

图24-15　公式构建产权比率字段

双击公式“产权比率”，并且在搜索框键入“每年”，选择柱状图，如图24-16所示。

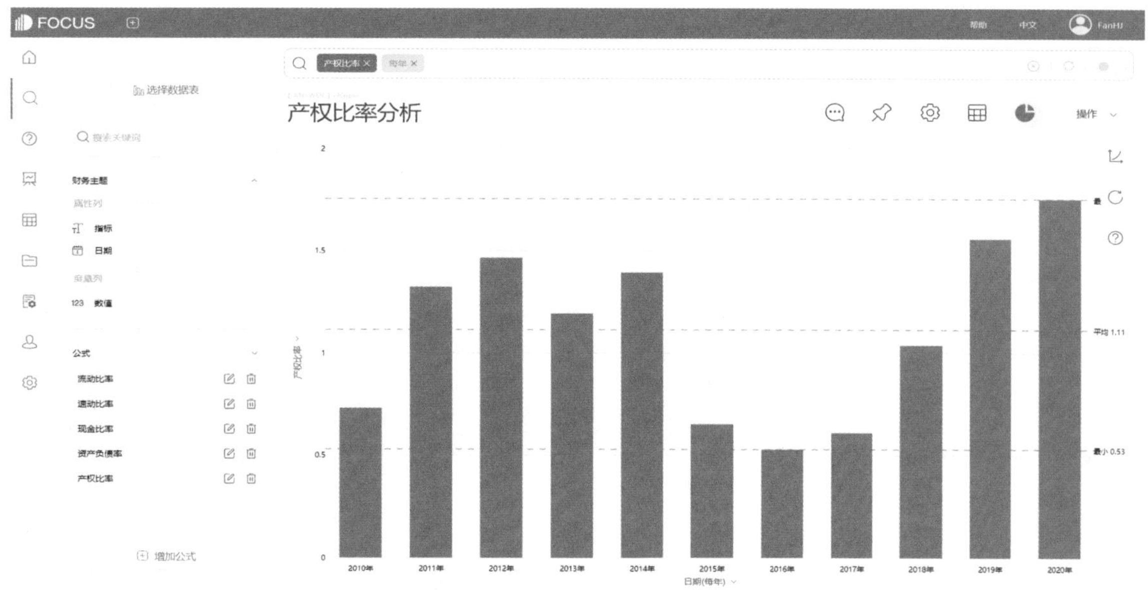

图24-16 产权比率分析柱状图

（7）权益乘数分析。通过公式添加字段“权益乘数”，输入“sum_if（指标＝‘资产总额’，数值）/sum_if（指标＝‘股东权益’，数值）”，计算权益乘数，如图24-17。

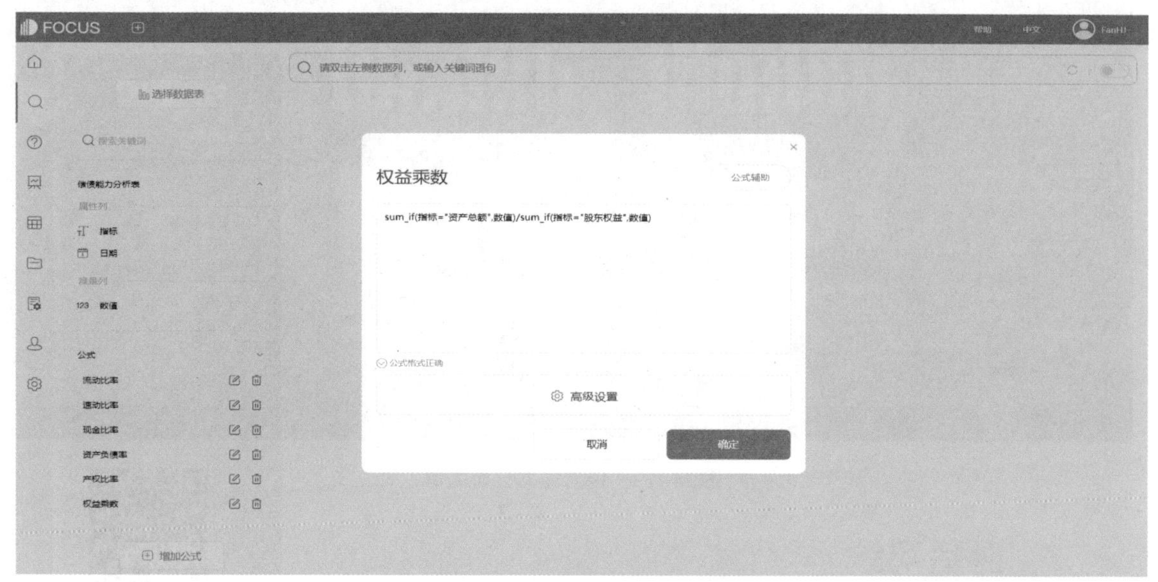

图24-17 公式构建权益乘数字段

双击公式“权益乘数”，并且在搜索框键入“每年”，选择柱状图，如图24-18所示。

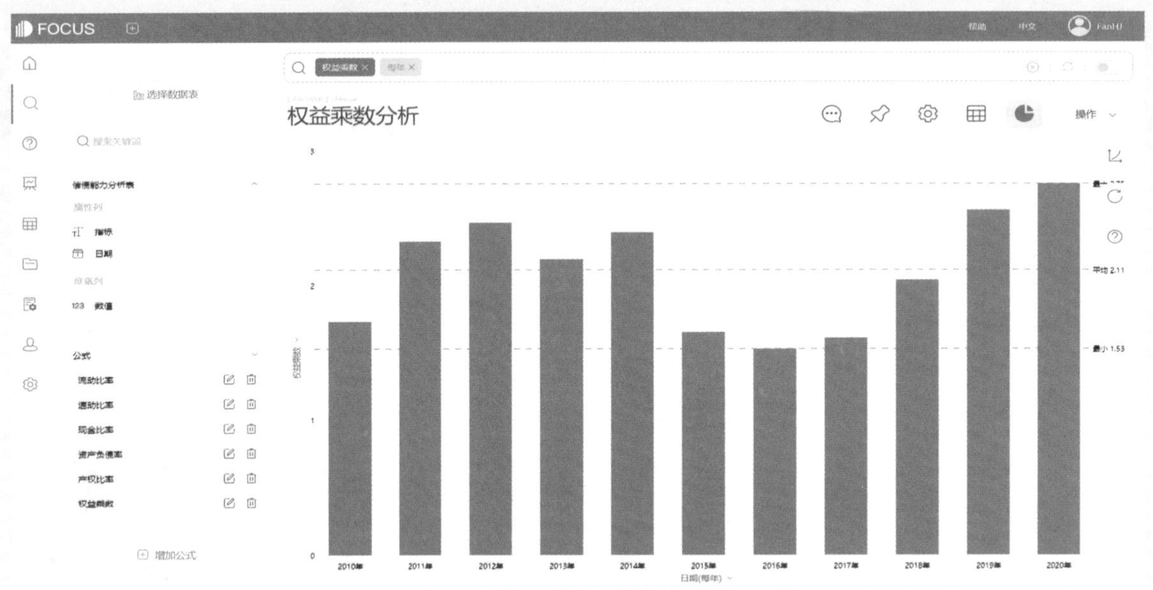

图24-18　权益乘数分析柱状图

（8）创建数据看板，将各分析历史问答组件导入看板，适当补充其他组件和调整样式得到偿债能力分析大屏，如图24-19。

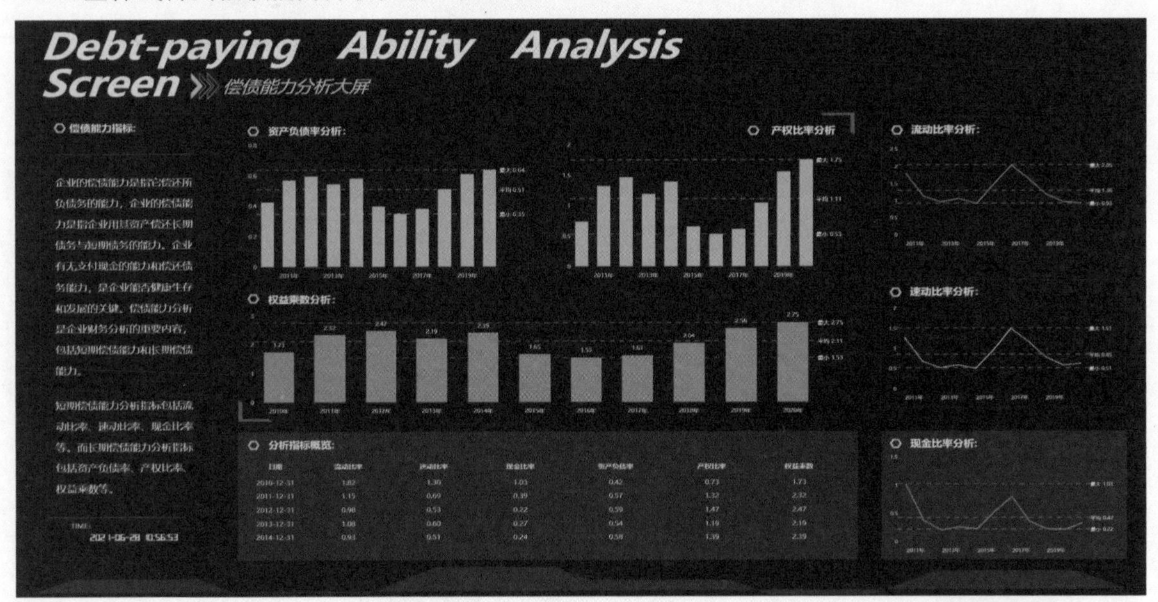

图24-19　偿债能力分析大屏

课后习题

参考偿债能力分析大屏，制作能够自动轮播的指标概览数值表，并且轮播顺序为日期降序。

第25章 发展能力分析

企业发展能力是指企业未来发展趋势与发展速度，包括企业规模的扩大，利润和所有者权益的增加。企业发展能力分析是对企业扩展经营能力的分析，用于考察企业通过逐年收益增加或通过其他融资方式获取资金扩大经营的能力。

25.1 发展能力分析

（1）主营业务收入增长率分析

主营业务收入增长率反映了企业在营业收入方面发展的能力，企业的营业收入情况越好，市场份额占比更多，相应企业的生存和发展空间就越大。因此主营业务收入增长率可以衡量企业经营状况和市场占有能力，是预测企业经营业务拓展趋势的重要标志，如图25-1。

（2）净利润增长率分析

企业的盈利增长是反应企业发展能力的重要反面，净利润增长率作为企业成长性的基本特征，当净利润增幅较大，表明公司经营业绩突出，市场竞争能力强。反之，净利润增幅小甚至出现负增长也就谈不上具有成长性，如图25-2。

（3）总资产增长率分析

资产是企业用于取得收入的资源，也是企业偿还债务的保障。资产增长是企业发展的一个重要方面，发展性高的企业一般能保持资产的稳定增长。一般情况下，总资产增长率越高，表明企业一定时期内资产经营规模扩张的速度越快。但在评价企业的资产规模增长是否适当时还应与营业收入和利润增长等情况结合起来分析，只有企业的营业收入增长、利润正在高于资产规模增长的情况下，这种资产规模增长才属于效益型增长，如图25-3。

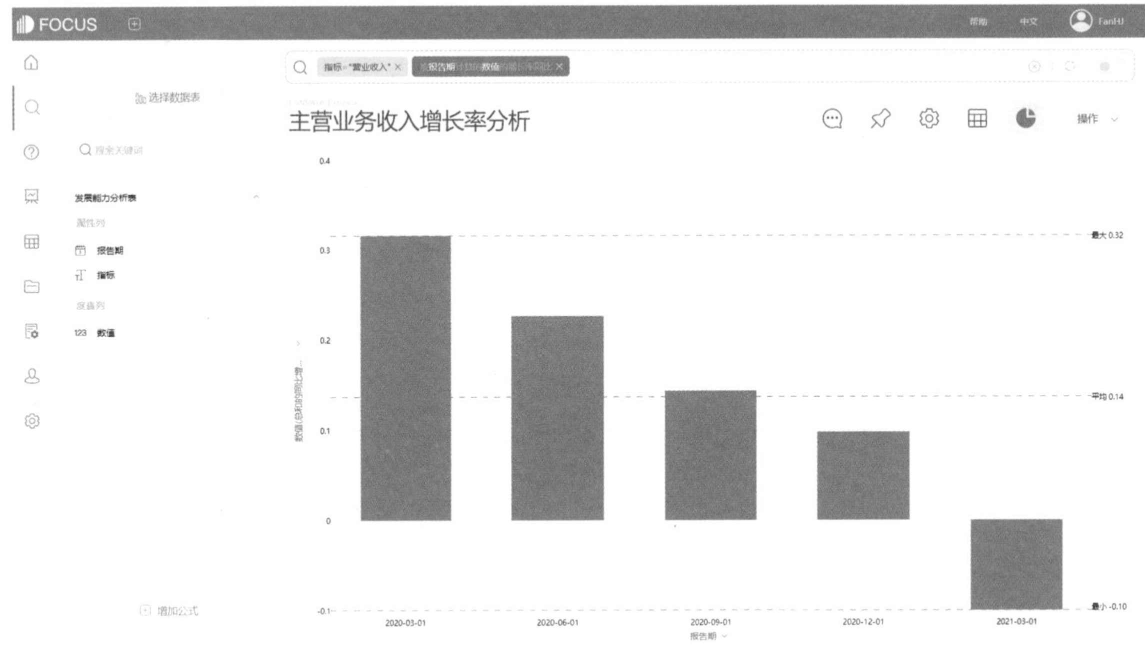

图25-1　总资产周转分析

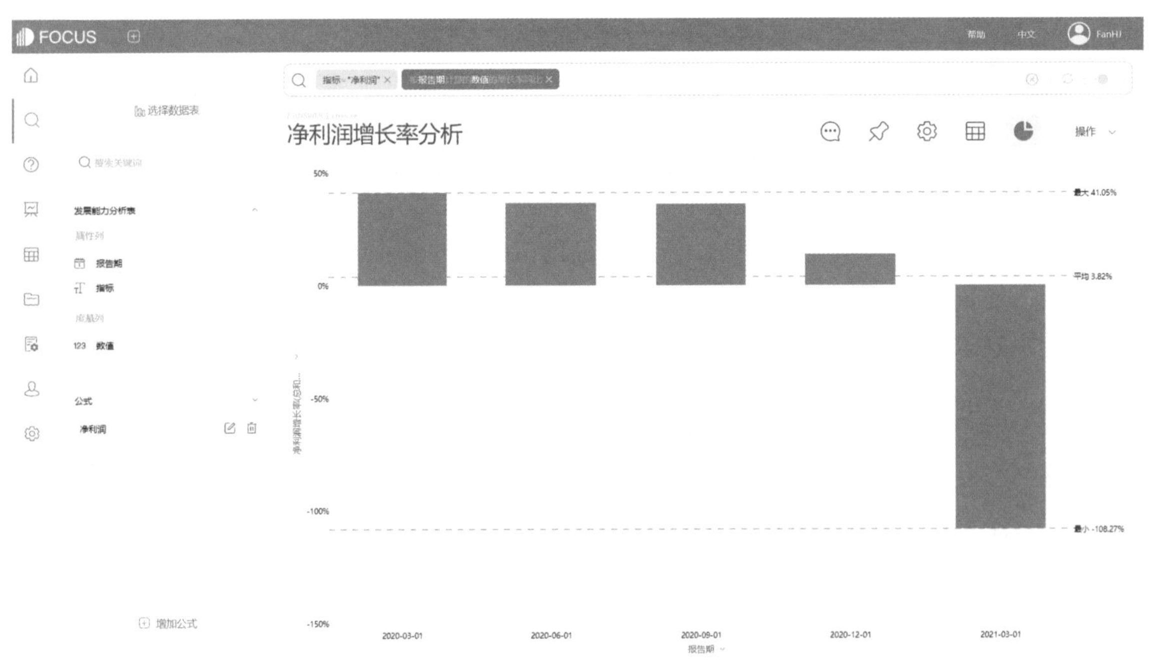

图25-2　净利润增长率分析分析

（4）净资产增长率分析

净资产增长率是企业发展能力体现的又一重要指标，它反映了企业的发展能力和企业资产保值增值的情况。在企业经营中，较多的资本积累是企业发展强盛的标志，是企业扩大再生产的源泉，较高的净资产增长率代表了企业的应对风险和可持续发展能力将较强，如图25-4。

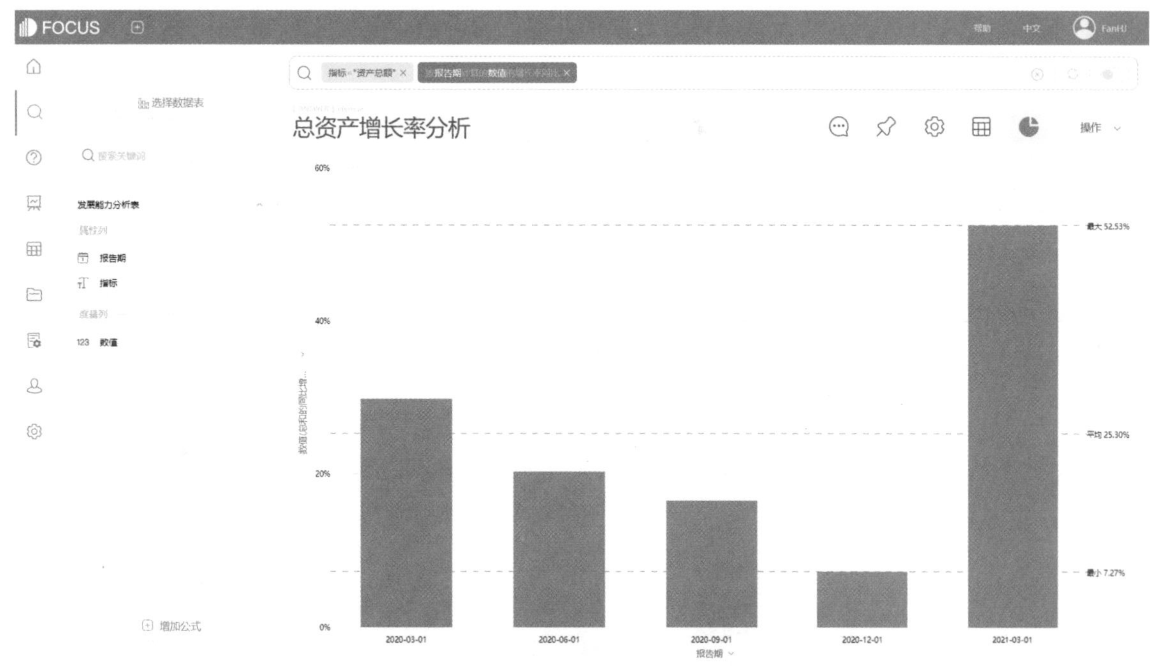

图25-3　总资产增长率分析

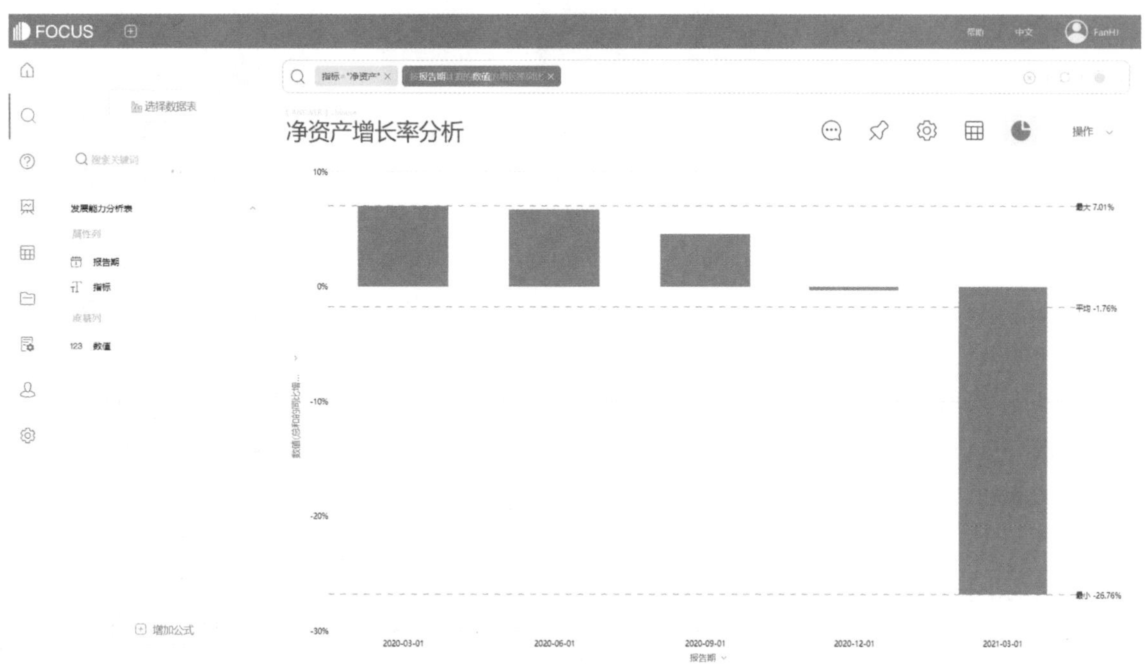

图25-4　净资产增长率分析

25.2 技术实现：应用DataFocus实现25.1的分析

（1）导入数据。将分析所需的数据“发展能力分析表”导入DataFocus系统，选择恰当的数据类型。

（2）主营业务收入增长率分析。选择数据表为发展能力分析表，在搜索框输入“指标＝‘营业收入’”，筛选出营业收入数据，并且利用增长关键词输入“按报告期计算的数值的增长率同比”，计算主营业务收入增长率，修改数值配置为百分比，并选择图表为柱状图，如图25-5。

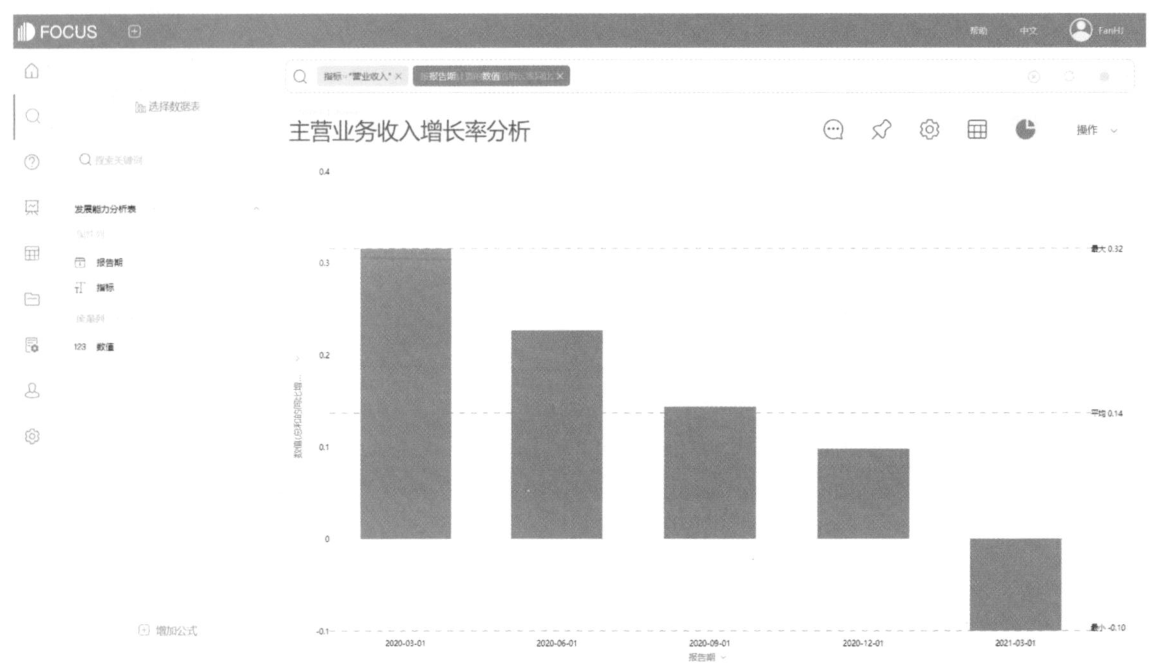

图25-5　主营业务收入增长率分析柱状图

（3）净利润增长率分析。在搜索框输入“指标＝‘净利润’按报告期计算的数值的增长率同比”，计算净利润增长率，选择图表为柱状图，如图25-6。

（4）总资产增长率分析。总资产增长率分析。在搜索框输入“指标＝‘资产总额’按报告期计算的数值的增长率同比”，计算总资产增长率，选择图表为柱状图，如图25-7。

（5）净资产增长率分析。在搜索框输入“指标＝‘净资产’按报告期计算的数值的增长率同比”，计算净资产增长率，选择图表为柱状图，如图25-8。

（6）创建数据看板，将各分析历史问答组件导入看板，适当补充其他组件和调整样式得到发展能力分析大屏，如图25-9。

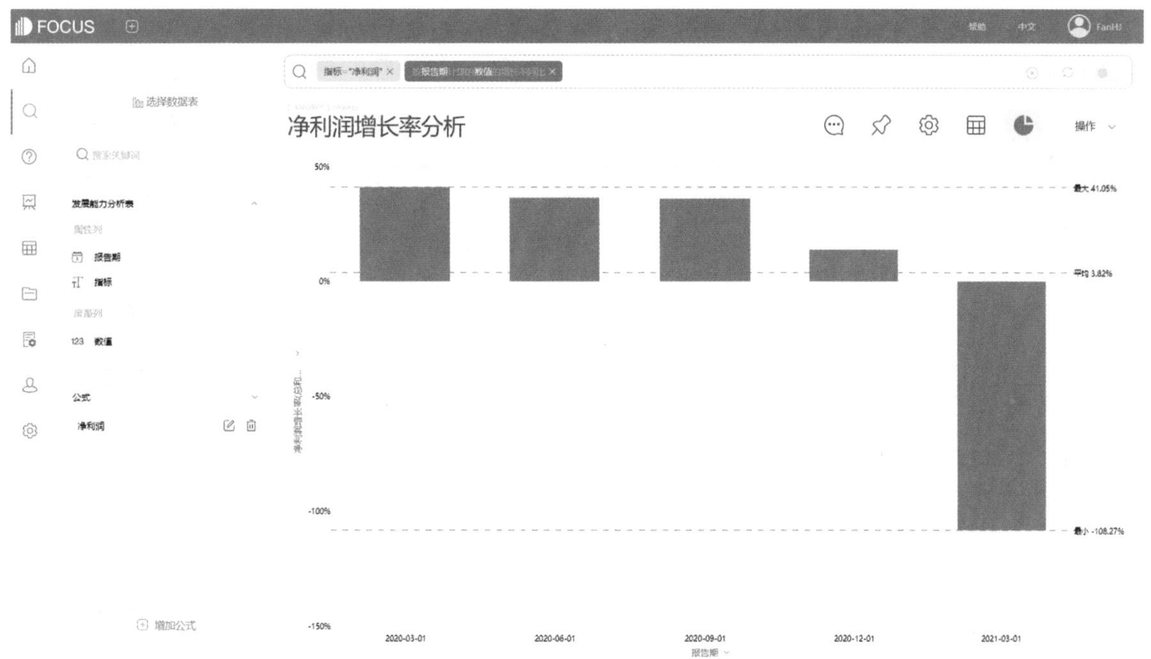

图 25-6 净利润增长率分析柱状图

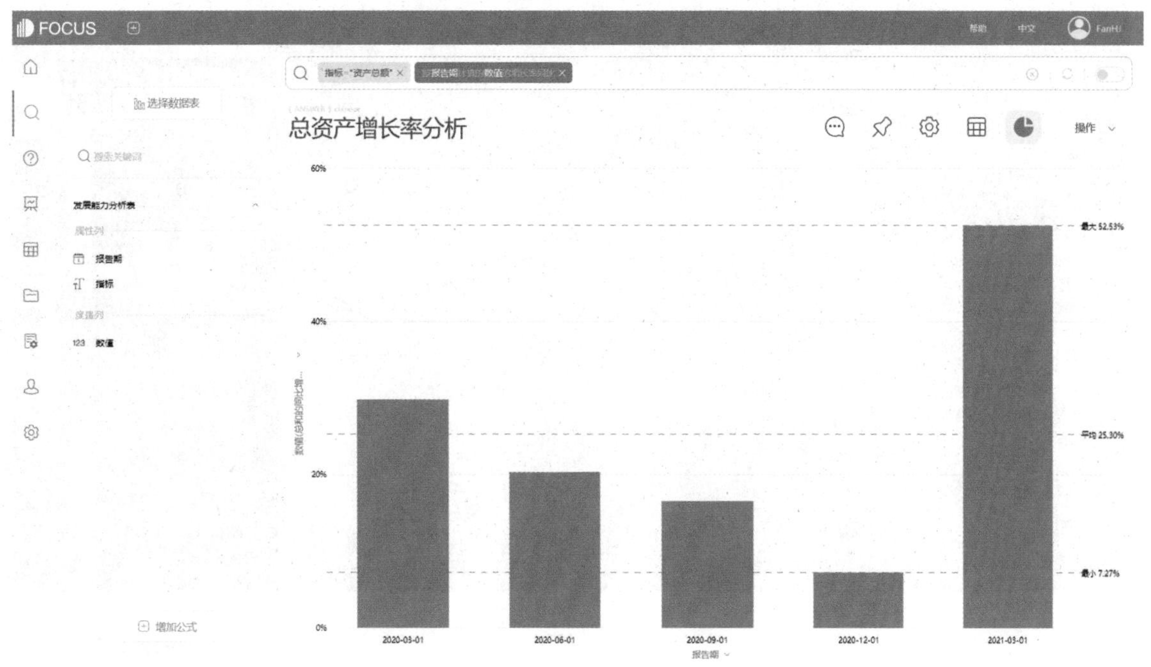

图 25-7 总资产增长率分析柱状图

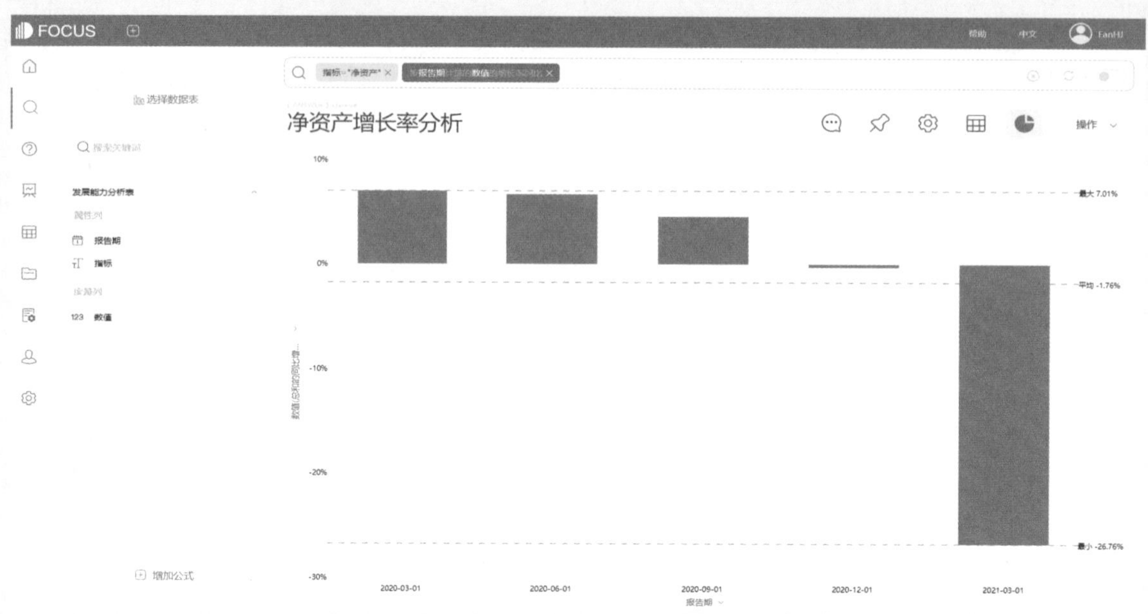

图25-8　净资产增长率分析柱状图

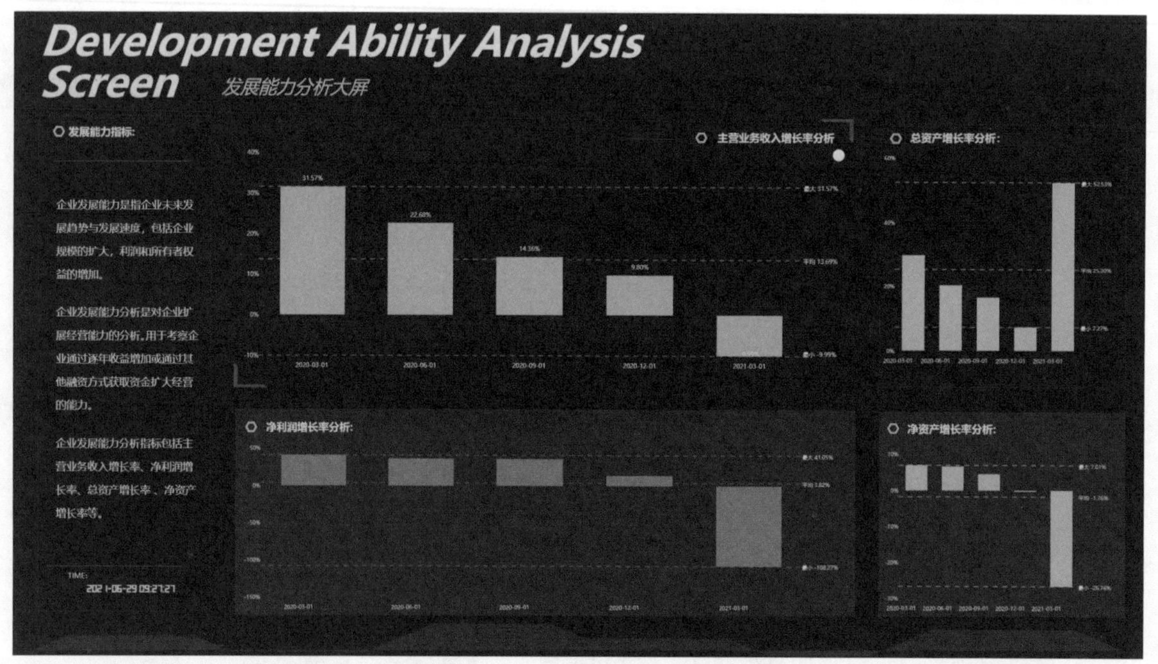

图25-9　发展能力分析大屏

课后习题

针对净利润增长分析柱状图，修改相关配置使得当净利润增长率为负数时突出显示，达到警醒作用。

第26章 决策能力分析

在前面的章节中，针对的是企业的盈利能力、营运能力、偿债能力、发展能力等某一方面的状况以及形成这种状况的因素的分析，各种财务指标的分析都是孤立的。本章将从杜邦模型的角度将各个财务指标层层分解，使得企业的盈利能力、营运能力、偿债能力、发展能力等各种指标相互联系起来，以达到全面、系统的对企业财务状况进行深入分析的目的，以此支撑企业的决策。

26.1 决策能力分析

（1）销售净利率分析

销售净利率，又称销售净利润率，是净利润占销售收入的百分比，用以衡量企业在一定时期的销售收入获取的能力。经营中往往可以发现，企业在扩大销售的同时，由于销售费用、财务费用、管理费用的大幅增加，企业净利润并不一定会同比例的增长，甚至呈现一定的负增长。盲目扩大生产和销售规模未必会为企业带来正的收益。因此，分析者应关注在企业每单位销售收入增加时净利润的增减程度，由此来考察销售收入增长的效益。通过分析销售净利率的升降变动，可以促使企业在扩大销售的同时，注意改进经营管理，提高盈利水平，如图26-1。

图26-1　销售净利率分析

（2）资产周转率分析

资产周转率是企业一定时期销售收入净额与资产总额之比，衡量的是总资产规模与销售水平之间配比情况的指标，它是考察企业营运能力的一项重要指标。通过该指标的对比分析，可以反映企业本年度总资产的运营效率和变化，发现企业与同类企业在资产利用上的差距，促进企业挖掘潜力、积极创收、提高产品市场占有率、提高资产利用效率，如图26-2。

图26-2　资产周转率分析

（3）总资产利润率分析

总资产利润率是净利润占企业总资产的百分比，是反映企业资产综合利用效果的指标。仅仅从销售净利率的高低无法直接判断业绩情况，需要联合周转率一同分析，得到总资产利润率，从而衡量企业利用资产获取利润的能力。同时该指标也可以反映企业的经营战略——选择高盈利低周转率还是低盈利高周转率，如图26-3。

图26-3　总资产利润率分析

（4）权益乘数分析

权益乘数是指资产总额相当于股东权益的倍数，权益乘数反映了企业财务杠杆的大小，权益乘数越大，说明股东投入的资本在资产中所占的比重越小，财务杠杆越大，财务风险较大。反之权益乘数如果较小的话，那么表明股东投入到企业中的资本较高，占全部资产的比重也是比较大的，这种情况下，企业的负债程度一般较低，债权人的权益比较容易受到保护，但是股东的报酬率相对降低。所以，在企业管理中就必须寻求一个最优资本结构，从而实现企业价值最大化，如图26-4。

（5）所有者权益报酬率分析

所有者权益报酬率，即ROE。企业的总资产利润率和权益乘数共同决定了ROE。在总资产利润率不变的情况下，提高财务杠杆可以提升ROE，此时企业也将面临更大的财务风险。杜邦分析模型将ROE拆解为三个指标，将对ROE的分析转变为对其影响因素——销售净利率、资产周转率和权益乘数的关联分析，通过层层拆解，给决策者提供了一张明晰的考察企业经营状况和是否最大化股东投资回报的路线图，如图26-5。

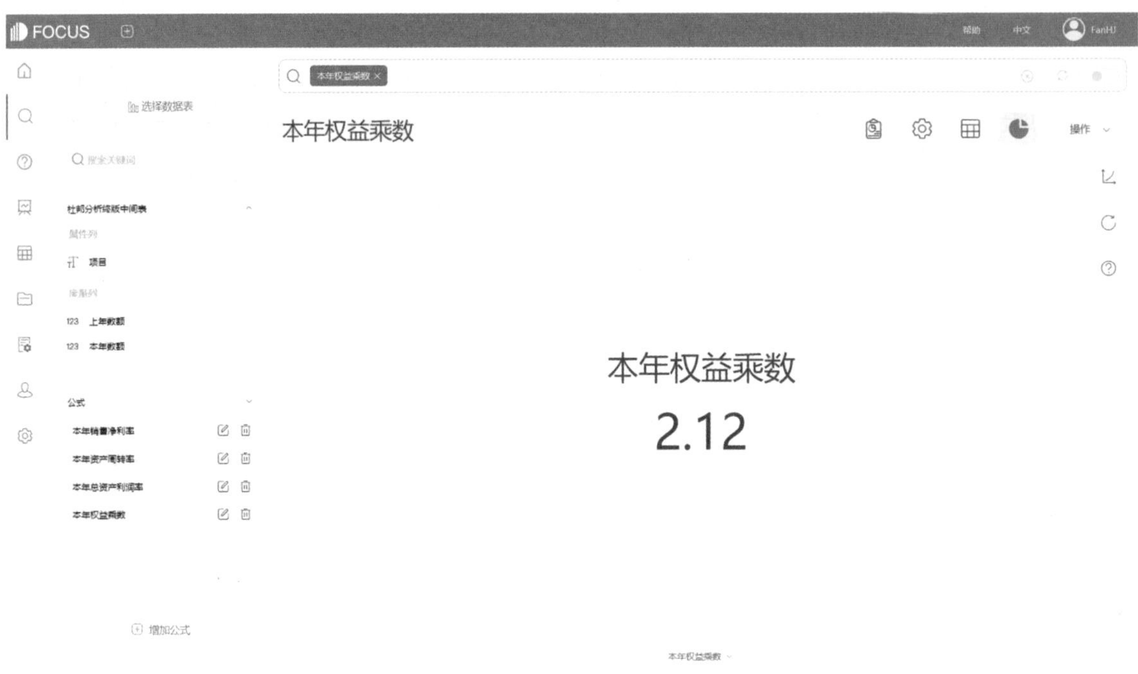

图26-4　权益乘数分析

图26-5　所有者权益报酬率分析

26.2 技术实现：应用DataFocus实现26.1的分析

（1）数据来源我们选择某公司的利润表及资产负债表，如图26-6和图26-7，将其导入DataFocus系统。

编号	项目名称	上年数	本年数
1	一、主营业务收入	3,621.00	4,153.00
1	减：主营业务成本	3,109.00	3,492.00
1	主营业务税金及附加	125.00	177.00
1	二、主营业务利润	387.00	484.00
1	加：其他业务利润	6.00	
1	减：营业费用		
1	管理费用	280.00	206.00
1	财务费用	72.00	39.00
1	三、营业利润	41.00	239.00
1	加：投资收益		
1	补贴收入		
1	营业外收入		
1	减：营业外支出	2.00	9.00
1	四、利润总额	39.00	230.00
1	减：所得税	9.75	57.50
1	五、净利润	29.25	172.50
1	加：年初未分配利润	216.00	300.00
1	其他转入		
1	六、可供分配的利润	245.25	472.50
1	减：提取法定盈余公积		
1	提取法定公益金		
1	提取职工奖励及福利基金		
1	提取储备基金		
1	提取企业发展基金		
1	利润归还投资		
1	七、可供投资者分配的利润	245.25	472.50
1	减：应付优先股股利		
1	提取任意盈余公积		
1	应付普通股股利		
1	转作资本的普通股股利		
1	八、未分配利润	245.25	472.50

图26-6 利润表

编号	资产	行次	上年数	本年数	负债及所有者权益	行次	上年数	本年数
2	货币资金	1	68.00	75.00	短期借款	34	30.00	30.00
2	短期投资	2			应付票据	35		
2	应收票据	3			应付账款	36	1352.00	1332.00
2	应收账款	4	166.00	132.00	预收账款	37	378.00	142.00
2	减:坏帐准备	5			应付工资	38	60.00	90.00
2	应收账款净额	6	166.00	132.00	应付福利费	39	93.00	73.00
2	预付账款	7			应付股利	40	175.00	165.00
2	其他应收款	8	190.00	267.00	未交税金	41	111.00	168.00
2	存货	9	1,432.00	1,102.00	其他未交款	42	33.00	9.00
2	其中:原材料	10			其他应付款	43	1062.00	1082.00
2	在产品	11			预提费用	44	3.00	1.00
2	半成品	12			一年内到期的长期负债	45		
2	产成品	13			流动负债合计	46	3297.00	3092.00
2	分期收款发出商品	14			长期借款	47		
2	包装物	15			应付债券	48		
2	低值易耗品	16			长期应付款	49		
2	待摊费用	17		36.00	其他长期负债	50		
2	待处理流动资产净损失	18	2,397.00	2,492.00	长期负债合计	51	0.00	0.00
2	流动资产合计	19	4,253.00	4,104.00	递延税款贷项	52		
2	长期投资	20			负债合计	53	3297.00	3092.00
2	固定资产原值	21	378.00	340.00	实收资本	54	2000.00	2000.00
2	减:累计折旧	22	211.00	134.00	资本公积	55	122.00	122.00
2	固定资产净值	23	167.00	205.00	盈余公积	56	142.00	162.00
2	固定资产清理	24		106.00	其中:公益金	57		
2	专项工程支出	25		70.00	未分配利润	58	300.00	485.00
2	待处理固定资产净损失	26			所有者权益合计	59	2564.00	2769.00
2	固定资产合计	27	167.00	381.00		60		
2	无形资产	28	1,441.00	1,376.00		61		
2	递延资产	29				62		
2	其他长期资产	30				63		
2	固定及无形资产合计	31	1,608.00	1,757.00		64		
2	递延税款借项	32				65		
2	资产总计	33	5,861.00	5,861.00	负债及所有者权益合计	66	5861.00	5861.00

图26-7 资产负债表

导入利润表时，重新定义数据列名称，如图26-8。

FOCUS
数据表
导入本地文件
利润表
1 利润表编号 int 1
2 利润表项目 string 一、主营业务收入
3 利润表上年数 double 3621.0
4 利润表本年数 double 4153.0
上一步
确定

图26-8　利润表导入

导入资产负债表时，重新定义数据列名称，并且负债及所有者权益列取消勾选，首次不上传，如图26-9。

图26-9　资产负债表导入

导入成功后再利用累加上传将资产类和负债及所有者权益类项目合并在“资产负债表项目”列，本年数合并在“资产负债表本年数”，上年数合并在“资产负债表上年数”，累加上传时，需要再次选择编号列，如图26-10。

图26-10 累加上传

（3）联合分析利润表和资产负债表的基础是为两张表创建关联关系，我们的目的是将两张表上下合并获得一张新的中间表，因此我们选择为两张表创建全关联，关联字段为“利润表编号”和“资产负债表编号”，如图26-11。

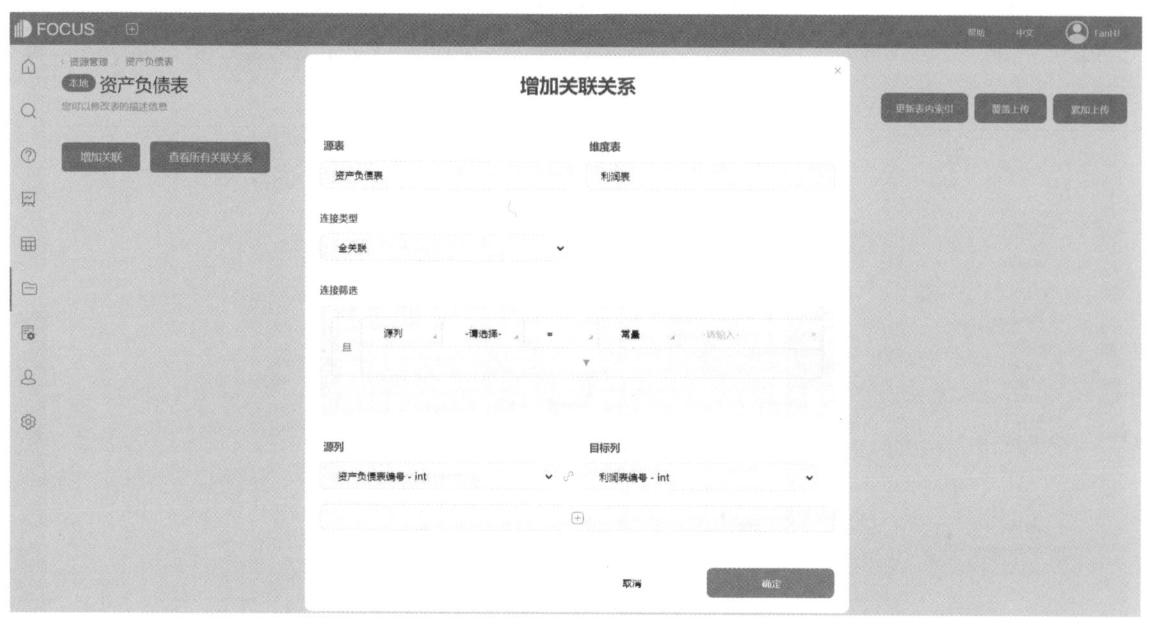

图26-11 创建关联关系

（4）为了将两张表上下合并为一张表，我们通过新增公式，获得新的数据列。利用公式添加“项目”，输入“if利润表编号＝1then利润表项目else资产负债表项目”，如图26-12。

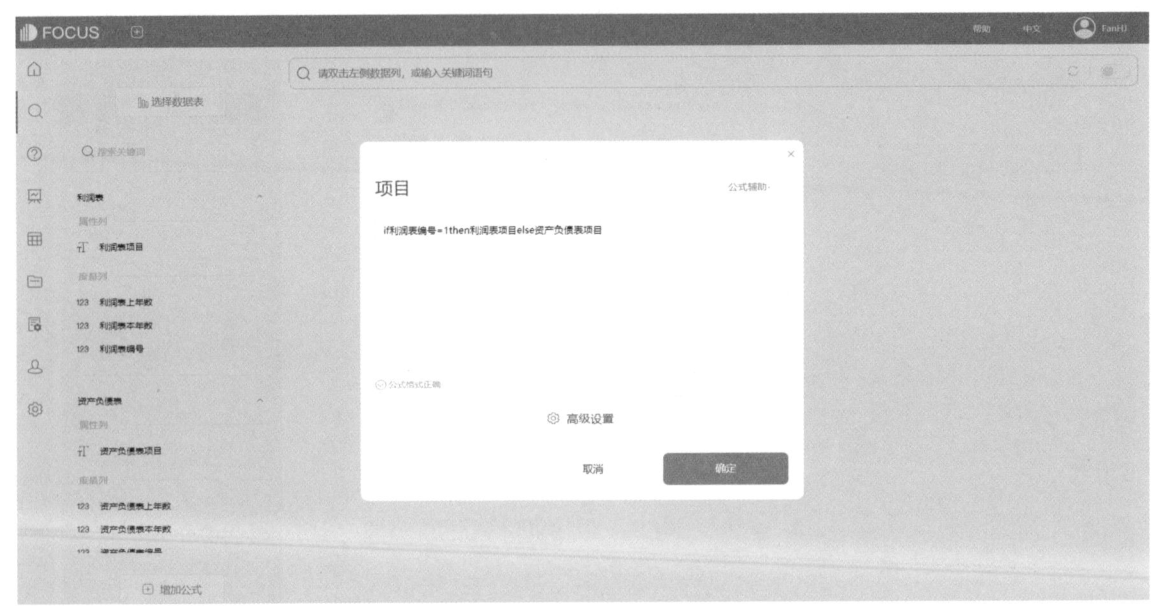

图26-12　公式构建项目字段

同理利用两表编号，添加公式“本年数”和“上年数”，不再赘述。然后在此基础上再嵌套ifnull（）函数，将空值转化为0，得到新字段“本年数额”和“上年数额”，便于后期计算分析，如图26-13及26-14。

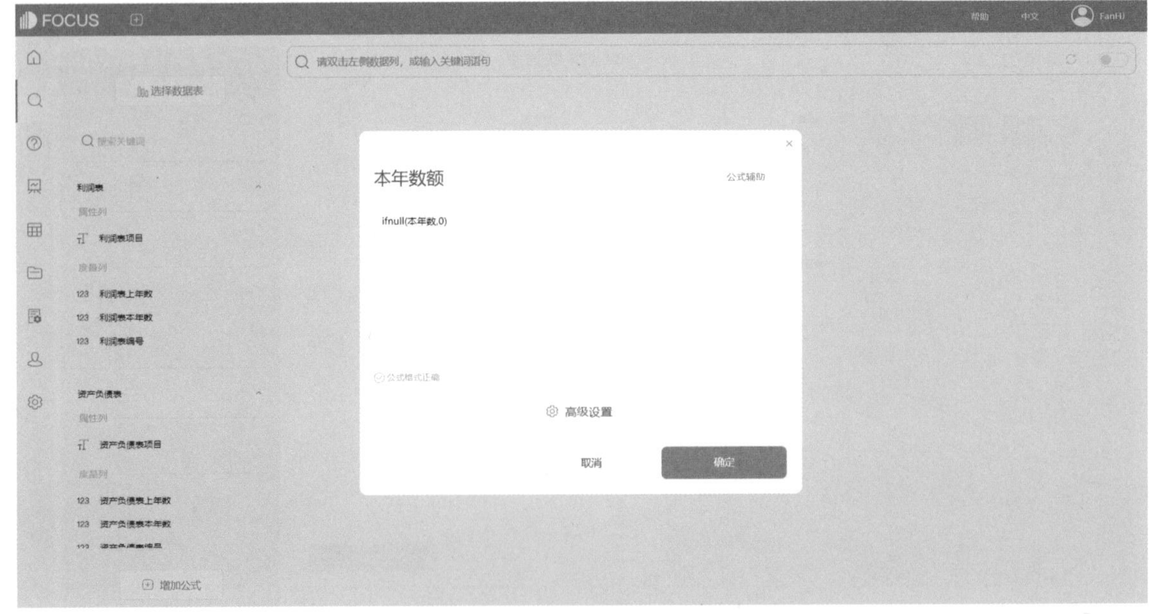

图26-13　公式构建本年数额字段

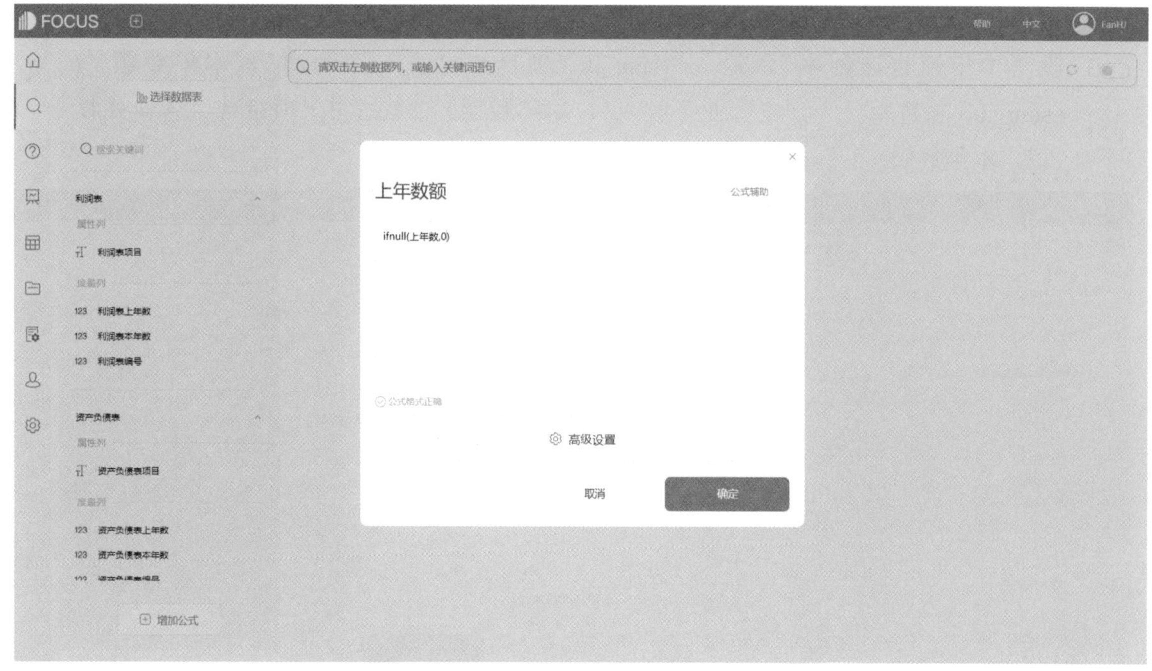

图26-14 公式构建上年数额字段

将“项目”“本年数额”“上年数额”保存为中间表“杜邦分析终版中间表”，如图26-15。

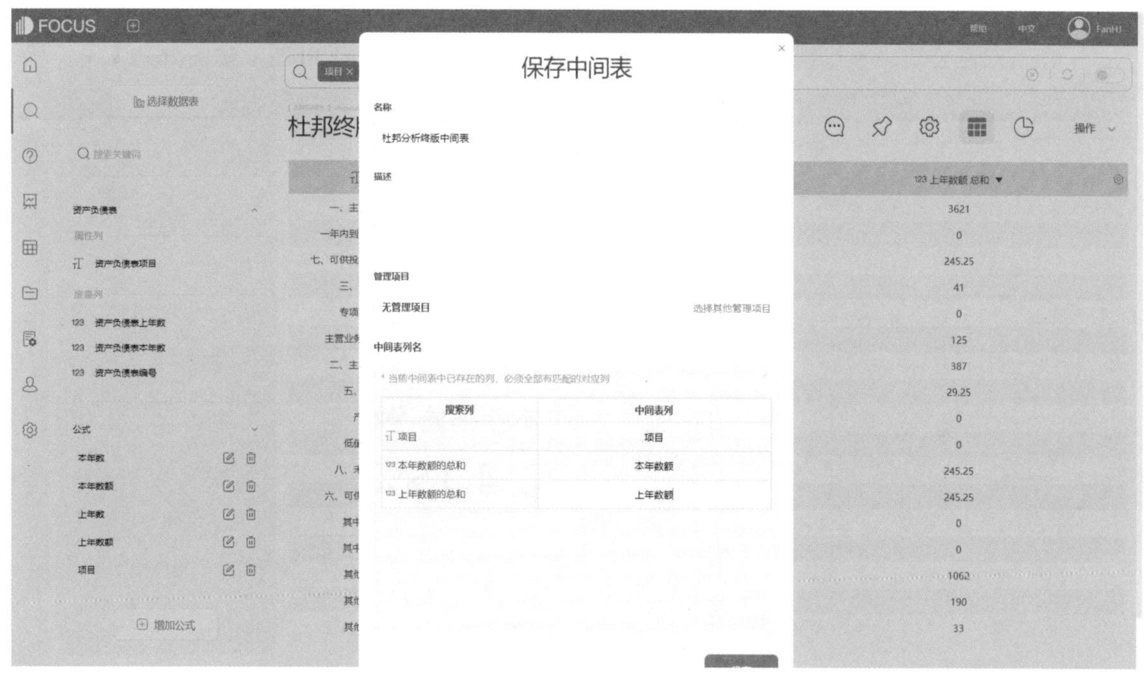

图26-15 保存中间表

（5）销售净利率分析。选择数据表为杜邦分析终版中间表，新增公式，添加字段“本年销售净利率”，输入“sum_if（项目＝‘五、净利润’，本年数额）/(sum_if（项目＝‘一、主营业务收入’，本年数额）＋sum_if（项目＝‘营业外收入’，本年数额））”，如图26-16。

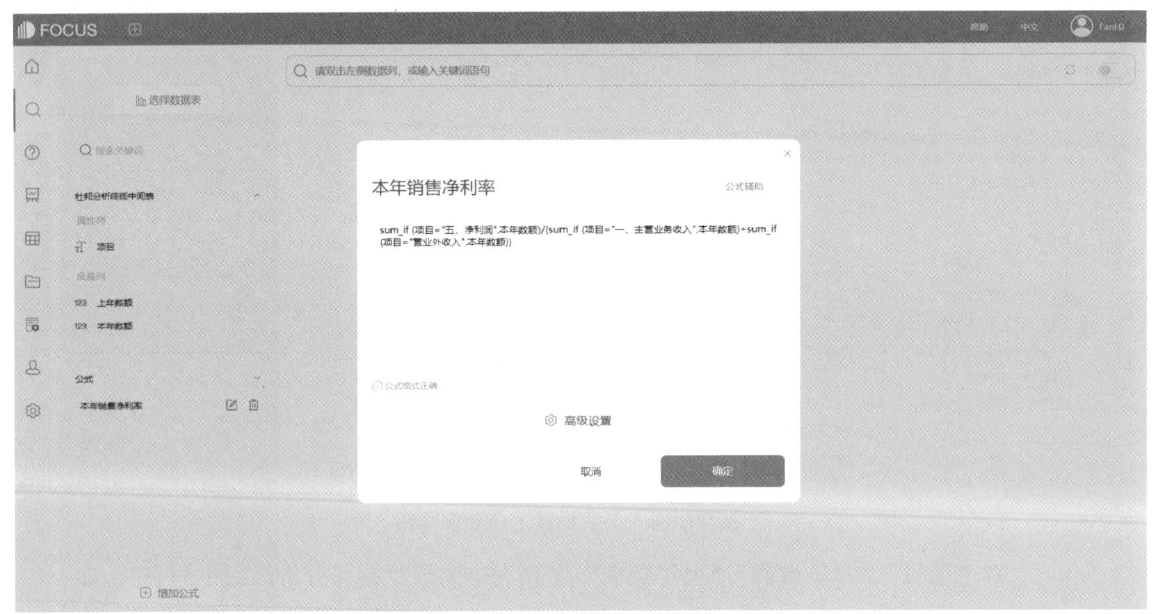

图26-16　公式构建本年销售净利率字段

双击公式“本年销售净利率”，修改配置为百分比，选择KPI图，如图26-17。

图26-17　本年销售净利率KPI图

（6）资产周转率分析。新增公式，添加字段“本年资产周转率”，输入“（sum_if（项目＝‘一、主营业务收入’，本年数额）＋sum_if（项目＝‘营业外收入’，本年数额））/sum_if（项目＝‘资产总计’，本年数额）”，如图26-18。

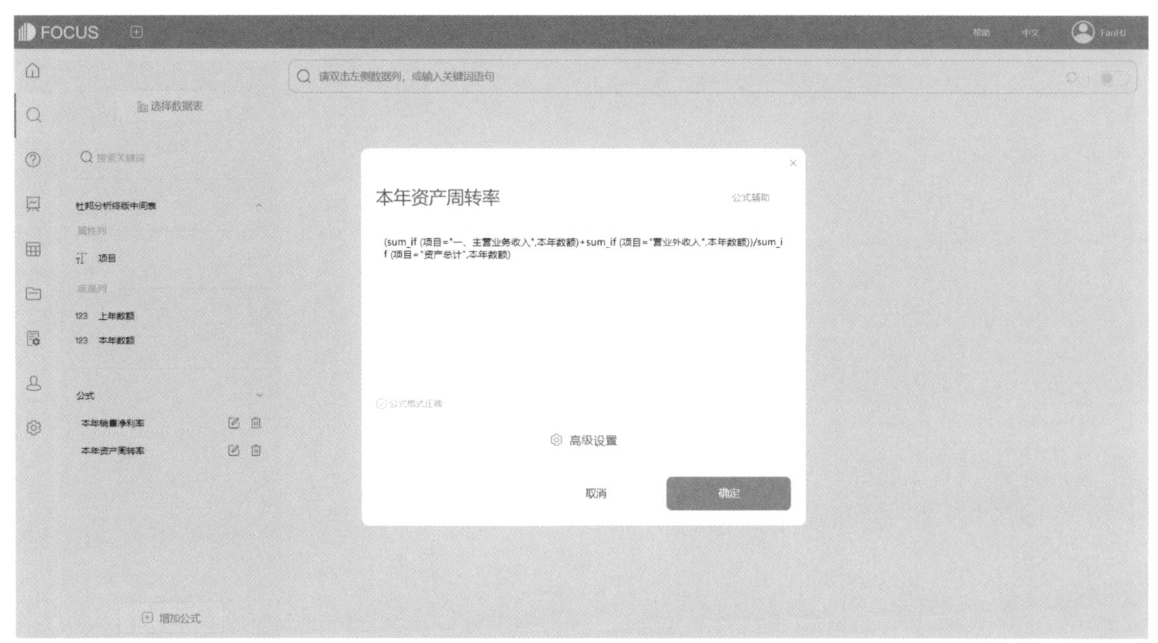

图26-18　公式构建本年销售净利率字段

双击公式“本年资产周转率”，修改配置为百分比，选择KPI图，如图26-19。

图26-19　本年销售净利率KPI图

（7）总资产利润率分析。新增公式，添加字段“本年总资产利润率”，输入“sum_if（项目＝‘五、净利润’，本年数额）/sum_if（项目＝‘资产总计’，本年数额）”，如图26-20。

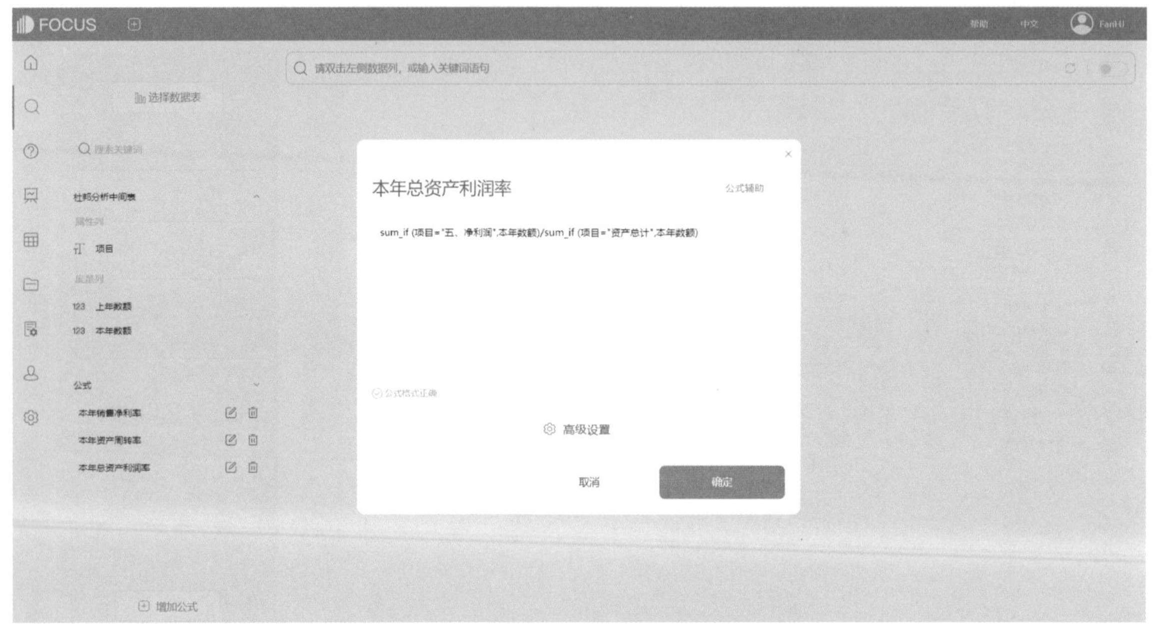

图26-20　公式构建本年总资产利润率字段

双击“本年总资产利润率”，修改配置为百分比，选择KPI图，如图26-21。

图26-21　本年总资产利润率KPI图

（8）本年权益乘数分析。新增公式，添加字段“本年权益乘数”，输入“1/（1-（sum_if（项目＝‘负债合计’，本年数额））/sum_if（项目＝‘资产总计’，本年数额））”，如图26-22。

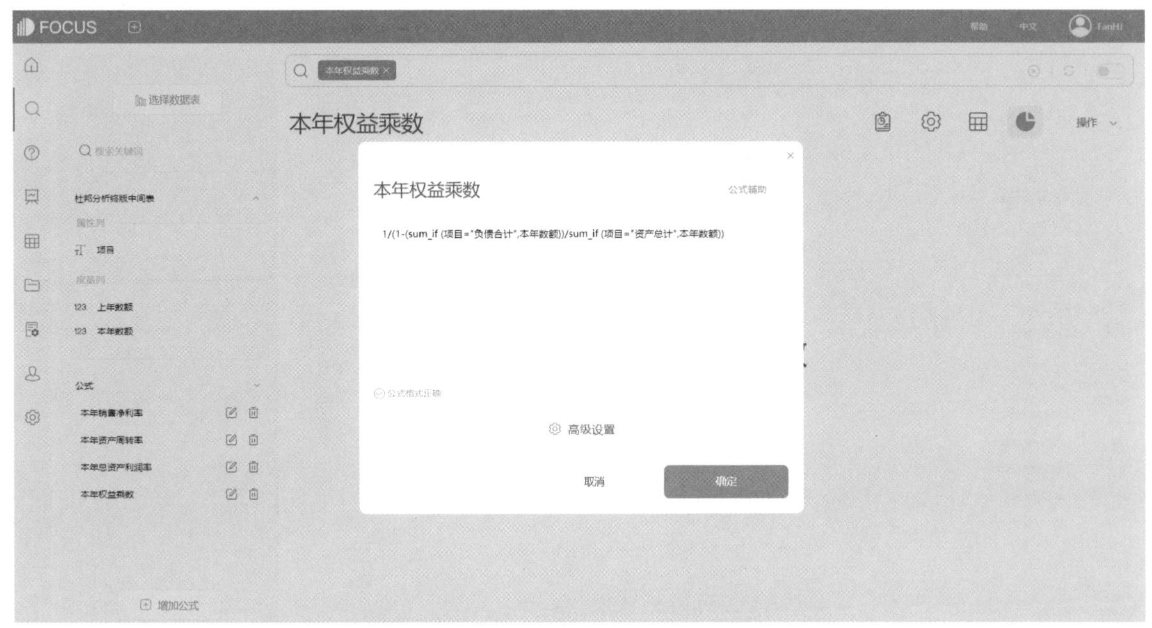

图26-22　公式构建本年权益乘数字段

双击“本年权益乘数”，选择KPI图，如图26-23。

图26-23　本年权益乘数KPI图

（9）本年所有者权益报酬率分析。新增公式，添加字段“本年所有者权益报酬率”，输入“sum_if（项目＝‘五、净利润’，本年数额）/（sum_if（项目＝‘资产总计’，本年数额）-sum_if（项目＝‘负债合计’，本年数额））”，如图26-24。

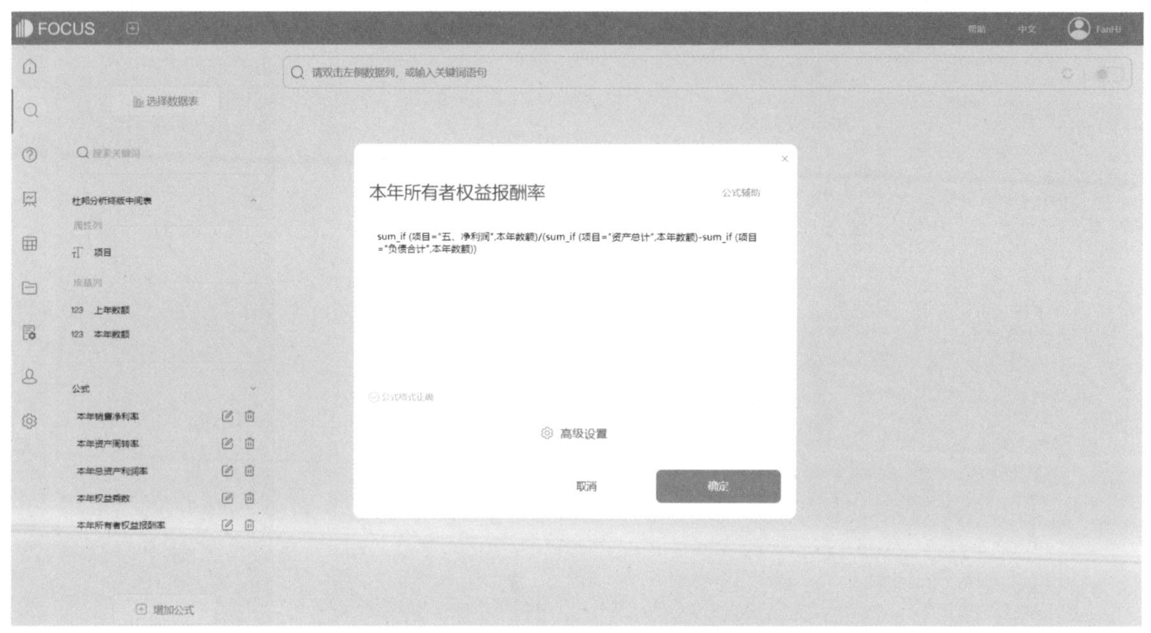

图26-24　公式构建本年所有者权益报酬率字段

双击“本年所有者权益报酬率”，修改配置为百分比，选择KPI图，如图26-25。

图26-25　本年所有者权益报酬率KPI图

（10）创建数据看板，将各分析历史问答组件导入看板，适当补充其他组件和调整样式得到杜邦分析大屏，如图26-26。

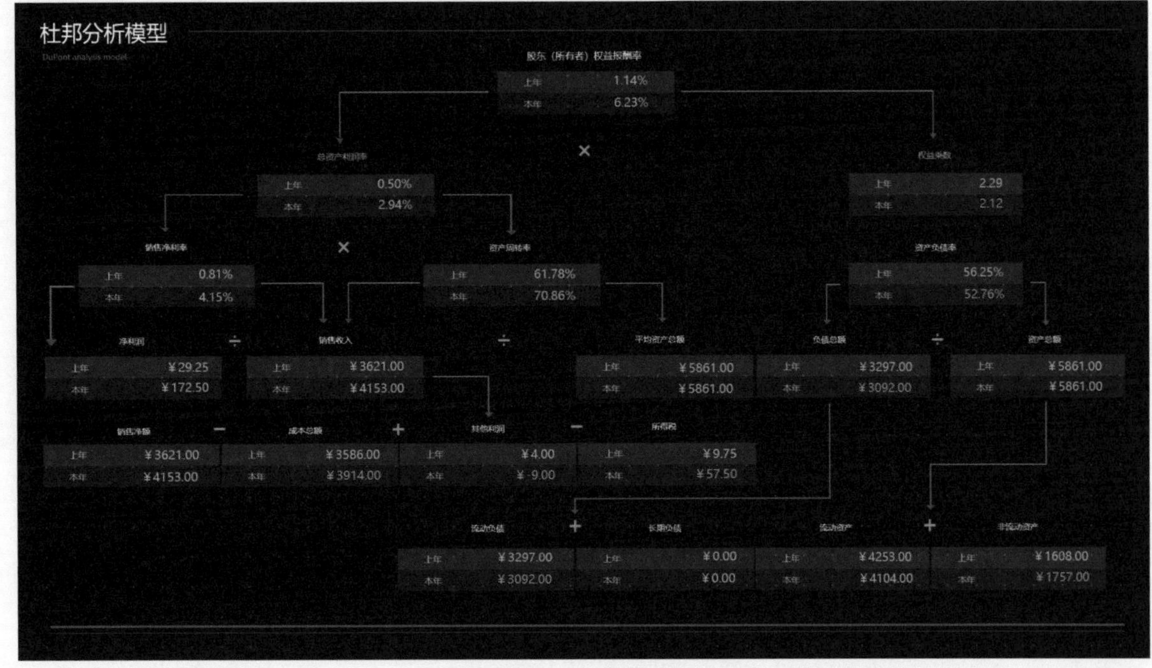

图26-26　杜邦分析大屏

课后习题

为了配合大屏效果，制作不显示其标题的KPI图。并参考案例尝试制作其余上年数额相关指标的KPI图。

第五部分　人事主题分析

人力资源是经济社会发展的第一资源，人力资源服务业是为“人”匹配职业和岗位，为“企业”开发和管理“人才”的专门行业，是现代服务业和生产性服务业的重要组成部分。

如今移动互联网、社交应用、大数据等技术浪潮凶猛来袭，正在加速驱动着企业人力资源管理的信息化进程。那么，到底如何有效迎接这一浪潮，如何以价值为导向，整理、分析，并发掘出关键信息加以分析利用，从而提升人力资源管理效益，是每一位管理者面临的问题。

接下来的四个章节，将从人员结构分析、招聘分析、培训分析、薪酬结构分析等四个角度对人力资源进行分析。

第27章 人员结构分析

27.1 人员结构分析

随着公司发展的不断推进，常常会出现人才储备不足、高级专业人才缺乏等问题。为解决这一难题，HR在制定长期人力资源规划的过程中，可以总结公司现有的人员结构，为决策层决策企业合理的人力资源构成提供参考依据。

所谓人力资源结构分析也就是对企业现有人力资源的调查和审核，只有对企业现有人力资源有充分的了解和有效的运用，人力资源的各项计划才有意义。

通过职级、学历、年龄、司龄、部门等维度直观掌握企业当前的人员结构，分析其合理性，以决定是否需要进行人员招聘及人才储备。

（1）员工基本信息分析

我们可以通过对员工性别、年龄、政治面貌、学历等基本信息进行分析，直观地看到目前公司员工整体基本信息情况。

如图27-1，可以看到公司男生比例较大，占81.13%。

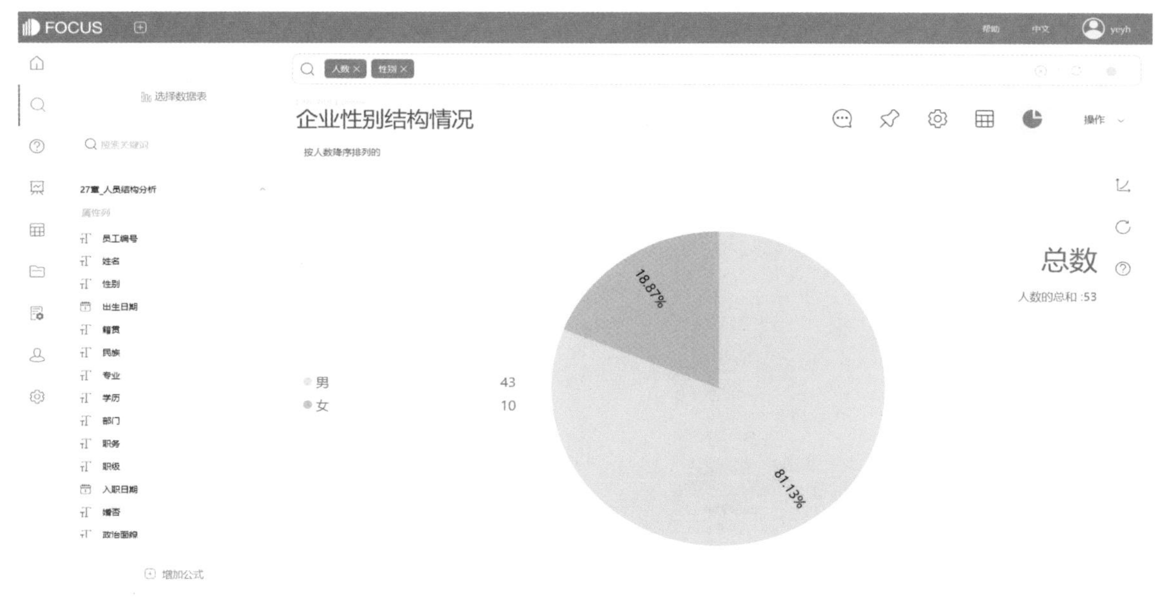

图27-1 企业性别结构情况

如图27-2，可以看到公司群众和团员偏多，党员比例较少，仅占15.09%。

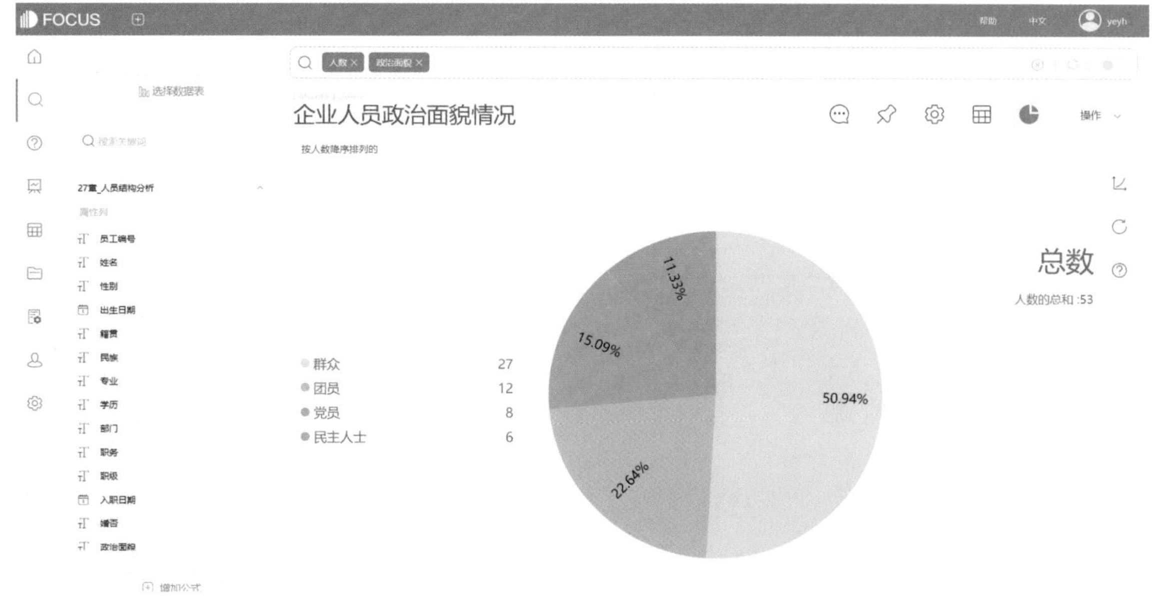

图27-2 企业政治面貌情况

对企业整体年龄结构进行分析，如图27–3，可以看到公司整体年龄偏向中年和青年，26—29岁以及30—39岁的员工偏多，而18—25岁年轻员工人数较少。一些工作经验丰富的员工在总体员工中所占比例较大，因此可以考虑多招聘年轻员工，给公司补充年轻活力。

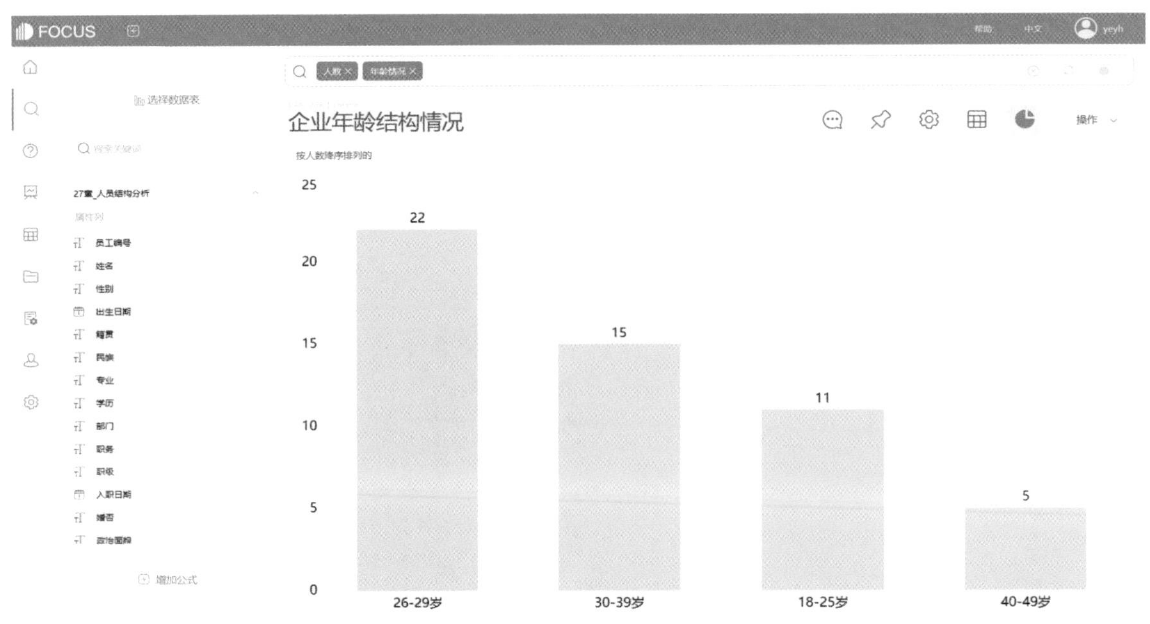

图27–3　企业年龄结构情况

从图27–4看到，公司员工整体学历较高，本科及以上学历的员工偏多。从公司整体学历分布来看，公司基本具备了一支高学历的员工队伍。

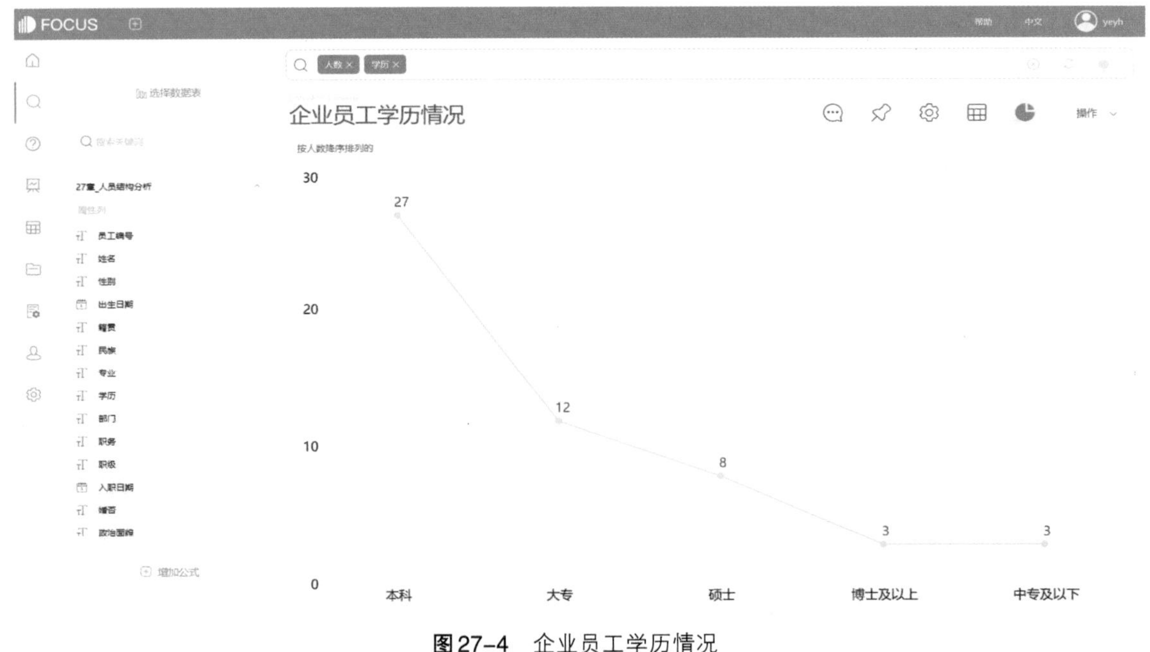

图27–4　企业员工学历情况

(2)公司部门人员分布分析

对公司各部门的人数进行统计,如图27-5,我们可以看到,生产部门人数最多,营销部其次,人力资源主要在这两个部门,研发部和客服部人员较少。企业可以根据具体业务情况调整部门人力资源分配,保证以合理的人力输出最大的效率。

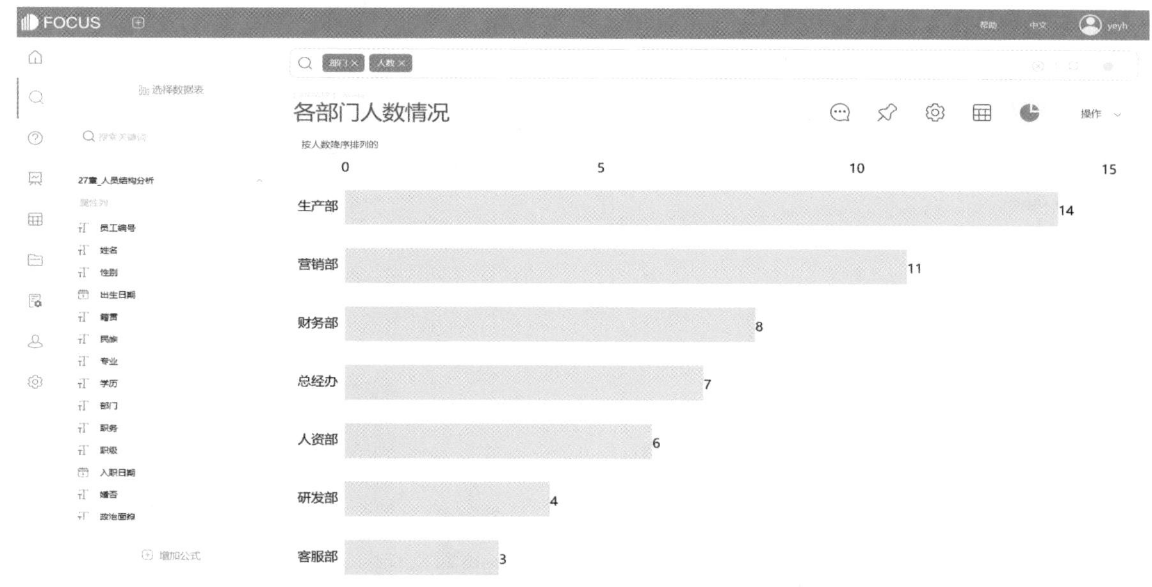

图27-5 企业各部门人员分布情况

(3)企业司龄分析

通过对企业各员工司龄的分析,如图27-6,我们可以直观地看到公司内部员工新晋员工以及工作年限较长为企业提供中坚力量的员工偏多,公司留有工作6年以上经验丰富且忠诚的员工。

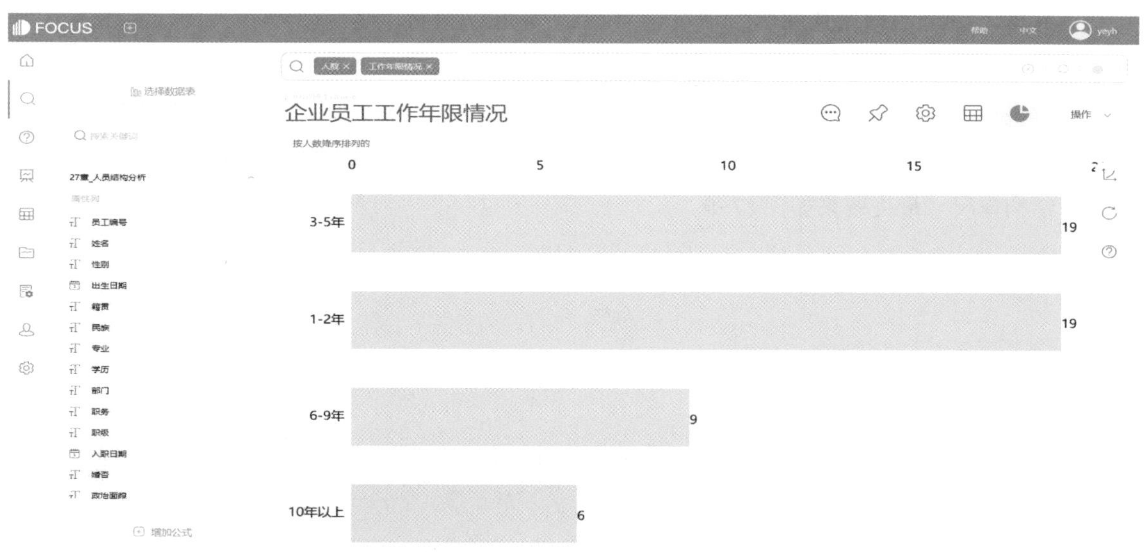

图27-6 企业司龄分析

（4）企业各部门工作年限分析

如图27–7，我们可以看到公司不同部门年龄结构情况，公司各部门各年龄段员工分布较为均衡，年轻员工会偏多，同时也有少量工作年限久经验丰富的老员工带教，部门人员配备较为合理。

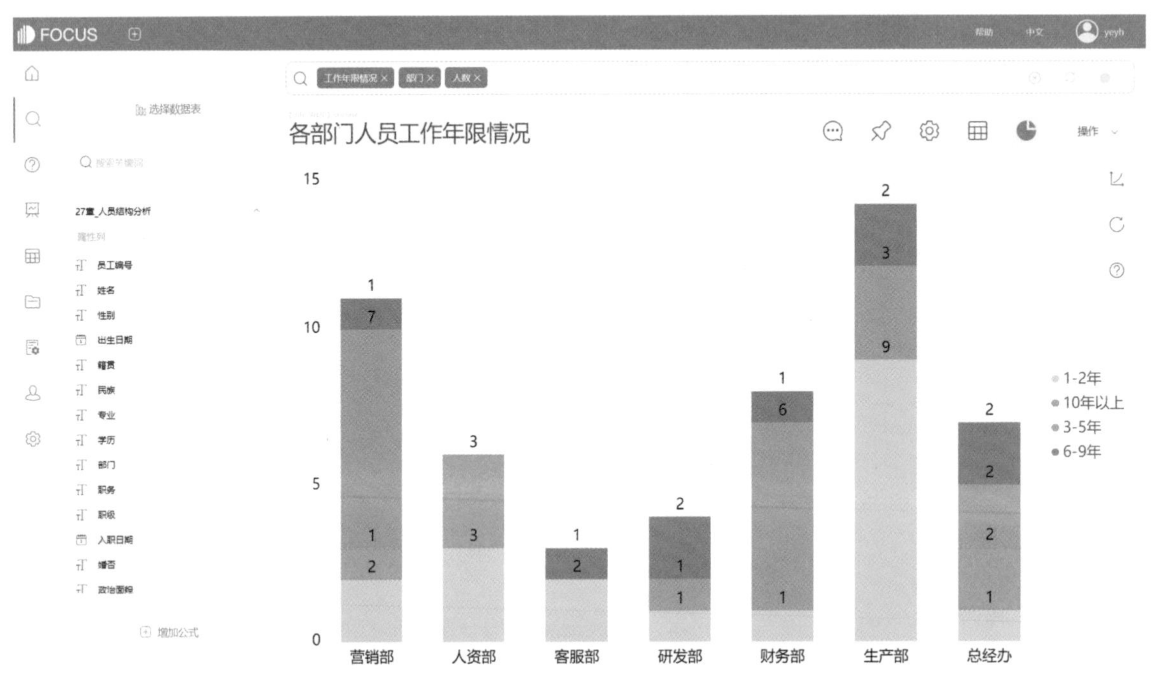

图27–7 企业各部门工作年限分析

（5）企业职级分析

根据管理幅度，各职级之间应有适当的比例。我们可以通过对企业职级进行分析，清晰地看见企业职级情况，从图27–8可以看到，基层、一般人员、操作人员：中层：高层＝7：2：1。企业组织结构是否合理，管理控制幅度是否合适，企业决策者可根据具体经营情况进行调整。

最后我们可以将这些图表放置于一张可视化大屏上，直观查看企业目前的人员结构情况。最终效果如图27–9。

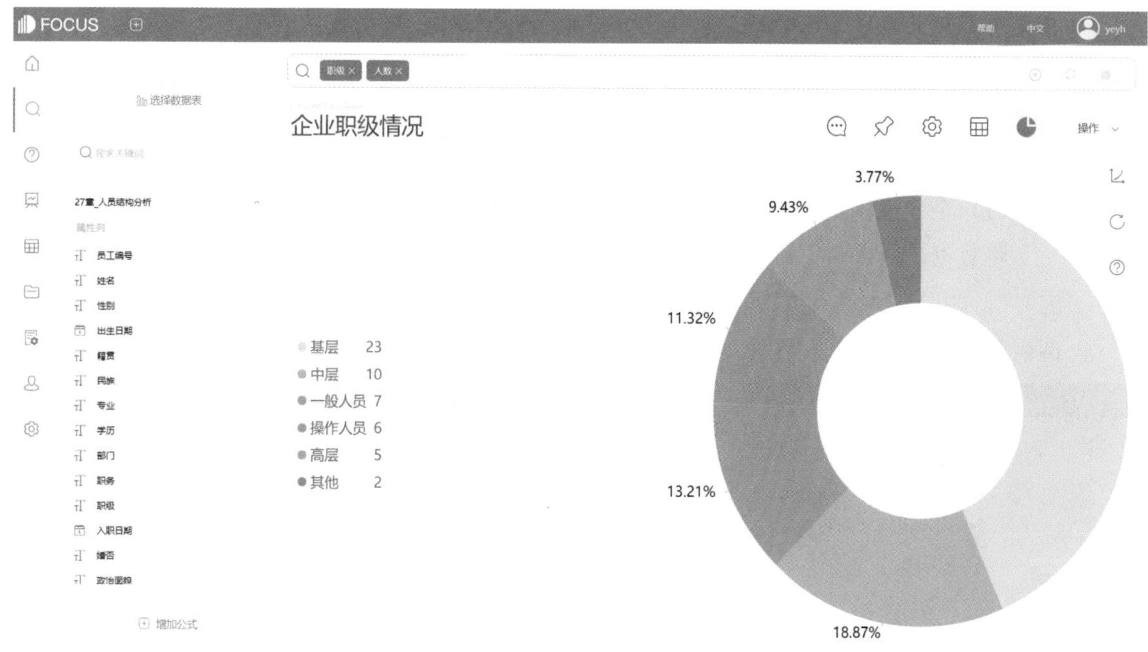

图 27-8 企业职级分析

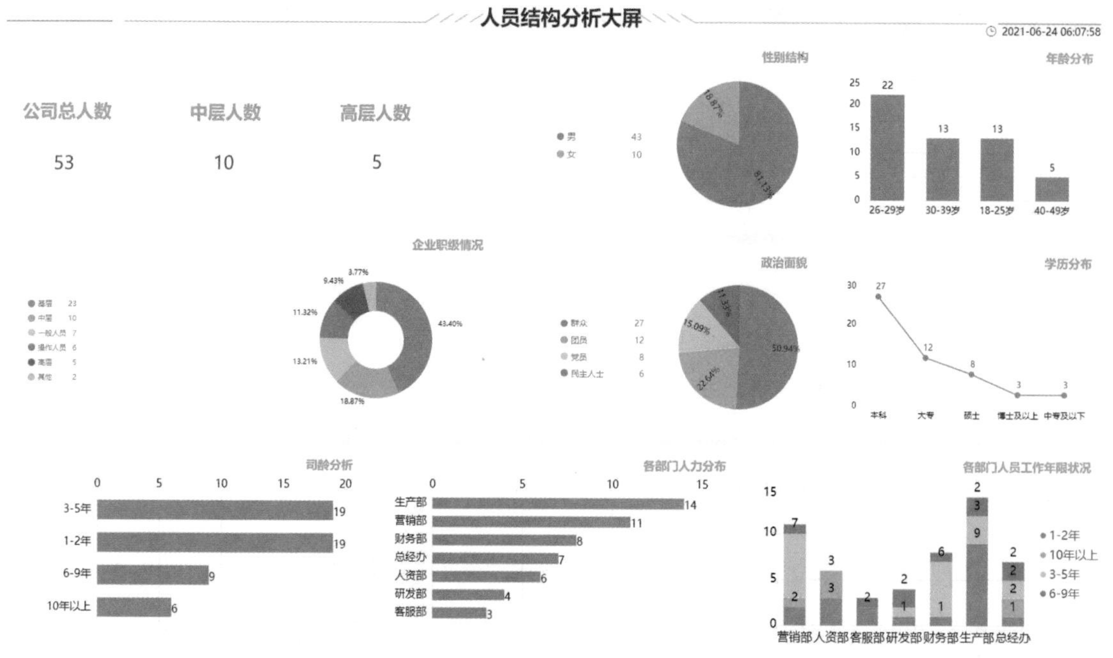

图 27-9 人员结构分析大屏

27.2 技术实现：应用DataFocus实现27.1的分析

下面为大家介绍一下用DataFocus实现人员结构分析的具体操作。

（1）企业性别结构情况

将数据表“27章_人员结构分析”导入后进入搜索模块→建立公式“count（姓名）”，并取名为“人数”→搜索框输入“人数、性别”→将图表选择为“饼图”→图表配置至合适样式→保存为“企业性别结构情况”历史问答，如图27-10。

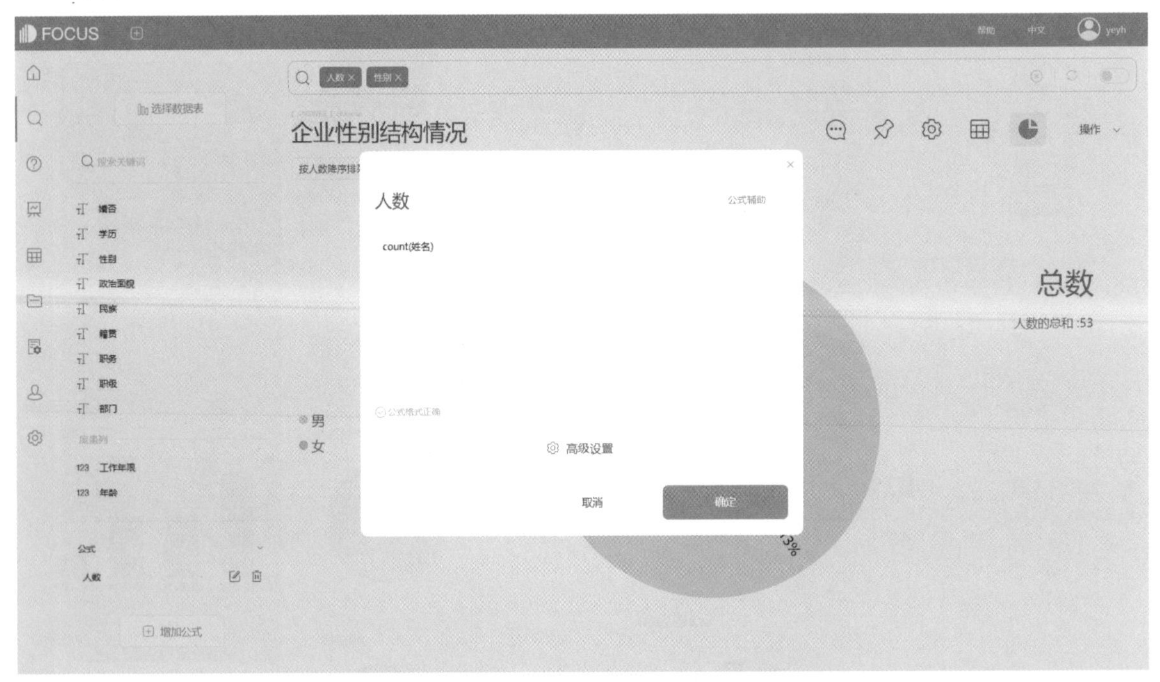

图27-10　建立公式“人数”

（2）企业人员政治面貌情况

搜索框输入“人数、政治面貌”→将图表选择为“饼图”→图表配置至合适样式→保存为“企业人员政治面貌情况”历史问答，如图27-11。

（3）企业年龄结构情况

在搜索界面建立公式：if（年龄>=18）and（年龄<=25）then“18-25岁”else if（年龄>=26）and（年龄<=29）then“26-29岁”else if（年龄>=30）and（年龄<=39）then“30-39岁”else if（年龄>=40）and（年龄<=49）then“40-49岁”else if（年龄>=50）and（年龄<=59）then“50-59岁”else“60-80岁”并取名为“年龄情况”→搜索框输入“人数、年龄情况”→选择图表为“柱状图”→图表配置至合适样式→保存为“企业年龄结构情况”历史问答，如图27-12。

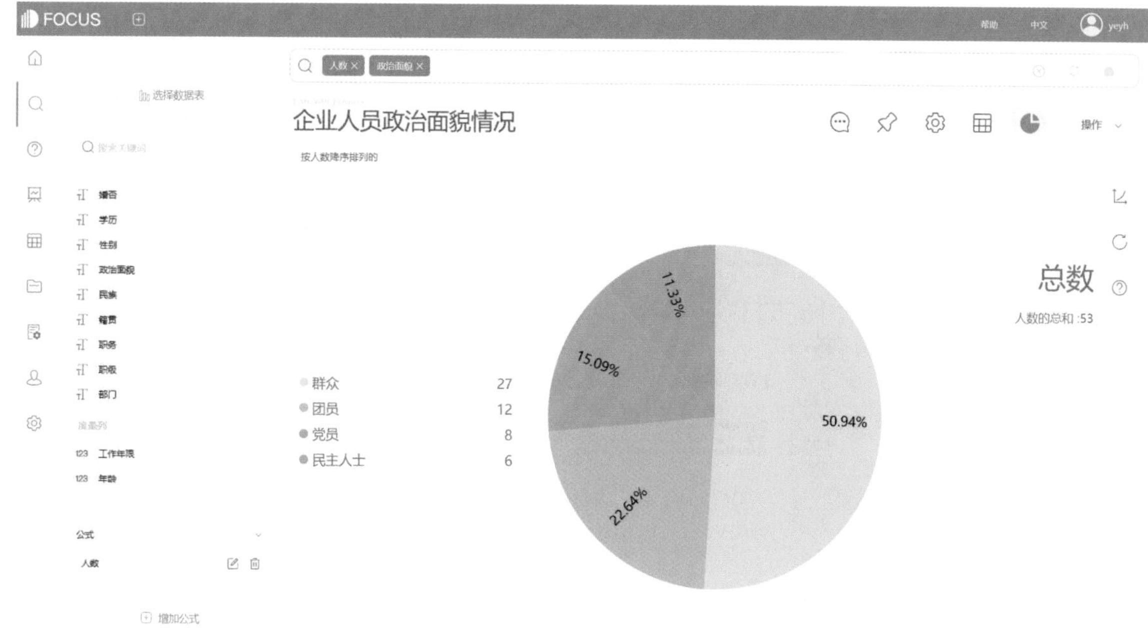

图27-11　饼图

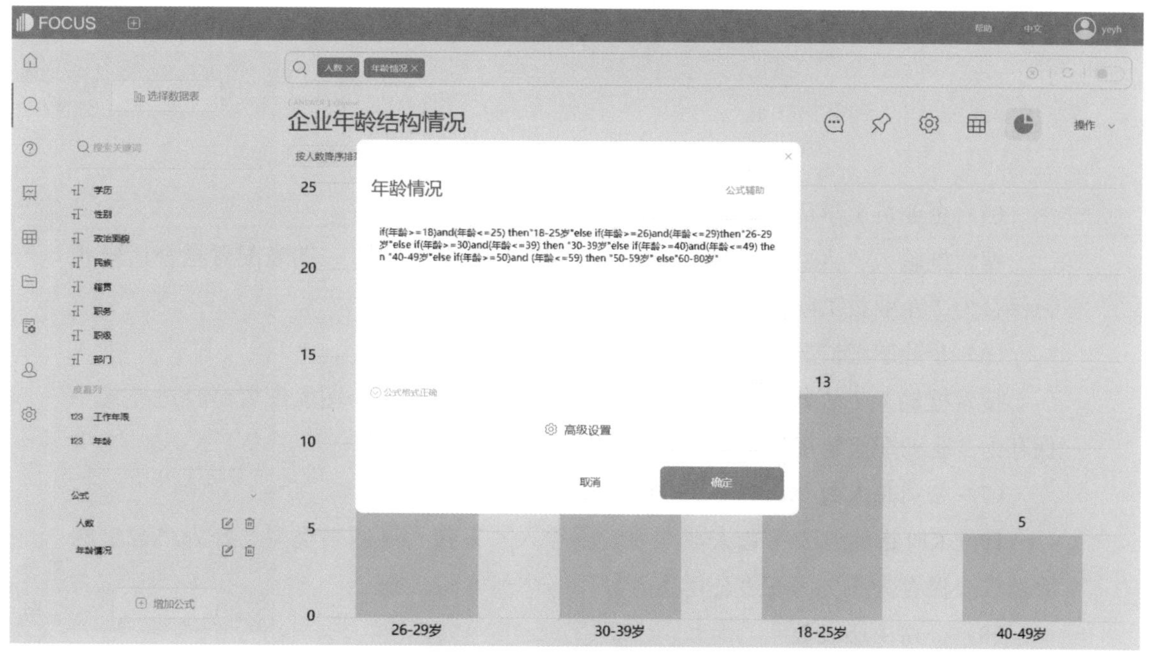

图27-12　建立公式"年龄情况"

（4）企业员工工作年限情况

在搜索界面建立公式：if（工作年限>=0）and（工作年限<1）then"0-0.99年"else if（工作年限>=1）and（工作年限<=2）then"1-2年"else if（工作

限＞2）and（工作年限＜＝5）then“3-5年”else if（工作年限＞5）and（工作年限＜＝9）then“6-9年”else“10年以上”并取名为“工作年限情况”→搜索框输入“人数、工作年限情况”→选择图表为“条形图”→图表配置至合适样式→保存为“企业员工工作年限情况”历史问答，如图27-13。

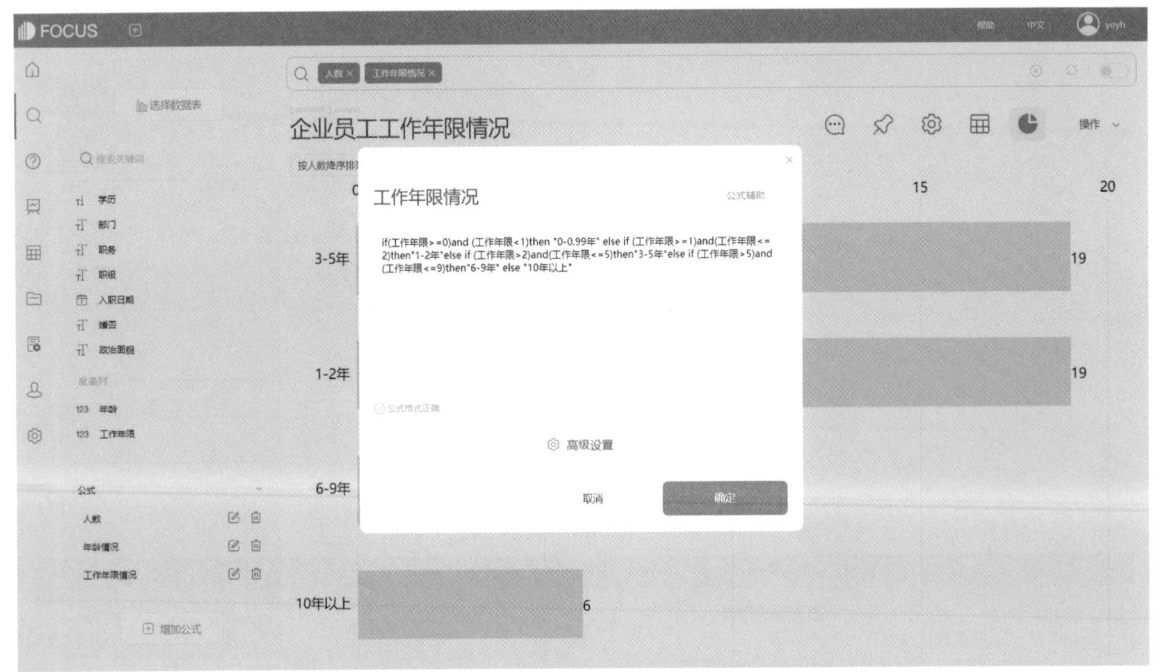

图27-13　建立公式“工作年限情况”

（5）企业员工学历情况

搜索框输入“人数、学历”→将图表选择为“折线图”→图表配置至合适样式→保存为“企业员工学历情况”历史问答，如图27-14。

（6）企业职级情况

搜索框输入“人数、职级”→将图表选择为“环图”→图表配置至合适样式→保存为“企业职级情况”历史问答，如图27-15。

（7）公司总人数

建立KPI指标“公司总人数”搜索框输入“人数”→图表类型选择为“数字翻牌器”→保存为历史问答“公司总人数”。

（8）公司中层人数

建立KPI指标“公司中层人数”搜索框输入“职级”→将“职级”筛选为“中层”→图表类型选择为“KPI指标”→保存为历史问答“公司中层人数”。

（9）公司高层人数

建立KPI指标“公司高层人数”搜索框输入“职级”→将“职级”筛选为“高

层”→图表类型选择为“KPI指标”→保存为历史问答“公司高层人数”，如图27-16。

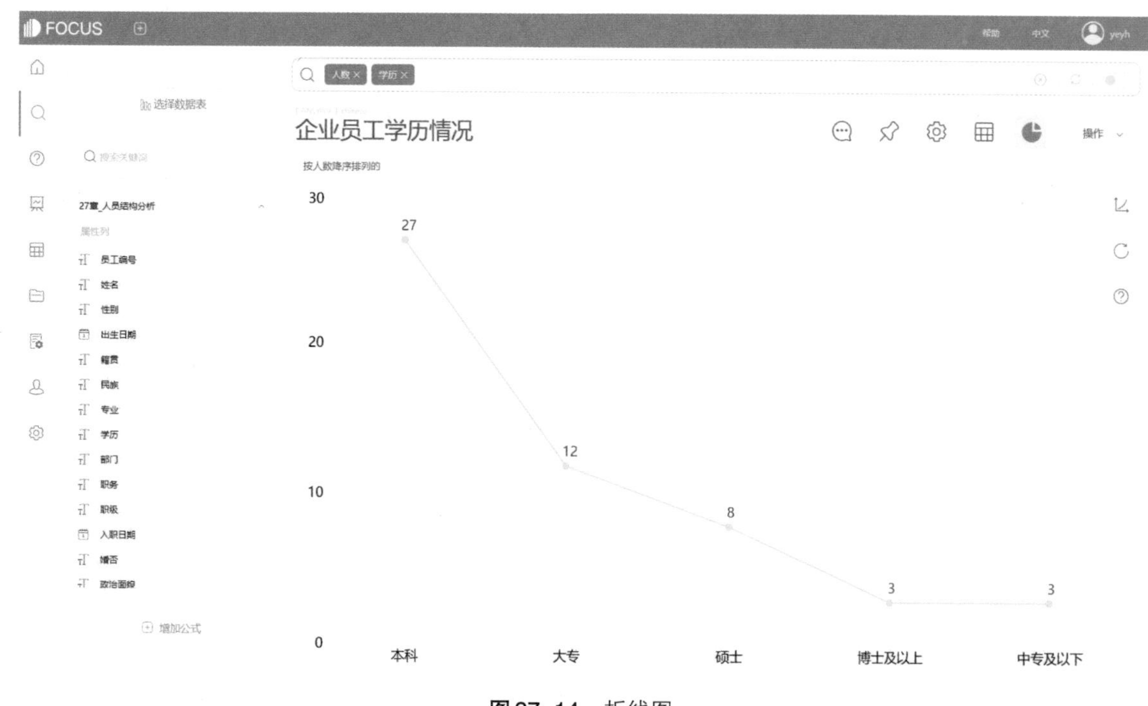

图27-14 折线图

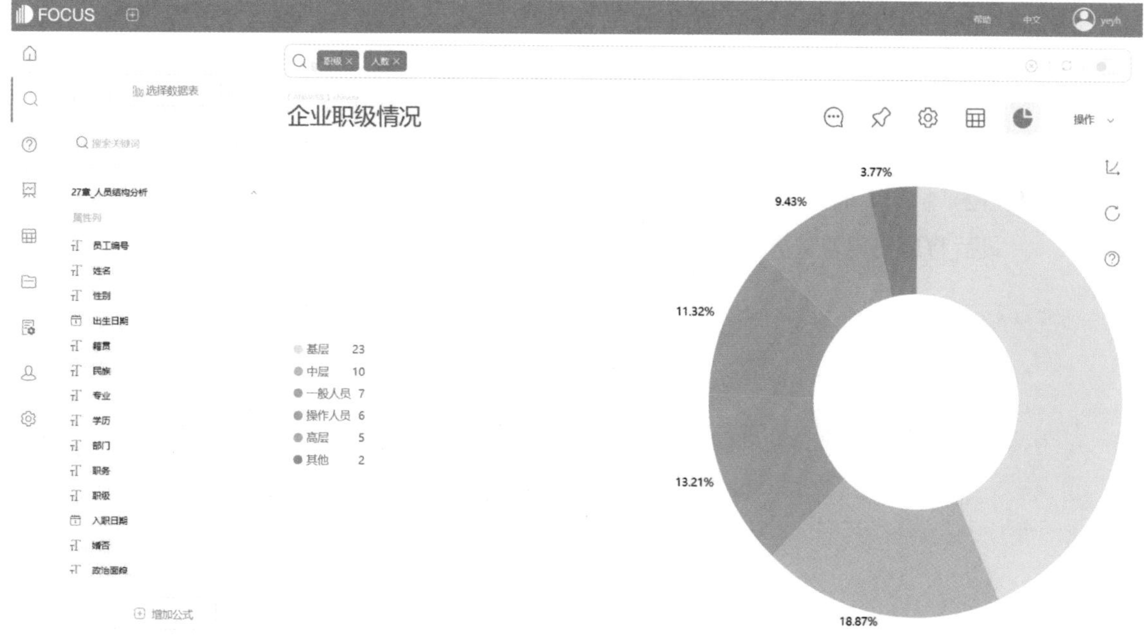

图27-15 环图

图27-16　KPI指标

（10）各部门人员分布情况

搜索框输入“部门、人数”→图表选择为“条形图”→配置图表属性至合适样式→保存为历史问答“各部门员工人员分布情况”。

（11）各部门员工工作年限情况

搜索框输入“工作年限情况、部门、人数”→图表选择为“堆积柱状图”→配置图表属性至合适样式→保存为历史问答“各部门员工工作年限情况”。

（12）制作大屏

最后将历史问答放置于可视化大屏，并调整排版。

课后习题

请试着用书中提供的数据源制作同款人员结构大屏。

第28章 招聘分析

28.1 招聘分析

每个HR都希望快速为公司找到足够合适的员工，但招聘过程中总会遇到一些这样的问题：优秀的候选人，在等待流程中就被其他公司抢走了；关键岗位，面试时间拉得很长，好不容易员工入职了，结果发现不合适……

如何及时招聘到合适的人才，就成了HR一直以来研究的一个课题。

基于这种情况，HR的招聘工作需要有量化的分析，通过数据的差异来检验工作是否存在问题，在哪里提升以及如何把招聘这项业务做得更加专业。

首先，可以根据我们的招聘目标建立KPI指标，计划招募人数，已招募人数，招募满足率等查看招聘计划落实情况。

将时间调整为最新的时间，以获取最新的数据情报，这里以12月为例，取12月的数据作为最新的数据。

设置醒目的KPI“开放招聘数”“新招聘需求”“招聘需求总数”“入职人数”“招聘满足率”“招聘入职平均天数”“候选人简历数”。

KPI指标制作如图28-1。

图28-1 KPI“开放招聘数”

针对招聘成本控制，可以设置KPI“佣金总额”“平均佣金”。如图28-2。

图28-2 KPI“佣金总额”

设置完成后，KPI指标有没有达成将会一目了然。

对于招聘情况，我们可以通过图表“漏斗图”建立招聘漏斗，查看从“候选人→面试通知→初次面试→二次面试→录取通知数→入职人数”层层筛选的招聘流程情况。如图28-3。

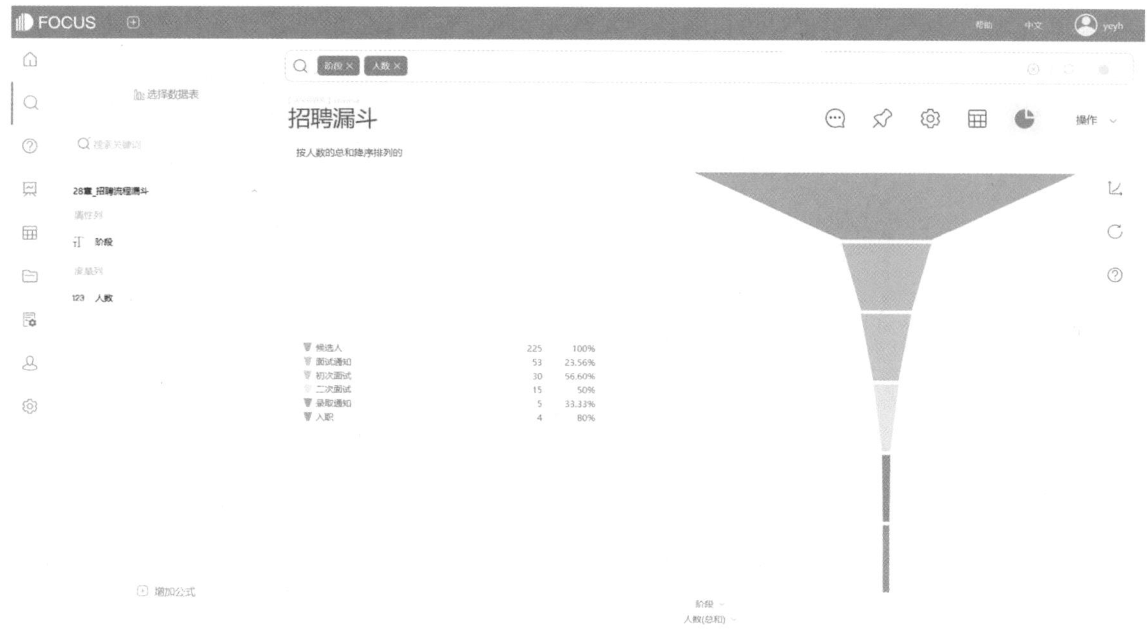

图 28-3 “招聘漏斗”

当然，候选人简历要尽可能多，可选择的漏斗口越大才越可能找到合适的人才。所以可以通过了解到候选人简历渠道来源情况，通过分析各渠道收到简历数量，确定最容易收到简历的渠道。由图 28-4 可以看到，Boss 直聘是招募到简历最多的渠道，因此可以把它作为主要发布招聘信息平台。

图 28-4 候选人简历来源情况

对于应聘否定情况，可以通过否定概况分析，看到主要是应聘者还是用人部门的原因。如图28-5，两者原因占据比例相近，可以通过进一步分析了解具体原因。

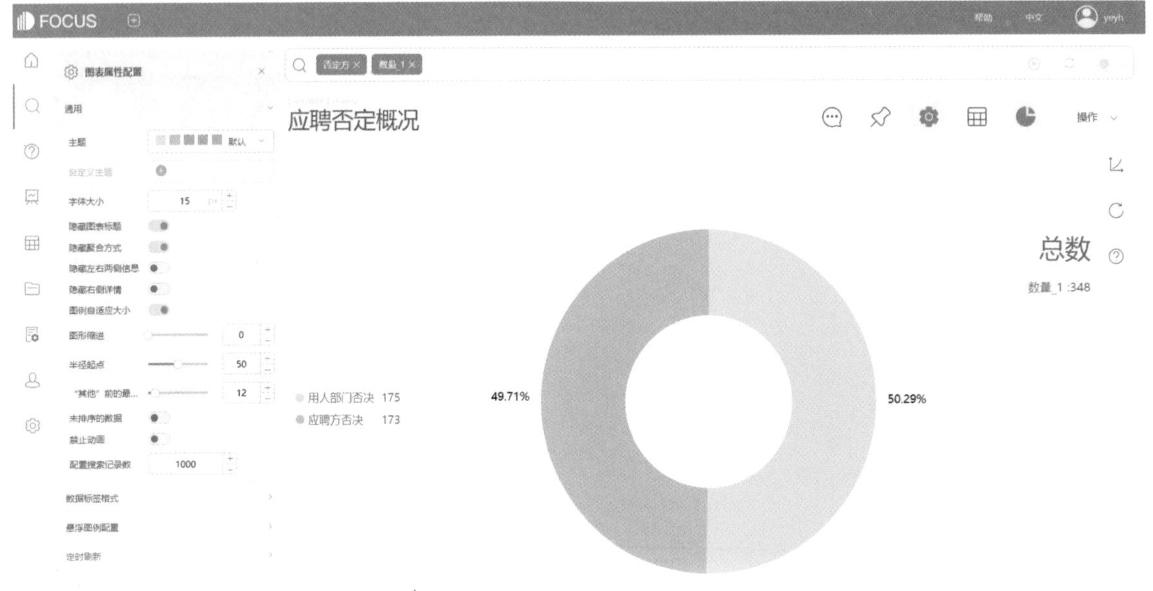

图28-5　应聘否定概况

通过进一步查看用人单位否定原因可以了解到应聘者的那些未匹配企业需求因素，由图中可知，技术、经验、价值观、薪资等，企业都会对此有一定要求，技术和经验要求会更高。如图28-6。

图28-6　用人单位否定原因分析

除了用人单位以外，也要了解应聘者否定原因，例如图中占比最高的一大原因，是还没走完招聘流程，应聘者就已经去了别的公司入职，那么可以优化整个招聘流程以免人才流失。如图28-7。

图28-7　应聘者否定原因分析

最后完成的可视化大屏效果如图28-8。

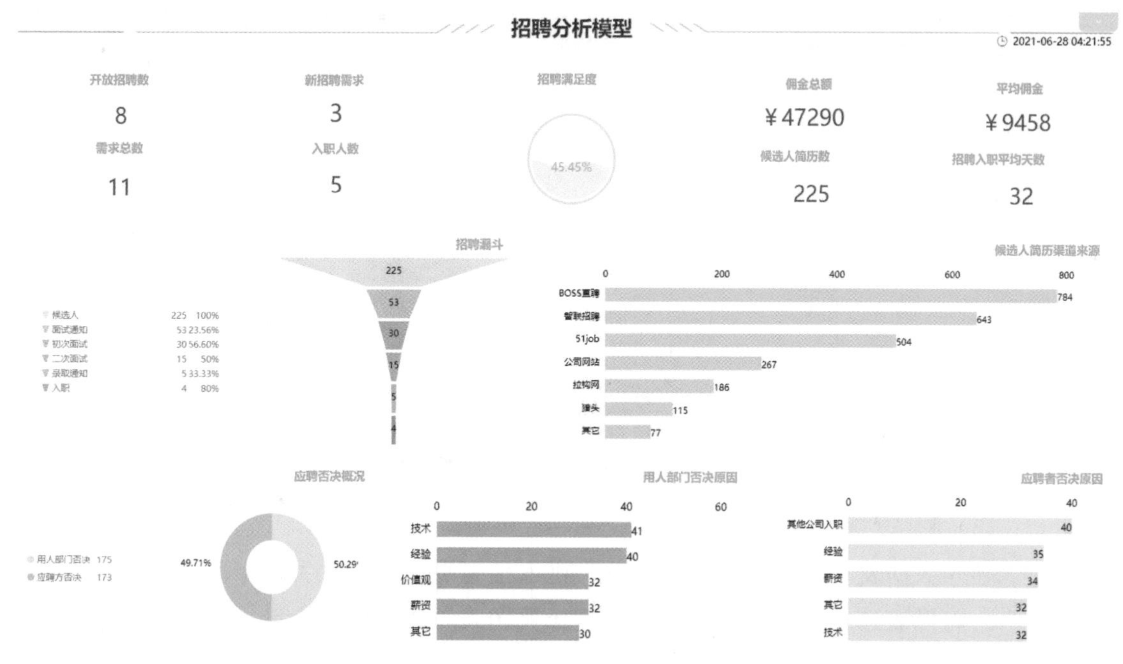

图28-8　招聘分析模型

28.2 技术实现：应用DataFocus实现28.1的分析

下面为大家介绍一下用DataFocus实现招聘分析的具体操作。

（1）制作KPI指标

导入数据表“28章HR招聘情况”进入搜索模块→输入关键字段“开放招聘数、月份”→将月份筛选为12月→图表选择为“KPI指标”→合理配置图表属性→保存为历史问答“开放招聘数”。

同理制作其他KPI指标“新招聘需求”“需求总数”“入职人数”“佣金总额”“平均佣金”“候选人简历数”“招聘入职平均天数”。

（2）制作KPI指标“招聘满足率”

建立公式“招聘满足率”→添加公式“招聘满足率＝入职人数/需求总数”→输入关键字段“招聘满足率、月份”→将月份筛选为12月→图表选择为“水位图”→合理配置图表属性→保存为历史问答“招聘满足率”，如图28-9。

图28-9　公式“招聘满足率”

（3）制作“招聘漏斗”

导入数据表“28章招聘流程漏斗”进入搜索页面→输入关键字段“阶段、人数”→将图表选择为“漏斗图”→合理配置图表属性→保存为历史问答“招聘漏斗”，如图28-10。

图28-10 漏斗图

（4）简历渠道来源情况

导入数据表“28章简历来源情况”进入搜索模块→输入关键字段“候选简历来源全年累计情况”→将图表选择为“条形图”→合理配置图表属性→保存为历史问答“简历渠道来源情况”，如图28-11。

图28-11 条形图

（5）应聘否定概况

导入数据表“28章应聘否定概况”进入搜索模块→输入关键字段“否定方否定次数”→将图表选择为“环图”→合理配置图表属性→保存为历史问答“应聘否定概况”，如图28-12。

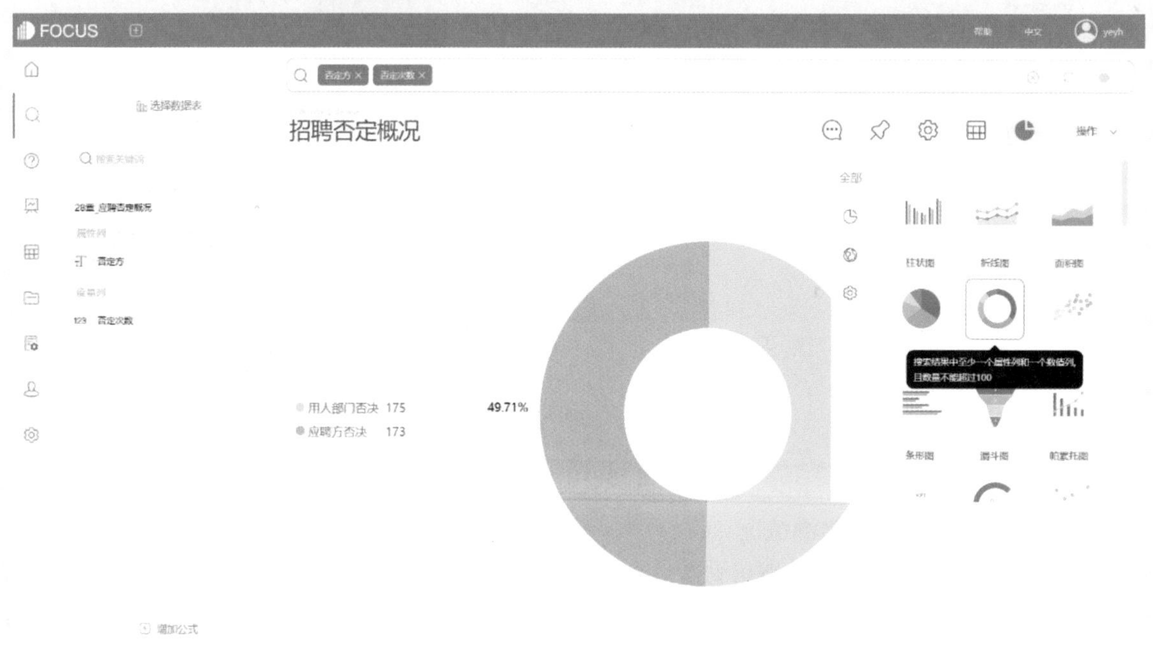

图28-12 环图

（6）应聘人否定原因情况

导入数据表“28章应聘人否定原因情况”进入搜索模块→输入关键字段“应聘人否定原因全年累计情况”→将图表选择为“条形图”→合理配置图表属性→保存为历史问答“应聘人否定原因情况”。

（7）用人单位否定原因情况

导入数据表“28章用人单位否定原因情况”进入搜索模块→输入关键字段“用人单位否定原因全年累计情况”→将图表选择为“条形图”→合理配置图表属性→保存为历史问答“用人单位否定原因情况”。

（8）制作大屏

最后将这些历史问答放置于可视化大屏，并调整排版。

课后习题

请试着用书中提供的数据源制作同款招聘分析大屏。

第29章 培训分析

29.1 培训分析

企业常常会对员工实施有计划、系统性的培养和训练活动，使得员工的知识、技能、工作方法、工作态度以及工作的价值观得到改善和提高，从而发挥出最大的潜力提高个人和组织的业绩，推动组织和个人的不断进步，实现组织和个人的双重发展。

然而从培训计划到具体执行，培训项目是否顺利开展？员工参与度怎么样？培训成本是否合理并且在可控范围内？

这些问题都需要HR对培训进行分析，以及重点关注追踪。

那么该如何进行分析呢？

分析前，我们先来明确一下分析目的。企业的目标一般都会希望在合理的培训预算中对合适的员工进行培训，同时员工也能积极参与培训，顺利完成培训任务。

接下来，根据培训目标建立KPI指标。

对于追踪培训参与度，我们可以通过“培训申请人数”“批准培训人数”“实际参与人数”三大指标直观地看到从申请培训到最后实际参与的人数情况。

对于追踪培训成本大小以及成本花费实际落地情况，我们可以通过“培训预算”“培训总成本”“人均培训成本”“每学时培训成本”“培训预算执行率”，来看培训落地情况以及成本概况。

对于追踪培训效果，我们可以通过“培训总学时”“培训时间达标率”，来看员工在培训过程中是否满足培训时长。如图29-1。

图29-1　KPI指标“培训申请人数”

如果对员工培训实际参与度想进一步洞察，可以通过建立“培训漏斗”，看培训环节是否有优化的空间。如图29-2。

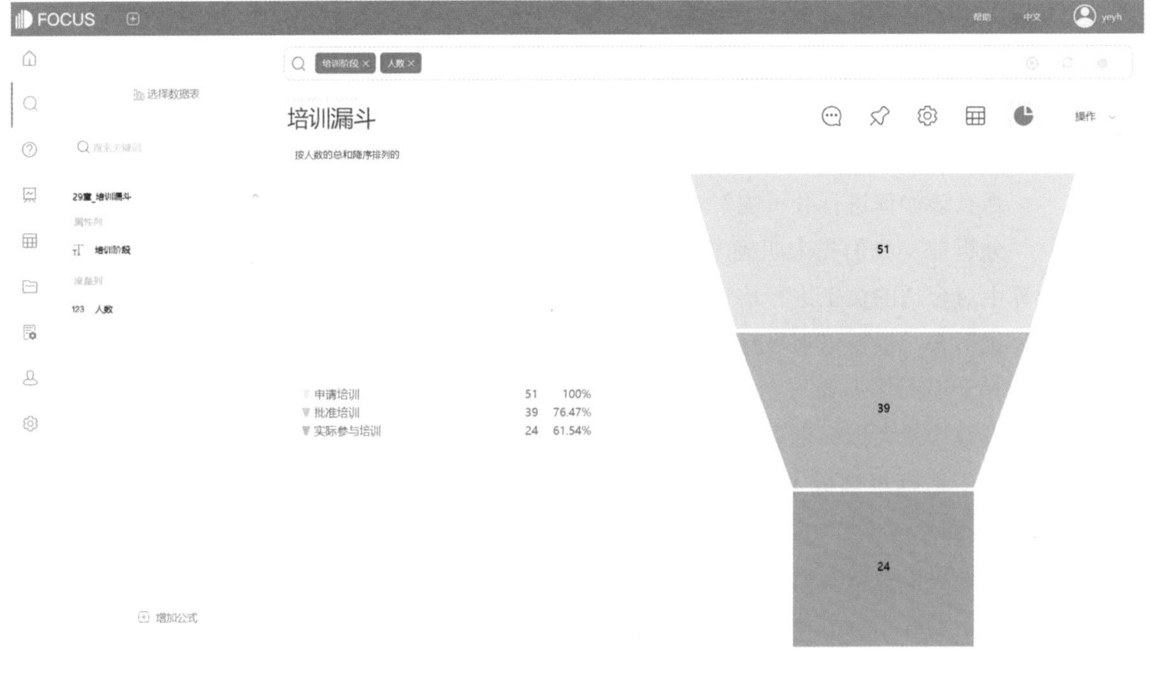

图29-2　培训漏斗

对于培训参与度和培训学时完成情况还可以进行时间维度上的分析，复盘过去的培训，不断优化接下来的培训，从而提升员工培训参与度和学时完成度。如图29-3和图29-4。

图29-3　每月实际参与培训人数情况

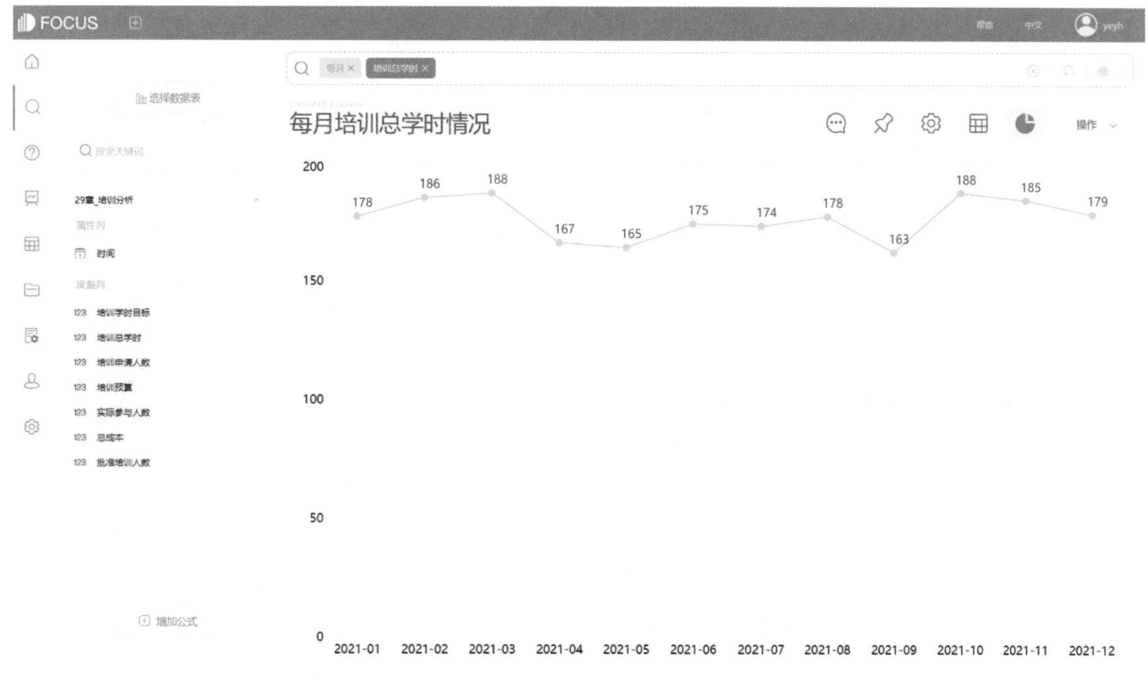

图29-4　每月培训总学时情况

最后我们把这些历史问答放置在一张大屏上，可以直观看到企业员工培训情况。如图29-5。

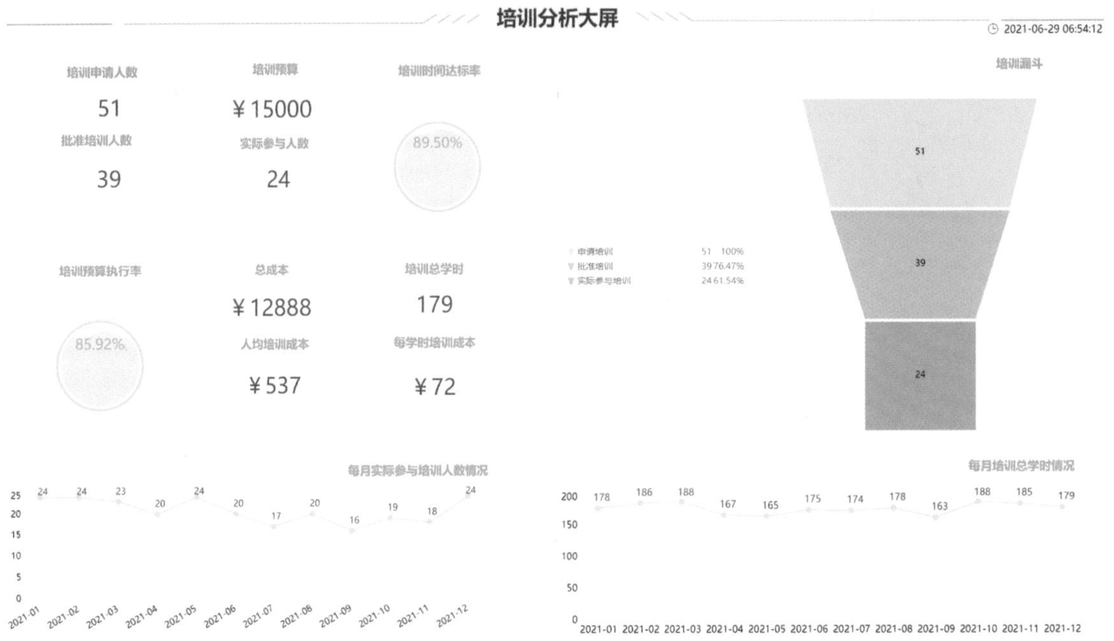

图29-5 培训分析大屏

29.2 技术实现：应用DataFocus实现29.1的分析

下面为大家介绍一下用DataFocus实现培训分析的具体操作。

这里我们以12月份的数据为例。

（1）制作KPI指标

导入数据表“29章培训分析”进入搜索模块→输入关键字段“12月培训申请人数”→图表选择为“KPI指标”→图表配置合理样式→保存为历史问答“培训申请人数”，如图29-6。

同理制作KPI指标“批准培训人数”“实际参与人数”“培训预算”“总成本”“培训总学时”。

（2）利用公式制作KPI指标“人均培训成本”“每学时培训成本”

搜索模块建立公式“人均培训成本”，输入“总成本/实际参与人数”→输入关键字段“12月人均培训成本”→图表选择为“KPI指标”→图表配置合理样式→保存为历史问答“人均培训成本”，如图29-7。

图29-6 KPI指标图

图29-7 公式"人均培训成本"

搜索模块建立公式"每学时培训成本"，输入"总成本/培训总学时"→输入关键字段"12月每学时培训成本"→图表选择为"KPI指标"→图表配置合理样式→保存为历史问答"每学时培训成本"，如图29-8。

图29-8　公式“每学时培训成本”

（3）制作水位图“培训时间达标率”“培训预算执行率”

搜索模块建立公式“培训时间达标率”，输入“培训总学时/培训学时目标”→输入关键字段“12月培训时间达标率”→图表选择为“水位图”→图表配置合理样式→保存为历史问答“培训时间达标率”。

搜索模块建立公式“培训预算执行率”，输入“总成本/培训预算”→输入关键字段“12月培训预算执行率”→图表选择为“水位图”→图表配置合理样式→保存为历史问答“培训预算执行率”，如图29-9。

（4）制作“培训漏斗”漏斗图

导入数据表“29章培训漏斗”进入搜索模块→输入关键字段“培训阶段人数”→图表选择为“漏斗图”→图表配置合理样式→保存为历史问答“培训漏斗”，如图29-10。

（5）制作“每月实际参与培训人数情况”“每月培训总学时情况”折线图

进入搜索模块→输入关键字段“培训总学时每月”→图表选择为“折线图”→图表配置合理样式→保存为历史问答“每月培训总学时情况”，如图29-11。

进入搜索模块→输入关键字段“实际参与人数每月”→图表选择为“折线图”→图表配置合理样式→保存为历史问答“每月实际参与培训人数情况”。

图29-9 水位图

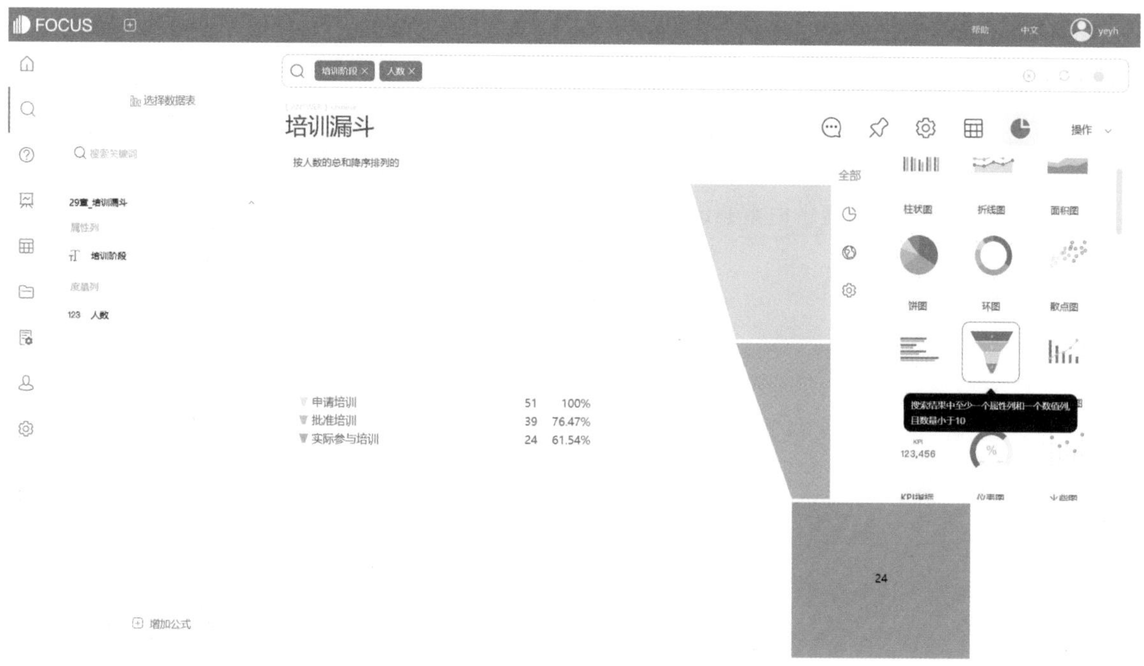

图29-10 漏斗图

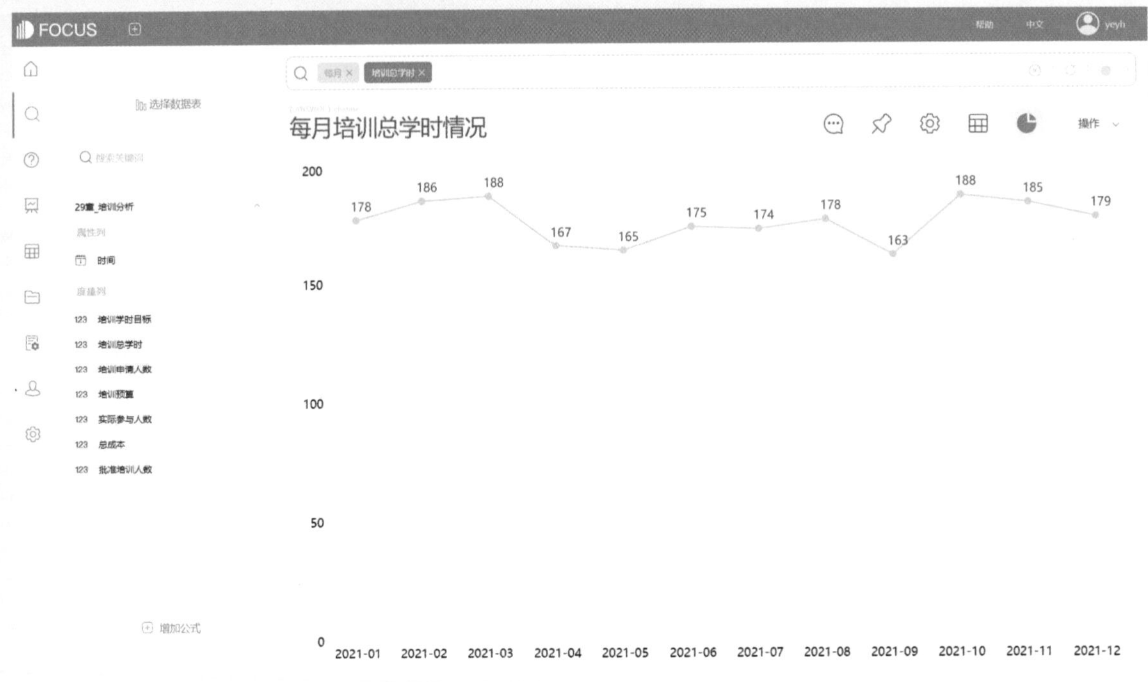

图29-11　折线图

（6）最后将历史问答放置于同一个大屏上，并调整排版。

课后习题

请试着用书中提供的数据源制作同款培训分析大屏。

第30章 薪酬结构分析

30.1 薪酬结构分析

薪酬结构分析是公司分析薪酬各组成部分之间的占比关系的过程，其目的是为了平衡薪酬的保障和激励功能。通常可以比较内部薪酬结构与外部薪酬结构之间的关系，不同岗位、序列、角色之间的薪酬结构关系，不同职等、职级之间的薪酬结构关系。

它的核心作用，是以最小的成本起到最大的激励作用。

因此，如何做好薪酬结构的划分对于企业而言至关重要。

企业常见的员工薪酬结构通常包括基本性薪酬、体现岗位价值性薪酬、福利性薪酬、津贴、激励性薪酬等。

薪酬结构划分是否合理？薪酬成本对于企业而言是否过高？又该如何构建合理的薪酬结构？这就需要对企业薪酬结构进行分析。

（1）企业整体薪酬结构分析

对于追踪企业人力资源成本，可以通过建立KPI指标实时监控。如图30-1。

例如通过指标“税前薪酬成本总额”“人均税前薪酬成本总额”“税后实发工资总额”“人均税后实发工资总额”，可以直观看到税前薪酬和税后实发工资情况以及人均水平。

还可以放上“考勤扣款”“个人所得税”“其它应扣”监控薪酬扣款情况。

图 30-1　KPI 指标"税前薪酬成本总额"

对于企业整体的税前薪酬成本结构，我们还可以通过饼图直观地了解。如图30-2。

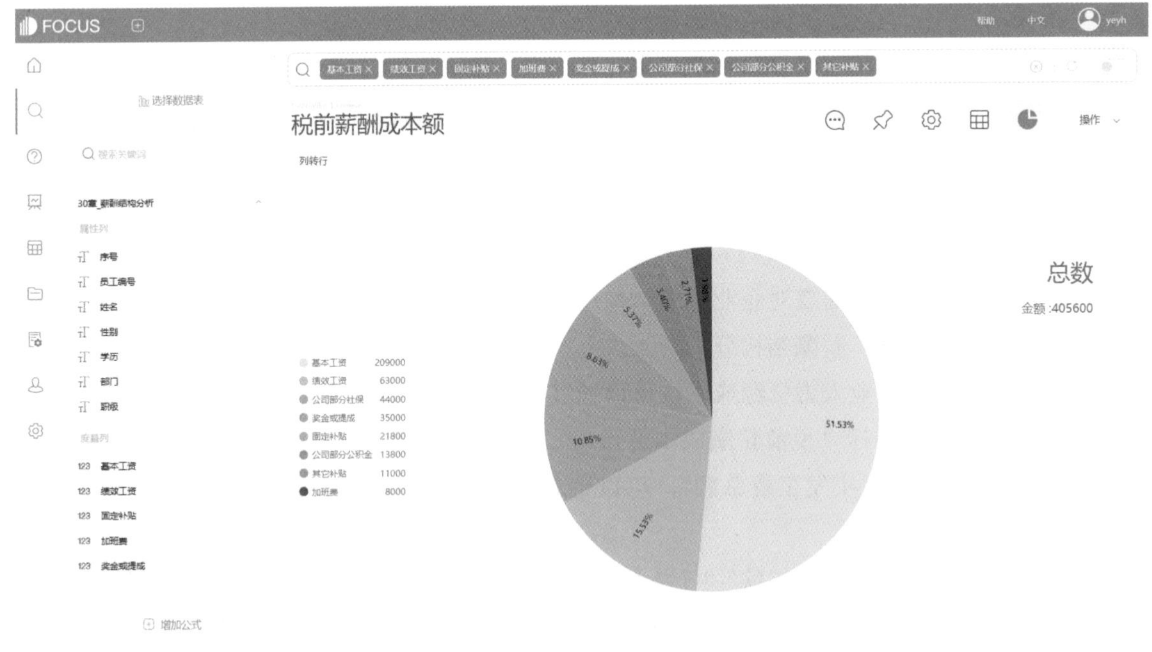

图 30-2　企业整体税前薪酬成本结构

图中可以看到企业整体税前薪酬成本结构，企业最主要的税前薪酬成本来自基本工资，比例占据过半，其次是绩效工资以及公司为员工缴纳的社保。

如果发现图中有某一部分的薪酬成本比例过大或者过小，那么我们可以从职级、部门、学历等不同细分维度来看薪酬成本结构设计中存在的问题。

（2）职级薪酬结构分析

利用职级维度对企业薪酬成本进行划分，可以看到不同职级在税前薪酬成本占的份额。例如图中可以看到基层、中层是薪酬成本主要占据比例。如图30-3。

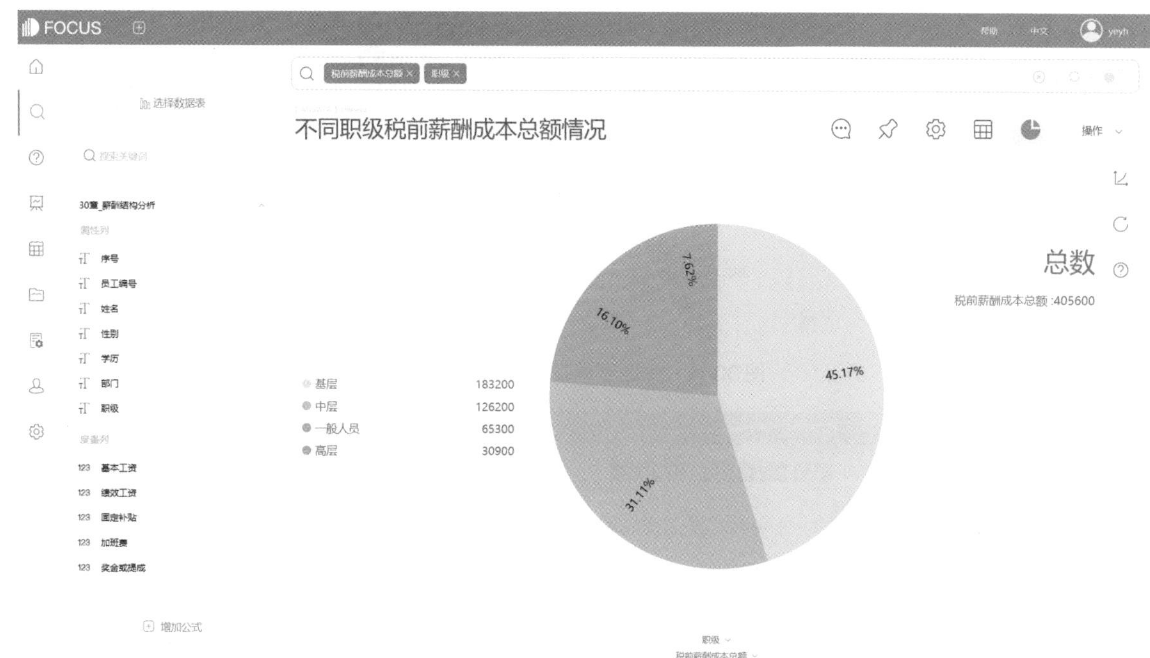

图30-3 企业不同职级薪酬成本概况

如果想再进一步分析薪酬成本结构，我们还可以查看不同职级的薪酬成本结构。如图30-4。

例如我们从图中可以看到各个职级的整体薪酬结构都以基本工资为主，这会导致员工对于工作积极性有所降低，因此对于员工的激励行为可以再加强，对于基层员工更多的是以基本工资保障，对于中高层员工可以考虑适当提高绩效工资占比，激励员工进步。

企业为员工付出大笔的人力资源支出成本，对于员工而言实际到手的工作收益又是如何呢？

我们可以通过对不同职级员工的税后实发工资以及人均工资进行分析。如图30-5。

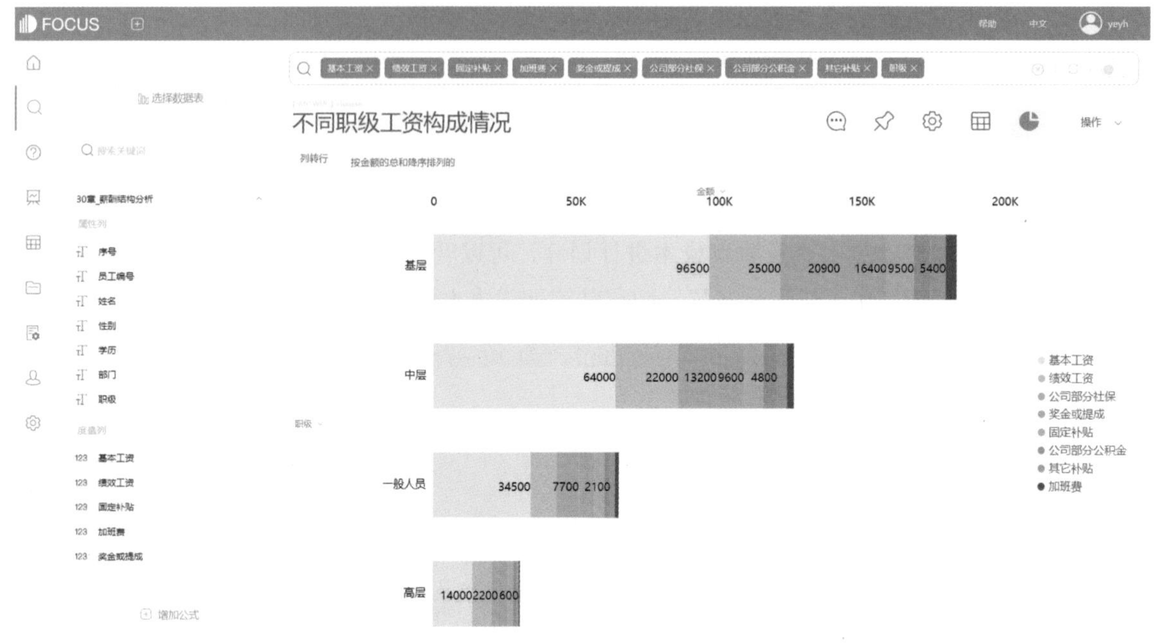

图 30–4　企业不同职级薪酬成本结构

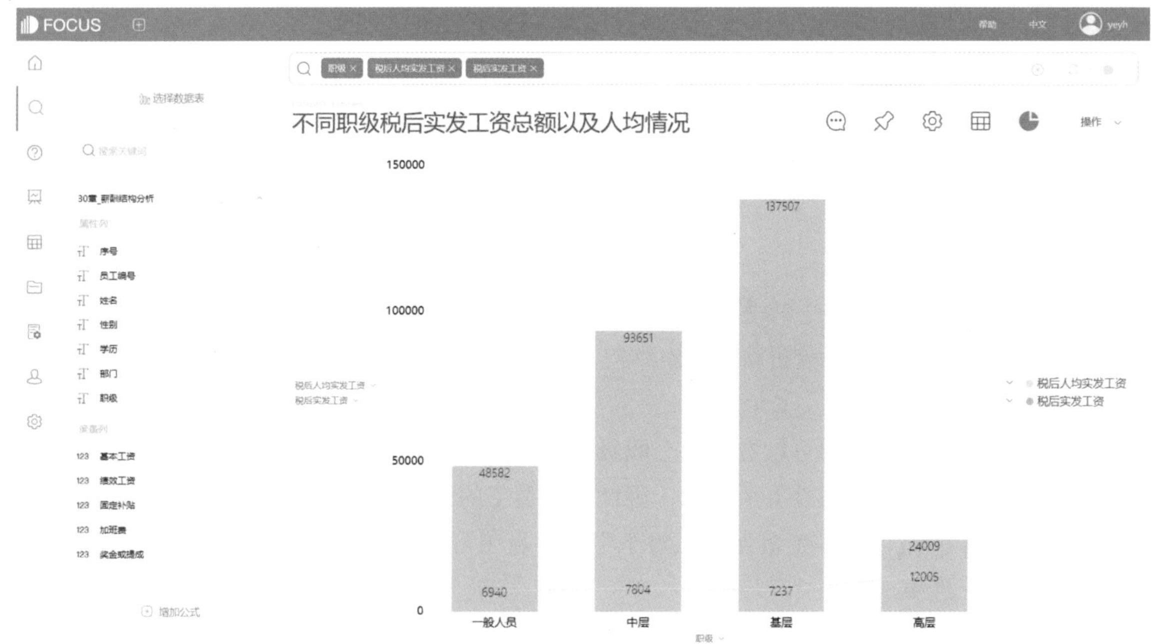

图 30–5　企业不同职级实发工资以及人均情况

图中可以看到企业员工实收工资以及人均情况，中层和基层人均实收工资较为接近，而高层人均实收工资将会高很多，可以根据公司具体情况考虑将一般人员、基层、中层、高层的人均到手工资设置为较合理的比例。

（3）部门薪酬结构分析

除了职级维度以外，同理，还可以通过部门维度对薪酬结构进行分析。如图30-6。

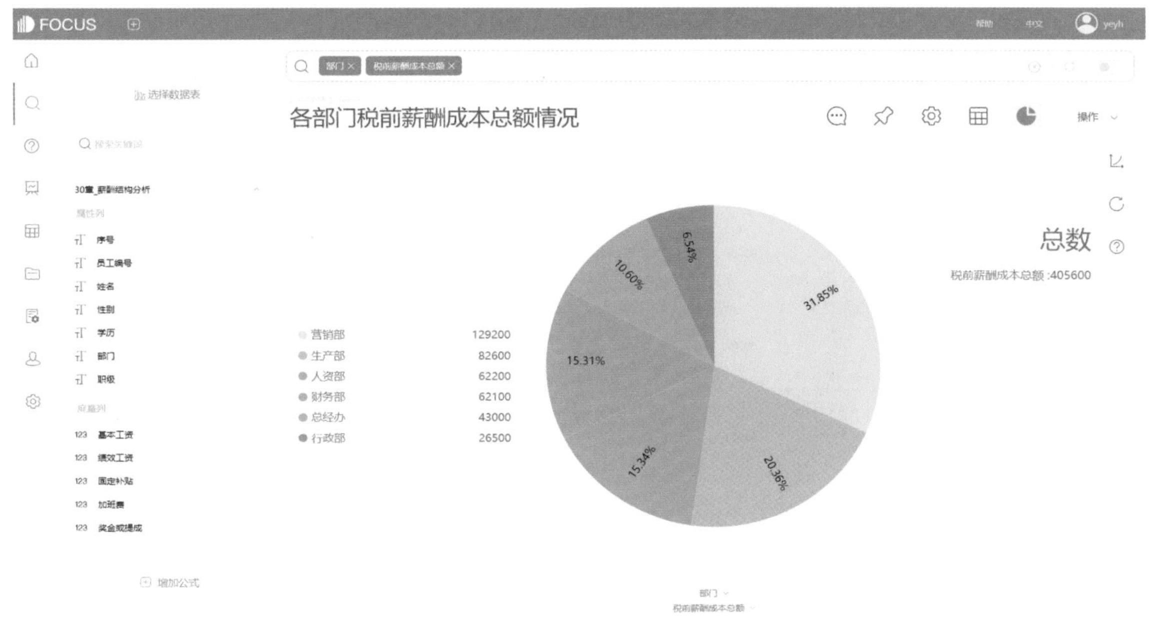

图30-6　企业各部门税前薪酬成本总额情况

图中可以看到企业薪酬成本占据总额最大的部门是营销部，其次是生产部。如图30-7。

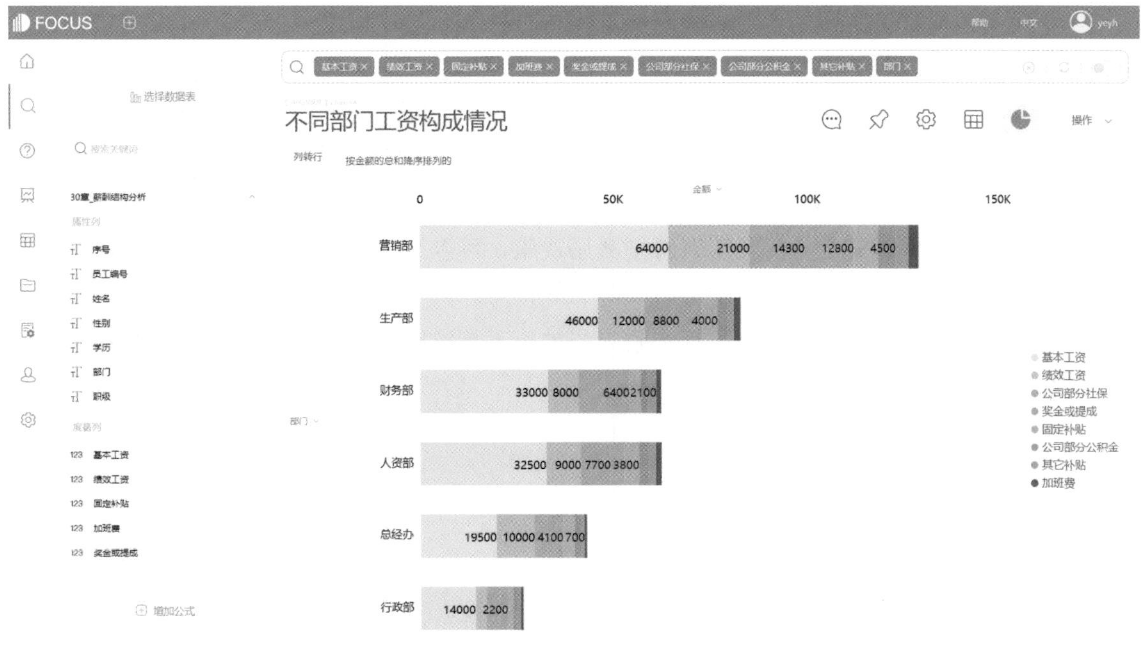

图30-7　企业各部门税前薪酬成本结构

如果想要针对某个部门更好地激励该部门的员工或是认为某个部门的薪酬结构不合理需要修改，可以参考图表调整薪酬成本结构。如图30-8。

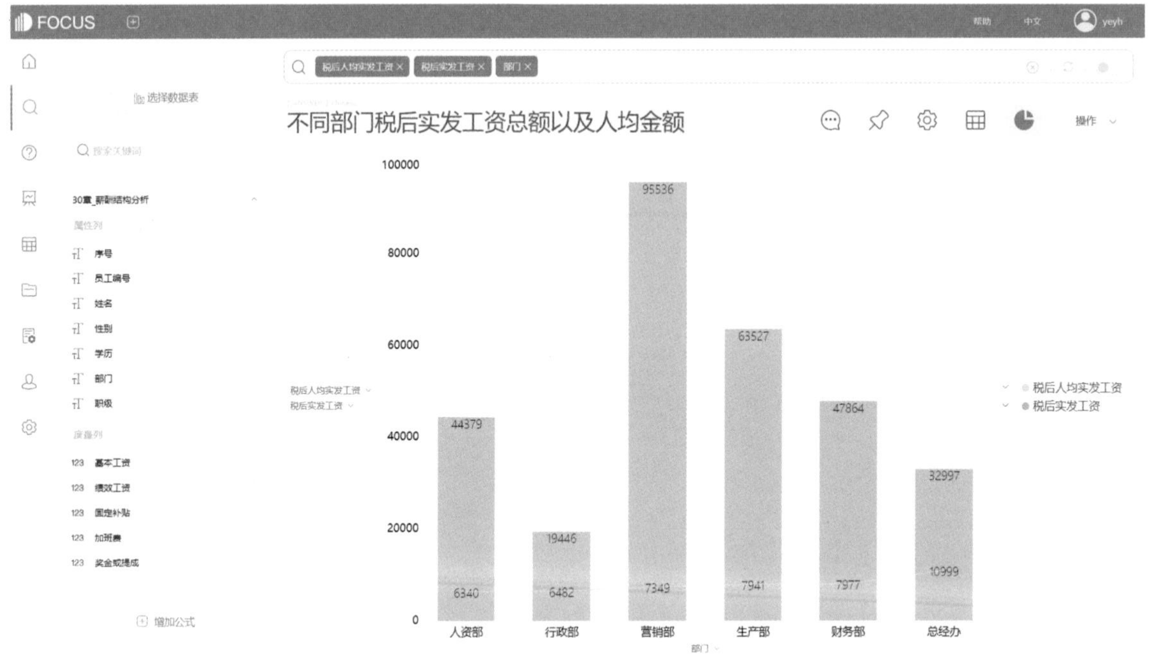

图30-8 各部门税后实发工资以及人均情况

图中可以看出人均实发工资最高的部门是总经办，其次是财务、生产部，可以根据公司实际情况以及发展战略合理配置薪酬成本。

（4）学历薪酬结构分析

同样的，我们还可以在学历维度对薪酬结构进行分析。

如图30-9可以看到，公司本科生员工较多，因此成本主要在本科生上，其次是大专生。

如果想针对某个学历员工有特别激励决策，可以通过查看不同学历工资构成情况调整薪酬结构。如图30-10。

图中可以看到各学历的平均实收工资差距不算特别大，可以根据公司具体情况做出合理调整。如图30-11。

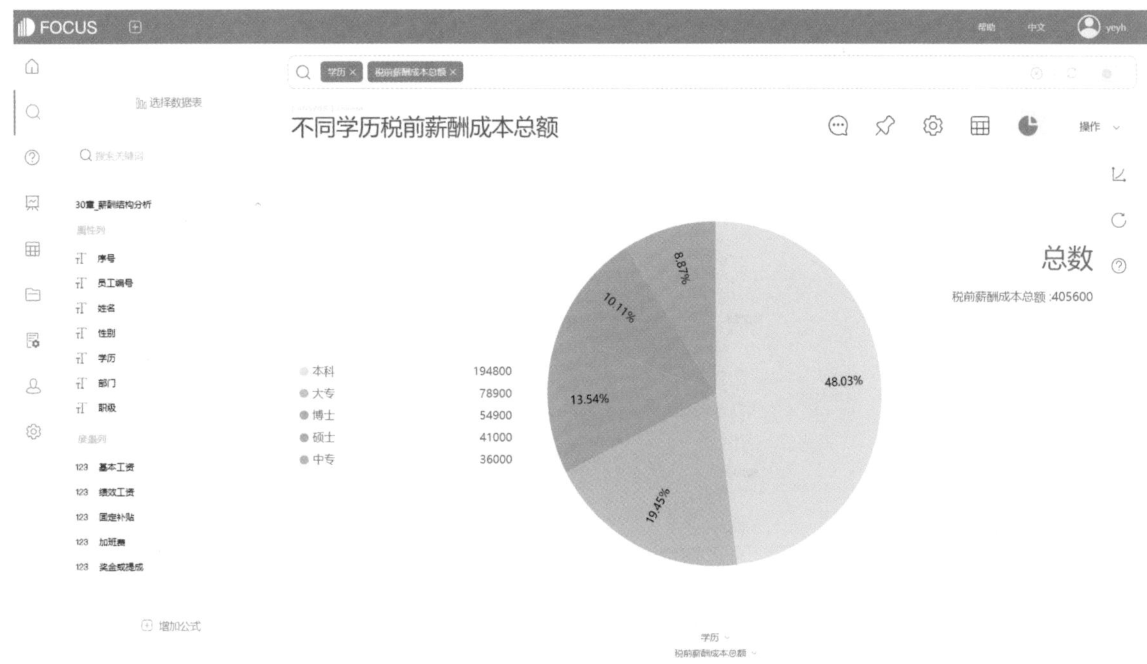

图 30-9　不同学历税前薪酬成本总额情况

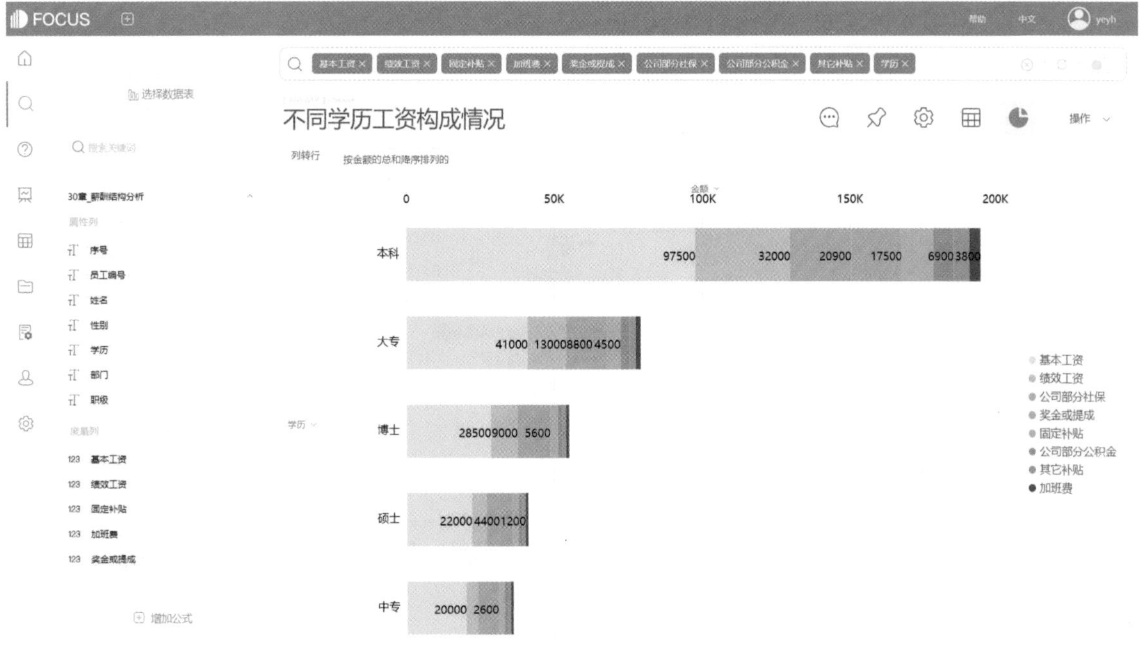

图 30-10　不同学历工资构成情况

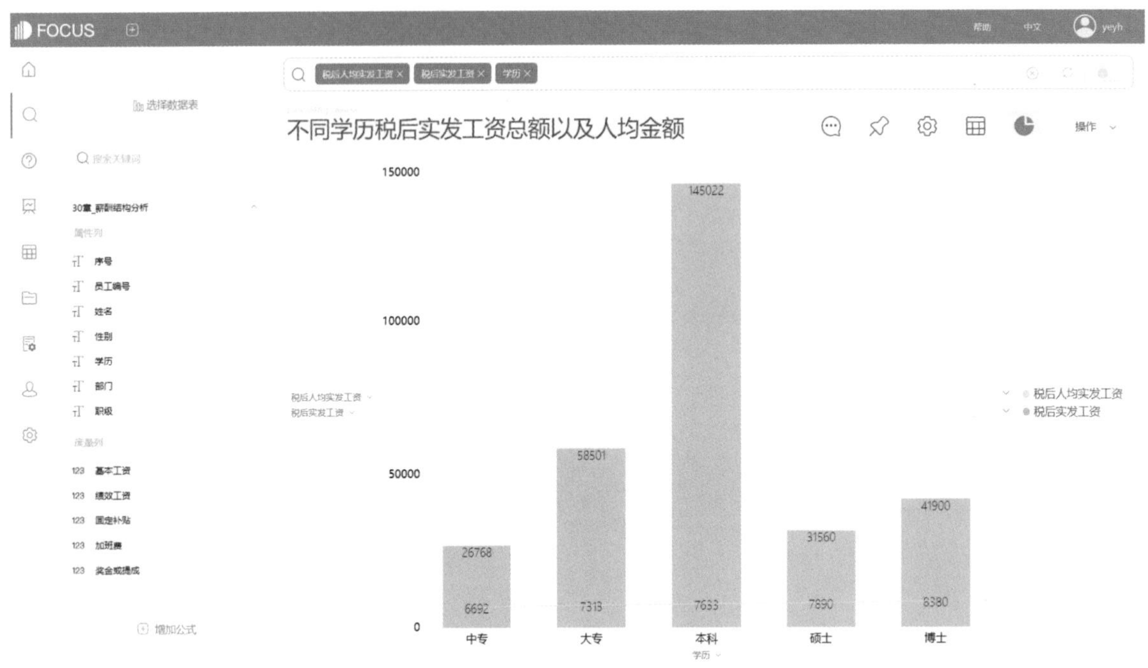

图30-11　不同学历税后实发工资及人均情况

最后的分析大屏效果如图30-12。

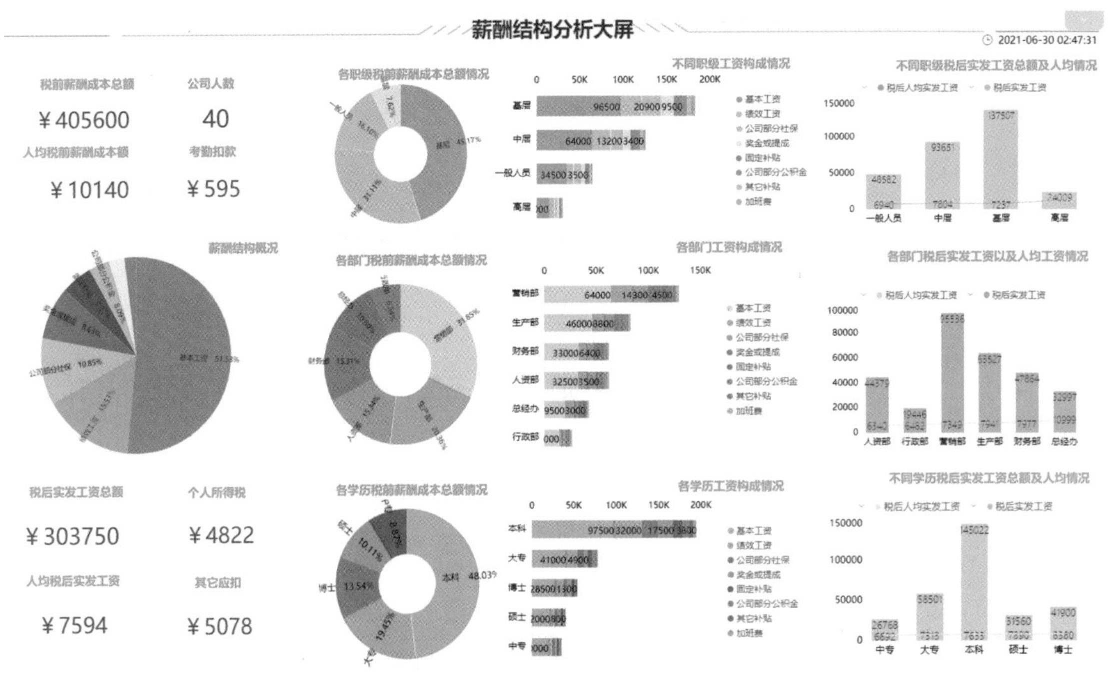

图30-12　薪酬结构分析大屏

30.2 技术实现：应用DataFocus实现30.1的分析

（1）制作KPI指标

导入数据表“30章薪酬结构分析”进入搜索模块→输入关键字段“税后实发工资总额”→图表选择为“KPI指标”→图表配置合理样式→保存为历史问答“税后实发工资总额”，如图30-13。

图30-13 KPI指标

同理制作KPI指标“考勤扣款”“个人所得税”“其它应扣”。

（2）利用公式制作KPI指标

进入搜索模块→建立公式“公司人数”，输入“count（姓名）”→输入关键字段“公司人数”→图表选择为“KPI指标”→图表配置合理样式→保存为历史问答“公司人数”。

进入搜索模块→建立公式“税前薪酬成本总额”，输入“基本工资+绩效工资+固定补贴+加班费+奖金或提成+公司部分社保+公司部分公积金+其它补贴”→输入关键字段“税前薪酬成本总额”→图表选择为“KPI指标”→图表配置合理样式→保存为历史问答“税前薪酬成本总额”。

进入搜索模块→建立公式“人均薪酬成本”，输入“sum（税前薪酬成本总额）/公司人数”→输入关键字段“人均薪酬成本”→图表选择为“KPI指标”→图表配置置合理样式→保存为历史问答“人均薪酬成本”。

进入搜索模块→建立公式“税后人均实发工资”，输入“sum（税后实发工资）/公司人数”，如图30-14→输入关键字段“税后人均实发工资”→图表选择为“KPI指标”→图表配置合理样式→保存为历史问答“税后人均实发工资”。

图30-14 公式“税后人均实发工资”

（3）制作历史问答“薪酬结构概况”

进入搜索模块→输入关键字段“基本工资 绩效工资 固定补贴 加班费 奖金或提成 公司部分社保 公司部分公积金 其它补贴”→点击“操作”中的“数据转换”→点击“下一步”→输入列名称为“工资构成”，列中值名称为“金额”→点击“确定”→图形选择“饼图”→图表配置合理样式→保存为历史问答“薪酬结构概况”。

（4）制作历史问答“税前薪酬成本总额情况”

进入搜索模块→输入关键字段“部门税前薪酬成本总额”→图表选择为“饼图”→图表配置合理样式→保存为历史问答“各部门税前薪酬成本总额情况”，如图30-15。

图30-15 饼图

同理，制作不同学历、不同职级税前薪酬成本总额情况。

进入搜索模块→输入关键字段“学历税前薪酬成本总额”→图表选择为“饼图”→图表配置合理样式→保存为历史问答“不同学历税前薪酬成本总额情况”。

进入搜索模块→输入关键字段“职级税前薪酬成本总额”→图表选择为“饼图”→图表配置合理样式→保存为历史问答“不同职级税前薪酬成本总额情况”。

（5）制作历史问答“各部门工资构成情况”

进入搜索模块→输入关键字段“基本工资 绩效工资 固定补贴 加班费 奖金或提成 公司部分社保 公司部分公积金 其它补贴”→点击“操作”中的“数据转换”→点击下一步→输入列名称为“工资构成”，列中值为名称“金额”，如图30-16→点击“确定”→搜索框再补充输入“部门”→图形选择“堆积条形图”→将X轴设置成“部门”，Y轴设置成“金额”，图例设置成“工资构成”，如图30-17→图表配置合理样式→保存为历史问答“各部门工资构成情况”。

FOCUS
数据转换
选择转换数据
配置转换数据
数据转换类型
列转行
转换列
基本工资的总和
绩效工资的总和
固定补贴的总和
加班费的总和
奖金或提成的总和
公司部分社保的总和
公司部分公积金的总和
其它补贴的总和
取消
下一步

FOCUS
数据转换
选择转换数据
配置转换数据
列转行配置
列名称合并列的列名:
工资构成
列中值合并列的列名:
金额
列名
转换后的列中值
基本工资的总和
绩效工资的总和
固定补贴的总和
加班费的总和
奖金或提成的总和
公司部分社保的总和
公司部分公积金的总和
其它补贴的总和

图30-16　数据转换

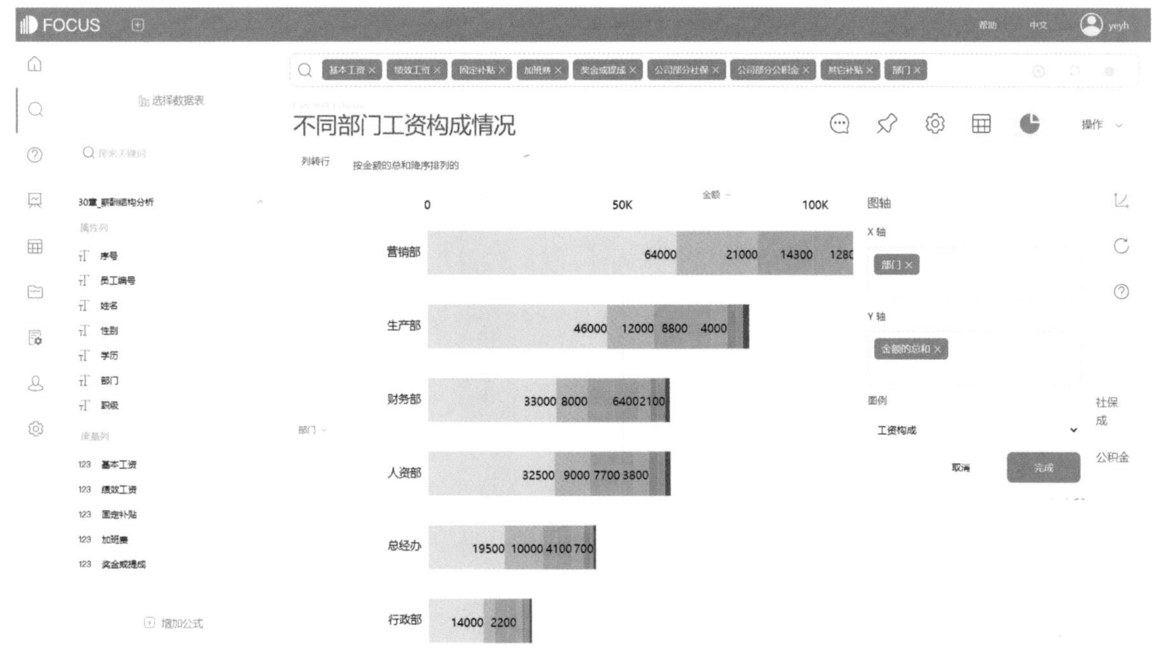

图 30-17　堆积条形图XY图轴设置

同理制作“各职级工资构成情况”“各学历工资构成情况”。

进入搜索模块→输入关键字段“基本工资　绩效工资　固定补贴　加班费　奖金或提成　公司部分社保　公司部分公积金　其它补贴”→点击“操作”中的“数据转换”→点击“下一步”→输入列名称为“工资构成”列中值为名称“金额”→点击“确定”→搜索框再补充输入“职级”→图形选择“堆积条形图”→将X轴设置成“职级”，Y轴设置成“金额”，图例设置成“工资构成”→图表配置合理样式→保存为历史问答“各职级工资构成情况”。

进入搜索模块→输入关键字段“基本工资　绩效工资　固定补贴　加班费　奖金或提成　公司部分社保　公司部分公积金　其它补贴”→点击“操作”中的“数据转换”→点击“下一步”→输入列名称为“工资构成”列中值为名称“金额”→点击“确定”→搜索框再补充输入“学历”→图形选择“堆积条形图”→将X轴设置成“学历”，Y轴设置成“金额”，图例设置成“工资构成”→图表配置合理样式→保存为历史问答“各学历工资构成情况”。

（6）制作历史问答“不同部门税后实发工资及人均情况”

进入搜索模块→输入关键字段“税后人均实发工资　税后实发工资　部门”→图表选择为“组合图”→将“税后人均实发工资”设置为“折线图”将“税后实发工资”设置为“柱状图”→图表配置合理样式→保存为历史问答“不同部门税后实发工资及人均情况”，如图30-18。

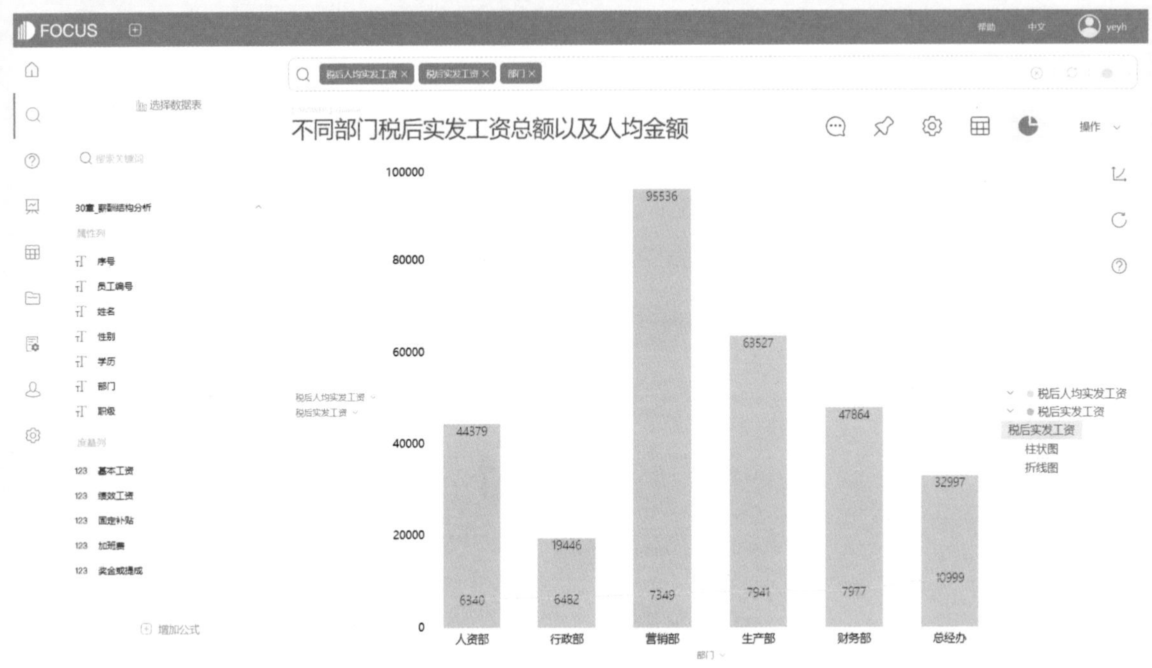

图30-18　组合图

同理制作“不同学历税后实发工资及人均情况”“不同职级税后实发工资及人均情况”

进入搜索模块→输入关键字段“税后人均实发工资　税后实发工资　学历”→图表选择为“组合图”→将“税后人均实发工资”设置为“折线图”，将“税后实发工资”设置为“柱状图”→图表配置合理样式→保存为历史问答“不同学历税后实发工资及人均情况”。

进入搜索模块→输入关键字段“税后人均实发工资　税后实发工资　职级”→图表选择为“组合图”→将“税后人均实发工资”设置为“折线图”将“税后实发工资”设置为“柱状图”→图表配置合理样式→保存为历史问答“不同职级税后实发工资及人均情况”。

（7）最后将做好的历史问答放置于同一张大屏中。

课后习题

请试着用书中提供的数据源制作同款薪酬结构分析大屏。

第六部分　生产型企业中的质量数据分析

第31章 质量管理数据分析

31.1 数据分析的目标及基本原理

我们使用数据，其目的是为了产生行动、改善效率，从而提高最终的结果。从20世纪80年代开始，数据处理和数据分析在各个领域，尤其是工业生产领域里得到广泛的应用，在此期间，从托马斯·斯特尔那斯·艾略特开始，经过米兰·瑟兰尼及罗素·艾可夫等人的发展完善，形成了一个著名的一个模型，它叫DIKW，分别表示Data，Information，Knowledge和Wisdom。典型模型如图31-1所示，在DIKW模型中，数据是基础，通过对原始数据的分析、整理，产生行动并提高企业效率，并在此基础上，形成进一步的智慧，为企业长期稳定创造必要条件。

数据处理把数据本身转换成便于观察分析、传送或进一步处理的形式。从大量的原始数据中抽取、推导出对人们有价值的信息以作为行动和决策的依据。因此数据处理的基础是原始数据的采集和数据分析。

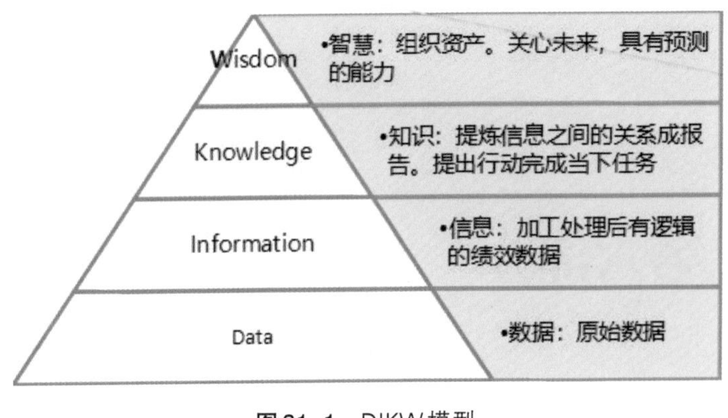

图31-1 DIKW模型

31.2 用数据做监控

数据处理的目的是为行动和决策提供依据，在应用监控时，常使用控制图或趋势图来呈现目前主要参数的状态。

31.2.1 数据监控的目标值设定

图31-2是典型的趋势图，监控的参数是生产的良率（Yield），这就是数据信息以趋势图（或报告）的形式予以恰当的呈现。

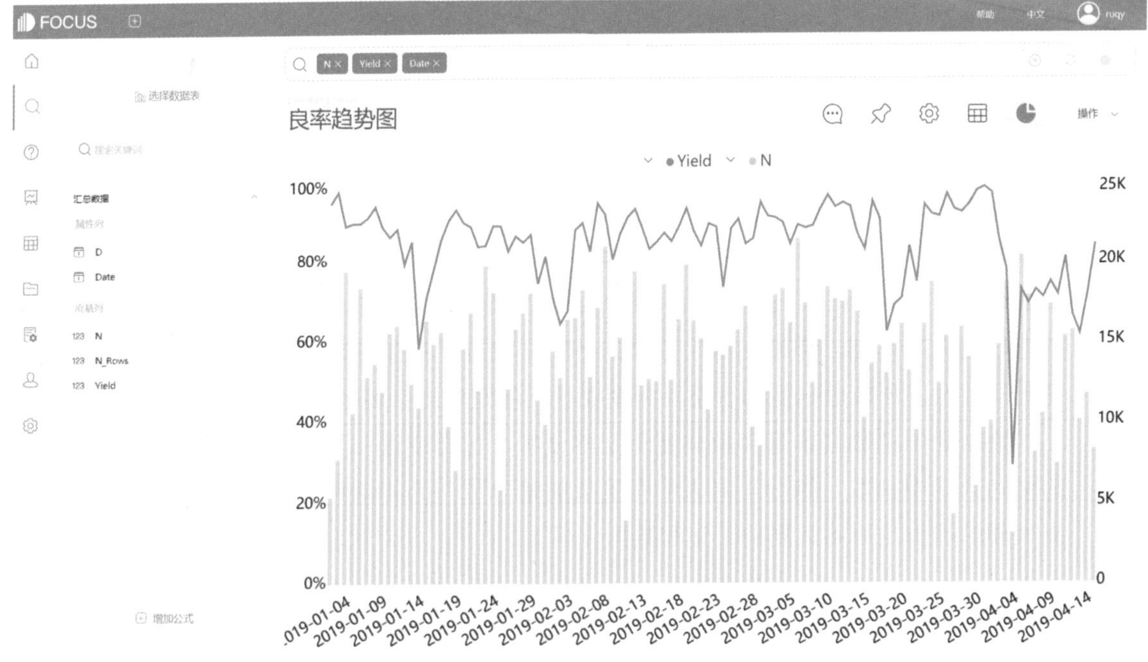

图31-2 良率趋势图(折线是良率值，柱状图是样本数或产量)

根据统计结果，可以知道整个重要参数（如良率）的状态分布。

如何设置良率典型值，其实这是一个常见的求平均值的过程，但是，为了有效的求平均值，我们需要排除一些异常点。如图31-2的Yield，其Yield统计图如下图31-3。

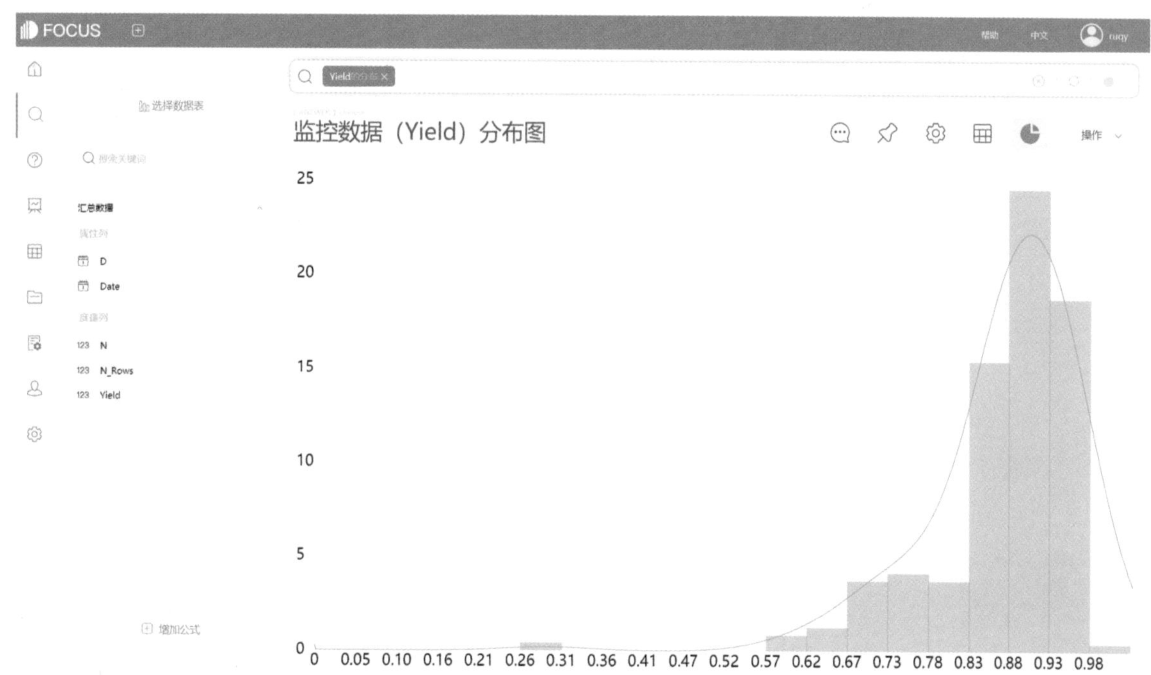

图31-3 监控数据(Yield)分布图

图31-3的数据存在一些异常点，需要将这部分数据删除掉。为了排除异常点（无效数据），首先可以排除样本数少的值，其次一般可以排除统计值大于97.5%（如图31-3中大于0.9794的）和小于2.5%的值（如图31-3中小于0.6395的点），或者排除当前数据均值的正负三个标准差/sigma以外的值（mean+/-3 sigma，即只采用图31-3中0.59到1的值）。在大型生产的时候，对单一数据可以再重复上述步骤一次，达到没有比3.5倍sigma以外的值存在，以得到更严格的结果。经过处理后，可以得到比较客观的Yield统计分布，如图31-4所示。

据此，我们可以设置Yield在当前状态下的典型值（目标值）为去除异常点后的平均值，即71.9%（0.719）为Yield的均值。

31.2.2 设置监控控制线

使用了排除异常点以后得到的参数（Yield）统计图31-4已经比较可靠，它的标准差（sigma）也比较客观，此时我们可以设置控制线为+/-3 sigma，控制线一般可以通过分析后，输到监控图里。经过处理后，得到的图31-5是典型的可以作为生产监控使用的控制图，即有控制线的趋势图，图31-5里就包括均值（目标值）、控制线，监控参数为Yield（折线图）和生产数量（柱状）。

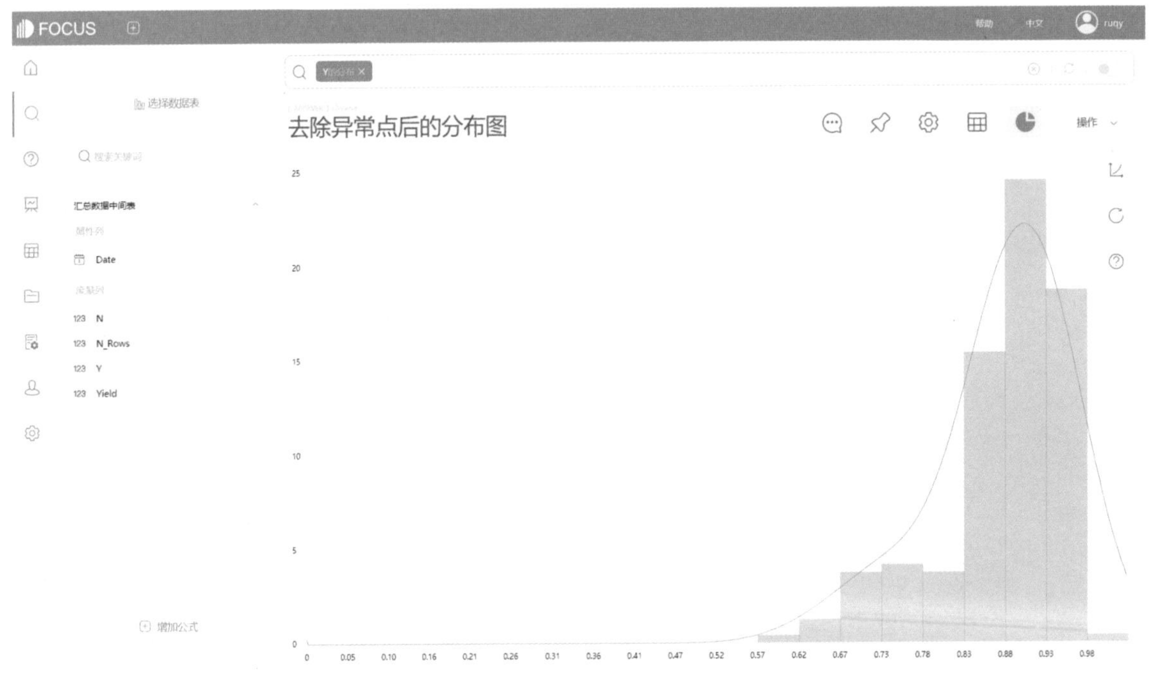

图31-4　去除异常点后的分布图

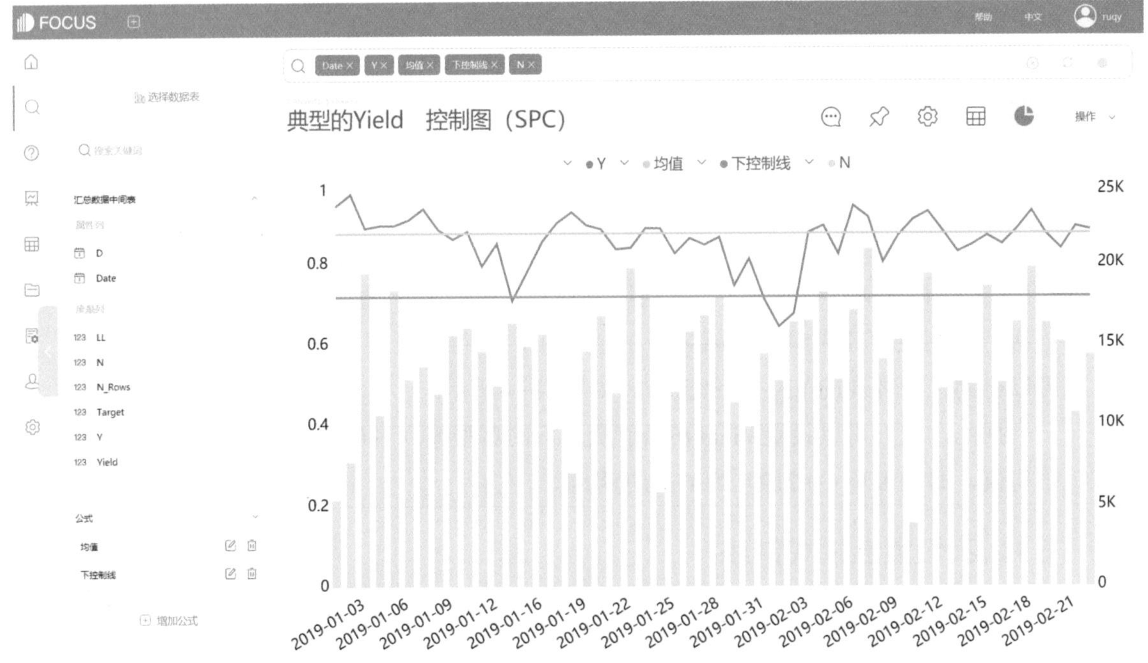

图31-5　典型的Yield控制图

对数据检测，包括Yield和下节提到的其他参数，都可以采用类似的办法。

判断流程是否失控，可以看是否超出控制线。除控制线这一标准以外，一般还需要参考ISO建议的7点规则，即是否连续7个点有相同的情况，具体为：1）连续7个点在均值的上方或下方，这种情况表明，存在潜在的变化，也许是整体变化，比如具有新的技术，可能导致连续7个点都在均值上方，这个时候需要分析，并根据实际情况做均值的优化。2）连续7个点是相同的趋势，无论是连续7点上升或连续7点下降，这都需要做进一步分析，了解问题的根本原因。当然，一些行业也会有特殊要求，通常也可以根据具体情况做进一步优化，常用的规则有以下几种：

第一，设置sigma观察线，如果最后3点有2个点超出2sigma线（虽然都在3sigma内），需要检查原因。

第二，设置1sigma观察线，如果最后5个点中有4个点超出1sigma线，需要检查原因。

第三，任何14连续点交替上升或下降，需要检查原因。

数据的波动是常见现象，如果出现异常，比如超出3sigma控制线，如何通过数据分析排除和确认问题，从而正确解决问题，并在未来生产中改善效率，是使用数据的重点和核心，也是DIKW中知识和智慧部分。

如其他KPI一样，影响KPI数据的条件会很多，可以采用不同的参变量（X轴），按照日期，也可以按照其他条件，如员工工号、机器号、来料特点等条件来分类。

31.2.3 确认影响最主要参数的次一级参数

参数之间经常有一定的相关性，KPI输出也是一系列其他参数影响的结果。除了主要参数，我们经常也要关注次一级重要参数，而这些参数会提供更多细节，以及和最可能的真实情况有直接的关系。

找到次一级重要参数，一是需要确定环境，比如监控员工生产情况，如本章后面图31-7所述；二是理解参数之间的相关性，图31-6是参数A和参数1的散点图，可以拟合两参数之间的相关性，并确定拟合回归平方和（R^2）来确定相关性的强度，找到强度和敏感性比较高的参数。

这些与最重要的KPI参数有敏感性较高的参数，可以作为次一级需要监控的变量。相应地，需要为这些敏感性较高的设置目标值和相应的控制线，方法和上节一样。

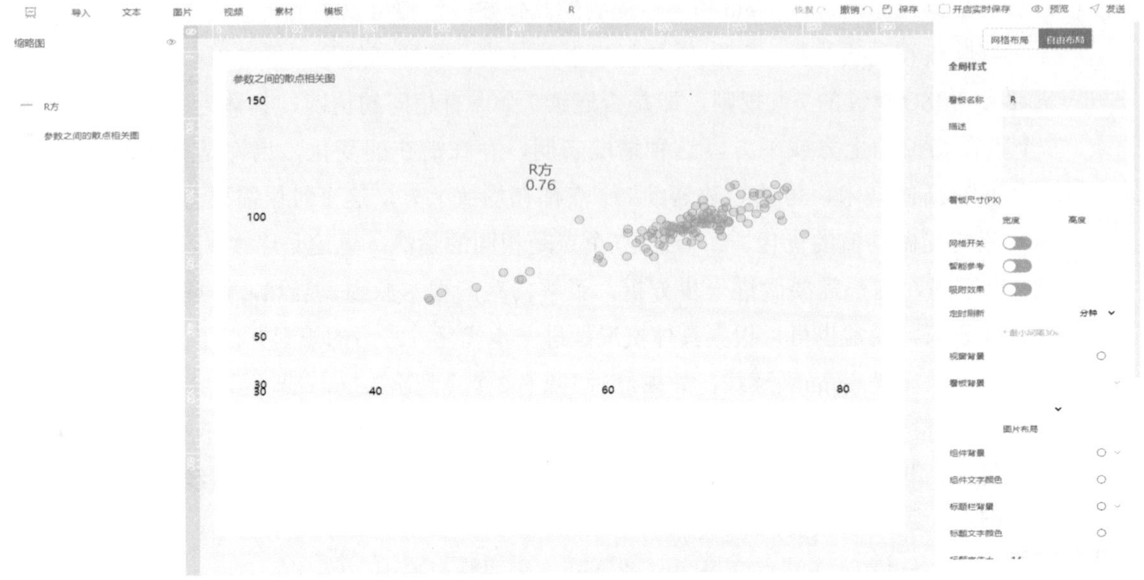

图31-6　参数之间的散点相关图

31.2.4 用数据来分析超出控制线的问题

数据监控时，一般而言，凡有相关的因素都应该得到监控，一旦发现问题，可以通过数据监控来排查显著问题，也可以通过进一步数据分析来确定具体情况。

比如，如果图31-5中某天良率低于控制线，我们可以看良率是否和人机料法环相关，如图31-7是否和操作员相关，以及图31-8是否和物料分类相关。

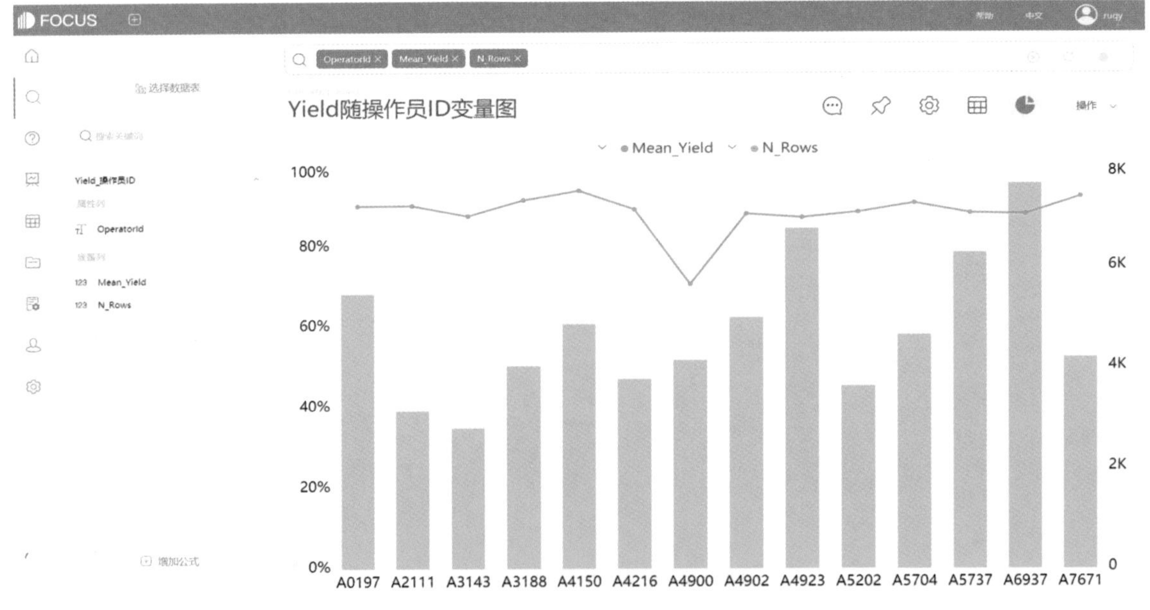

图31-7　Yield随操作员ID变化图

图31-7看上去，Yield和员工代号为A4900的有较大关系，可以做重点关注，但需要检查更多数据，如物料等。

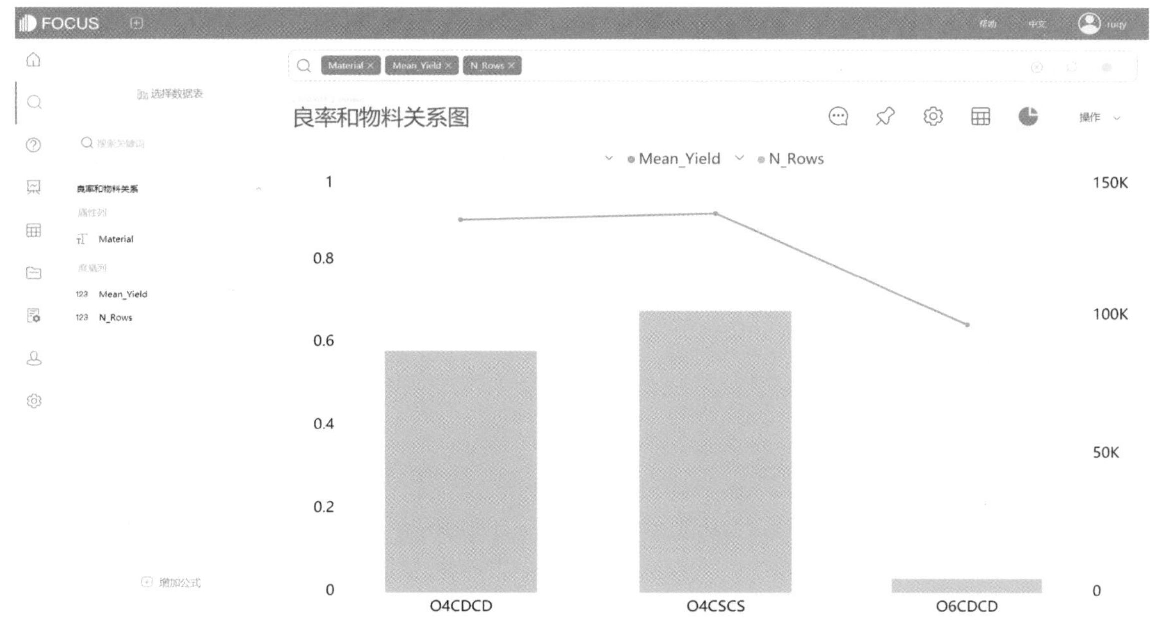

图31-8 良率和物料关系图

图31-8是不同物料下的Yield状态，数据显示物料也存在差异，需要重点排查一下，比如可以确认包括机器、物料、员工的影响，如图31-9。

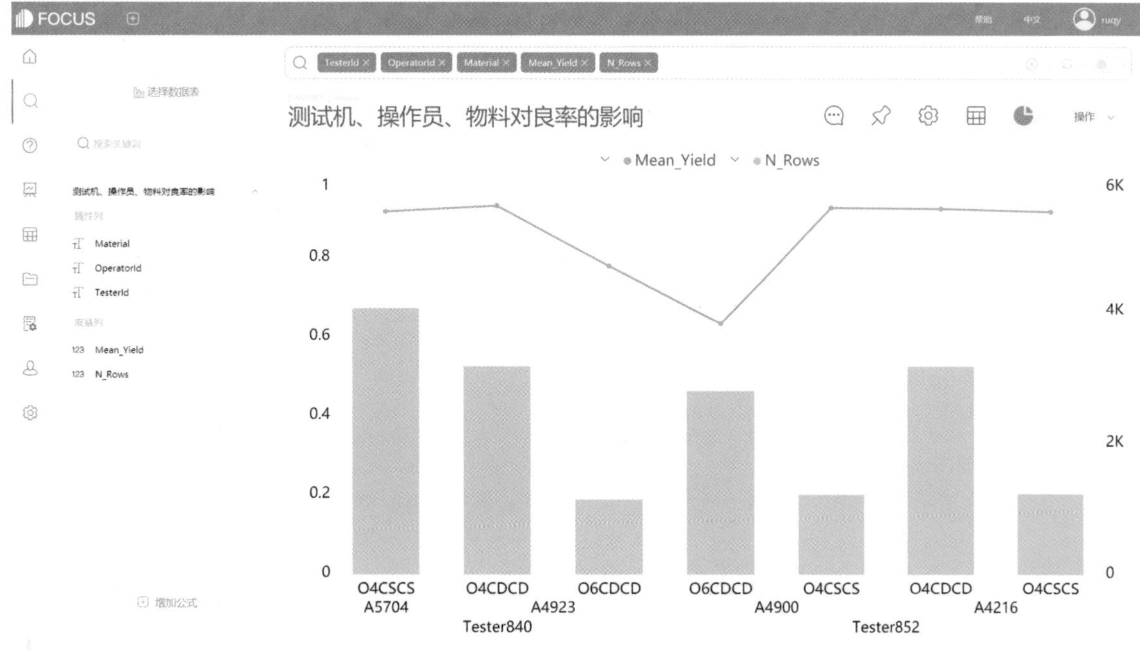

图31-9 测试机、操作员、物料对良率的影响

根据图31-9确认，员工A4900在测试正常物料时，Yield基本上正常，所以主要问题应该是物料问题。

因此，我们在通过数据监控的时候，可以看几个敏感性比较高的参数，但是在确认问题的时候，需要做相同水平的对比，如图31-9所示，比较operatorID的差异时，要使用相同的机器（Tester）和物料（O4CSCS），保证基线一致。

所以，我们可以通过数据分析直接找到问题原因，然后可以采取有目的的行动，或者授权相应部门提出解决方案。

31.3 通过数据确认改善目标和重点

工程界有句名言：data is data。数据本身并不会有什么作用，我们需要做的是分析数据找到改善的方向。上节内容，可以通过数据分析监测到数据异常，并找到具体的参数原因。但这只是日常工作，我们还需要数据为将来的改善提供方向。

比如根据历史日常良率，可以统计一段时间的主要的故障因素，故障统计结果如图31-10。

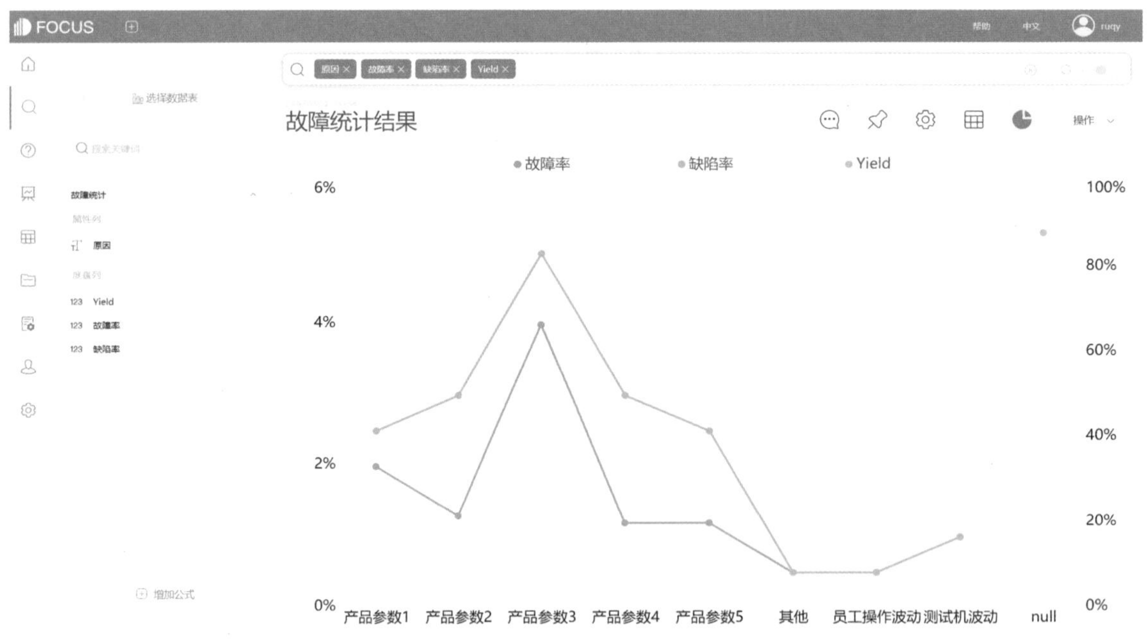

图31-10　故障统计结果

通常有些物料没有通过标准，可能会有两个甚至多个参数不能通过标准，可以作为此项参数的缺陷率（detractor），根据参数的相关性以及产品和测试特点，可以把同时错误的参数归为某一个最可能的参数上，这一般称为故障率（Fail Rate），每个不能通过的物料只会被一项参数认可。

31.3.1 找到主要原因

根据图31-10的故障率，得到直方图，在做故障处理的时候，通常可以根据故障率的大小顺序生成帕累托图。

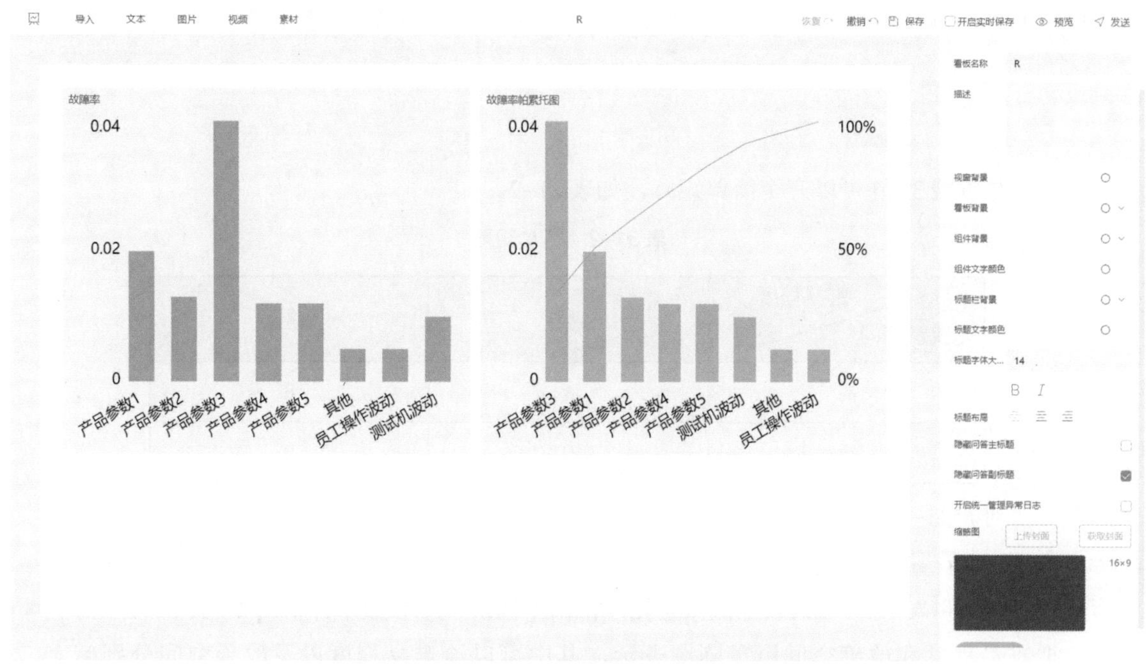

图31-11 故障率统计(左为普通图,右为帕累托图)

按照“二八原则”，80%的问题一般是由20%的主要问题导致的。因此，为了更高效地工作，通常把重点精力放在故障率最高的几个参数上，这样，改善空间更大，效率通常也更好。

31.3.2 评估改善可行性

有时候为了更有效地实施改善工作，需要考虑每项因素的改善难易来处理，比如这些参数的改善难易统计值如表1所示，同时，可以定义故障率的改善空间，如果故障率很高，表示改善空间大。比如将故障率低于1%的定义为高；故障率[1%，2%）之间的为中；故障率大于等于2%为低。

表31-1　各参数难易程度和改善空间

原因	难易程度	故障率	改善空间
产品参数1	中	2%	高
产品参数2	难	1.30%	中
产品参数3	中	4%	高
产品参数4	难	1.20%	中
产品参数5	易	1.20%	中
其他	难	0.50%	低
员工操作波动	易	0.50%	低
测试机波动	中	1%	中

根据表31-1可以有个简单矩阵，如表31-2。

表31-2　简单矩阵

难易程度 / 改善空间	难	易
高	A	B
低	C	D

对表31-2里的结果，按照组别ABCD可以采用不同的策略，按照B最优先，AD次之，C最后的逻辑处理。

也可以对表31-1的高中低做量化，得出不同的多维参数来评估。如表31-3矩阵，把难易程度和改善空间用矩阵图表示，其中可以给难易程度以及改善空间分别赋值，我们假设改善空间和难易程度都分三段，每阶段分0.8/0.5/0.2，即假设改善空间大的赋值0.8，改善空间中的为0.5，改善空间小的为0.2；容易改善的赋值0.8，一般改善的为0.5，难改善的为0.2。得到相关矩阵，如表31-3。

表31-3　相关矩阵

难易程度（赋值） / 改善空间（赋值）	难（0.2）	中（0.5）	易（0.8）
大（0.8）	0.16	0.4	0.64
中（0.5）	0.1	0.25	0.4
小（0.2）	0.04	0.1	0.16

此表中，按照矩阵中数值为对应难易程度和改善空间的赋值数乘积。后续应用中，按此数值的大小排序来处理，对最大值反应的问题作优先处理，所以表31-1的多变量结果可以如表31-4。

表 31-4 各参数综合综合效果

原因	难易程度	故障率	改善空间	综合效果	优先级
产品参数1	中	2%	高	0.40	1
产品参数2	难	1.30%	中	0.10	
产品参数3	中	4%	高	0.40	1
产品参数4	难	1.20%	中	0.10	
产品参数5	易	1.20%	中	0.40	1
其他	难	0.50%	低	0.04	
员工操作...	易	0.50%	低	0.16	
测试机波动	中	1%	中	0.25	

31.4 数据更广泛的应用

上文提到的数据分析，只是生产监控领域中的应用，虽然这会是大部分生产企业最常用的方法，然而数据分析应用领域远不止于此，限于篇幅，此处仅介绍在生产型企业中还经常会用到的一些数据分析。而这一切，都需要上文的数据处理作为基础。

关于故障，传统观点中，更多的是目标导向，只是参数超出规格限制的任何物料都代表物料的故障（质量损失）；而近年常见的田口观点（Taguchi Philosophy）认为误差（波动）就是犯罪，任何偏离目标都会给社会带来损失。

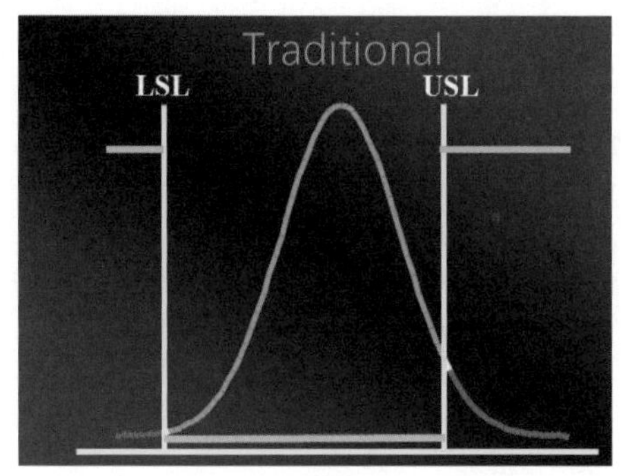

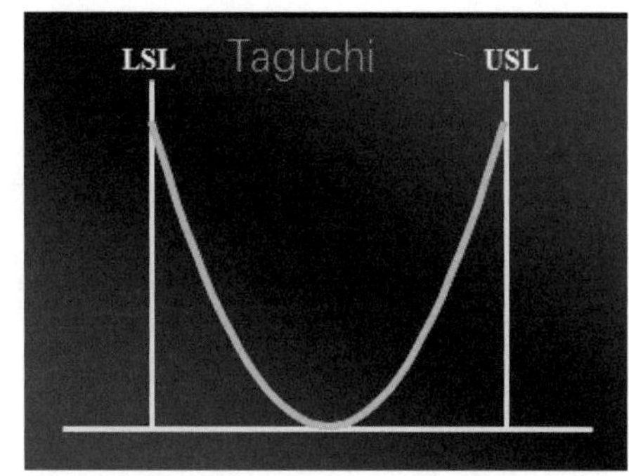

图 31-12 故障率，左图为传统要求，右图为田口体系

不管哪种观点，改善参数分布在生产实践中是极其重要的。我们通过数据分析，能发现未来工作的主要方向，以及如何去优化与设计生产目标，给企业效率的改善提供最大的可能。

根据目前数据情况，如何进一步提高整体效率。为提高效率，通常从两方面着手。第一，减少波动，需要更紧密的跟踪，以数据为基础，利用包括六西格玛等方法，提升效率。第二，根据数据，制定行动方法，提升整体性能。在提升效率时，经常两方面都需要利用到。本文介绍常用的一些通过数据的特点制定改善措施的方法。

31.5 设计时的应用

产品在研发的时候，除了性能本身以外，为了使得在产品上市后，可以更好地运营，还需要有很多考虑；比如面向制造的设计（Design for Manufacturing, DFM），即在产品设计时需要满足产品制造的要求，从提高零件的可制造性入手，使得零件和各种工艺容易制造（包括降低波动），制造成本低，效率高，并且成本比例低；除面向制造的设计外，还包括易于维护可制造性的设计（Design for Maintainability, DFMt），易于可测试设计（Design for Test, DFT），易于可组装设计（Design for Assembly, DFA）等等，最常用的是试验设计（Design of Experiments，DOE）。

试验设计是一种统计方法，用来识别哪些因素会对正在生产的产品或正在开发的流程的特定变量产生影响。比如我们要比较参数1和参数3共同对Yield影响，可以在不改变其他的条件下，设计参数1和3的不同设计目标，根据测试结果，得到最终值，如表31-5。

表31-5 生产中的实际应用

DOE设计			设计目标		测试结果		Mean(Yield)
Wafer	Tube	N Rows	参数1	参数3	参数1	参数3	
C9D3	E145E	1049	458	0.11	457.94	0.10988	92.5%
	E17BA	1068	458	0.105	458.86	0.10531	93.1%
	E20F2	1104	503	0.11	504.41	0.11021	84.3%
	E20F4	1066	503	0.105	502.76	0.10589	87.4%

根据实际，可以增加更多结果，然后按照不同行业模拟或者统计数据，得到列表，如表31-6。

表31-6 DOE结果，参数1和参数3不同条件下对Yield影响

DOE结果		参数3（um）	
		0.105	0.11
参数1（Ohms）	458	93.10%	92.50%
	503	84.30%	87.40%

所以参数1的值在458ohm，参数3为0.105um更好。通过DOE实验，找出较优的参数组合，并通过对实验结果的分析、比较，找出达到最优化方案。

31.6 常用的解决问题体系

数据分析可以用来解决许多问题，常用于包括PDCA循环、六西格玛等体系中。

PDCA循环指的是持续改进的方法。由质量大师沃特·阿曼德·休哈特提出并经威廉·爱德华兹·戴明完善的“计划（Plan）—实施（Do）—检查（Check）—行动（Action）”循环是改进的基础。对数据分析而言，每个阶段会有不同侧重点。

计划（Plan）阶段是数据分析的核心，为下一步指明方向，如前述的31.1/31.2节，在P阶段主要任务为：1）用数据分析现状、找到问题，比如用图31-5监控Yield，Yield太低就是问题。2）分析产生问题的原因，如图31-6/31-7/31-8/31-9所分析的一样。3）区分主因和次因，出各种方案并确定最佳方案，如图31-11等的分析。4）制定对策、制定计划，如31.3节所描述的。

实施（Do）阶段，根据计划阶段的结果，设计出具体的行动方法、方案，进行布局，采取相应的行动；就如我们可以根据表31-5制订方案，计划一个DOE实验。

检查（Check）阶段，通过数据去检查最后的结果确定方案是否有效、目标是否完成，需要完成数据检查后才能得出结论，如31.4节所描述内容一样，发现参数1和参数3的结果和预期一致。

行动（Action阶段），如果在前面阶段的结果发现方案有效，需要把方案固定下来，并采用新的设计，比如把参数1的设计目标值为458ohm。

为了可持续发展，在PDCA循环中，最重要的是A-阶段。A-阶段本身需要处理整个PDCA积累下来的经验教训，并实现标准化和实施。更重要的是A-阶段要做到问题总结，并要给到下一个PDCA循环，需要持续改进。

另外常流行的如六西格玛体系，其主要目的之一是减少缺陷，六西格玛体系中，最常用的是DMAIC模型，D是定义（Define）问题，M是测量（Measure）绩效，A是分析（Analyze）原因，I是改善（Improve）措施，C是控制（Control）实施。

D定义问题，确定改进机会，经常思考的是：目前在做什么，为什么要解决这个问题，以前是怎么处理的，改进后工作将获得什么益处。这里更多的是一种管理思维，立项原因。

M测量现在状态，收集数据，整备资料。类似收集原始数据，还没有成为处理成信息。

A分析原因，分析现在的变动、性能不佳、缺陷高的原因，典型的分析方法如前文所述第31.2/31.3节。

I改善性能：提出方案解决和消除根本问题，分析采取的步骤典型的如DOE实验。

C控制改进后的流程和未来流程性能，并为未来提供可持续发展的基础。

六西格玛方法也是基于生产流程中总是出现波动，在大量数据分析的情况下，降低流程中的波动，从而达到更稳定持续的生产状况，如图31-13所示。

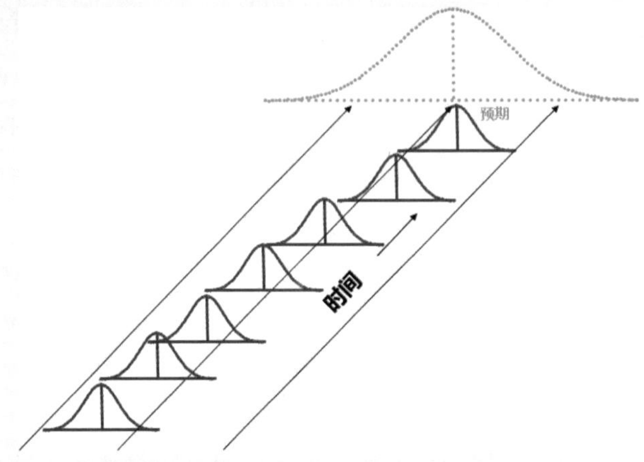

图31-13　通过改善，将流程中的波动降低

本章小结

本章介绍了数据分析的基本目的、一些著名的理论体系，以及最常用的识别问题、分析问题以及解决问题的方法。作为数据分析者，可以通过数据，向相关部门提出建议和要求，产生行动，并在后续改善过程中保持进一步的跟踪。从而达到最终的目的。数据分析的真正目的是产生改善的行动，而良好的数据分析能力，能够给行动提供正确的方向。

课后习题

请试着用书中提供的数据源制作同款质量管理分析大屏。

后　记

数字化时代的来临比我们想像的要快。随着越来越多的企业正在进行数据驱动业务的转变，社会对数字化人才的需求变得更大。我们可以预见到，未来的大学毕业生，掌握一门数据分析技术将会成为必备技能。本书所涉及的内容，是打开数据分析思维的一把钥匙；数据可视化只是正确的认识数据，进而有效利用数据的第一步。

人们对数据的应用包含从描述性统计、诊断分析到预测分析和规范分析四个阶段。描述性统计分析，是应用最为广泛，也是最为基础的数据分析工作。本书的内容可以帮助读者掌握入门的数据可视化知识，并且熟练掌握运用DataFocus实现这些分析的简便步骤。但是，随着企业数字化业务的深入开展，其对数据的运用也将逐渐进入更加深入的层级。通过数据分析，直接得出有效的结论，从而能够运用于经营决策。这部分内容，DataFocus专业版的智能洞察功能有涉及，我们将在再版更新时进行补充。

根据已有数据和业务模式，搭建数学模型，从而对业务进行预测分析，这就是更进一步的数据分析工作了。这也是我一直以来的研究方向。DataFocus专家版中，提供机器学习算法的训练和编排，创建预测模型并对业务进行预测。这部分内容，我将结合机器学习算法的常用实践，希望在新版中创设专门的章节进行讲述。

本书的编撰完成，离不开DataFocus团队的鼎力支持。在此，我要特别感谢DataFocus创始人王碧波先生，以及邱园女士，他们为本书的编写贡献了力量；此外茹琼雨女士、王思敏女士，也为本书部分内容章节撰写提供了帮助，在此一并致谢！

本书重印版在第三十一章增加了DataFocus在企业质量管理场景中的应用，这部分的实践主要得益于日立环球存储科技有限公司的杨会平先生，他是一位有着近15年精益制造行业管理经验的优秀管理者，非常感谢他能够结合业务的最佳实践输出宝贵的经验！

本书初稿成书于2020年2月到3月之间，湖北省疫情最为严峻的时期，因此书中临时增加了一个疫情数据分析的章节。时隔一年，中国已经成为全球疫情控制最好的国家，大家基本可以自由地购物和旅行，因此不再保留这个章节。最后，衷心祝愿祖国繁荣，人民幸福安康！

2021年7月23日　修改于杭州